管道分质直饮水
供水技术与工程

董平 肖贤明 曹晶晶 ◎ 著

河海大学出版社
HOHAI UNIVERSITY PRESS
·南京·

图书在版编目(CIP)数据

管道分质直饮水供水技术与工程 / 董平,肖贤明,曹晶晶著. -- 南京：河海大学出版社,2024.5
ISBN 978-7-5630-8986-4

Ⅰ.①管… Ⅱ.①董… ②肖… ③曹… Ⅲ.①饮用水－给水系统 Ⅳ.①TU821

中国国家版本馆 CIP 数据核字(2024)第 106100 号

书　　名	管道分质直饮水供水技术与工程 GUANDAO FENZHI ZHIYINSHUI GONGSHUI JISHU YU GONGCHENG
书　　号	ISBN 978-7-5630-8986-4
责任编辑	吴　淼
特约校对	丁　甲
封面设计	槿容轩
出版发行	河海大学出版社
地　　址	南京市西康路1号(邮编:210098)
电　　话	(025)83737852(总编室)　(025)83787476(编辑室) (025)83722833(营销部)
经　　销	江苏省新华发行集团有限公司
排　　版	南京布克文化发展有限公司
印　　刷	南京工大印务有限公司
开　　本	787毫米×1092毫米　1/16
印　　张	25.625
字　　数	500千字
版　　次	2024年5月第1版
印　　次	2024年5月第1次印刷
定　　价	78.00元

编写人员名单

主　编　董　平　肖贤明　曹晶晶

编写人员

董　平	肖贤明	谢科军	舒明发	吴　桐	蔡祖根	龙云良
张伯友	易显早	曹晶晶	吴咏敬	娄梦函	唐若男	宫晓范
张建峰	王士洋	杨　洋	朱家武	张　驿		

编写分工

第1章	董　平	肖贤明	曹晶晶	蔡祖根		
第2章	董　平	曹晶晶	舒明发	蔡祖根	吴咏敬	
第3章	董　平	曹晶晶	肖贤明	唐若男	宫晓范	张建峰
第4章	董　平	吴　桐	龙云良	吴咏敬	王士洋	易显早
第5章	董　平	谢科军	娄梦函	朱家武	张　驿	
第6章	董　平	肖贤明	吴咏敬	张伯友	杨　洋	

参编单位

南京大学
中国科学院广州地球化学研究所
中国地质大学(北京)
河海大学
南京水杯子科技股份有限公司
南京水联天下水处理科技研究院有限公司
广州水杯子分质供水工程有限公司
银龙水杯子直饮水集团有限公司
长沙水杯子直饮水工程设备有限公司

前言
Preface

  安全饮用水对健康至关重要，饮水安全是一项基本人权。在我国，随着部分城市水资源供需矛盾的加剧和水质恶化，针对现阶段经济发展和城市建设现状，经专家论证，认为在大规模改造水厂和重建城市管网有困难的情况下，先行在小区、学校、医院等场所建设小型水处理站，用两套管网进行分质供水，十分可行。20 世纪 90 年代初，中国科学院广州地球化学研究所傅家谟院士主持开展分质供水技术研究，在对比研究国内外供水方式的基础上提出了"分质供水、势在必然"的科学论断。

  管道分质供水，简单地说就是根据水的不同用途分管道供应不同质量的水。将饮用水、对水质要求较高的生活用水与其他用途用水分开供应，实现"分质供水、优水优用"，减少对城市优质水源的浪费，不过分提高大量一般用水的水质要求，可避免投入大量资金用于新水源的建设和远距离原水的输送。管道分质供水技术既可保障饮用水水质安全，有益健康，同时将有效解决自来水高质低用和低质高用的矛盾，既节省建设投资，又极大地提高了水资源的利用率，并减少环境污染，无疑是一举多得的选择。

  进入 21 世纪以来，随着人民生活水平的不断提高，饮用水品质逐渐得到重视，城市饮用水需求已从满足基本需求向满足高品质需求转变。管道分质直饮水是解决优质水供应的主要途径，是满足人民对更高品质饮水需求的上佳方案。管道分质直饮水供水工程可以让老百姓打开水龙头直接喝上优质饮用水，本身就是一种先进的饮水方式，也是一种低碳节能的举措，而且，管道分质直饮水供水工程能够在满足重点人群对高品质生活饮用水需求的同时，为城市居民提供应急保障服务，是一举两得的民生实事。

  管道分质直饮水供水工程的建设对于提高人民生活质量、完善城市应急供水保障和保护环境有积极作用，符合党中央构建和谐社会、坚持以人为本的宏观指导政策和有关行业政策，是在解决了"米袋子""菜篮子"以后的又一项"水杯子"民生工程，是全面建成小康社会的重要组成部分。

  《管道分质直饮水供水技术与工程》是一本以管道分质供水技术为基础，以国家的法律保障体系为依据，最终落实到管道分质直饮水供水工程实践的应用型参考资料。本书大量参考了管道分质供水工艺流程及相关技术的文献，不仅回顾了经典的水处理工艺技术，还提出管道分质供水的多项新技术，对管道分质直饮水供水工程的全流程管理做了详细的阐述，力争全面科学地展示管道分质直饮水供水系统的基础特征。本书共 6 章，第 1 章概述，主要介绍饮水安全的重要性，我国目前饮用水存在的问题以及管道分质供水行业的产生；第 2 章管道分质直饮水供水的法制保障，着重介绍了饮用水安全法制保障，管道分质直饮水供水的相关法律、法规，管道分质直饮水供水的标准和规范；第3章管道分质直饮水供水技术，主要阐述了预处理技术、膜处理技术、产水后处理技术、浓水利用技术及自动控制和智慧化管理技术等与管道分质直饮水供水系统建设相关的技术；第4章管道分质直饮水供水工程建设，主要介绍了管道分质直饮水供水规划、设计、施工和调试验收等工程建设内容；第5章管道分质直饮水供水工程的运营维护，基于管道分质直饮水供水的特点，明确运营维护的内容、运营维护要求和运营维护的质量评价等主要工作；第6章管道分质直饮水供水工程行业实践，主要介绍了管道分质直饮水供水工程在住宅小区、学校、医院、酒店宾馆和办公楼等应用场景的工程实践。

本书主持编写作者董平为南京大学教授、水杯子品牌的主要创始人，主持和参加了多项国家重点研发计划项目、创新基金项目和成果转化基金项目的工作，参加起草了卫生行业强制性标准《学校及托幼机构饮水设施卫生规范》(WS 10014—2023)，参与编制了《建筑与小区管道直饮水系统技术规程》(CJJ/T 110—2017)、《生活饮用水管道分质直饮水卫生规范》(DB 32/T 761—2022)等管道分质直饮水供水相关标准。本书作者团队来自南京大学、中国科学院广州地球化学研究所、中国地质大学（北京）和河海大学等高校科研院所，以及国内从事管道分质直饮水供水工程的知名单位，如南京水杯子科技股份有限公司、广州水杯子分质供水工程有限公司、银龙水杯子直饮水集团有限公司、南京水联天下水处理科技研究院有限公司等，均在管道分质直饮水供水工程和设备制造领域工作多年，有丰富的相关知识和工程实践经验。本书汇聚了这些作者和单位在管道分质直饮水供水技术研究和工程实践方面的诸多成果，部分技术在国内处于领先水平。其中，肖贤明教授参加研发的"饮用水质安全风险的末端控制技术与应用"获得国家科技进步二等奖。本书在编写过程中既突出科学性，也注重实用性，从各种管道分质供水技术的基础原理和工艺过程的阐述，到各种关键设备和不同场景工程的应用介绍，确保本书内容更容易被读者理解和参考。

特别感谢中国科学院徐义刚院士、南京大学吴吉春教授、南京航空航天大学袁红卫老师以及顾建达老师、寇迎晨先生和朱芹女士以不同方式给予编者的帮助和支持。希望本书出版发行后，能有助于推动管道分质直饮水供水行业相关标准体系的建设，能够给从事管道分质直饮水供水系统设计、安装、调试、服务和管理的相关人员作为参考，为推动我国管道分质供水技术的进步和行业可持续发展尽一份力量。

由于编者水平有限，编写时间仓促，书中不足和错误难免，敬请行业专家和广大读者不吝赐教、批评指正。

编写组
2023年12月

缩略语

缩略语	英文	中文
AFM	Atomic Force Microscope	原子力显微镜
AOC	Assimilable Organic Carbon	可生物同化有机碳
AOPs	Advanced Oxidation Processes	高级氧化技术
ASTM	American Society for Testing Materials	美国材料与试验协会
ATR-FTIR	Attenuated Total Reflection Fourier Transform Infrared Spectroscopy	衰减全反射傅里叶变换红外光谱
AWWA	American Water Works Association	美国供水工程协会
BSA	Bovine Serum Albumin	牛血清蛋白
CA	Cellulose Acetate	醋酸纤维素
CFU	Colony-Forming Units	菌落形成单位
COD	Chemical Oxygen Demand	化学需氧量
DBPs	Disinfection By-Products	消毒副产物
DEGS	Poly(Ethylene Glycol Succinate)	聚丁二酸乙二醇酯
DMSO	Dimethyl Sulfoxide	二甲基亚砜
DO	Dissolved Oxygen	溶解氧
DOM	Dissolved Organic Matter	溶解性有机物
EC	European Commission	欧盟委员会
EDCs	Endocrine Disrupting Chemicals	内分泌干扰物
EDS	Energy Dispersive X-ray Spectrometers	X射线能谱仪
EU	European Union	欧盟
FRR	Flux Recovery Ratio	通量恢复率
FTIR	Fourier Transform Infrared Spectroscopy	傅立叶变换红外光谱
HA	Humic Acid	腐殖酸
HAAs	Haloacetic Acids	卤乙酸
IFR	Irreversible Fouling Ratio	不可逆污染度
IP	Interfacial Polymerization	界面聚合
IR	Infrared Spectroscopy	红外光谱
LBL	Layer-by-Layer Self-Assembly	层层自组装

续表

缩略语	英文	中文
MCL	Maximum Contaminant Level	污染物最高（允许）浓度
MCLG	Maximum Contaminant Level Goal	污染物最高（允许）浓度目标
MC-LR	Microcystin-Leucine Arginine	微囊藻毒素-LR
MF	Microfiltration	微滤
MPD	m-Phenylenediamine	间苯二胺
MPN	Most Probable Number	最大可能数
NF	Nanofiltration	纳滤
NOM	Natural Organic Matter	天然有机物
NSF	National Sanitation Foundation	美国国家卫生基金会
NTU	Nephelometric Turbidity Units	散射浊度单位
OHs	Organohalogens	卤代有机化合物
PA	Polyamides	聚酰胺
PAN	Polyacrylonitrile	聚丙烯腈
PDMS	Polydimethylsiloxane	聚二甲基硅氧烷
PEI	Polyethyleneimine	聚乙烯亚胺
pH	Pondus Hydrogenii	酸碱度
PID	Process Identifier	进程控制符
PLC	Programmable Logic Controller	可编程逻辑控制器
PP	Polypropylene	聚丙烯
RFR	Reversible Fouling Ratio	可逆污染度
RO	Reverse Osmosis	反渗透
ROC	Reverse Osmosis Concentrate	反渗透浓水
SCADA	Supervisory Control and Data Acquisition	监视控制和数据采集
SDI	Silt Density Index	膜污染密度指标
SEM	Scanning Electron Microscope	扫描电子显微镜
TA98	Salmonella Typhimurium	鼠伤寒沙门氏菌
TAC	Template Asisted Crystallization	模块辅助结晶
TDS	Total Dissolved Solids	溶解性总固体
TFR	Total Fouling Ratio	总污染度
THM	Trihalomethanes	三卤甲烷
TMC	Trimethylene Carbonate	三亚甲基碳酸酯

续表

缩略语	英文	中文
TOC	Total Organic Carbon	总有机碳
UF	Ultrafiltration	超滤
USEPA	United States Environmental Protection Agency	美国环境保护署
UV	Ultraviolet	紫外线
UVA	Ultraviolet Radiation A	长波紫外线
UVB	Ultraviolet Radiation B	中波紫外线
UVC	Ultraviolet Radiation C	短波紫外线
VUV	Vacuum Ultraviolet	真空紫外线
WHO	World Health Organization	世界卫生组织
XPS	X-ray Photoelectron Spectroscopy	X射线光电子能谱

符号表

符号表	物理意义	单位
$\sum h$	最不利水嘴到净水箱（槽）的管路总水头损失	m
A/S	膜面积	cm^2/m^2
C_f	原液的吸光值/浓度/电导率	/、mg/L、μS/cm
C_p	透过液的吸光值/浓度/电导率	/、mg/L、μS/cm
d	管道的计算内径	m
h_0	最低工作压力	m
H_b	供水泵设计扬程	m
J	通量	$L(m^{-2}h^{-1})$
k	中间变量	
k_j	容积经验系数	
δ_0	膜厚	mm
L	中空纤维膜丝有效长度	m
m	瞬时高峰用水时水嘴使用数量	个
N	系统服务的人数	个
n	水嘴数量	个
n_e	水嘴折算数量	个
P	渗透性	$L(m^{-2}h^{-1}bar^{-1})$
P_n	不多于 n 个水嘴同时用水的概率	
p	水嘴使用概率	
p_e	新的计算概率值	
Q_b	水泵设计流量	L/s
Q_d	系统最高日直饮水量	L
Q_j	净水设备产水能力	L/h
q_0	水嘴额定流量	L/s
q_d	每人最高日直饮水定额	L
q_s	瞬时高峰用水量	L/s

续表

符号表	物理意义	单位
q_x	循环流量	L/h
R	脱盐率	%
T_1	循环时间	h
T_2	最高日设计净水设备累计工作时间	h
V	体积	L
W_d	干重	g
W_w	湿重	g
Z	最不利水嘴与净水箱最低水位的几何高差	m
Δp	跨膜压差	bar
ΔT	时间	h
ε	膜的孔隙率	%
η	纯水粘度	Pa·s
ρ_w	纯水密度	g/cm³

目录
Contents

1 概述 ·· 001
  1.1 饮用水安全的重要性 ··· 004
    1.1.1 水是生命之源 ·· 004
    1.1.2 水与人体健康 ·· 004
    1.1.3 安全饮用水是人类的基本人权 ·· 012
  1.2 我国目前饮用水存在的问题 ·· 015
    1.2.1 水资源严重短缺 ··· 015
    1.2.2 饮用水源污染 ·· 016
    1.2.3 自来水存在的问题 ··· 017
    1.2.4 突发饮用水污染事件 ·· 019
  1.3 管道分质直饮水供水概述 ··· 020
    1.3.1 管道分质供水行业的产生 ·· 020
    1.3.2 管道分质直饮水供水的相关概念 ·· 025
    1.3.3 我国管道分质直饮水供水行业的发展 ··· 027

2 管道分质直饮水供水的法制保障 ·· 031
  2.1 饮用水安全的法制保障 ·· 033
    2.1.1 饮用水安全立法、执法、司法的重要性 ·· 033
    2.1.2 我国现行的生活饮用水卫生法律法规 ··· 034
  2.2 管道分质直饮水供水法律、法规、标准和规范 ······································ 043
    2.2.1 相关法律、法规、标准和规范 ·· 043
    2.2.2 管道分质直饮水水质标准 ··· 045
      2.2.2.1 国际先进水质标准 ·· 045
      2.2.2.2 国内管道分质直饮水相关水质标准 ································· 048
      2.2.2.3 管道分质直饮水与自来水水质标准比较 ·························· 063
    2.2.3 管道分质直饮水供水工程建设标准 ·· 072
      2.2.3.1 管道分质直饮水供水工程建设标准 ································· 072
      2.2.3.2 管道分质直饮水与自来水建设标准的主要差异 ················ 080

3 管道分质直饮水供水技术 ……………………………………………… 083

3.1 预处理技术 …………………………………………………………… 085
3.1.1 预处理目的 ……………………………………………………… 085
3.1.2 预处理技术 ……………………………………………………… 086
3.1.2.1 介质过滤技术 ………………………………………… 086
3.1.2.2 软化水处理技术 ……………………………………… 089
3.1.2.3 精密(微滤)过滤技术 ………………………………… 091

3.2 膜处理技术 …………………………………………………………… 093
3.2.1 分离膜的定义、分类 …………………………………………… 093
3.2.2 饮用水深度处理膜分离技术 …………………………………… 095
3.2.2.1 超滤膜 ………………………………………………… 095
3.2.2.2 纳滤膜 ………………………………………………… 099
3.2.2.3 反渗透膜 ……………………………………………… 110
3.2.3 膜材料的结构表征及性能测试手段 …………………………… 124

3.3 产水后处理技术 ……………………………………………………… 127
3.3.1 pH值调节与矿化技术 …………………………………………… 127
3.3.2 杀菌保鲜技术 …………………………………………………… 129
3.3.2.1 传统杀菌保鲜技术 …………………………………… 129
3.3.2.2 新型杀菌消毒技术 …………………………………… 135
3.3.2.3 管道直饮水杀菌保鲜技术 …………………………… 139
3.3.3 浓水利用技术 …………………………………………………… 140
3.3.3.1 浓水概念 ……………………………………………… 140
3.3.3.2 浓水回用处理技术 …………………………………… 141
3.3.3.3 浓水综合利用技术 …………………………………… 142

3.4 管道保温隔热技术 …………………………………………………… 143
3.4.1 管网冻胀原因 …………………………………………………… 144
3.4.2 管网防寒隔热措施 ……………………………………………… 145

3.5 管道分质直饮水供水自动控制和智慧化管理技术 ………………… 147
3.5.1 自动控制和智慧化管理技术的发展 …………………………… 147
3.5.2 技术思路与实施方式 …………………………………………… 149
3.5.3 管道分质供水自动控制系统 …………………………………… 149
3.5.3.1 控制系统功能 ………………………………………… 149
3.5.3.2 控制系统内容 ………………………………………… 150
3.5.3.3 控制系统的组成 ……………………………………… 151
3.5.4 自动控制系统设计与编程 ……………………………………… 165
3.5.4.1 控制系统电源设计 …………………………………… 165

　　　　3.5.4.2　控制系统核心器件选型 ··· 166
　　　　3.5.4.3　控制系统其他电气设计 ··· 166
　　　　3.5.4.4　控制系统编程与调试 ··· 166
　　3.5.5　管道分质供水远程监控和智慧化管理 ··· 170
　　　　3.5.5.1　在线监测和远程传输技术 ·· 170
　　　　3.5.5.2　远程监控系统要求和智慧化管理目标 ······························ 171
　　　　3.5.5.3　远程监控系统操作 ·· 173
　　　　3.5.5.4　远程监控和智慧化管理产品架构 ····································· 175
　　　　3.5.5.5　远程监控和智慧化管理系统特点 ····································· 177
　　　　3.5.5.6　直饮水智慧化管理平台 ··· 177

4　管道分质直饮水供水工程建设 ·· 179
4.1　概述 ·· 181
4.2　管道分质直饮水供水工程规划 ·· 181
　　4.2.1　工程规划原则和内容 ··· 181
　　4.2.2　单项目规划 ·· 182
　　4.2.3　整城规划 ··· 186
4.3　管道分质直饮水供水工程的设计 ·· 188
　　4.3.1　水处理工艺设计 ··· 189
　　　　4.3.1.1　预处理单元 ·· 189
　　　　4.3.1.2　膜处理单元 ·· 192
　　　　4.3.1.3　后处理单元 ·· 195
　　4.3.2　管道分质直饮水供水工程系统设计及设备选型 ·························· 196
　　　　4.3.2.1　供水方式及水质、水量和水压 ······································· 196
　　　　4.3.2.2　系统设计要求 ·· 199
　　　　4.3.2.3　系统计算 ·· 200
　　　　4.3.2.4　设备选型 ·· 201
　　4.3.3　管道分质直饮水供水净水机房及管网设计 ································· 204
　　　　4.3.3.1　净水机房设计 ·· 205
　　　　4.3.3.2　管网设计 ·· 206
4.4　管道分质直饮水供水工程施工 ·· 215
　　4.4.1　施工准备 ··· 215
　　4.4.2　施工组织设计 ··· 218
　　　　4.4.2.1　组织机构 ·· 219
　　　　4.4.2.2　施工管理制度 ·· 219
　　　　4.4.2.3　施工进度控制 ·· 221

　　　　4.4.2.4　安全文明施工和质量保证措施 ·················· 223
　　4.4.3　管道分质直饮水供水工程设备安装 ·················· 224
　　　　4.4.3.1　一般要求 ·················· 224
　　　　4.4.3.2　净水设备安装准备 ·················· 225
　　　　4.4.3.3　净水处理设备安装 ·················· 226
　　　　4.4.3.4　终端壁挂机安装 ·················· 229
　　4.4.4　管道分质直饮水供水工程管网安装 ·················· 229
　　　　4.4.4.1　管道安装施工 ·················· 229
　　　　4.4.4.2　管道隔热保温 ·················· 233
　　4.4.5　管道分质直饮水供水工程施工安全 ·················· 234
4.5　管道分质直饮水供水工程调试验收 ·················· 234
　　4.5.1　工程调试 ·················· 235
　　　　4.5.1.1　调试准备 ·················· 235
　　　　4.5.1.2　系统调试 ·················· 237
　　4.5.2　工程验收 ·················· 239
　　　　4.5.2.1　验收标准 ·················· 239
　　　　4.5.2.2　验收内容 ·················· 239
　　　　4.5.2.3　资料归档 ·················· 241

5　管道分质直饮水供水工程的运营维护 ·················· 243
5.1　概述 ·················· 245
　　5.1.1　影响运行维护效果的主要因素 ·················· 246
　　5.1.2　运行维护工作原则 ·················· 247
　　5.1.3　与自来水运行维护的对比与改进 ·················· 248
5.2　运营维护内容 ·················· 249
　　5.2.1　水质检验 ·················· 249
　　　　5.2.1.1　检验类型及检验项目 ·················· 249
　　　　5.2.1.2　采样点的设置 ·················· 250
　　　　5.2.1.3　水样的采集与保存 ·················· 250
　　5.2.2　日常维护 ·················· 251
　　　　5.2.2.1　日常巡检 ·················· 251
　　　　5.2.2.2　清洗消毒 ·················· 252
　　　　5.2.2.3　耗材更换 ·················· 255
　　　　5.2.2.4　设施的保养 ·················· 256
　　5.2.3　故障诊断与维修 ·················· 258
　　　　5.2.3.1　维修时间 ·················· 258

		5.2.3.2 设备故障诊断与维修	258
		5.2.3.3 管网的维修	262
5.3	运营维护要求		263
	5.3.1	机构设置	263
	5.3.2	人员要求	263
		5.3.2.1 客服要求	263
		5.3.2.2 维护人员要求	264
	5.3.3	应急保障	264
		5.3.3.1 应急预案	264
		5.3.3.2 应急演练	265
		5.3.3.3 应急处置	265
		5.3.3.4 突发事件评估报告	266
5.4	运营维护质量评价		266
	5.4.1	评价方式	267
	5.4.2	评价指标	267
	5.4.3	工作改进	268

6 管道分质直饮水供水工程行业实践 … 269

6.1	住宅小区管道分质直饮水供水工程		271
	6.1.1	广州白云高尔夫花园管道分质直饮水供水工程	271
		6.1.1.1 系统设计	271
		6.1.1.2 远程实时监控系统	274
		6.1.1.3 系统评价	275
		6.1.1.4 水质评价	279
	6.1.2	南京仁恒国际公寓管道分质直饮水供水工程	285
		6.1.2.1 工程概况	285
		6.1.2.2 工艺设计	285
		6.1.2.3 出水水质	286
		6.1.2.4 自动控制	286
6.2	学校管道分质直饮水供水工程		287
	6.2.1	全国青少年健康饮水工程简介	287
	6.2.2	南京大学仙林校区管道分质直饮水工程	288
		6.2.2.1 项目方案	290
		6.2.2.2 系统设计	291
		6.2.2.3 运营维护	295
	6.2.3	中国矿业大学管道分质直饮水供水工程	298

		6.2.3.1 项目方案 ··· 299
		6.2.3.2 设备选型与管网设计 ································· 300
		6.2.3.3 运营维护 ··· 303

6.3 酒店宾馆管道分质直饮水供水工程 ·· 304
6.3.1 酒店宾馆管道分质直饮水供水项目特点 ······················· 304
6.3.2 华西龙希国际大酒店管道分质直饮水供水工程 ············ 304
6.3.2.1 工程概况 ··· 304
6.3.2.2 系统设计 ··· 304
6.3.3 杭州国际博览中心北辰大酒店管道分质直饮水工程 ····· 305
6.3.3.1 工程概况 ··· 305
6.3.3.2 水处理工艺 ·· 306

6.4 办公楼管道分质直饮水供水工程 ·· 307
6.4.1 办公楼管道分质直饮水供水项目特点 ··························· 307
6.4.2 中国建筑设计研究院管道分质直饮水供水工程 ············ 307
6.4.2.1 整体方案及设备选型 ································· 308
6.4.2.2 水处理工艺 ·· 308
6.4.2.3 在线监测 ··· 309
6.4.2.4 管网设计 ··· 312
6.4.3 新华报业大楼管道分质直饮水供水工程 ······················· 313
6.4.3.1 项目方案 ··· 313
6.4.3.2 净水工艺设计 ·· 315
6.4.3.3 自动控制系统 ·· 315

6.5 医院管道分质直饮水供水工程 ·· 315
6.5.1 医院管道分质直饮水供水项目建设的必要性 ················ 315
6.5.2 山东滨州医学院附属医院管道分质直饮水供水工程 ····· 316
6.5.2.1 项目概况 ··· 316
6.5.2.2 系统设计 ··· 316
6.5.2.3 设备选材选型 ·· 320
6.5.2.4 节能环保性 ·· 320

6.6 监狱、看守所管道分质直饮水供水工程 ······································· 321
6.6.1 监狱、看守所项目特点 ·· 321
6.6.2 江苏省某监狱管道分质直饮水供水工程 ······················· 322
6.6.2.1 系统方案 ··· 322
6.6.2.2 工艺流程和设备配置 ································· 322
6.6.2.3 管网设计 ··· 324
6.6.3 贵阳市第一强制隔离戒毒所管道分质直饮水工程 ·········· 326

6.6.3.1	系统方案	326
6.6.3.2	净水工艺	326
6.6.3.3	自动控制系统	326

附录 328

附录1　WHO《饮用水水质准则》第四版 328

附录2　欧盟《饮用水水质指令》2020年版附录Ⅰ 331

附录3　美国《国家饮用水水质标准》2018版 335

附录4　日本《饮用水水质基准》2020版 339

附录5　《生活饮用水卫生标准》(GB 5749—2022)主要指标及限值 344

附录6　《城市供水水质标准》(CJ/T 206—2005)非常规检验项目 351

附录7　《建筑与小区管道直饮水系统技术规程》(CJJ/T 110—2017) ... 353

参考文献 369

1

概述

水是生命之源,是构成人类机体的基础,是人类生存和发展不可替代的资源。水和人体健康的关系十分密切,人体需要的水是安全卫生的水,安全的饮用水是人类的基本需求。饮用水安全问题,直接关系到广大人民群众的健康。

我国是一个资源丰富的国家,水资源储量总体上十分丰富,但是人均水资源占有量却很少,分布不均匀,很多地区缺水较为严重[1]。而且,我国许多地区的水质达不到饮用水的标准,其中的有害物质含量过高,如某些地区典型的高氟水、高砷水。尤其是在广大农村地区,饮用水是直接采自于自然界当中的水,没有经过技术处理,当地人口长期饮用这些不符合标准的水,导致健康受损。自来水的传统水处理工艺,也难以除去原水中已经存在的有毒有害物质。

随着工业化进程的加快,我国的自然环境也经历了一个恶化的过程,尤其是水源污染问题十分严重,许多饮用水源的水质降低。而目前的自来水在处理、输送、二次供水、到达供水末梢等过程中,因为输水管网的老化、陈旧、耗损和水处理技术的落后等原因,往往被二次污染。

与此同时,饮用水处理的应急能力不足,突发性饮用水污染事件时有发生。饮用水安全的突发事件多数是由于突发性的污染物质泄漏、排放等因素,导致水质瞬间恶化,威胁公共水源地和输水管道,使大量人口短时间内无法获得干净、安全的饮用水,容易引发社会混乱。我国公共供水系统应急能力仍不能满足社会需求,大多数城市的供水仍然采用单一水源,后备水源不足,且应急机制不完善,应急预案不落实,一旦发生突发事件,居民饮水受影响较大,波及范围较广,严重的可能引发社会危机[2]。饮用水保障和应急供水体系的建设是以人为本理念真正落到实处的一项紧迫任务。

近年来,随着对外开放和各方面与国际接轨的要求,我国卫生和建设行政主管部门针对饮用水水质发布了更高的标准。随着人民生活水平的提高,居住条件的不断改善,市民对饮用水水质也提出了较高的要求。市民已不再满足于水量、水压的充足,开始要求饮用水的口感、安全、健康等。提高饮用水水质,已经成为城市居民迫切的需要。

长期以来,我国城市供水系统都采用统一给水方式,即不管什么用途都按照生活饮用水标准供给。在过去经济不发达时期,用水量不大、用途种类单一,采用这种方式是可行的。如今,优质水资源十分紧缺,而水用途日趋多样化,仍采用统一供水方式,既是对水资源的极大浪费,也是对人力、物力与能源的浪费。为此,实施分质供水势在必行[3]。

分质供水,简单地说就是按照"优质优用,低质低用"的原则,根据水的不同用途提供不同质量水源的供水方式[3]。我国目前所推行的分质供水形式被称为管道分质直饮水供水(Pipe Dual Water Supply for Direct Drinking Water),这是将自来水进一步深度处理、加工和净化后,在原有的自来水管道系统上,再增设一条独立的优质供水管道,将水输送至用户家中供居民直接饮用的供水方式[4]。实施管道分质直饮水供水是确保人民身体健康的一种供水方式,可有效优化配置水资源,更符合节约资源和能源的要求。

1.1 饮用水安全的重要性

1.1.1 水是生命之源

1) 水是人类生存和经济发展的基础

水为地球上的一切生物所必须,是生命之源[1]。水的存在维持了生态系统的平衡,保证了人类获得所需的食物。在社会发展和科技进步的进程中,人们择水而居,逐步形成村庄、乡镇和城市,并得以生存发展。

人类在生活中除了饮用水的需求外,保障个人卫生、改善环境卫生、绿化和改良环境气候等方面都需要水,工农业生产需水量更大,水已经成为基础性的自然资源和战略性的经济资源[2]。

生活饮用水的需求量由于地区气候、卫生设施状况和科技水平等有较大差异。饮用水的水质、用量,水资源的利用和保护,是衡量一个国家经济发展水平、生活质量的重要指标。

2) 水是人体构造的主要成分

水是保持人体每个细胞外形及构成每一种体液所必需的物质。水是人体中含量最多的成分,人体内含水量与年龄和性别有关。成年男子身体含水量约为体重的60%,女子为50%~55%,年龄越小,含水量越多。胚胎含水量可达体重的98%,新生儿可达80%左右,10~16岁以后,逐渐接近成人水平[5]。

人体内的水,分为细胞内液和细胞外液,两者被细胞膜隔开。细胞内水含量约为机体总水量的2/3,细胞外水含量约为机体总水量1/3[5]。水在人体内有两种存在形式:一部分与体内的蛋白质、氨基酸、遗传物质(脱氧核糖核酸)有机结合,参与这些生命物质的生化活动和生理活动,称为结合水[6];另一部分以游离的形式存在,自由流动,称为自由水[7]。自由水是良好的溶剂,许多物质都能溶解在自由水中。随着体内代谢活动的进行,结合水与自由水可相互转变。

1.1.2 水与人体健康

1) 水在人体内的生理功能

(1) 参与食物的消化和吸收

摄入体内的营养物质,都必须通过水运送到机体各部分进行代谢、发挥作用,所以,水为营养物质的载体[8]。人体消化系统每日会分泌许多液体,水在消化系统循环,使食物得以消化吸收。

(2) 参与体内物质代谢及代谢产物的排泄

体内的一切生化反应都是在液体中进行的,没有足够量的水,代谢将发生紊乱或停止。肾脏是人体代谢产物的主要排泄器官,体内的代谢产物经血液带入肾脏,经肾小球而滤入肾小管内,肾小管再将大量水分和非代谢产物回收到血液中,代谢产物与少量水分以尿的形式排出体外。

（3）调节体温

水是导热体，借助于血液循环为体内输送营养和排泄代谢产物的同时，还可调节和保持身体表里的温度，尤其在高温环境或体内产热过量时，借助于皮肤出汗而降低体温。

（4）润滑组织和关节，滋润皮肤

水在体内可润滑组织，保持关节、腱鞘、器官的润滑及柔和；滋润皮肤，保持皮肤不干燥，排毒、养颜。

（5）水的防病保健作用

中国营养学会的《中国居民膳食指南（2022）》准则六中提出，要规律进餐，足量饮水：在温和气候条件下，低身体活动水平成年男性每天适宜的水摄入量为1 700 mL；女性每天适宜的水摄入量为1 500 mL。应少量多次主动喝水[9]。喝水可以在一天的任意时间，每次1杯，每杯约200 mL。可早、晚各饮1杯水，其他时间里每1～2小时喝一杯水。足量喝水可以保持机体处于适宜的水合状态，维护正常生理功能。建议饮水的适宜温度在10～40℃。

事实上，水的防病作用在公共卫生突发事件中已得到普及强化。例如：世界卫生组织2009年4月公布的"公众防范甲型H1N1流感注意事项"中把"喝大量的水"列入其中[10]。在平时，多喝水可以预防多种病症，并可作为辅助治疗措施之一[11]。例如：感冒时要比平时喝更多水，因为当人感冒发烧的时候，人体出于自我保护机能的反应而调节自身温度，这时就会有出汗、呼吸急促、皮肤蒸发的水分增多等代谢加快的表现，病人也会有渴的表现，这时就需要补充大量的水分。多喝水不仅促进出汗和排尿，而且有利于体温的调节，促使体内细菌、病毒等加速排泄[12]。再如睡前喝一杯水有利于心脑血管疾病的预防，因为当人熟睡时，由于出汗，身体内的水分流失，造成血液中的水分减少，血液黏稠度增高，所以心脏病人容易在凌晨发生心绞痛、心肌梗死等情况。如果心脏不好，应养成睡前饮一杯水的习惯，可以降低血液的黏稠度，减少心脏病突发的危险。同样，早晨起来喝一杯水，白天多喝水，可稀释血液黏稠度，有利于心脑血管疾病的预防。

总之，多喝水可防病并可作为某些疾病的辅助治疗措施这一客观事实，正在逐步被广大民众所认识和应用。

（6）改善和提高生活质量

优质充足的生活用水，既能防病，又提高了人们的生活质量。优质的生活用水水量充足，取用方便，有利于个人卫生习惯的形成。如勤洗手，若能坚持做到，则对肠道传染病和肠寄生虫病的控制有十分重要的作用[13]；经常淋浴和洗衣服可预防皮肤病和体外寄生虫传播的疾病（如虱子传播的回归热和斑疹伤寒）。良好的生活用水供应对预防沙眼和结膜炎也有明显的作用[14]，如20世纪70年代初台湾农村调查结果显示：自来水入户的人群中沙眼罹患率为14.5%，而由室外汲水的人群罹患率高达24.1%。另据调查，住宅内有上下水卫生设施的居民，其肠道传染病的发病率是取水和厕所均在室外居民的1/5。人们在享受优质饮用水的同时，充足的供水用于沐浴、洗衣、清洗炊具、环境清扫，可提高个人卫生和生活质量。

2）饮用水污染引起的疾病与危害

水能载舟，亦能覆舟。一方面，符合标准的安全饮用水可对人类起到防病、保健、改善和提高生活质量的积极作用;但另一方面,受含有病原体的人畜粪便污染的饮用水则会引起多种介水传染病[15]。受有毒有害化学物质污染的饮用水能引起人群急慢性中毒,引发公害病,乃至致癌、致畸、致突变[16],并危害下一代健康。富营养化水体中的藻类及其毒素,不仅会破坏水体生态环境,某些藻类产生的毒素也可引起人体中毒,甚至死亡[17]。

(1) 介水传染病

介水传染病(Water-borne Communicable Diseases)是通过饮用或接触受病原体污染的水而传播的疾病,又称水性传染病[18]。其中通过饮用水途径传播的,主要为介水肠道传染病。其主要发生原因是水源受病原体污染后,未经妥善处理和消毒即供民众饮用,或处理后的饮用水在输配水和贮水过程中被病原体污染[19]。地面水和浅井水较易受病原体污染而导致介水传染病的发生。

介水传染病一旦发生,危害较大,因为饮用同一水源的人较多,短期内出现大量病人,多数患者发病日期集中在同一潜伏期内,可呈暴发式流行。

① 病原体引起的介水传染病

世界卫生组织指出,发展中国家80%以上疾病与水污染有关[20]。2008年3月22日世界水日前,联合国曾说:"在发展中国家,有超过200万人(其中大多数是儿童)每年死于与饮水不洁有关的疾病。"为此,世界卫生组织近十几年来,加强了对水源性疾病病原体危险性评价的研究,在《饮用水水质准则》(第四版)[21]中列出了通过水传染疾病的41种水源性疾病病原体,其中细菌性病原体19项,病毒7项,原虫11项,寄生虫4项,见表1.1。

表1.1 水源性疾病病原体及其在水供应中的重要意义

病原体	对健康重要性	在供应水中持久性[a]	对氯的耐受力[b]	相对传染性[c]	重要的动物源
细菌(19项)					
不动杆菌属	高	中等	低	中等	否
气单胞菌	高	中等	低	低	否
芽孢杆菌属	中等	长期	高	低	否
类鼻疽伯克霍尔德氏菌	高	可繁殖	低	低	否
空肠弯曲杆菌,大肠杆菌	高	中等	低	中等	是
致病性埃希氏大肠杆菌[d]	高	中等	低	低	是
幽门螺杆菌	高	短期	低	高	是
克雷伯氏菌	高	可繁殖	中等	低	否
肠出血性大肠杆菌	高	中等	低	高	是
军团菌属	高	可繁殖	低	中等	否
非结核型分枝杆菌	低	可繁殖	高	低	否
绿脓杆菌[e]	中等	可繁殖	中等	低	否
伤寒杆菌	高	中等	低	低	否
其他沙门氏菌	高	可繁殖	低	低	是
志贺氏菌属	高	短期	低	高	否
金黄葡萄球菌	高	中等	高	中等	是
冢村菌属	高	中等	中等	低	否
霍乱弧菌	高	短到长期	低	低	否
耶尔森菌	高	长期	低	低	是

续表

病原体	对健康重要性	在供应水中持久性[a]	对氯的耐受力[b]	相对传染性[c]	重要的动物源
病毒(7项)					
腺病毒	中等	长期	中等	高	否
星状病毒	中等	长期	中等	高	否
肠道病毒	高	长期	中等	高	否
甲型肝炎病毒	高	长期	中等	高	否
戊型肝炎病毒	高	长期	中等	高	可能
类诺沃克病毒和札幌病毒	高	长期	中等	高	可能
轮状病毒	高	长期	中等	高	否
原虫(11项)					
棘阿米巴属	高	可繁殖	高	高	否
结肠小袋纤毛虫	高	中等	高	高	是
人芽囊原虫	高	长期	高	高	是
微小隐孢子虫	高	长期	高	高	是
环孢子虫	高	长期	高	高	否
痢疾阿米虫	高	中等	高	高	否
肠贾第虫	高	中等	高	高	是
贝利等孢球虫	高	中等	高	高	否
微孢子虫	高	中等	低	高	否
福氏耐格里阿米巴	高	可繁殖[f]	低	中等	否
刚地弓形虫	高	长期	高	高	是
寄生虫(4项)					
麦地那龙线虫	高	中等	中等	高	否
片吸虫属	高	中等	高	高	是
非寄生线虫	高	短期	中等	高	否
血吸虫属	高	短期	中等	高	是

注：流行病学调查和病史资料已证实了上述病原体经水传播这一事实，部分致病事例显示，在符合条件的宿主身上的确引发了相应的疾病。对接触已知数量病原体的志愿者们进行的实验研究提供了有关信息。由于大多数研究针对成年健康志愿者，所以这些数据只适用于部分接触病原体的群体，至于外推到更敏感人群，则有待于进一步的研究。

　　a. 在20℃水中，传染期的检测时段：短期，少于一周；中等，一周至一月；长期，一月以上。

　　b. 按常规剂量和常规接触时间进行水处理时，处于传染期的病原体游离分布于水中。中等耐力指病原体可能没有被完全破坏。

　　c. 来自志愿者试验或流行病学依据。

　　d. 包括肠道病原体、肠道产毒性及肠道侵袭性病原体。

　　e. 主要感染途径为皮肤接触，但也可能经口感染免疫力低下者或癌症病人。

　　f. 在温水中。

　　引自：WHO《饮用水水质准则》(第四版)

到发稿时为止，发展中国家通过水传播的霍乱、伤寒、细菌性痢疾、甲型肝炎、戊型肝炎等肠道传染病仍时有发生[22]，甚至出现了一定范围内的暴发流行。2019年世卫组织报告的全球霍乱病例数923 037例，死亡1 911人，其中，也门的病例数为861 096例，占2019年全球报告病例的93%[23]；据估计，截至2019年，全世界每年有900万人患伤寒，11万人死于伤寒，在缺乏安全饮用水和适当卫生设施的人群中，儿童患疾的风险最高。因此，致病微生物的污染危害仍是发展中国家突出的水污染问题。

在发达国家，水源性疾病病原体污染虽已不是严重的卫生问题，但仍受到人们的高度重视[24]，例如1997—1998年美国共有13个州报道17次与饮用水有关的介水传染病暴发事件，2 038人患病；同期，美国共有18个州报道了32次与娱乐用水有关的水传染性疾病暴发事件，有2 128人发病，5人死亡，病原体包括宋内志贺菌、致病性大肠杆菌O$_{157}$；

H₇、隐孢子虫、假单胞菌、阿米巴原虫等。根据美国疾病预防控制中心疫情报告系统的数据，美国在1971—2020年间，因饮用水中致病微生物（包括14种细菌、3种病毒和5种原虫）污染共引起675起疫情，累计造成497 140人患病，276人死亡[25]。

我国经过几十年的努力，城乡供水能力大为改善，水源性疾病病原体污染所引起的介水传染病发病率有了大幅度的下降，但仍是人类健康的主要威胁之一。介水传染病的污染事件也时有发生，每年均有几十起。主要源自分散式供水不消毒和已建自来水厂的净水和消毒不规范[26]；部分自来水管网老化陈旧、渗漏、受含病原体污水污染[27]；城镇二次供水、蓄水池的溢流管和下水道污水相通，含病原体的污水倒灌蓄水池，多次致同一居住区内介水传染病暴发流行；对含病原体的医院污水消毒、管理不力，污染了饮用水源水，又不经消毒或消毒不到位，致居民区介水传染病（主要是霍乱、伤寒、痢疾、甲型肝炎、戊型肝炎、腹泻）暴发流行。根据流行病学调查，甲型肝炎的感染常因年龄与地区的不同而异，年龄越大，感染率越高，且农村高于城市，一般为50%～80%。据此推算，中国有7亿～8亿人感染过甲型肝炎。戊型肝炎的特异性诊断方法尚未普及，因此其在国内流行情况尚不清楚，根据各地的报告，已有吉林、辽宁、河北、山东、内蒙古和新疆6个省、自治区有该病流行过。其流行多与水源被粪便污染有关，少数是通过污染食物而传播的。国内戊型肝炎流行最严重的地区是新疆的南部，波及3个地州23个城镇，曾持续流行20个月，发病人数达12万之多。

值得注意的是，个别桶装水的污染事件也引起过介水传染病的暴发流行。例如，2008年4月7日，贵州省卫生厅发出公告：3月下旬以来贵阳某学院已确诊甲型肝炎患者111例，引发疫情的是学生饮用了某品牌桶装矿泉水，生产企业被勒令停业。目前我国对来自深层地下沿岩石裂隙向地面自流的矿泉水开发生产甚多，该类水源水集中存放于地面，如果水源地卫生防护工作不力，水源受到含病原体的人畜粪便污染风险较高。加上矿泉水生产中的净化、消毒不彻底，则有可能导致成品中含病原体，使饮用者患病。该案例警示我们必须加强对矿泉水水源地的卫生防护和水处理的净化消毒，严防桶装水引起介水传染病的暴发流行。

② 我国法定的介水传染病

鉴于介水传染病对民众健康的危害，我国以法律形式强制保障防治介水传染病措施的实施。《中华人民共和国传染病防治法》（根据2013年6月29日第十二届全国人民代表大会常务委员会第三次会议《关于修改〈中华人民共和国文物保护法〉等十二部法律的决定》修正）[28]第一章第三条规定：传染病分为甲类、乙类和丙类。甲类传染病是指：鼠疫、霍乱。乙类传染病是指：传染性非典型肺炎、艾滋病、病毒性肝炎、脊髓灰质炎、人感染高致病性禽流感、麻疹、流行性出血热、狂犬病、流行性乙型脑炎、登革热、炭疽、细菌性和阿米巴性痢疾、肺结核、伤寒和副伤寒、流行性脑脊髓膜炎、百日咳、白喉、新生儿破伤风、猩红热、布鲁氏菌病、淋病、梅毒、钩端螺旋体病、血吸虫病、疟疾。丙类传染病是指：流行性感冒、流行性腮腺炎、风疹、急性出血性结膜炎、麻风病、流行性和地方性斑疹伤寒、黑热病、包虫病、丝虫病、除霍乱、细菌性和阿米巴性痢疾、伤寒和副伤寒以外的感染性腹泻病。其中介水传染病有8种，即甲类传染病中的霍乱；乙类传染病中的病毒性肝炎（其中甲型肝炎、戊型肝炎为介水传染病）、脊髓灰质炎、细菌性和阿米巴性痢疾、伤寒和副伤寒、钩端螺旋体病、血吸虫病；丙类传染病中的感染性腹泻病。上述8种法定介水传染病中，钩端螺旋体病和血吸虫病主要通过皮肤接触含病原体的水感染[29]；其他6种介水传染病主要经口摄入含病原体的水感染。

2021年全国共报告法定传染病发病人数6 233 537人，其中介水传染病发病人数1 425 882人，占22.9%（见图1-1）。介水传染病中以其他感染性腹泻与细菌性和阿米巴性痢疾的发病人数最多（见图1-2）。

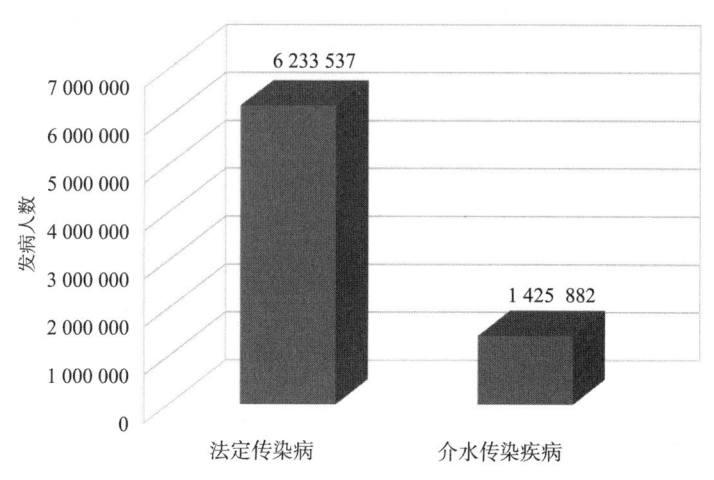

图 1-1　2021年我国法定传染病及介水传染病发病人数

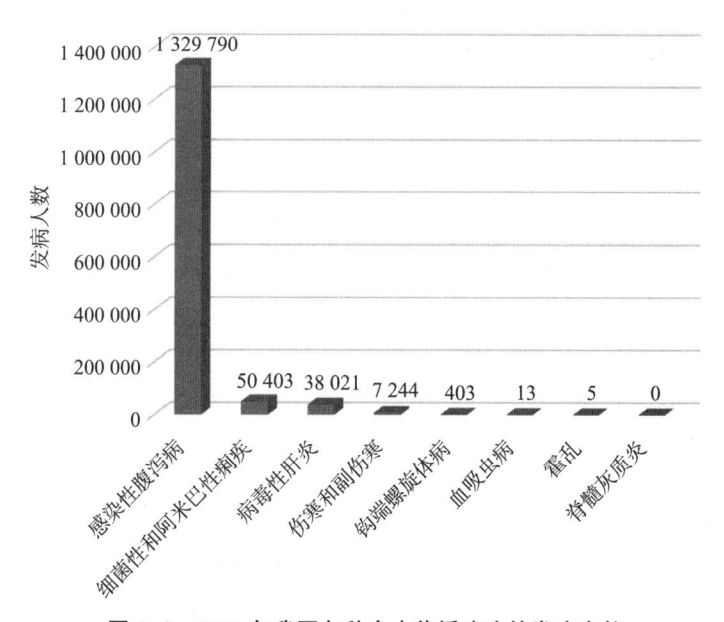

图 1-2　2021年我国各种介水传播疾病的发病人数

（2）化学污染引起的疾病和危害

① 急慢性中毒和公害病

随着全球经济的飞速发展，水中化学污染问题日益突出。据WHO资料，全世界水体中已检测出2 221种化学物质,其中饮用水中有害的有机污染物765种[30]。这些化学物质在水中残留时间长,多数不易被降解,可直接对人体产生毒害作用。高浓度短时间作用于人体可产生急性毒性作用;低浓度长时间作用于人体可产生慢性毒性作用,甚至引起公害病。如20世纪40年代至60年代,日本富山县神通川上游铅锌矿的选矿废水和废渣中的重金属镉污染河水,经十余年流行病学调查,证实饮用受镉污染的水能引起慢性中毒。患者疼痛不堪,严重者全身骨折,称为"痛痛病",被定为日本的第1号公害病[31]。

又如公害病之一"水俣病",由日本水俣化工厂排出的含汞废水污染所致,水俣病患者的大脑中甲基汞含量较高,引起听觉、视觉、运动障碍,患者痛苦不堪,生不如死,当地甲基汞中毒的猫则集体跳海"自杀"[32]。更严重的是甲基汞可通过胎盘屏障进入胎儿脑组织,从而对发育中的脑组织产生更严重的损害,引发先天性水俣病,严重影响下一代健康。我国松花江也曾受到上游化工厂排出的汞的污染,沿岸居民和渔民曾出现过慢性甲基汞中毒的轻微症状。经过几十年的努力,日本的水质已有了好转,但公害病的教训应为世人所牢记,成为全人类的财富,并将防治水污染付诸实际行动。

② 远期危害——致癌、致畸、致突变

WHO进一步调查表明,目前从饮用水中检出的765种有害有机物中,确认致癌物20种,可疑致癌物23种,致突变物56种,促癌剂18种。其中一些化学污染物还是环境内分泌干扰物,它能改变人机体内分泌功能[33]。人群流行病学调查表明,环境内分泌干扰物能引起人类的生殖障碍、发育异常及引发某些癌症,如乳腺癌、睾丸癌、卵巢癌,并引起男性精子数下降、孕妇早产,增加新生儿先天缺陷的风险。

(3) 生物地球化学特征引起的地方病

由于某一区域自然界的水和土壤中某种化学元素过多或过少,使当地动物和人群中发生特有的疾病,称为生物地球化学性疾病(又称"地方病")。这些化学元素在人体内含量虽然很少,却是人体中激素、酶和维生素的组成成分或是人体组织和器官不可缺少的成分。因此,过多或过少,均可引起疾病。

我国常见的与饮用水有关的生物地球化学性疾病为:地方性氟中毒[34]、地方性砷中毒和地方性甲状腺肿。

① 地方性氟中毒

地方性氟中毒是人体从水、食物、空气中摄入过量的氟而引起的一种慢性全身疾病,主要表现为氟斑牙和氟骨症[34]。氟斑牙主要表现为门牙出现釉斑,牙齿表面粗糙无光泽,严重时牙面磨损、碎裂并脱落。氟骨症主要表现为四肢、脊柱关节持续疼痛,关节僵硬,骨骼变形,甚至瘫痪。

虽然摄入人体的氟来源较多,但由于水中氟化物具有易溶性,吸收率可达90%以上,因此是体内氟化物的主要来源[35]。我国地方性氟中毒主要属饮水型。氟骨症的患病率与饮水中的氟含量呈正相关关系,饮水中氟含量低于3.0 mg/L时,氟骨症病情较轻;氟含量在4.0 mg/L以上时,氟骨症患病率增高;当饮水中氟含量高于10.0 mg/L时,氟骨症患病率明显增高,严重可致患者残疾。地方性氟中毒在我国分布广泛,除上海市、海南省外的各省、直辖市、自治区均有病区,病区人口总数达8 561万。

② 地方性砷中毒

地方性砷中毒是由于饮用含砷量高的水而引起的一种地方病[36]。主要表现为末梢神经炎,皮肤色素沉着,手掌和脚掌皮肤高度角化,严重者可致皮肤癌。由于砷进入机体后引起四肢(尤其是下肢)血管神经紊乱,使肢体血管痉挛,最后完全阻塞,导致皮肤变黑坏死,因此该病又称"黑脚病"。

饮水性地方性砷中毒在我国分布于8个省市自治区(内蒙古、山西、新疆、吉林、宁夏、青海、安徽、北京),受影响人口234万3千余人,确诊砷中毒一千余人。内蒙古、山西为饮水性地方性砷中毒重病区。

③ 地方性甲状腺肿

地方性甲状腺肿的主要发病原因是水和土壤中缺乏碘[37]。该病的主要临床特征是甲状腺肿大,严重流行地区儿童可发生地方性克汀病,病人矮小、聋哑,智力低下。病区的土壤、饮用水、食品中碘的含量普遍偏低。饮水中碘含量越低,该病发病率越高,饮水中碘含量低于 10 μg/L 时,就有可能发生地方性甲状腺肿;饮水中碘含量低于 4 μg/L 时,地方性甲状腺肿的患者明显增多;碘含量低于 2 μg/L 时,居民中甲状腺肿患者可达 50%,饮水中碘含量高时该病患病率较低。但当饮水中碘含量过高(大于 90 μg/L)时,甲状腺肿患病率反而升高。说明摄入过多的碘可能导致抑制甲状腺素的生成和释放。防治地方性甲状腺肿的主要办法是食用碘制剂和含碘多的海产品,大面积预防可采用食盐加碘的办法。除上海市无地方性甲状腺肿流行外,我国其余省、市、自治区均有不同程度的流行,病区人口总数达 37 864 万人。

(4) 其他

① 藻类污染引起的危害和疾病

近年来,受有机物污染的水体富营养化的危害日趋严重。在富营养化水体中藻类大量繁殖聚集,浮于水面可影响水的感官性状,使水质发出异味[38]。藻类产生的黏液黏附于水生动物的鳃上,影响其呼吸,导致水生动物窒息死亡。如夜光藻对养殖鱼类的危害极大,有的赤潮藻大量繁殖时分泌的有害物质如硫化氢、氨等可破坏水体生态环境[39],并可使其他水生生物中毒及生物群落组成发生异常。藻类大量繁殖死亡后,在细菌分解过程中不断消耗水中的溶解氧,使氧含量急剧降低,引起鱼、贝类等因缺氧而大量死亡[40]。许多国家的近海水域均有赤潮发生。2012 年,米氏凯伦藻赤潮在中国的沿海水域破坏鲍鱼养殖造成的经济损失约 20 亿人民币。2015 年在美国和墨西哥沿岸暴发了大规模拟菱形藻赤潮,其 6 月份在加州近海开始形成,逐渐向北,8 月份已蔓延至加拿大哥伦比亚省的北部沿海,其规模之大前所未有[41]。

有些藻类能产生毒素,如麻痹性贝毒、腹泻性贝毒、神经性贝毒等,而贝类(蛤、蚶、蚌等)能富集此类毒素[42,43],人食用毒化了的贝类后可发生中毒甚至死亡。2011 年 5 月,浙江和福建两省共有 200 多人因食用含高浓度大田软海绵酸和鳍藻毒素的贻贝而中毒。2016 年发生在河北秦皇岛的海产紫贻贝麻痹性贝类毒素含量超标事件,导致 10 余人中毒,其中 2 人死亡[44]。

我国富营养化淡水湖泊中的蓝藻是主要的产毒门类,已知的产毒种属有 40 多种,其中铜绿微囊藻产生的微囊藻毒素和泡沫节球藻产生的节球藻毒素是富营养化水体中含量最多、对人体危害最大的两类毒素[45]。当前,对微囊藻毒素-LR(Microcystin-Leucine Arginine,MC-LR)的研究较为深入,研究表明,MC-LR可致野生动物和家畜中毒死亡,病理检查见有肝脏充血、水肿,肝小叶中央坏死,肝细胞和肝内皮细胞破坏。研究还表明,微囊藻毒素-LR是一种促癌剂[46]。藻类毒素一旦进入饮水中,一般的供水净化处理和家庭煮沸均不能使之彻底去除,所以藻类毒素已受到人们的高度重视。

② 军团病

1976年在美国费城退伍军人大会期间,暴发了类似肺炎的传染病,患者体内分离得到的致病菌菌株称为军团菌,此类传染病称为军团病[47]。

流行病学调查和动物试验表明,军团菌可在污染了的空调冷却水或饮用水管网水中检出,在湖泊、溪流、水库和污水中也能检出。军团菌在水中存活时间较长,在自来水中约能存活1年,河水中约能存活3个月,即使在蒸馏水中也可存活数周。主要传播途径为空气传播,经气溶胶被人体吸入[48]。

军团病在我国各地城乡都有存在,主要由空调冷却水经气溶胶传播。对公众健康的影响中等,以亚临床感染为主。在建筑物中通过有效的水质管理和落实《公共场所集中空调通风系统卫生规范》措施,通过管道输配系统中消毒剂残留量的维持可预防军团病的发生。

1.1.3 安全饮用水是人类的基本人权

1) 全球关注饮用水安全

(1) 联合国、世界卫生组织、国际社会关注饮用水安全

联合国在第四十七届联合国大会上正式提出"提供安全饮用水是人类的基本需求,是人类的基本人权[49]。"这一理念,并要求各成员国立法从保障人权高度开展饮用水安全工作,同时由联合国倡导开展安全饮用水相关的全球性活动:如每年3月22日的"世界水日";"千年发展目标"强调人人都应享有安全饮用水和适当的卫生;"2005—2015'生命之水'国际行动十年"等。世界银行和国际货币基金组织加大对发展中国家饮用水工程的经费和技术支持,其中从20世纪80年代联合国"环境卫生十年活动"就开始对我国农村改水提供贷款服务。世界卫生组织从20世纪70年代开始组织研究制订,并不断修改出版《饮用水水质准则》,并要求各成员国依据此结合本国实际制订具有法律效力的饮用水水质标准。

国际上,美国、日本、澳大利亚、欧盟等国家或组织的保障饮用水安全工作较为先进。第一,这些国家都有专门的法律,以法律来强制保障安全饮用水标准的实施。如美国《安全饮用水法》、日本《水道法》、加拿大《安全饮用水法》[50],欧盟各国以《德国饮用水条例》为蓝本[51]。特别是澳大利亚各州都有饮用水的法规,并以此为专题开展全民法制教育,提高法制意识,全国上下视水为"生命的血液"一样保护饮用水水源,禁止未经处理的污水排入河道,连落叶、枯草都要设拦截板防止其卷入水中。其立法思想不仅单纯保护人体健康,同时兼顾生态平衡和可持续发展。第二,这些国家自来水厂的建设、管理以政府为主导。投资也是以政府为主、市场运作为辅,合理收取水费。在管理方面,澳大利亚从上到下建立部长级理事会、社会咨询委员会和执行委员会三个层次的饮用水政府管

理机构[52],澳大利亚人把对饮用水安全的信任和对政府的信任捆绑在一起,相信政府提供的饮用水肯定是安全的,能放心直接饮用。第三,这些国家不单重视饮用水水源的选择保护,对自来水厂水质净化和管理,管网的保护,取水、制水、输配水各环节的安全都非常重视,使供应的自来水都达到可直接饮用的水平;同时也根据民众提高水质的要求和可能的薄弱环节,重视水质处理器的应用和管理。美国国家卫生基金会(National Sanitation Foundation, NSF)有严格的水质处理器质量标准[53]。另外,美国的自来水协会,日本的水道协会等饮用水相关的行业协会在行业自律、协助饮用水安全管理等方面发挥着重要作用。总之,这些国家都认识到饮用水安全的重要性,都在千方百计保障民众喝上安全饮用水。

(2) 世界水日

根据联合国《21世纪议程》第18章有关水资源保护、开发管理的原则,1993年1月18日,联合国第47次大会通过了193号决议,决定从1993年开始,确定每年的3月22日为"世界水日"[54]。决议提请各国政府根据自己的国情,在这一天开展一些具体的宣传活动,以提高公众意识。中国政府水行政主管部门考虑到"世界水日"与"中国水周"的宗旨和内容基本相同,从1994年开始把中国水周的时间改为3月22日—28日,围绕每年的主题,开展各种活动,以进一步提高全社会关心水、爱惜水、保护水和水忧患意识,促进水资源的开发、利用、保护和管理,加强饮用水的保障工作。每年的主题均直接或间接与饮用水有关。如:世界水日主题2013年为"水合作(Water Cooperation)",2013年我国"世界水日"和"中国水周"活动的主题是"节约保护水资源,大力建设生态文明";2021年世界水日主题为"珍惜水、爱护水(Valuing Water)",2021年中国水周主题为"深入贯彻新发展理念,推进水资源集约安全利用"等等。当前,公众对于确保饮水安全,遏制水污染,破解用水短缺等问题非常关注。

2) 我国政府高度重视饮用水安全保障

饮用水与健康的密切关系,我国饮用水安全的严峻形势,饮用水知识盲区的潜在危害,促使各级政府重视饮用水安全保障工作[55]。2019年,国务院发布《国务院关于实施健康中国行动的意见》《健康中国行动(2019—2030年)》等相关文件,指出政府行动要加大饮用水工程设施投入、管理和维护,保障饮用水安全,明确健康环境促进行动目标为"到2022年和2030年,居民饮用水水质达标情况明显改善并持续改善"[56]。

(1) 党中央、国务院高度重视饮用水安全问题

党中央、国务院高度重视饮用水安全问题,党和国家领导人多次批示:"要增强紧迫感,深入调研,科学论证,提出解决方案,必须认真加以解决,使群众喝上'放心水'""无论有多大困难,都要想办法解决群众的饮水问题,绝不能让群众再喝高氟水"等。

由国家发改委牵头,召集与饮用水安全密切相关的水利部、建设部、国家环保总局(现生态环境部,下同)、卫生部(现卫计委,下同)等多次研究讨论全国的饮用水安全保障工作,在此基础上,国务院办公厅于2005年8月17日下发国办发〔2005〕45号文件,《关于加强饮用水安全保障工作的通知》[57],2005年9月24日《人民日报》发表评论员文章"让群众喝上放心水",全文刊登了上述通知。《住房城乡建设部国家卫生计生委关于修改〈生活饮用水卫生监督管理办法〉的决定》经住房城乡建设部常务会议、国家卫生计生委委主任

会议审议通过,于 2016 年 6 月 1 日起施行。

政府高度重视饮用水水源地环境保护,将其作为污染防治攻坚战的七大标志性战役之一,明确要求打好水源地保护攻坚战。2018 年 3 月,国务院批准印发《全国集中式饮用水水源地环境保护专项行动方案》(以下简称《方案》)[58],对开展饮用水水源地环境问题清理整治工作作出全面部署。2018 年 6 月,中共中央国务院印发《关于全面加强生态环境保护坚决打好污染防治攻坚战的意见》[59],进一步明确工作要求,强调要限期完成县级及以上城市饮用水水源地环境问题清理整治任务。紧紧围绕《中华人民共和国环境保护法》《中华人民共和国水污染防治法》等法律法规的相关规定,聚焦"划、立、治"三项工作内容,最终实现"保"工作目标。"划"是指划定饮用水水源保护区,"立"是指设立保护区边界标志,"治"是指清理整治饮用水水源保护区内的违法问题。通过划定饮用水水源保护区、设立保护区边界标志、清理整治违法项目,全面提升饮用水水源地的水质安全保障水平。截至 2018 年 12 月 31 日,2018 年饮用水水源地环境保护专项行动有 6 242 个环境问题已完成整改,任务完成率达 99.9%。

(2) 加强饮用水安全保障工作措施

国办发〔2005〕45 号文件《国务院办公厅关于加强饮用水安全保障工作的通知》[60],主要有三个内容:一、充分认识保障饮用水安全的重要性和紧迫性。饮用水安全问题,直接关系到广大人民群众的健康。切实做好饮用水安全保障工作,是维护最广大人民群众根本利益、落实科学发展观的基本要求,是实现全面建设小康社会目标、构建社会主义和谐社会的重要内容,是把以人为本真正落到实处的一项紧迫任务。饮用水安全问题是群众最关心、要求最迫切的问题,也是国家发展水平的重要标志[61]。保障饮用水安全,是全面建设小康社会目标的重要内容,也是落实科学发展观,实现经济社会的可持续发展的一项迫切任务。二、向全国民众公示了饮用水安全保障工作的具体内容。(一)认真组织规划编制工作。(二)加强水资源保护和水污染防治工作。(三)加大农村饮用水工程建设力度。(四)加快城市供水设施建设和改造。(五)加强饮用水安全监督管理。(六)建立储备体系和应急机制。三、指明了饮用水安全保障工作的工作方法和方向。地方各级人民政府要加强领导,把这项工作纳入重要议事日程,建立领导责任制。各地区各部门,必须按照党中央、国务院的要求,建立保障饮用水安全的领导责任制,各司其职,密切配合,深入调研,科学论证,综合治理,加大工作力度,千方百计保障饮用水安全,维护人民群众的生命健康。

2005 年后,国务院相关部委和各省市政府按照党中央、国务院的要求,在饮用水安全保障工作方面做了大量工作,针对本系统职责,下发了专门文件,编制了规范,实施了一些具体的措施。例如:国家发展改革委、水利部、卫生计生委等部委联合发布了《农村饮水安全工程建设管理办法》[62],并明确了分工职责:"各级发展改革部门商有关部门,落实好规划的编制和报批、项目审批、计划下达以及建设与管理的监管工作。水利部门商卫生等部门负责编制工程项目的可行性研究报告和初步设计,组织和指导项目的实施及运行管理"。"卫生部门负责提出急需解决的地氟病、地砷病、血吸虫病病区需改水的范围和项目建成后的水质检测、监测。"

建设部制订了《全国城市饮用水供水设施改造和建设规划》[63],要求近期着重解决供水水源污染问题,突发性水源污染事故频发地区城市的饮水安全问题,远期全面提高饮用水质量,解决城市的饮用水安全问题。卫生部下发了卫监督发〔2005〕495文件《卫生部关于加强饮用水卫生安全保障工作的通知》。卫生部会同国家发展改革委、环境保护部、住房和城乡建设部、水利部下发了卫监督发〔2011〕95号文件《全国城市饮用水卫生安全保障规划(2011—2020年)》作为各级卫生部门提高饮用水卫生安全保障能力建设的指导性文件。

2022年7月,住房和城乡建设部、国家发展改革委联合印发《"十四五"全国城市基础设施建设规划》,提出加强城市供水安全保障,推进全流程供水设施升级改造,加快对水厂、管网和加压调蓄设施的更新改造,保障用户龙头水水质安全。有条件的地区要设置水量、水质、水压等指标在线监测,加强供水安全风险管理。2022年9月,住房和城乡建设部办公厅、国家发展改革委办公厅、国家疾病预防控制局综合司印发《关于加强城市供水安全保障工作的通知》(建办城〔2022〕41号),明确到2025年,建立较为完善的城市供水全流程保障体系和基本健全的城市供水应急体系。

但从全国饮用水安全保障工作的实际情况来看,饮用水安全形势仍十分严峻。例如:较严重的饮用水水源污染事件仍时有发生;部分城市供水设施建设和改造进展滞后;卫生部门不少疾病预防控制中心和卫生监督所至今尚未有专职负责饮用水卫生的工作人员,饮用水监督监测经费没有保证,缺乏人、财基本条件;尤其是农村改水任务依然十分艰巨。

总之,饮用水安全方面积累的问题较多,还需相关部门按照党中央国务院的要求,落实保障饮用水安全的领导责任制,各司其职,密切配合,艰苦奋斗,抓紧工作,无论有多大困难,都要想办法解决民众的饮用水安全问题。

1.2 我国目前饮用水存在的问题

正如《人民日报》评论员文章《让群众喝上放心水》一文所说:"我国饮用水安全形势仍十分严峻"。

1.2.1 水资源严重短缺

中国水资源总量虽然较多,但人均量并不丰富。水资源的特点是地区分布不均,水土资源组合不平衡;年内分配集中,年际变化大;连丰连枯年份比较突出;河流的泥沙淤积严重。这些特点造成了中国容易发生水旱灾害,水的供需产生矛盾,这也决定了中国对水资源的开发利用、对江河的整治任务十分艰巨。

中国水资源总量少于巴西、俄罗斯、加拿大、美国和印度尼西亚等国家。若按人均水资源占有量这一指标来衡量,则仅占世界平均水平的1/4,排名在第一百一十名之后。缺水状况在中国普遍存在,而且有不断加剧的趋势。2021年《中国水资源公报》发布的最新数据显示,2021年,全国水资源总量为29 638.2亿 m^3,其中,地表水资源量为28 310.5亿 m^3,地下水资源量为8 195.7亿 m^3,地下水与地表水资源不重复量为1 327.7亿 m^3[1]。

中国水资源南多北少,地区分布差异很大。黄河流域的年径流量只占全国年径流总量的约 2%,为长江水量的 6% 左右。在全国年径流总量中,淮河、海滦河及辽河三流域只分别约占 2%、1% 及 0.6%。黄河、淮河、海滦河、辽河四流域的人均水量分别仅为中国人均值的 26%、15%、11.5%、21%。

中国属于季风气候,水资源时空分布不均匀,南北自然环境差异大,其中北方 9 省区,人均水资源量不到 500 m³,实属水少地区;特别是城市人口剧增,生态环境恶化,工农业用水技术落后,浪费严重,水源污染,更使原本贫乏的水资源"雪上加霜",成为国家经济建设发展的瓶颈。全国 600 多座城市中,已有 400 多个城市存在供水不足问题,其中比较严重的缺水城市达 110 个,全国城市缺水总量为 60 亿 m³。

据监测,当前全国多数城市地下水受到一定程度的点状和面状污染,且有逐年加重的趋势。日趋严重的水污染不仅降低了水体的使用功能,进一步加剧了水资源短缺的矛盾,对我国正在实施的可持续发展战略带来了严重影响,而且还严重威胁到城市居民的饮水安全和人民群众的健康。

由于水资源供需矛盾日益尖锐,产生了许多不利的影响。首先是对工农业生产影响很大,例如 2004 年,我国缺水量约 300 亿~400 亿 m³,由此造成每年工业产值减少高达 2 300 亿元[64]。在中国 15 亿亩①耕地中,尚有 8.3 亿亩没有灌溉设施的干旱地,另有 14 亿亩的缺水草场。全国每年有 3 亿亩农田受旱。西北农牧区尚有 4 000 万人口和 3 000 万头牲畜饮水困难。其次对群众生活和工作造成不便,有些城市对楼房供水不足或经常断水,有的缺水城市不得不采取定时、限量供水,造成人民生活困难。最后,超量开采地下水,引起地下水位持续下降,水资源枯竭,在 27 座主要城市中有 24 座城市出现了地下水降落漏斗。

1.2.2 饮用水源污染

随着工业化进程的加快,我国的水污染问题日益严重,许多饮用水源的水质降低。造成水污染的途径有很多种,从广义上讲水污染的种类可分为两大类,即自然污染和人为污染。自然污染一般是指由于水资源分布的环境中某些物质的含量较高并且极易进入水体,从而造成水体无法满足人类的生产生活需要。通常情况下这种污染与人类活动的影响没有关系或者关系较小。而人为污染系指由于人类在生产生活过程中产生的大量污染物进入水体后造成水质状况恶化,水体的使用功能下降或失去使用功能,这种污染比较普遍。

按照污染源的情况,通常可以把人为水污染分为工业污染、农业污染和生活污染。

工业污染。随着工业技术的快速发展,在世界范围内工业废水成为水污染的主要原因。其中冶金、化工、电镀、造纸、印染、制革等企业对水体污染影响较大。工业制造过程中的原料、中间产品、副产品,均可能形成不同的污染物,导致水污染。工业污染对地下水威胁最大的是汞、镉、铅、铬等重金属及难分解的有机物,有时还有放射性物质[65]。

农业污染。首先由于耕作或开荒导致土地表面疏松,在土壤和地形还未稳定时降雨,

---

① 注:1 亩≈666.67 平方米(m²)。

大量泥沙流入水中,增加水中的悬浮物。其次因为现代农业生产农药使用量大,这些农药约有10%左右被农作物吸收[66],有一部分农药汽化进入大气中,剩余部分基本进入土壤及其地表附属物。这些未被吸收的农药会随着地表径流渗入地下蓄水层造成污染。目前虽然高残留有机氯农药已逐级被低残留、低毒性的农药取代,但农业污水对人类健康的危害依然存在[67]。

生活污染。近年来,由于城市化进程的加快,导致了生活污水排放迅速增长。生活污水成为巨大的水污染源。市、镇地区家庭、医院、机关和商业的厨房、洗涤房、浴室和厕所排出的污水中有油脂、洗涤剂、粪尿、药物等,其中含有大量的杂菌和有机物。由于污水集中处理能力缺乏,有些污染物未经处理直接进入水体。另外有些地区的垃圾场就是简易的堆场,并没有做抗渗处理,生活垃圾中的有害物质就会渗透进入地下和河流,造成了水污染。

水利部公布的数据显示,2014年,我国水库水源地水质有11%不达标,湖泊水源地水质约70%不达标,地下水源地水质约60%不达标。全国城镇中,饮用水源地水质不安全涉及的人口1.4亿人。经过10多年的生态环境保护努力,从与2006年、2008年我国淡水环境对比数据来看,我国地表水环境质量持续向好,水质优良(Ⅰ—Ⅲ类)断面比例持续上升,实现"十三五"以来"七连升",劣Ⅴ类水质断面比例也明显下降。管辖海域海水水质总体稳定,近岸海域海水优良(Ⅰ、Ⅱ类)水质比例同比上升。但是,我国主要河流、湖泊劣Ⅴ类水质断面依然存在一定比例,松花江流域、海河流域仍为轻度污染,地下水中Ⅴ类水质仍占较大比例。

我国现有生产使用记录的化学物质4万种以上,其中列入《危险化学品名录》(2022调整版)的有接近3 000种,且随着科技的发展,新的化学品仍不断涌现和投入使用。这些新型化学品在生产和使用过程中将以直接或间接的方式进入水环境中,化工产业废物污染水源情况屡见不鲜,导致半数以上江河湖泊水资源受到严重污染,多地出现"癌症村"。

近年来新型污染物在饮用水水源被检出的情况屡见报道。2015—2017年针对长江中下游地区(长江干流、太湖、钱塘江、黄浦江)饮用水水源取水口样品的有机物分析发现,除检出挥发性有机物、多环芳烃和有机氯农药外,还不同程度检出国内外高度关注的新型污染物,如全氟化合物、抗生素类等[68]。

1.2.3 自来水存在的问题

近年来,中央和地方加大了城乡饮用水安全保障工作的力度,采取了一系列工程和管理措施,解决了一些城乡居民的饮水安全问题。2016年10月,中共中央、国务院印发了《"健康中国2030"规划纲要》,要求实施农村饮水安全巩固提升工程,推动城镇供水设施向农村延伸,进一步提高农村集中供水率、自来水普及率、水质达标率和供水保证率,全面建立从源头到龙头的农村饮水安全保障体系。2022年7月印发的《"十四五"全国城市基础设施建设规划》(建城〔2022〕57号)强调加快对水厂、管网和加压调蓄设施的更新改造,保障用户龙头水水质安全。

但是,迄今为止,我国饮用水安全形势仍然十分严峻,自来水供水体系还存在如下

问题:

1) 自来水处理工艺落后,一般未进行深度处理

由于经济等方面的制约,我国市政自来水厂(以下简称自来水厂)均是沿用混凝—沉淀—过滤—消毒这一传统的水处理工艺。传统工艺可以降低浑浊度、去除水中悬浮物等物理污染,并对微生物污染进行净化消毒处理,而无法对化学污染,如农药、杀虫剂、合成洗涤剂、重金属等各种有机和无机化合物及其他有害毒素进行深度处理[69]。随着水源水受污染程度的加剧,水源水中有机物和氨氮及有毒物质含量的增加,常规净水工艺已不能有效去除这些污染物[70]。自来水厂传统的水处理工艺,不能彻底去除有机污染物、农药、环境内分泌干扰物和藻毒素,致使出厂水时有检出此类物质,甚至超标[71]。

2) 消毒工艺产生副产物

在对自来水进行加氯消毒时,水源中的有机物会和氯反应生成具有致癌作用的消毒副产物,如三卤甲烷、卤乙酸。1974年以来,被报道的消毒副产物有600种以上,由于大部分消毒副产物的毒理学效应缺乏足够定量评估数据,因此仅有部分消毒副产物被纳入饮用水标准中。一般来说,高锰酸盐指数超过4 mg/L,消毒副产物就可能超出标准范围。水源有机污染越严重,消毒副产物的产生潜能越高,对饮用人群的威胁越大。

3) 供水管网问题

我国现有的供水系统,管材类型单调、品质不稳定,基本是铸铁管、镀锌钢管,因化学腐蚀容易造成污染[72]。供水管网陈旧落后,管网老化,渗漏严重,在运行压力降低和停水维修时,外界污染物易渗入管网[73]。

一些城市的局部市政自来水(以下简称自来水)管网陈旧,维护管理不力,管网渗漏率高达20%以上,甚至达到40%,造成二次污染。中国疾病预防控制中心对全国35个城市调查表明,出厂水经管网输送到用户自来水龙头,自来水不合格率增加20%左右。

4) 二次供水问题

目前各城市尚有不少高层水箱和地下蓄水池等二次供水设施。近年来对二次供水的清洗消毒工作和相关管理制度不健全,水质安全得不到保证。全国由水箱、蓄水池污染引起的饮水污染危害健康事故屡有发生。

据广东省的调查,城市生活饮用水的污染,大多是因管网系统及二次供水设备造成的,这个问题在我国其他大、中城市也普遍存在。二次供水监测项目中合格率最低的是余氯,其次是pH值、细菌总数、总大肠菌群。存在问题主要是肉眼可见物及红虫,与水源水质和二次供水设施有关。当水源水质有机物含量和气温增加时,常导致红虫大量繁殖[74]。

5) 饮用水应急保障能力不足

公共自来水供水系统不同于自取水和包装水的一个重要方面是,自来水供水系统所涉及地区一般拥有高度密集的人口,担负着各项重大的社会职能,系统庞大复杂。自来水供水系统对于社会系统运转起着举足轻重的作用。因此,自来水供水系统必须具备相应的抗风险能力,即要有相应的饮用水应急保障机制。

我国自来水供水系统应急保障能力仍不能满足社会需求。大多数城市的供水仍然采用单一水源,后备水源不足,且应急机制不完善,应急预案不落实。一旦发生突发事件,居

民饮水受影响较大,波及范围较广,严重的可能引发社会危机。

1.2.4 突发饮用水污染事件

饮用水安全的突发事件主要是由于突发性的水源水污染、污染物质意外泄露或排放等因素,导致水质瞬间恶化,流入公共水源地和输水管道,使大量人口短时间内无法获得干净、安全的饮用水,容易引发社会混乱。

突发饮用水污染事件发生的情况主要有以下 3 种:一是水源水、自来水厂、二次供水事故性污染[75],局部地区的饮水水质有机污染、藻毒素污染等。二是饮用水水源保护区内出现突发化学毒物污染事件。三是饮用水输送环节和使用环节出现突发事件,比如新铺设自来水管道、井管等工程对水质的污染,自来水输水管爆管对水质造成污染。

从已公布的材料可知,由于水源水污染造成的突发性水质污染事件最多,最主要的水性传染病是水源受到污染而爆发的肠道传染病[76]。2013 年 4 月 8 日,河南省驻马店市练江河被爆出受严重污染,当地人称之为"酱油河"。练江河长达 62 km,其下游是总面积达 239 km² 的亚洲最大人工湖宿鸭湖。由于沿岸有大量污水流入,导致河水变脏发臭,颜色如同老抽酱油,并且部分河段河面上还漂浮着大量的红色细虫。2014 年 4 月 10 日 17 时,兰州威立雅出厂水苯含量高达 118 μg/L。从发现水异常后到 11 日凌晨,经过先后 4 次水质检测,威立雅公司最终确认 4 号自流沟第二水厂入水口及第二水厂出水口自来水苯含量严重超标,并报告兰州市政府。

工业废水污染物质违规排放等引起的饮水污染事件屡见不鲜。2012 年 1 月 15 日,因广西金河矿业股份有限公司、河池市金城江区鸿泉立德粉材料厂违法排放工业污水,广西龙江河突发严重镉污染。2015 年 6 月 17 日,安徽省池州市东至县的香隅镇因化工园违规排污污染灌溉水源,这些水中含有大量有毒物,其中苯的含量超标 136 倍,污水进入通河之后,最终流入长江。2018 年 7 月 27 日,河南省南阳市跨镇平县、邓州市河流——赵河发生水体污染事件。化学物质意外泄露等引起的饮水污染事件时有发生。如甲醇、汽油、苯和农药运输泄漏或船只倾覆等事故亦相当常见。2010 年 7 月 3 日福建紫金矿业,紫金山铜矿湿法厂发生酮酸水泄漏事故,事故造成汀江部分水域严重的重金属污染,致使当地居民无人敢用自来水。2012 年 12 月 31 日,位于山西省长治市潞城区境内的潞安天脊煤化工厂发生苯胺泄漏入河事件,泄漏事件导致河北省邯郸市发生停水和居民抢购瓶装水,河南省安阳市境内红旗渠等部分水体有苯胺、挥发酚等因子检出和超标。

据环保部门公布,我国有 2.5 亿居民的住宅区靠近重点排污企业和交通干道,2.8 亿居民使用不安全饮用水。"这一结果触目惊心,但也在意料之中。"清华大学原水业政策研究中心主任傅涛说。随着我国经济发展,各种工业废料、农业化学物质的排放造成我国水资源严重污染,但是在水源地水质下降、自来水厂处理工艺和管网设施老化等影响下,尽管自来水厂出厂水质符合检测标准,却并不意味着居民能够喝上安全水。据监察部的统计,近 20 年来,上述类似的突发性水污染事件高发,水污染事故近几年每年都在 1 700 起以上。

1.3 管道分质直饮水供水概述

饮用水安全问题,直接关系到广大人民群众的健康,是实现全面建成小康社会目标、构建社会主义和谐社会的重要内容。饮用水安全保障是以人为本理念真正落到实处的一项紧迫任务。

近年来,随着对外开放和各方面与国际接轨的要求,我国卫生和建设行政主管部门针对饮用水水质颁布了更高的标准。随着人民生活水平的提高,居住条件的不断改善,市民已不再满足于水量、水压的充足,对自来水水质也提出了较高的要求,特别是对直接入口的饮用水的水质提出了更高的要求。

目前,提高饮水质量一般有三种途径:一是水源水保护;二是水厂改造;三是管道分质直饮水供水,通常简称管道分质供水。水源水保护或水厂改造可从一定程度上提高饮水质量,但想从根本上解决问题,资金和技术压力,尤其是管网二次污染问题,是目前难以逾越的障碍。针对我国经济发展和城市建设现状,经专家论证,认为在大规模改造水厂和重建城市管网有困难的情况下,先行在小区、学校、医院等场所建设小型水处理站,用两套管网进行管道分质直饮水供水,十分可行。

1.3.1 管道分质供水行业的产生

1) 国外管道分质供水概况

所谓管道分质供水,是将饮用水和其他用途的水分管道供应。在国外,分质供水又称二元供水或双重配水系统(Dual Water Supply,Dual Distribution Systems),有着长期历史[77],管道分质供水系统起源于美国、丹麦、荷兰等国家,目前已在发达国家普遍采用。国外现有的分质供水系统都是以可饮用水系统作为城市主体供水系统,而另设管网系统将低质水、回用水或海水作为冲洗卫生洁具、清洗车辆、园林绿化、浇洒道路及部分工业用水(如冷却水)。这种系统称为非饮用水系统,通常是局部或区域性的,是供水主体系统的补充。设立非饮用水系统,显然是着眼于合理利用水资源及降低水处理费用[78]。在这方面,我国现有的分质供水系统,如上海桃浦工业区工业用水系统,青岛的城市污水回用系统,香港特别行政区的海水冲厕系统,以及其他一些城市现有或拟议中的城市或区域性分质供水系统与国外在形式与内容上并无差别。

日本早在20世纪70年代就引入了复式分质供水系统——"中水道"系统[79]。该系统低质水的原水主要来自建筑物、住宅区、城市内部的下水,经过多次处理后,重新在原来的场所再利用。由于它的水质次于"上水",优于"下水",故被称为"中水"。这种供水系统不仅保障了城市供水,更保护了水环境、节约了水资源,被公认为一举多得的优秀供水方式。

美国供水工程协会(American Water Works Association,AWWA)下属分质供水分会(Distribution Division Committee on Dual Distribution Systems)于1983年提出了《分质供水指南》以总结国际上现有分质供水经验,并期望以此为起点,为建立全美统一的分质供水标准规范奠定基础[80]。《分质供水指南》对有关术语的定义为:

可饮用水(Potable Water)——符合联邦与州政府水质标准,用于饮用、烹调与清洗的水。

非饮用水(Non-potable Water)——人们偶然饮用而不致造成危害,用于非饮用用途的水,在家庭只用于冲洗卫生洁具。

仅供饮用的管道供水在国际上未有先例,而我国主要推行的分质供水是两个管道系统,分别为生活饮用水与一般用水。

美国环境保护署(United States Environmental Protection Agency,USEPA)认为:净水器和瓶装水只能作为改善水质的临时措施,因为使用净水器和瓶装水并不被认为是能满足《安全饮用水法案修正案》(Safe Drinking Water Act Amendment)规定的最大污染物浓度(Maximum Contaminant Levels,MCLs)的方法,因为它们并不能提供全部生活用水。

美国供水工程协会(AWWA)表示,由其向居民家庭提供的生活用水,即用户的每个水龙头的出水,都是可饮用的。

值得探讨的是,我国各界目前关注的分质供水概念,是指另设管网供应少量专供饮(食)用的"纯净水",而将城市自来水作为"一般用水"的一种供水方式[81]。这同国内外现有的或传统意义上的分质供水是两个概念,内涵有很大的差别。

日本早稻田大学尾岛研究室认为,现代城市已经有能力实行按用途分质供水了,高科技的净水技术和水处理设施以及日益发达的计算机监控系统能为城市居民提供安全优质的饮用水及保证一定水质标准的各种用水。因此,应该改变日本原有的统一供水方式,实行分质供水。尾岛研究室还提出分区分质"三种水"供给系统[4]。这种供水系统就是由城市供水设施按一般标准的生活用水甚至是工业用水标准向各住宅区供水,经小区内净水设施再净化后(优质饮用水),与小区内的中水道设施一起,向用户提供三种水:第一种水为优质饮用水,主要为厨房炊事用;第二种为一般生活用水,包括洗涤、卫生、洗车、洒水等;第三种为低质水,专供冲厕用水。一般来说,住宅区对不同水质的需要比例大致是这样:饮用和炊事用水(优质用水)占15%,盥洗、洗澡、洗衣(标准自来水)占60%,卫生、浇花、洗车、冲厕等杂用(低质水)占25%。由于在小区范围内实行分质供水,管道路线短,监控管理方便,这种分区分质"三种水"供水方式,既能满足人们对各种水质与水量的需求,又能合理利用各种水资源,减少了污染物的排放量,可以减少城市污水处理厂的用地规模,当然也保护了水环境。

日本尾岛研究室提出的这种系统方式综合了目前国际上(包括我国和国外)分质供水的优点,是今后分质供水的一个新的发展思路。

2) 管道分质直饮水供水在我国发展的动因

(1) 管道分质直饮水供水是一种提高水资源利用率和节能减排的方案

随着我国人口的不断增长,人类活动范围的不断扩大,工农业生产规模的不断发展,天然水体受到了不同程度的污染,水环境中的污染物质日益增多,污染物成分越来越复杂,使我国原本就已匮乏的水资源更加紧张,造成与水资源短缺同样严重的水质性缺水。国务院《关于做好建设节约型社会近期重点工作的通知》中明确指出,全社会应推动节水型社会建设,推进城市节水工作,推进农业节水,积极开展节水产品的研发,加大节水设备和器具的推广力度，推动公共建筑、生活小区节水和分质供水设施的建设，以资源的高效和循环利用促进社会可持续发展。

长期以来，我国城市供水系统全部按照生活饮用水标准供给，而城市居民家庭用水仅占城市自来水总量的10%左右，居民直接饮用水约占家庭生活用水的10%，大约为城市总供水量的1%~2%。现有的城市供水单一方式，为了满足1%~2%的饮用水水质要求，而将净水厂的供水水质全部提高，既是对水资源的极大浪费，也是对人力、物力与能源的浪费。将饮用水、对水质要求较高的生活用水与其他用途用水分开供应，实现"分质供水、优水优用"减少了对城市优质水源的浪费，使大量的一般用水的水质要求不过分地提高，可避免投入大量资金用于新水源的建设和远距离原水的输送，大大减少原水水质处理的费用。

打开水龙头就可以直接饮用，本身就是一种先进的饮水方式，也是一种低碳节能的举措。2021年9月，国家发改委联合生态环境部印发了《"十四五"塑料污染治理行动方案》，明确在机关所属公共场所，以直饮水替代塑料瓶装水，是低碳节能减排的有效举措。

管道分质直饮水供水既可保障饮用水质安全无害、有益健康，同时将有效解决自来水高质低用和低质高用的矛盾。既节省建设的投资，又极大地提高了水资源的利用率，并减少环境污染，无疑是一举多得的最佳选择。

(2) 管道分质供水项目是提高人民饮水品质，推进健康中国建设的重要举措

改革开放四十多年来，我国经济发展迅速，但环境污染日益严重，尤其是饮用水污染尤为突出。未经充分处理的生活污水、工业废水及农用化学品直接进入水源水。这些污染物应用传统水处理工艺难以有效去除，残留在自来水中，成为饮水污染的主要来源。自来水厂处理工艺相对简单和落后，尤其是自来水加氯消毒后生成的卤代有机物（Organohalogens, OHs）是对人体健康具有更严重危害性的致癌物质。我国供水管网较为陈旧，水管中铁锈、铁、锰、铅等有害物质可直接进入自来水中。此外，二次供水也相当普遍，这类末梢水细菌总数往往超过卫生标准，不能直接生饮。再者，突发性水污染事件时有发生，严重威胁污染区域饮水安全。

随着人们对饮用水中污染物质的认识不断提高，要求水质改善的意识也越来越强。饮用水安全问题，直接关系到广大人民群众的健康。随着人民生活水平的不断提高，高品质饮用水逐渐得到重视，城市饮用水供需矛盾已从满足基本需求向满足高品质需求转变。管道分质直饮水供水可以让老百姓以极低的成本喝上优质管道直饮水，为人民群众不断增长的健康需求提供保障。随着健康中国战略的实施，中国卫生健康事业正在全面提档升级，而安全饮用水则是促进健康、减少疾病的有效手段之一，是实现全面建成小康社会目标、构建社会主义和谐社会的重要内容。2019年"两会"期间，农工党中央向全国政协十三届二次会议提交了题为《加快建立直饮水系统 有力推进健康中国建设》的发言，建议加紧探索推进直饮水系统建设。

(3) 管道分质供水项目建设是提高饮水安全保障和应急体系建设的需要

对于城市管理者来说，不仅要保障城市常规供水，还要考虑非常态突发性供水危机的可能性并做好充分的准备。为了确保城市供水生命线工程安全，政府部门必须未雨绸缪，调研分析潜在的安全隐患，评估供水设施的安全风险，开发应急处理技术和工艺，建立健

全应急处理预案,全面提升应对突发水污染事件的能力。

城市供水系统经过多年的发展,在设施能力上基本可以满足城市生产生活的需要,同时针对自然灾害等威胁的供水安全问题也建立了相应的防范体系,但针对突发性水污染事件,特别是针对恐怖袭击可能造成的供水安全威胁,还没有健全的工程技术措施和解决方案。生活饮用水供应是城市的生命线工程,饮用水安全关系到社会稳定,城市日常安全保障与应急供水体系亟待建立。

对于一个城市来说,如果把所有水厂都按深度处理工艺设计,结合对管网的改造,技术上完全可以应对突发性水污染事件,但水厂建设和水处理成本将大幅上升,现阶段的老百姓和政府均难以承受。管道分质直饮水系统可以有效去除自来水中的有毒有害物质,使其达到优质饮用水的标准,再用专门的管道直接输送给终端用户,可以有效应对突发性水污染事件。

饮用水保障和应急供水体系的建设是以人为本理念真正落到实处的一项紧迫任务。由政府统一规划,有效利用已建的管道直饮水系统,纳入应急供水体系,使得管道直饮水系统在平时保障重点人群饮水安全的同时,能在应急时打开公共服务端口,为更多的城市居民提供饮水安全保障,可有效缓解人们的恐慌心理。因此,管道分质直饮水供水设施的整体建设,不仅能够满足重点人群对高品质生活饮用水的需求,也可以为城市居民提供应急保障服务,是一举两得的民生实事。

(4) 饮水与健康问题已成为政府工作的重中之重

饮用水污染已成为世界性的公害。前联合国秘书长安南在第 47 届联合国大会上指出:"提供安全的饮用水是人类的基本需求,因而也是人类的基本人权"。中国政府在联合国世界环境日当天发表的白皮书中称,资源相对短缺、生态环境脆弱逐渐成为中国发展中的重大问题,为把保证群众饮水安全作为整个环保工作的首要任务,将采取最为严格的措施,有效化解危害饮用水水源水质的污染隐患。

饮用水是人类生存的基本需求。党中央、国务院对饮用水安全保障工作高度重视,近年来,中央和地方加大了城乡饮用水安全保障工作的力度,采取了一系列工程和管理措施,解决了一些城乡居民的饮水安全问题。《国务院关于加强城市基础设施建设的意见》(国发〔2013〕36 号)提出加强城市供水基础设施建设,加大城市管网建设和改造力度,促进城市供水基础设施水平全面提升,尤其强调加强城市供水管网的建设、改造和检查。

2015 年,国务院正式颁布《水污染防治行动计划》(国发〔2015〕17 号),简称"水十条",战略性支持发展饮用水微量有毒污染物处理技术,其中第四条"强化科技支撑"中"推广示范适用技术"重点推广饮用水净化、节水、水污染治理等适用技术。习近平总书记指出:"没有全民健康,就没有全面小康"。分质供水对保护环境、提高人民生活质量有积极作用,符合党中央建立和谐社会,坚持以人为本的宏观指导政策和有关行业政策,是在解决了"米袋子""菜篮子"以后的又一项民生工程。

3) 管道分质直饮水供水在我国的发展条件

为了提高饮水质量,人们想了许多办法,包括风靡 30 多年的桶装水和瓶装水,还有 20 多年来逐步进入普通家庭的家用净水器。这些产品的上市都为提高人们饮水质量作出了贡献。

桶装水行业启动早,目前市场规模最大。但是由于行业进入门槛低、监管不到位,在价格竞争的压力下不断暴露出"四黑"(黑水、黑桶、黑店、黑厂)问题,使行业整体信誉遭到极大的破坏。同时,桶装水在生产后要经过灌装、保存、运输、配送等一系列繁琐过程才能到达客户终端,其间不但水的新鲜度得不到保证,卫生状况也值得怀疑,因此桶装水的发展已经呈现出明显的衰退态势。

家用净水器是指通过在自来水管道终端安装净水器净化水质的产品。家用净水器的安装和使用灵活方便、净化过程清晰可见,因此受到市场广泛的推崇,是目前发展较快的净水产品。但家用净水器价格过高、水质得不到及时检测、安装和维修复杂、耗材更换麻烦,这些问题已成为制约家用净水器发展的极大障碍。

桶装水和家用净水器这些产品显然不能全面解决问题,供水方式需要多元化发展。因此管道分质直饮水应运而生。在城市人数众多的机关、团体、工厂、学校、医院和公共场所,优质水最好的供应方式是管道分质直饮水供水方式,也就是管道分质供水。

管道分质直饮水供水采用专业管道输送,使用方便、卫生、安全,可以说是把一个小型水厂安装在用户家门口,24小时源源不断地生产新鲜水。管道管材是国家规定的食品使用级环保材料,可以实现水质每天检测,每天公开,维修维护集中统一,不影响用户的使用。诸多优势已经使管道分质直饮水供水成为目前解决我国人民健康饮水问题的最优方案。

(1) 技术条件

早在20世纪七、八十年代,分质供水就在欧美国家得到应用与发展,为我们建立分质供水系统提供了理论基础和实际经验。20世纪90年代,初管道分质直饮水供水技术先后在我国无锡、上海、广州、南京、成都等城市得到应用并在发展中日趋成熟。我国在净水处理工艺、管网设计及管材制造等技术上已经足以保证管道分质直饮水供水工程的实施。

而我国家用净水器行业不断凸显的种种缺陷,更加显示出管道分质直饮水供水工程的优越性。家用净水器始于20世纪50年代,20世纪70年代开始流行,20多年才逐步进入普通家庭。净水器在改善水的感官指标(如浊度、色度等)方面效果显著;在提高水的内在质量(如细菌指标、三氯甲烷和亚硝酸盐等)方面,初始效果较好,但随着使用时间的延长,净化效果逐渐变差,如不及时维护,净水器最终会变成污染源。表1.2是5种家用净水器在5 L/d出水条件下的细菌检验结果。按生活饮用水卫生标准(GB 5749—2022)要求,水中细菌总数应在100个/mL以下方为合格。明显可以看出,现有家用净水器并不能长期有效地去除细菌。

表1.2 家用净水器出水细菌数量变化(个/mL)

编号	净水工艺	第1天	第5天	第10天	第15天
1	烧结活性炭+超滤	0	2	320	2.6×10^3
2	载银活性炭+灭菌包	0	336	9 600	3.3×10^4
3	超滤+活性炭纤维	0	82	700	1.8×10^4

续表

编号	净水工艺	第1天	第5天	第10天	第15天
4	活性炭+天然矿石	0	2	210	1.7×10^4
5	载银活性炭毡	0	4	390	1.1×10^4

家用净水器中溶解氧不足时,厌氧菌的反硝化作用可以促进亚硝酸盐的增加,因此,冲洗少的家用净水器对亚硝酸盐的消除效果较差,有时不仅没有清除作用,反而成了亚硝酸盐的污染源。

家用净水器受条件限制而造成的工艺流程的不完善是其不能长期有效使用的重要原因,而受使用者和使用条件的限制而造成的维护和管理上的不完善也是不可忽视的原因。

(2) 经济条件

随着居民生活质量不断提高,健康意识不断增强,人们对饮用水水质提出了更高的要求。居民使用纯净水的主要原因是:对现有自来水水质不太满意;在直接饮用上,纯净水更加方便。从表1.3可以看出,在使用纯净水的被访家庭中,桶装纯净水的消费平均达到了每月每户60元,已经大大超出了家庭支付的自来水水费,是家庭月均自来水水费支出的2倍。在调查中还发现,78.76%的被访人员希望供水的卫生状况得到改善,38.96%的被访人员希望有直饮水供应,大部分居民对供水水质状况日益关心,愿意为改善供水水质付费。

表1.3 我国城市居民用水消费支出情况

项目	纯净水	自来水
平均消费量	4桶/(户·月)	10 m³/(户·月)
平均费用	60元/(户·月)	30元/(户·月)

而桶装水与管道直饮水相比,其售价虽高,但送水开支占了约20%的成本,企业方收回投资并盈利仍非易事。由表1.3可知,每户每月平均消费4桶水,每桶水为18.9 L,则每户每月用水为75.6 L,采用管道分质直饮水,假设每升水为0.3元,则每户每月的平均费用为22.68元,比桶装水费用大大降低。

通过以上分析,可对管道分质直饮水供水系统的发展前景更加肯定。与此同时,在小区内推行管道分质直饮水供水,不仅增加了入住者的有形资产,也树立了人们重环保、促健康、倡文明的新形象。而且作为购房者,花不多的钱,就能很方便地喝到有利于健康的优质水,省去了桶装水搬运的麻烦和经济负担,使得人们可以在舒适的空间里尽情享受高品质的现代生活。

1.3.2 管道分质直饮水供水的相关概念

直饮水(Direct Drinking Water),是指以符合生活饮用水卫生标准的市政供水或自建供水为原水,经过深度净化处理后,供给用户直接饮用的水。包括管道分质直饮水及其他方式供应的直接饮用水。相关概念有:

1) 管道分质直饮水

管道分质直饮水一般是"管道分质直接饮用水"(Pipe Dual Direct Drinking Water)的简称,是指利用过滤、吸附、消毒等工艺对符合现行国家标准《生活饮用水卫生标准》(GB 5749)的市政供水或自建供水为原水,经过深度净化处理,通过独立封闭的循环管道输送,与自来水分质量供应,供给人们直接饮用的水[82]。

2) 管道分质供水系统

管道分质直饮水供水简称"管道分质供水",是在居住小区内设净水站,将自来水进一步深度处理、加工和净化,在原有的自来水管道系统上,再增设一条独立的优质供水管道,将水输送至用户,供居民直接饮用[83]。管道分质供水以自来水为原水,把自来水中生活用水和直接饮用水分开,另设管网,直通住户,实现饮用水和生活用水分质、分流,达到直饮的目的,并满足优质优用、低质低用的要求。

管道分质直饮水供水系统(Pipe Dual Water Supply System for Drinking Water)简称"管道分质供水系统"或者"管道直饮水系统",是以市政供水、自建供水或符合现行国家标准《生活饮用水卫生标准》(GB 5749)的其他水源为原水,经过深度净化处理达到标准后,通过独立封闭的循环管道输送给用户的直接饮用水供水系统。

3) 管道分质直饮水供水系统相关概念

(1) 原水(Raw Water)

未经深度净化处理的自来水或符合现行国家标准《生活饮用水卫生标准》(GB 5749)的其他水源。

(2) 深度净化处理(Advanced Water Treatment)

对已符合现行国家标准《生活饮用水卫生标准》(GB 5749)规定的原水进行进一步处理,以达到管道直饮水水质标准的处理过程。

(3) 净水(Water Purification)

原水经深度净化处理后的产品水。管道分质直饮水供水系统供应的产品净水就是管道直饮水。

(4) 浓水(Concentrated Water)

原水在深度净化处理过程中被浓缩的非产品水。

(5) 制水站(Water Treatment Station)

管道分质供水系统中,对水源水进行常规处理(如需要)、深度净化处理的设施及其附属设施。

(6) 循环供水站(Circulating Water Supply Station)

管道分质供水系统中,对管道分质直饮水进行后处理和循环输配的设施。

(7) 直饮水站(Water Purification Station)

直饮水站也称作净水机房。管道分质直饮水供水系统制水站、循环供水站及其附属设施。

(8) 单循环供水站管道分质供水系统(Pipe Dual Water Supply System for Drinking Water by Single Cycle Supply Station)

原水通过制水站深度净化处理达到标准后,由单个循环供水站通过独立封闭的循环管道供应给用户直接饮用水的管道分质供水系统。

(9) 多循环供水站管道分质供水系统(Pipe Dual Water Supply System for Drinking Water by Multi-cycle Supply Station)

水源水通过制水站处理达到标准后，经过管网输送到 2 个或 2 个以上配备有后处理单元的循环供水站，再由循环供水站通过独立封闭的循环管道供应给用户直接饮用水的管道分质供水系统。

(10) 瞬时高峰用水量(或流量)(Instantaneous Peak Flow Rate)

用水量最大或最集中的某一时段内，在规定的时间间隔内的平均流量。

(11) 水嘴使用概率(Tab Use Probability)

用水高峰时段，水嘴相邻两次用水期间，从第一次放水开始到第二次放水结束的时间间隔内放水时间所占的比率。

(12) 循环流量(Circulating Flow)

管道分质供水系统在循环状态下，单位时间内从管道回流到净水设备的水量。其值根据系统工作制度、系统容积与循环时间确定。

(13) 循环时间(Cycle Time)

直饮水从净水箱输出流经直饮水管道再返回净水箱所经历的时间。

(14) 同程供水(Reversed Return Water System)

管道分质供水系统管道工程中每个配水点(入户管起始端)的供水与回水管路长度之和相等或近似相等的供水方式。

(15) 循环回路(Circulating Loop)

循环供水的供水和回水管路系统。

(16) 入户管(Household Pipeline)

管道分质供水系统中从循环配水管上接出到用户端的不循环支管。

(17) 膜分离(Membrane Separation)

利用膜的选择透过性，只允许一定尺寸、形状及特性的物质通过，实现水中不同组分物质的分离，包括微滤(Microfiltration，MF)、超滤(Ultrafiltration，UF)、纳滤(Nanofiltration，NF)和反渗透(Reverse Osmosis，RO)等。

(18) 膜污染密度指标(Silt Density Index，SDI)

用来表示进水中悬浮物、胶体物质的浓度和过滤特性的数值。

(19) 在线监测和远传信息系统(Online Monitoring and Remote Transmission Information System)

运用在线监测仪表、计算机技术并配以专业软件，组成一个包括监测、存储、数据处理及远程传输的完整系统，从而实现对影响水质、水量、水压等诸多参数的在线自动监测和远程传输。

1.3.3 我国管道分质直饮水供水行业的发展

"米袋子"、"菜篮子"和"水杯子"工程是三大民生工程。管道分质直饮水供水工程是"水杯子"工程的重要组成部分。

1) 中国科学院院士领衔，引领发展

20世纪90年代初，中国科学院广州地球化学研究所傅家谟院士主持开展管道分质供水技术研究，在国内外供水方式对比研究的基础上提出了"分质供水、势在必然"的科学论断。广州地球化学研究所有机地球化学国家重点实验室研究开拓了饮用水中有机毒物的污染控制和末梢水质处理关键技术，本书作者肖贤明研究员的核心成果"饮用水质安全风险的末端控制技术与应用"获得国家科技进步奖二等奖，时任广东省委书记李长春指示要把这一科技成果尽快产业化。我国第一个规模较大的管道分质供水住宅小区是1996年建成的浦东新区锦华苑小区，水质达到欧盟水质标准要求。直到《饮用净水水质标准》(CJ 94—1999)颁布之后，管道分质直饮水才迎来了新的发展机遇，管道分质供水工程实施的范围开始逐渐扩大，在广州、上海、深圳、宁波、大庆、南京、苏州、杭州、重庆等地，上演了一场新时期的"饮水革命"。

1999年3月，中国科学院广州地球化学研究所傅家谟院士、副所长张伯友研究员和国家重点实验室副主任肖贤明研究员发起成立广州水杯子分质供水工程有限公司，同年，南京大学董平老师在南京成立了南京水杯子分质供水工程有限公司。从此，"水杯子"分质供水工程在全国各地蓬勃开展。作为一种新的供水方式，管道分质直饮水供水工程曾吸引了数以千计的企业投入其中，又因为其涉及的知识范围的复杂性而纷纷退出。我国的管道分质直饮水供水是对自来水水质的优化，是自来水行业的补充和延伸。国内一些有影响、有远见的知名大型自来水公司，如上海自来水公司、深圳市自来水公司等，本身就是国内管道分质直饮水供水事业的开拓者之一。

目前，从建成开通的项目数量和规模来看，国内比较成功的企业有水杯子公司、深水海纳等部分城市自来水公司旗下的子公司。全国具有代表性的工程有：广州市白云高尔夫花园住宅小区、深圳梅林一村、东营安居工程、南京仁恒玉兰山庄、华西龙希国际大酒店、苏州玲珑湾花园、北京奥运场馆等。正是这些旗帜项目推动着管道分质直饮水供水工程乃至整个行业的发展，把一个开始不为人知的新生概念变成了城市住宅建设项目中的品质标杆，在饮用水市场中也逐步形成了管道直饮水、家用净水器、桶装水"三足鼎立"的格局。

2) 制定标准，规范发展

由南京水杯子公司发起起草，江苏省卫生监督所牵头，率先于2004年针对管道分质直饮水供水召开了专题研讨会，并于2005年4月由江苏省质量技术监督局颁布了国内第一部管道分质直饮水供水地方标准《生活饮用水管道分质直饮水卫生规范》(DB 32/T 761—2005)[84]，目前该标准已更新至2022版《生活饮用水管道分质直饮水卫生规范》(DB 32/T 761—2022)，以规范市场，引导行业发展。随后，建设部也制定和发布了建设部行业标准《管道直饮水系统技术规程》(CJJ 110—2006)和管道分质供水相关的水质标准《饮用净水水质标准》(CJ 94—2005)，其中《管道直饮水系统技术规程》(CJJ 110—2006)已经修订为《建筑与小区管道直饮水系统技术规程》(CJJ/T 110—2017)；卫生部就管道分质供水卫生许可下发了专门文件"卫监督发〔2005〕191号文"；2010年，天津市对《天津市管道直饮水工程技术标准》(DB 29—104—2004)进行了全面修订，批准《天津市管道直饮水工程技术标准》(DB 29—104—2010)为天津市地方工程建设标准；2021年，根据湖南省住房和城乡建设厅《关于公布2021年湖南省工程建设地方标准制(修)订计划项目的通知》(湘建科函〔2020〕169号)的要求,湖南省制定《湖南省城市管道直饮水系统技术标准》(DBJ 43/T 382—2021)。有关政府主管部门从法规、标准、卫生管理和行动上规范和支持我国管道分质供水事业的健康发展。

3) 政府推动,鼓励发展

我国管道分质供水工程建设主要依靠政府推动。

广东省人大将广东省分质供水网的建设列入"十五"规划纲要九大工程之一,广州市白云高尔夫花园住宅小区成为广东省分质供水示范小区。2006年,包头市出台《包头市鼓励"健康水工程"建设经营优惠政策》。

2011年3月,由中国宋庆龄基金会牵头,教育部、科技部、卫生部等十二部委参与组成了全国青少年儿童食品安全行动领导小组,在南京大学启动了全国青少年健康饮水工程。全国青少年健康饮水工程是为解决我国青少年学生的饮水安全问题,缓解我国水资源现存的卫生安全隐患,让青少年学生喝上放心水、健康水的一项爱心工程。学校管道直饮水工程的建设已经成为"健康从饮水开始、从青少年儿童抓起"的政府共识。

2013年4月,上海市教育委员会会同上海市卫生和计划生育委员会、上海市质量技术监督局、上海市水务局联合印发了《上海市中小学校校园直饮水工程建设和维护基本要求》,并强调作为各区县青少年健康促进工程的重要举措,该项工作列入学校整体建设和发展规划之中,作为上海市学校饮用水卫生检查、督导和评估的重要内容。2014年2月,浙江省教育厅和浙江省财政厅联合下发了关于《实施义务教育学校校园饮水质量提升工程》的通知,在全省范围内启动实施义务教育学校校园饮水质量提升工程,鼓励有条件的学校实施直饮水(指利用过滤、吸附、氧化、消毒等装置,对需要改善水质的集中式供水做进一步净化处理,通过独立封闭的循环管道输送,加热保温后供直接饮用的水)系统建设。2015年5月,武汉市教育局印发《武汉市中小学校园直饮水工程实施方案》和《武汉市中小学校园直饮水工程建设维护基本标准和要求》。

2015年,国务院印发《水污染防治行动计划》,战略性支持发展饮用水微量有毒污染物处理技术,重点推广饮用水净化、节水等适用技术,促进社会经济发展建设。2018年,深圳市出台《深圳市建设自来水直饮城市工作方案(征求意见稿)》。

2019年,湖南省政府出台了《关于推进城乡环境基础设施建设的指导意见》(湘政办发〔2019〕42号),明确提出"有条件的市县逐步推进直饮水供应"。

2020年,宁乡市人民政府办公室下发了《关于推进管道直饮水建设管理工作的实施意见》,明确要求政府投资建设项目,特别是行政机关、办公楼、学校、医院、公园以及其他公共场所,应率先投资建设和改造管道直饮水,打造特色,方便于民;新建住宅和公共建筑、公园、应急避难场所,原则上管道直饮水设施和自来水设施应同步设计、同步施工、同步验收,避免重复施工;具备条件的在建项目,项目建设单位应针对项目进度制定实施方案,补充完善管道直饮水设计,同步配套建设;对已建成的住宅和老旧小区等项目,应积极组织建设单位、物业、业主协商直饮水建设问题,老旧小区改造应将管道直饮水纳入改造范围;至2024年底前,宁乡市要全面完成城市建成区管道直饮水普及工作,在全国率先打造整城直饮的示范市。

2021年，湖南省住房和城乡建设厅组织编制的《湖南省城市管道直饮水系统技术标准》(DBJ 43/T 382—2021)正式发布，并印发《关于推进城市管道直饮水系统建设和改造的通知》(湘建城〔2021〕230号)，召开全省直饮水建设现场推进会，指导全省各地全面推广管道直饮水工作，引导城市管道直饮水行业健康可持续发展。为进一步促进管道直饮水事业的健康发展，规范收费行为，江西省高安市发改局发文明确了居民小区和校园直饮水的指导性销售价格。随着管道直饮水的广泛推广，全国许多省、市、县政府及相关部门出台了相关政策，支持这项工作的开展。2021年，福州市制订《福州市高品质饮用水工作实施方案》；济南市政府出台《济南市市民泉水直饮工程实施方案》(济政办字〔2021〕10号)，并印发《济南市市民"泉水直饮"工程规划(2021—2025)》。2021年9月，国家发展改革委、生态环境部印发《"十四五"塑料污染治理行动方案》，要求发挥公共机构表率作用，带头减少使用一次性塑料制品，在机关所属接待、培训场所探索开展直饮净水机替代塑料瓶装水试点。

2022年1月，住房和城乡建设部办公厅、国家发展改革委办公厅发布《关于加强公共供水管网漏损控制的通知》，要求结合城市更新、老旧小区改造、二次供水设施改造和一户一表改造等，对超过使用年限、材质落后或受损失修的供水管网进行更新改造，确保建设质量。同年，江苏省印发《关于加强城镇供水安全保障工作的通知》(苏建城〔2022〕232号)，江苏省卫生厅组织修订的《生活饮用水管道分质直饮水卫生规范》(DB 32/T 761—2022)地方标准正式发布。

在政府的推动下，包头、上海、深圳、南京、长沙成为我国最早推动直饮水建设的城市。目前，我国大部分省份均有部分城市已开展直饮水系统建设，其运营工作主要由地方水司承接，只有中国水务集团旗下的水杯子直饮水业务实现全国性布局。管道分质直饮水因其健康、节能、方便、实用的优势赶超目前大部分饮水产品，注定将成为21世纪健康饮水的主流模式。

2

管道分质直饮水供水的法制保障

2.1 饮用水安全的法制保障

2.1.1 饮用水安全立法、执法、司法的重要性

安全饮用水涉及取水、制水、供水、用水等众多环节。除了卫生、工程技术问题外,还关系到人文、社会、环境等诸多复杂因素,从全球角度来看,饮用水形势仍十分严峻,安全饮用水是直接关系到民众健康的大事。因此,各国都以强化立法、执法的方式来保证向民众提供安全饮用水。

我国目前尚无立法层次高且专业的《安全饮用水法》,但已有相关的饮用水法律法规条款和专业的《生活饮用水卫生监督管理办法》行政规章。仍有不少民众,甚至饮用水相关行业人员、行政监督管理人员对此并不熟悉。因此,我国目前当务之急,应是学习和掌握,并充分运用现有相关的饮用水法律法规和行政规章,依法生产、销售和使用安全饮用水;依法开展饮用水监督执法;依法追究饮用水违法刑事责任。并从立法上制定更高法律层次的《安全饮用水法》,切实加强法制管理,以法制为强制保障向民众提供安全饮用水。

1) 饮用水卫生法制的目的是保障人体健康

饮用水卫生法制由立法、执法和司法构成。开展饮用水的卫生立法是从法律上保障饮用水的安全卫生;开展饮用水的卫生监督执法是保证有关立法的执行;追究一些饮用水违法行为相对人刑事法律责任是从司法角度体现饮用水卫生安全的重要性。饮用水卫生法制的目的是保障人体健康。

2) 依法治水的前提

需要依靠法制来管理和规范安全饮用水这一庞大的系统工程。实践证明,通过依法治水,我国城市供水水质管理形成的"企业自检、行业自律、行政监督和民众参与相结合"的制度,对改善和提高安全饮用水水质起到了良好的作用。

3) 饮用水卫生监督工作的依据

从饮用水卫生法制和饮用水卫生监督的关系来看,前者是后者的依据。饮用水卫生监督机构及其职责,需依据饮用水法律法规;饮用水卫生监督的内容应是饮用水法律法规规定的权利义务是否得到正确实现;饮用水卫生监督的方法应依据饮用水法律法规及其规定的专业技术规范进行。法律法规还规定了卫生行政部门、管理相对人的法律责任,从法律上保证饮用水卫生监督工作的开展。

4) 安全饮用水标准的制定和实施的保障

饮用水标准是饮用水对人群健康和生活质量影响的阈值,即符合饮用水标准的水对人群健康和生活质量而言就是安全的。饮用水法律法规核心是用国家公权力来保证饮用水标准的制定和实施,保证卫生标准的标准值和卫生要求得到执行。

2.1.2 我国现行的生活饮用水卫生法律法规

1) 法的渊源

饮用水卫生法律法规的渊源,主要是《中华人民共和国宪法》和《中华人民共和国传染病防治法》(以下简称《宪法》和《传染病防治法》)。《宪法》第二十一条规定:"国家发展医疗卫生事业,发展现代医药和我国传统医药,鼓励和支持农村集体经济组织、国家企业事业组织和街道组织举办各种医疗卫生设施,开展群众性的卫生活动,保护人民健康。"明确了公民的健康权。《宪法》第三十三条规定:"国家尊重和保障人权"。公民的健康权和环境权都是基本人权。

饮用水卫生法律法规除依据国内法外,还必须受国际环境法和国际卫生法的约束。如我国政府加入的《里约环境与发展宣言》《21世纪议程》《关于持久性有机污染物的斯德哥尔摩公约》《国际卫生条例》等。

2) 我国现行的安全饮用水相关法律法规

我国大陆目前没有制定卫生法典或者饮用水法典,有关饮用水安全的法律规定主要散见卫生、环境、水利、建设等法律法规中。目前饮用水有关的法律法规和规范性文件有:《中华人民共和国刑法》《中华人民共和国传染病防治法》《中华人民共和国环境保护法》《中华人民共和国水污染防治法》《中华人民共和国水法》《中华人民共和国水污染防治法实施细则》《中华人民共和国城市供水条例》《中华人民共和国生活饮用水卫生监督管理办法》《中华人民共和国饮用水水源保护区污染防治管理规定》等,详见表2.1。环境与水资源法主要涉及饮用水水源的保护;建设部门执行的饮用水法律法规局限于城市供水水源、制水和供水,没有考虑广大农村饮用水管理。因此,水安全法律体系缺乏一个系统完整的法学理论指导,法律法规之间存在内容不配套、分段管理、交叉重复多的问题。

表2.1 我国现行常用的安全饮用水相关法律、法规和行政规章
(截止日期:2023年8月31日)

序号	类别	名称	相关内容(条款)	发布部门	日期 发布/修正	日期 实施
1	基本法律	中华人民共和国刑法	第三百三十条	全国人大	1997.7.10 2020.12.26	1997.10.1 2021.3.1
2.1	一般法律	中华人民共和国传染病防治法	第三、十四、二十九、四十二、五十三、五十五、六十五、六十六、七十三、七十九条	全国人大常委会	1989.2.21 2013.6.29	1989.9.1 2013.6.29
2.2	一般法律	中华人民共和国环境保护法	第一~四十七条	全国人大常委会	1989.12.26 2014.4.24	1989.12.26 2015.1.1
2.3	一般法律	中华人民共和国水污染防治法	第一、三、七、五十六条~六十三条、七十五条、八十一条	全国人大常委会	1996.5.15 2017.6.27	1996.5.15 2018.1.1
2.4	一般法律	中华人民共和国食品安全法	共一百零四条,适用于包装饮用水	全国人大常委会	2009.2.28 2018.12.29	2009.6.1 2018.12.29
2.5	一般法律	中华人民共和国水法	第一、三十三、三十四、五十二、五十四、六十七、六十八条	全国人大常委会	1988.1.21 2016.7.2	1988.7.1 2016.9.1

续表

序号	类别	名称	相关内容(条款)	发布部门	日期 发布/修正	日期 实施
3.1	行政法规	城市供水条例	第一～三十九条	国务院	1994.7.19 2020.3.27	1994.10.1 2020.3.27
3.2		中华人民共和国水污染防治法实施细则	第二十、二十二、二十三、三十二、三十三、三十四、四十六、四十七条		2000.3.20	2000.3.20
3.3		取水许可制度实施办法	第三十八条		1993.8.1	1993.8.1
3.4		学校卫生工作条例	第七条		1990.6.4	1990.6.4
3.5		突发公共卫生事件应急条例	共六章,五十四条		2003.5.12 2011.1.8	2003.5.12 2011.1.8
4	地方法规(省和省辖市人大颁布)略					
5.1	行政规章	生活饮用水卫生监督管理办法	第一～三十一条	住房和城乡建设部卫生计生委	1996.7.9 2016.4.17	1997.1.1 2016.6.1
5.2		饮用水水源保护区污染防治管理规定	第一～二十七条	国家环保局、卫生部、建设部、水利部、地矿部	1989.7.10 2010.12.22	1989.7.10 2010.11.22
6	地方规章(省和省辖市政府颁布)略					

目前我国有关安全饮用水法律层次较高的是由全国人民代表大会制定并颁布的基本法律《中华人民共和国刑法》中有关安全饮用水的条款;其次是由全国人大常委会制定并颁布的含有安全饮用水的条款的五部一般法律,其中最重要、运用得较多的是2013年6月29日第十二届全国人民代表大会常务委员会第三次会议通过修订的《中华人民共和国传染病防治法》。专业的行政规章是建设部、卫生部1996年7月9日颁布的《生活饮用水卫生监督管理办法》,该办法的最新版由住房和城乡建设部和卫生计生委于2016年4月17日修订发布。

除法律、法规、规章外,有关饮用水的标准和规范也是安全饮用水法制的组成部分。与饮用水相关行业的工作人员、行政监督管理人员和民众都应认真学习、重点挖掘、充分运用我国现行的与饮用水安全相关的法律、法规、规章和标准。

3) 中华人民共和国刑法

(1) 刑法的法律层次

法律的层次由高到低依次是1. 宪法。2. 基本法律。3. 一般法律。4. 行政法规。5. 地方性行政法规。6. 行政规章。7. 地方性行政规章。

宪法是国家的根本大法,具有最高的法律效力,是国家制定法律的基础和根据。基本法律是由全国人民代表大会制定并颁布的法律,《中华人民共和国刑法》于1979年7月10日第五届全国人民代表大会第二次会议通过,2020年12月26日第十三届全国人民代表大会常委会第二十四次会议修订通过,自2021年3月1日起施行。刑法属于基本法律,是我国大陆目前含有安全饮用水条款最高层次的法律。

(2) 与安全饮用水有关的条款

第三百三十条 违反传染病防治法的规定,有下列情形之一,引起甲类传染病以及依法确定采取甲类传染病预防、控制措施的传染病传播或者有传播严重危险的,处三年以下有期徒刑或者拘役;后果特别严重的,处三年以上七年以下有期徒刑:(一)供水单位供应的饮用水不符合国家规定的卫生标准的;(二)拒绝按照疾病预防控制机构提出的卫生要求,对传染病病原体污染的污水、污物、场所和物品进行消毒处理的;(三)准许或者纵容传染病病人、病原携带者和疑似传染病病人从事国务院卫生行政部门规定禁止从事的易使该传染病扩散的工作的;(四)出售、运输疫区中被传染病病原体污染或者可能被传染病病原体污染的物品,未进行消毒处理的;(五)拒绝执行县级以上人民政府、疾病预防控制机构依照传染病防治法提出的预防、控制措施的。

单位犯前款罪的,对单位判处罚金,并对其直接负责的主管人员和其他直接责任人员,依照前款的规定处罚。

甲类传染病的范围,依照《中华人民共和国传染病防治法》和国务院有关规定确定。

4) 中华人民共和国传染病防治法

《中华人民共和国传染病防治法》共九章 80 条,其中 10 条与安全饮用水密切相关。其内容明确了法定介水传染病的种类,规定了各级政府卫生行政部门、供水单位、涉水产品生产企业的法定职责以及失职应负的法律责任。本文仅阐述该法律与安全饮用水有关的内容。

(1) 法定介水传染病的种类

该法第三条规定的传染病甲类 2 种,乙类 25 种,丙类 10 种。其中甲类的霍乱,乙类的病毒性肝炎(甲肝、戊肝)、脊髓灰质炎、细菌性和阿米巴性痢疾、伤寒和副伤寒、钩端螺旋体病、血吸虫病,丙类中的"除霍乱、细菌性和阿米巴性痢疾、伤寒和副伤寒以外的感染性腹泻病",经饮用水传播是其传播方式之一,为介水传染病。

介水传染病的病原体主要有三类:(一)细菌,如伤寒杆菌、副伤寒杆菌、霍乱弧菌、痢疾杆菌等。(二)病毒,如甲型肝炎病毒、脊髓灰质炎病毒、柯萨奇病毒和腺病毒等。(三)原虫,如贾第氏虫、溶组织阿米巴原虫、血吸虫等。它们主要来自人类粪便、生活污水、医院以及畜牧屠宰、皮革和食品工业等废水。

介水传染病的流行特点表现为:(一)水源一次严重污染后,可呈暴发式流行,短期内突然出现大量病人,且多数患者发病日期集中在同一潜伏期内,若水源经常受污染,则发病者终年不断。(二)病例分布与供水范围一致。大多数患者都有饮用或接触同一水源的历史。(三)一旦对污染源采取治理措施,并加强饮用水的净化和消毒后,疾病的流行能迅速得到控制。

法定介水传染病的认定应由法定机构通过法定程序来确定,非法定介水传染病可参考法定程序进行调查,为保障民众健康和科学研究服务。

(2) 传染病防治由各级政府总负责

第五条第一款规定:各级人民政府领导传染病防治工作。第二款规定:县级以上人民政府制定传染病防治规划并组织实施,建立健全传染病防治的疾病预防控制、医疗救治和监督管理体系。第十四条规定：地方各级人民政府应当有计划地建设和改造公共卫生设施，改善饮用水卫生条件，对污水、污物、粪便进行无害化处置。第四十二条规定：传染病暴发、流行时，县级以上地方人民政府应当立即组织力量，按照预防、控制预案进行防治，切断传染病的传播途径，必要时，报经上一级人民政府决定，可以采取紧急措施并予以公告。其中(三)封闭或者封存被传染病病原体污染的公共饮用水水源、食品以及相关物品；上级人民政府接到下级人民政府关于采取前款所列紧急措施的报告时，应当即时作出决定。并规定紧急措施的解除，由原决定机关决定并宣布。

政府失职的法律责任：

第六十五条规定：地方各级人民政府未依照本法的规定履行报告职责，或者隐瞒、谎报、缓报传染病疫情，或者在传染病暴发、流行时，未及时组织救治、采取控制措施的，由上级人民政府责令改正，通报批评；造成传染病传播、流行或者其他严重后果的，对负有责任的主管人员，依法给予行政处分；构成犯罪的，依法追究刑事责任。

（3）卫生行政部门职责

对供水单位的卫生许可：

第二十九条第二款规定：饮用水供水单位从事生产或者供应活动，应当依法取得卫生许可证。《生活饮用水卫生监督管理办法》第四条规定，国家对供水单位实行卫生许可制度。第二条明确供水单位包括集中式供水单位和二次供水单位。卫生部卫监督发〔2005〕191号文件《卫生部关于分质供水卫生许可证发放问题的批复》明确：分质供水是集中式供水的一种形式，应当属于供水单位卫生许可范围。即卫生行政部门应依法对集中式供水单位、二次供水单位、分质供水单位发放卫生许可。

对饮用水供水单位和涉水产品的监督检查：

第五十三条规定：县级以上人民政府卫生行政部门对传染病防治工作履行监督检查职责。其中：（四）对用于传染病防治的消毒产品及其生产单位进行监督检查，并对饮用水供水单位从事生产或者供应活动以及涉及饮用水卫生安全的产品进行监督检查。第七十三条规定：违反本法规定，有下列情形之一，导致或者可能导致传染病传播、流行的，由县级以上人民政府卫生行政部门责令限期改正，没收违法所得，可以并处五万元以下的罚款；已取得许可证的，原发证部门可以依法暂扣或者吊销许可证；构成犯罪的，依法追究刑事责任。（一）饮用水供水单位供应的饮用水不符合国家卫生标准和卫生规范的；（二）涉及饮用水卫生安全的产品不符合国家卫生标准和卫生规范的；（三）用于传染病防治的消毒产品不符合国家卫生标准和卫生规范的；第五十五条规定：县级以上地方人民政府卫生行政部门在履行监督检查职责时，发现被传染病病原体污染的公共饮用水水源、食品以及相关物品，如不及时采取控制措施可能导致传染病传播流行的，可以采取封闭公共饮用水水源，封存食品以及相关物品或者暂停销售的临时控制措施，并予以检验或者进行消毒。经检验，属于被污染的食品，应当予以销毁；对未被污染的食品或者经消毒后可以使用的物品，应当解除控制措施。

卫生行政部门失职的法律责任：

第六十六条规定：县级以上人民政府卫生行政部门违反本法规定，有下列情形之一的，由本级人民政府、上级人民政府卫生行政部门责令改正，通报批评；造成传染病传播、流行或者其他严重后果的,对负有责任的主管人员和其他直接责任人员,依法给予行政处分;构成犯罪的,依法追究刑事责任:(一)未依法履行传染病疫情通报、报告或者公布职责,或者隐瞒、谎报、缓报传染病疫情的;(二)发生或者可能发生传染病传播时未及时采取预防、控制措施的;(三)未依法履行监督检查职责,或者发现违法行为不及时查处的;(四)未及时调查、处理单位和个人对下级卫生行政部门不履行传染病防治职责的举报的;(五)违反本法的其他失职、渎职行为。

(4) 饮用水供水单位和涉水产品的法律规定

饮用水和涉水产品符合国家标准:

第二十九条第一款规定:用于传染病防治的消毒产品、饮用水供水单位供应的饮用水和涉及饮用水卫生安全的产品,应当符合国家卫生标准和卫生规范。

饮用水供水单位的卫生许可制度:

第二十九条第二款规定:饮用水供水单位从事生产或者供应活动,应当依法取得卫生许可证。

供水单位和涉水产品违法的法律责任:

第七十三条规定(内容见本节3)相同条款。

5) 生活饮用水卫生监督管理办法

《生活饮用水卫生监督管理办法》(以下简称《办法》)是目前我国第一部饮用水行政规章,基本上体现了供水各环节的一体化法制管理,但随着《行政许可法》的颁布和《传染病防治法》的修订,其中个别内容发生了变化,应注意正确运用。

(1) 立法目的、依据、管辖和适用范围

《办法》共五章31条。第一章为总则,共5条,对本《办法》的立法目的、依据、管辖和适用范围、行政执法主体等做了明确的规定。

立法目的是为保证生活饮用水卫生安全,保障人体健康。立法依据是《传染病防治法》及《城市供水条例》的有关规定。《办法》适用于集中式供水、二次供水单位(以下简称供水单位)和涉及饮用水卫生安全的产品的卫生监督管理。凡在中华人民共和国领域内的任何单位和个人均应遵守本办法。

(2) 行政执法主体

《办法》首次明确各级卫生行政部门是饮用水卫生监督机关;建设行政主管部门是城市饮用水管理机关。国务院卫生计生主管部门主管全国饮用水卫生监督工作。县级以上地方人民政府卫生行政部门主管本行政区域内饮用水卫生监督工作。国务院住房城乡建设主管部门主管全国城市饮用水卫生管理工作。县级以上地方人民政府建设行政主管部门主管本行政区域内城镇饮用水卫生管理工作。

(3) 基本内容

① 卫生监督的内容

《办法》第三章为卫生监督,共9条。对饮用水卫生监督中的管辖范围、职责、对象以及卫生监督员的要求做了明确的规定。

第十六条规定:县级以上人民政府卫生计生主管部门负责本行政区域内饮用水卫生监督监测工作。供水单位的供水范围在本行政区域内的,由该行政区人民政府卫生计生主管部门负责其饮用水卫生监督监测工作;供水单位的供水范围超出其所在行政区域的,由供水单位所在行政区域的上一级人民政府卫生计生主管部门负责其饮用水卫生监督监测工作;供水单位的供水范围超出其所在省、自治区、直辖市的,由该供水单位所在省、自治区、直辖市人民政府卫生计生主管部门负责其饮用水卫生监督监测工作。铁道、交通、民航行政主管部门设立的卫生监督机构,行使国务院卫生计生主管部门会同国务院有关部门规定的饮用水卫生监督职责。第十七条规定:新建、改建、扩建集中式供水项目时,当地人民政府卫生行政部门应做好预防性卫生监督工作,并负责本行政区域内饮用水的水源水质监测和评价。第十八条规定:医疗单位发现因饮用水污染出现介水传染病或化学中毒病例时,应及时向当地人民政府卫生行政部门和卫生防疫机构报告。第十九条规定:县级以上地方人民政府卫生行政部门负责本行政区域内饮用水污染事故对人体健康影响的调查。当发现饮用水污染危及人体健康,须停止使用时,对二次供水单位应责令其立即停止供水;对集中式供水单位应当会同城市建设行政主管部门报同级人民政府批准后停止供水。第二十条规定:供水单位卫生许可证由县级以上人民政府卫生行政部门按照本办法第十六条规定的管理范围发放,有效期四年,每年复核一次,有效期满前六个月重新提出申请换发新证(根据行政许可法调整为有效期满前一个月)。第二十一条和二十二条对涉及饮用水安全产品的卫生许可和卫生监督进行了规定。第二十三条和二十四条对饮用水卫生监督员和检查员进行了规定。第二十三条规定:县级以上人民政府卫生行政部门设饮用水卫生监督员,负责饮用水卫生监督工作。县级人民政府卫生行政部门可聘任饮用水卫生检查员,负责乡、镇饮用水卫生检查工作。饮用水卫生监督员由县级以上人民政府卫生行政部门发给证书,饮用水卫生检查员由县级人民政府卫生行政部门发给证书。铁道、交通、民航的饮用水卫生监督员,由其上级行政主管部门发给证书。第二十四条规定:饮用水卫生监督员应秉公执法,忠于职守,不得利用职权谋取私利。

② 实行两个卫生许可制度

国家对供水单位和涉水产品实行许可制度(第四条)。根据2004年7月1日实施的《行政许可法》,许可项目必须由法律和行政法规明确规定,行政规章无权规定许可。2004年6月29日《国务院对确需保留的行政审批项目设定许可的决定》(国务院第412号令)决定对供水单位和涉及饮用水卫生安全产品的卫生许可予以保留。因此,我国继续对供水单位、涉水产品实行许可制度。

分质供水属于供水单位卫生许可范围:第二条明确供水单位包括集中式供水单位和二次供水单位。目前,有关分质供水的具体规定正在制定过程中,可依据现行《生活饮用水卫生规范》和其他相关法律、法规,对符合要求的分质供水单位发放供水单位卫生许可证。

③ 饮用水水源的规定

第十三条规定饮用水水源地必须设置水源保护区。保护区内严禁修建任何可能危害水源水质卫生的设施及一切有碍水源水质卫生的行为。新、改、扩建集中式供水项目做好预防性卫生监督和饮用水水源监测评价(第十七条),违反水源保护的承担相应的法律责任(第二十六条)。

④ 集中式供水单位的要求

供应的饮用水必须符合国家卫生标准(第六条);取得卫生许可证(第七条);新、改、扩建供水项目符合卫生要求(第八条);建立饮用水卫生管理规章制度,负责饮用水卫生管理(第九条);水质必须净化消毒;对水质检验,并报卫生、建设主管部门(第十条);从业人员体检、传染病患者调离,卫生知识培训(第十一条);违反上述规定的法律责任(第二十五、二十六条)。

具体卫生管理篇章为第二章,共10条。对供水单位的职责,适用标准,饮用水卫生许可证制度,新建、改建、扩建的供水工程建设项目的规划选址、设计审查、竣工验收,水源卫生防护,制水及管水人员体检、卫生知识培训以及涉及饮用水卫生安全产品的卫生质量管理做了明确规定。

第六条规定:供水单位供应的饮用水必须符合国家生活饮用水卫生标准。使饮用水卫生标准成为法律法规的组成部分,对于明确饮用水监督执法的目标和提高饮用水卫生质量具有重要意义。第七条规定:集中式供水单位必须取得县级以上地方人民政府卫生行政部门签发的卫生许可证。城市自来水供水企业和自建设施对外供水的企业还必须取得建设行政主管部门颁发的《城市供水企业资质证书》方可供水。《城市供水企业资质证书》根据国家关于第三批取消和调整行政审批项目的决定已经取消(2004年5月19日中华人民共和国国务院文件国发〔2004〕16号发布)。因此集中式供水单位开业前或者供水前必须取得卫生许可证方可供水。第八条规定:供水单位新建、改建、扩建的饮用水供水工程项目,应当符合卫生要求,选址、设计审查和竣工验收必须有建设、卫生行政主管部门参加。新建、改建、扩建的城市公共饮用水供水工程项目由建设行政主管部门负责组织选址、设计审查和竣工验收,卫生行政部门参加。第九条、第十条主要对供水单位的卫生管理制度、管理人员、水质净化消毒设施、水质检测等做了相应规定。第九条规定供水单位应建立饮用水卫生管理规章制度,配备专职或兼职人员,负责饮用水卫生管理工作。第十条规定集中式供水单位必须有水质净化消毒设施及必要的水质检验仪器、设备和人员,对水质进行日常性检验,并向当地人民政府卫生行政部门和建设行政主管部门报送检测资料。城市自来水供水企业和自建设施对外供水的企业,其生产管理制度的建立和执行、人员上岗的资格和水质日常检测工作由城市建设行政主管部门负责管理。

⑤ 二次供水的卫生要求

第十四条规定二次供水设施选址、设计、施工及所用材料,应保证不使饮用水水质受到污染,并有利于清洗和消毒,各类蓄水设施要加强卫生防护,定期清洗和消毒。具体管理办法由省、自治区、直辖市根据本地区情况另行规定。从事二次供水设施清洗消毒的单位必须取得当地人民政府卫生行政部门的卫生许可后,方可从事清洗消毒工作。清洗消毒人员,必须经卫生知识培训和健康检查,取得体检合格证后方可上岗。根据2004年6月经国务院清理行政许可项目的决定,取消二次供水设施清洗消毒单位的卫生许可。

我国许多省市制定了二次供水的地方法规和政府规章,各地可依法实施。

⑥ 涉及饮用水卫生安全产品

第十二条规定:生产涉及饮用水卫生安全的产品的单位和个人,必须按规定向政府卫生行政部门申请办理产品许可批准文件,取得批准文件后,方可生产和销售。任何单位和个人不得生产、销售、使用无批准文件的前款产品。第二十一条规定:涉及饮用水卫生安全的产品,必须进行卫生安全性评价。与饮用水接触的防护涂料、水质处理器以及新材料和化学物质,由省级人民政府卫生行政部门初审后,报卫生部复审;复审合格的产品,由卫生部颁发批准文件。其他涉及饮用水安全的产品,由省、自治区、直辖市人民政府卫生行政部门批准,报卫生部备案。凡涉及饮用水卫生安全的进口产品,须经卫生部审批后,方可进口和销售。2006年6月1日起按照卫生部卫监督发〔2006〕第124号文"卫生部关于印发《健康相关产品卫生行政许可程序》的通知"和卫生部卫监督发〔2006〕191号文"卫生部关于印发《健康相关产品卫生行政许可程序》配套文件的通知"等规定实施,其中国产的与饮用水接触的防护涂料、水质处理器改为由省级卫生监督机构进行生产企业卫生条件审核,并由省级卫生监督机构签封送检样品,送卫生行政部门认定的涉水产品检验机构检验合格后,直接向卫生部申报卫生行政许可。国产涉水产品的新材料化学物质和进口无国家卫生标准的涉水产品的新材料、新化学物质按新产品审批程序进行许可。第二十二条规定:凡取得卫生许可证的单位或个人,以及取得卫生许可批准文件的涉及饮用水卫生安全的产品,经日常监督检查,发现已不符合卫生许可颁发条件或不符合卫生许可批准文件颁发要求的,原批准机关有权收回有关证件或批准文件。第二十七条规定了生产或销售无卫生许可批件涉水产品的法律责任。

⑦ 饮用水污染事故

第十五条规定当饮用水被污染,可能危及人体健康时,有关单位或责任人应立即采取措施,消除污染,并向当地人民政府卫生行政部门和建设行政主管部门报告。第十八条规定医疗单位发现因饮用水污染出现的介水传染病或化学中毒病例时,应及时向当地人民政府卫生行政部门和卫生防疫机构报告。第十九条规定县级以上地方人民政府卫生行政部门负责本行政区域内饮用水污染事故对人体健康影响的调查。当发现饮用水污染危及人体健康,须停止使用时,对二次供水单位应责令其立即停止供水,对集中式供水单位应当会同城市建设行政主管部门报同级人民政府批准后停止供水。

⑧ 供、管水人员的卫生要求

供水单位直接从事供、管水的人员,包括从事净水、取样、检验、二次供水卫生管理及水池、水箱清洗消毒人员。对这些人员进行预防性健康检查和提出卫生要求的目的是防止饮用水受到污染引起介水传染病的发生和流行,保障民众身体健康。

第十一条规定直接从事供、管水的人员必须每年进行一次健康检查,取得预防性健康体检合格证后方可上岗工作。凡患有痢疾(细菌性痢疾和阿米巴痢疾)、伤寒、病毒性肝炎、活动性肺结核、化脓性或渗出性皮肤病及其他有碍生活饮用水卫生的疾病或病原携带者,不得直接从事供、管水工作。直接从事供、管水的人员,上岗前须进行卫生知识培训,上岗后每年进行一次卫生知识培训,未经卫生知识培训或培训不合格者不得上岗工作。集中式供水单位从业人员应保持良好的个人卫生习惯和行为,不得在生产场所吸烟,不得进行有碍生活饮用水卫生的活动。经健康检查确诊的传染病及病原携带者由卫生监督机构向患者所在单位发出《职业禁忌人员调离通知书》,供水单位应将患者立即调离直接供、管水工作岗位,并于接到《职业禁忌人员调离通知书》之日起10日内,将患者原"健康合格证"及调离通知书回执送交卫生监督机构。

⑨ 附则

第五章为附则,对办法中的用语、法定解释部门和实施日期做出了规定。

⑩ 有关行政解释

行政解释是法律法规规章的组成部分。卫生部对《办法》实施中适用进行了一些行政解释,与《办法》有同等的法律效力。

(4) 法律责任

《办法》第四章为罚则,共4条。规定了行政管理相对人的行政法律责任。

第二十五条规定:集中式供水单位安排未取得体检合格证的人员从事直接供、管水工作或安排患有有碍饮用水卫生疾病的或病原携带者从事直接供、管水工作的,县级以上地方人民政府卫生行政部门应当责令限期改进,并可对供水单位处以20元以上1 000元以下的罚款。根据目前卫生部对食品和化妆品从业人员健康证的规定,饮用水从业人员体检合格证可由健康证明所取代。第二十六条规定:违反本办法规定,有下列情形之一的,县级以上地方人民政府卫生行政部门应当责令限期改进,并可处以20元以上5 000元以下的罚款:在饮用水水源保护区修建危害水源水质卫生的设施或进行有碍水源水质卫生的作业的;新建、改建、扩建的饮用水供水项目未经卫生行政部门参加选址、设计审查和竣工验收而擅自供水的;供水单位未取得卫生许可证而擅自供水的;供水单位供应的饮用水不符合国家规定的生活饮用水卫生标准的;未取得卫生行政部门的卫生许可擅自从事二次供水设施清洗消毒工作的。目前根据2004年6月国务院清理行政许可的决定,从事二次供水设施清洗消毒工作的许可已经取消,因此违反该条第5款不需要承担法律责任。第二十七条规定:违反本办法规定,生产或者销售无卫生许可批准文件的涉及饮用水卫生安全的产品的,县级以上地方人民政府卫生行政部门应当责令改进,并可处以违法所得3倍以下的罚款,但最高不超过30 000元,或处以500元以上10 000元以下的罚款。第二十八条规定:城市自来水供水企业和自建设施对外供水的企业,有下列行为之一的,由建设行政主管部门责令限期改进,并可处以违法所得3倍以下的罚款,但最高不超过30 000元,没有违法所得的可处以10 000元以下罚款:新建、改建、扩建的饮用水供水工程项目未经建设行政主管部门设计审查和竣工验收而擅自建设并投入使用的;未按规定进行日常性水质检验工作的;未取得《城市供水企业资质证书》擅自供水的。目前根据2004年6月国务院清理行政许可的决定,《城市供水企业资质证书》已经取消,因此违反该条第3款不需要承担法律责任。

《生活饮用水卫生监督管理办法》规定的是行政主体、行政相对人的行政法律责任,其中部分行政法律责任可根据《传染病防治法》的规定裁定。民事法律责任可按我国民事法律法规的规定裁定。刑事法律责任可按我国刑法和刑事法规规定裁定。

行政主体或卫生监督员在行政调查和行政处罚中发现行政相对人有违反刑事法律情况的,有义务移送和报告公安或检察部门处理。

2.2 管道分质直饮水供水法律、法规、标准和规范

2.2.1 相关法律、法规、标准和规范

1) 管道分质直饮水供水相关的主要法律、法规

卫生部卫监督发〔2005〕191号文关于分质供水卫生许可证发放问题的批复指出：分质供水是集中供水的一种形式，应当属于供水单位卫生许可范围，应按现行的《生活饮用水卫生规范》和其他相关法律、法规，对符合要求的分质供水单位发放供水单位卫生许可证。因此，上述2.1节"饮用水安全的法制保障"中所列的有关供水单位的法律、法规、标准和规范都适用于管道分质供水。

《中华人民共和国传染病防治法》和《生活饮用水卫生监督管理办法》中适用于管道分质供水的主要法律、法规摘录如下：

（1）《中华人民共和国传染病防治法》(2004年8月28日第十届全国人民代表大会常务委员会第十一次会议修订并发布，2013年6月29日，第十二届全国人民代表大会常务委员会第三次会议修正。)第二十九条 第一款 饮用水供水单位供应的饮用水和涉及饮用水卫生安全的产品，应当符合国家卫生标准和卫生规范。第二款 饮用水供水单位从事生产或者供应活动，应当依法取得卫生许可证。

（2）生活饮用水卫生监督管理办法(1996年7月9日建设部、卫生部令第53号发布)经住房和城乡建设部常务会议、国家卫生计生委主任会议2016年4月17日审议通过修改版并发布，自2016年6月1日起施行。

第四条 国家对供水单位和涉及饮用水卫生安全的产品实行卫生许可制度。第六条 供水单位供应的饮用水必须符合国家生活饮用水卫生标准。第七条 集中式供水单位取得工商行政管理部门颁发的营业执照后，还应当取得县级以上地方人民政府卫生计生主管部门颁发的卫生许可证，方可供水。第八条 供水单位新建、改建、扩建的饮用水供水工程项目，应当符合卫生要求，选址和设计审查、竣工验收必须有建设、卫生行政主管部门参加。第九条 供水单位应建立饮用水卫生管理规章制度，配备专职或兼职人员，负责饮用水卫生管理工作。第十条 集中式供水单位必须有水质净化消毒设施及必要的水质检验仪器、设备和人员，对水质进行日常性检验，并向当地人民政府卫生计生主管部门和住房城乡建设主管部门报送检测资料。城市自来水供水企业和自建设施对外供水的企业，其生产管理制度的建立和执行、人员上岗的资格和水质日常检测工作由城市住房城乡建设主管部门负责管理。第十一条 直接从事供、管水的人员必须取得体检合格证后方可上岗工作，并每年进行一次健康检查。凡患有痢疾、伤寒、甲型病毒性肝炎、戊型病毒性肝炎、活动性肺结核、化脓性或渗出性皮肤病及其他有碍饮用水卫生的疾病的和病原携带者，不得直接从事供、管水工作。直接从事供、管水的人员，未经卫生知识培训不得上岗工作。第十二条 生产涉及饮用水卫生安全的产品的单位和个人，必须按规定向政府卫生计生主管部门申请办理产品卫生许可批准文件，取得批准文件后，方可生产和销售。任何单位和个人不得生产、销售、使用无批准文件的前款产品。第十五条 当饮用水被污染，

可能危及人体健康时,有关单位或责任人应立即采取措施,消除污染,并向当地人民政府卫生计生主管部门和住房城乡建设主管部门报告。第十六条　县级以上人民政府卫生计生主管部门负责本行政区域内饮用水卫生监督监测工作。供水单位的供水范围在本行政区域内的,由该行政区人民政府卫生计生主管部门负责其饮用水卫生监督监测工作;供水单位的供水范围超出其所在行政区域的,由供水单位所在行政区域的上一级人民政府卫生计生主管部门负责其饮用水卫生监督监测工作;供水单位的供水范围超出其所在省、自治区、直辖市的,由该供水单位所在省、自治区、直辖市人民政府卫生计生主管部门负责其饮用水卫生监督监测工作。铁道、交通、民航行政主管部门设立的卫生监督机构,行使国务院卫生计生主管部门会同国务院有关部门规定的饮用水卫生监督职责。第十七条　新建、改建、扩建集中式供水项目时,当地人民政府卫生计生主管部门应做好预防性卫生监督工作,并负责本行政区域内饮用水的水源水质监测和评价。第二十条　供水单位卫生许可证由县级以上人民政府卫生计生主管部门按照本办法第十六条规定的管理范围发放,有效期四年。有效期满前六个月重新提出申请换发新证。第二十二条　凡取得卫生许可证的单位或个人,以及取得卫生许可批准文件的饮用水卫生安全的产品,经日常监督检查,发现已不符合卫生许可证颁发条件或不符合卫生许可批准文件颁发要求的,原批准机关有权收回有关证件或批准文件。二十五、二十六、二十八条规定了有关供水单位卫生管理和卫生监督罚则的条款。

管道分质直饮水供水工程的建设,属于二次集中供水范畴。在管道分质直饮水供水工程的建设过程当中,最为重要的法律是《中华人民共和国水法》,最为重要的法规是《中华人民共和国城市供水条例》。

《中华人民共和国水法》是为了合理开发、利用、节约和保护水资源,防治水害,实现水资源的可持续利用,适应国民经济和社会发展的需要而制定的法规。该法于1988年1月21日第六届全国人民代表大会常务委员会第二十四次会议通过,2002年8月29日第九届全国人民代表大会常务委员会第二十九次会议修订,根据2009年8月27日第十一届全国人民代表大会常务委员会第十次会议《关于修改部分法律的决定》第一次修正,根据2016年7月2日第十二届全国人民代表大会常务委员会第二十一次会议《关于修改〈中华人民共和国节约能源法〉等六部法律的决定》第二次修正。

《中华人民共和国城市供水条例》是为了加强城市供水管理,发展城市供水事业,保障城市生活、生产用水和其他各项建设用水而制定的。该条例于1994年7月19日国务院令第158号发布,根据2018年3月19日《国务院关于修改和废止部分行政法规的决定》进行修订,2020年3月27日根据《国务院关于修改和废止部分行政法规的决定》进行第二次修订。

2) 管道分质直饮水供水的标准和规范

管道分质直饮水供水现行的国家、行业标准和规范主要有以下4个:

中华人民共和国国家标准《生活饮用水卫生标准》(GB 5749—2022)适用于管道分质直饮水供水的原水。

中华人民共和国国家标准《生活饮用水标准检验方法》(GB/T 5750—2023)适用于管道分质直饮水供水的水质检验。

中华人民共和国行业标准《饮用净水水质标准》(CJ 94—2005)适用于管道分质直饮水供水的成品水水质。

中华人民共和国行业标准《建筑与小区管道直饮水系统技术规程》(CJJ/T 110—2017)适用于管道分质直饮水供水系统建设的技术规程。

2.2.2 管道分质直饮水水质标准

饮用水水质安全保障是一项系统工程,涉及原水、净水工艺、输配、二次供水、用户末梢各个环节,需要系统化的标准体系来保障。饮用水安全保障标准体系应按内在联系形成科学的有机整体,相互衔接补充,并应立法保障实施效果,从而实现对饮用水安全的有力支撑[85]。生活饮用水卫生标准是以保护人群身体健康和保证人类生活质量为出发点,对饮用水中与人群健康相关的各种因素做出量值规定,经国家有关部门批准、发布的法定卫生标准。

2.2.2.1 国际先进水质标准

历经多年研究和探索,欧美发达国家已经形成相对完善的饮用水水质监测管理体系。世界卫生组织《饮用水水质准则》、欧盟《饮用水水质指令》、美国《国家饮用水质标准》是目前国际上公认的先进、安全的水质标准,也是各国制定标准的基础或参照,澳大利亚、加拿大、日本等国参照上述三大标准制定了本国的饮用水标准[85]。

1) WHO 饮用水水质准则

世界卫生组织(World Health Organization,WHO)分别在 1984 年、1997 年、2004 年和 2011 年发布了四版《饮用水水质准则》,提出了污染物的推荐值,说明了各卫生基准值确定的依据和资料来源,就社区供水的监督和控制提出指导。该准则是国际上现行最重要的饮用水水质标准之一,包括中国在内的许多国家和地区都根据国内经济技术力量、社会因素、环境资源条件以世界卫生组织《饮用水水质准则》为蓝本制定水质安全标准和法规,如东南亚的越南、泰国、马来西亚、印度尼西亚、菲律宾,南美的巴西、阿根廷等。有的国家和地区则直接引用该标准,如新加坡、中国香港特别行政区[86]。

2011 年 7 月 4 日,WHO 在新加坡发布了第四版《饮用水水质准则》(以下简称《准则》),并呼吁世界各国和地区政府转变思路,以预防为主,加强饮用水质量管理,降低饮用水遭污染的风险。第四版《准则》涵盖的指标包括水源性疾病病原体 28 项,其中细菌 12 项,病毒 8 项,原虫 6 项,寄生虫 2 项;具有健康意义的化学指标 161 项(建立准则值的指标 90 项,尚未建立准则值的指标 71 项),放射性指标 3 项,另外提出了 26 项指标的感官推荐阈值。

第四版《准则》根据科研进展进行了不少更新,包括制定了关于新出现的污染物的准则值。首次收入一些有价值的建议,涵盖从雨水收集、储存到政府决策的各个层面,甚至还有与全球气候变化相关的内容。这个版本的《准则》通过建立以健康为基础的目标,输配水到用户的饮用水安全计划和独立的监督机制,详细阐述了风险识别和风险管理的实施办法。对比之前的几版,第四版明确地阐述了针对收入较低、收入中等和高收入国家应实施的不同措施。目的是在过度城市化、水源缺乏和气候变化等背景下,防止不安全饮用水引发的健康风险[21]。第四版给出的《饮用水水质准则》饮用水中有健康意义的化学物质的准则值见附录1。

2) 欧盟饮用水水质指令

欧盟(European Union,EU)《饮用水水质指令》是国际上重要的饮用水水质标准之一。EU各个国家在制定本国的饮用水水质标准时,都把该指令作为主要依据。

欧共体在1973年和1977年的环境行动计划中提出,为防止饮用水中有毒化学物质及微生物对人体造成健康危害,应制定各成员国共同遵守的饮用水水质指令。1980年6月,理事会通过了欧洲第一版水质指令80/778/EEC[87]。该指令制定了比较完整的饮用水水质标准指标体系,包括21项条款和3个附件。1998年11月,EU理事会通过了指令98/83/EC,该指令是对指令80/778/EEC的修订和完善,包括19项条款和5个附件[88]。

2015年,欧盟委员会(European Commission,EC)发布了指令(EU)2015/1787,主要是对指令98/83/EC的附件Ⅱ和Ⅲ进行了修订。附件Ⅱ水质监测部分引入了WHO《饮用水水质准则》第四版中基于风险评估和风险管理的水安全计划等相关内容。要求各成员国在制定水质监测方案时应基于风险评估的结果,调整监测指标和频次。附件Ⅲ分析方法部分强调与国际接轨,要求检测时尽量采用国际认可的方法,尽量采用新的标准和技术,并引入了对检测结果不确定度的要求[89]。

2017年,基于EU与WHO的"饮用水指标合作项目",WHO对指令98/83/EC进行了回顾和评估,并给出了修改建议报告。2020年12月,欧洲议会和EU理事会发布了新指令(EU)2020/2184(以下简称"新指令"),参考WHO建议,对98/83/EC进行了全面的修订。该指令于2021年1月12日开始实施,要求各成员国在两年内立法执行。新指令共包括28项条款和7个附件(附录Ⅰ:水质指标限值要求;附录Ⅱ:监测要求;附录Ⅲ:分析方法技术要求;附录Ⅳ:公众信息要求;附录Ⅴ:涉水材料要求;附录Ⅵ:废止指令信息;附录Ⅶ:新旧指令对照)。其中附录Ⅰ中共规定了56项指标,包括微生物指标、化学指标、指示性指标和生活配水系统风险评估相关指标等[90]。

新指令增加了双酚A等9项化学物质指标,以及军团菌等2项与配水系统风险评估相关的水质指标,并对锑等5项指标进行了调整。该指令与WHO水质准则保持了较好的一致性,具有普适性,是EU各成员国必须遵守的最低标准,各国可根据本国情况增加指标数,对浊度、色度等未规定具体值,成员国可在保证其他指标的基础上自行规定。EU《饮用水水质指令》附录Ⅰ详细信息见附录2。

此次EU饮用水水质指令修订是在WHO对原版指令实施情况回顾和评估报告的基础上进行的,修订过程中充分考虑了EU的实际情况,总体上趋于严格。EU新指令的有些做法对于我国的饮用水标准制修订具有很好的借鉴意义。

3) 美国国家饮用水水质标准

美国《国家饮用水水质标准》的前身为《国家公共卫生署饮用水水质标准》,最早颁布于1914年,是人类历史上第一部具有现代意义、以保障人类健康为目标的水质标准[85]。该标准于1925年、1942年、1946年和1962年被修订和重新发布。1974年,美国国会通过了安全饮用水法以后,美国环保局(USEPA)于1975年首次发布了具有强制性的《国家一级饮用水规程》,又于1979年发布除了健康相关的标准以外的非强制的《国家二级饮用水规程》,并于1986年、1998年、2004年、2006年、2009年、2012年、2015年和2018年进行了修订。它的制订过程及其发展基本上与人们对饮用水中污染物的认识和发展相一致。饮用水标准根据《安全饮用水法》和《1986年安全饮用水法修正条款》的要求,每隔三年就从最新的《重点污染物目录》中选25种进行规则制定,并对以前发布的标准值进行审查,便于水质标准能及时吸收最新的科技成果[91]。

美国饮用水水质标准有两个特点:

一是将标准分为国家两级饮用水规程。国家一级饮用水规程(NPDWRs或一级标准)是法定强制性的标准,适用于公用给水系统。一级标准限制了那些有害公众健康的、已知的、或在公用给水系统中出现的有害污染物浓度,从而保护饮用水水质。一级标准将污染物划分为:无机物、有机物、放射性核素及微生物。国家二级饮用水规程(NSDWRs或二级标准)为非强制性准则,用于控制水中对美容(如皮肤、牙齿变色),或对感官(如臭、味、色度)有影响的污染物浓度。USEPA给水系统推荐二级标准但没有规定必须遵守,各州可选择性采纳为强制性标准[92]。

二是标准值分为两类即污染物最高(允许)浓度(Maximum Contaminant Level,MCL)与污染物最高(允许)浓度目标(Maximum Contaminant Level Goal,MCLG)。MCLG的定义为:对人类的健康无已知的或可预见到的不利影响,同时又包含一个适当的安全系数的污染物浓度。其为基于水中物质对人类全然无害而设定的理想值,不受法律约束,是非强制性公共健康目标。MCL则指尽量可能接近MCLG的污染物浓度,是以当前水的现实情况而规定可能实现的标准,它是以MCLG值和处理费用、处理技术、许可风险等为基础而设定的。MCLG是根据饮用水中污染物毒性的风险评估规定出目标最大许可值。MCL是根据风险处理规定确定的最大允许值。确保略微超过MCL限量时对公众健康不产生显著风险。MCL还确定了公共给水系统的处理技术必须遵循的强制性步骤或技术水平以确保对污染物的控制水平。

美国现行饮用水标准是根据《安全饮用水修正案》的框架制定并于2018年修订的版本,其中对98种污染物做出了硬性规定,包括浊度、8种微生物、5种放射性核素、20种无机物、64种有机物。在考虑特定地域差异的基础上,又兼顾了技术上的可行性和经济上的合理性,从而为水质安全提供了强有力的保障。该标准在科学、严谨的基础上更加重视标准的可操作性和实用性,注重风险、技术和经济分析。2018版美国《国家饮用水水质标准》的详细信息见附录3。

4) 日本自来水水质标准

1958年日本依据本国的《水道法》制定了第一部生活饮用水水质标准。该标准水质指标主要包括能产生直接健康危害或者危害发生可能性高的项目,包括微生物指标、无机物指标和感官指标。标准发布后仅对个别指标进行几次修订,到1978年,修订后的水质标准中包括26项指标[93]。1992年日本政府为治理水源水质污染加剧和富营养化等问题,对生活饮用水水质标准进行了修订,并在1993年1月开始实施。水质指标由26项增加到46项。其中与人体健康相关指标29项,管网水必须满足的指标17项。

日本厚生劳动省参照WHO制定的《饮用水水质准则》和最新研究成果不断更新完善

饮用水水质标准。日本最新饮用水水质基准的制订以 2003 年 5 月 30 日颁布的饮用水水质基准(第 101 号厚生省令)为基础。到目前为止,共经历了 7 次左右的改动[94]。主要由日本厚生省科学生活环境上水委员会负责修订和审核。最新修订的标准是在 2020 年 4 月 1 日开始实施的,分为三部分:水质基准项目、水质管理目标设定项目和需要讨论的项目[95]。其中法定项目和我国的现行生活饮用水卫生标准大同小异,水质基准项目共设定了 51 个,水质目标管理项目共计 27 项,要检讨的 45 个项目中包括了一些常见的环境内分泌干扰化学物质(如雌二醇、炔雌醇、双酚 A、壬基酚等),但相应限值较高,其合理的限值范围还有待于进一步科学探讨。

水质基准项目共设定了 51 个,其中,从保护人体健康角度设定的项目共 31 个,从第 1 项"一般细菌"到第 31 项"甲醛";从妨碍生活利用角度设定的项目共 20 个,从第 32 项"锌及其化合物"到第 51 项"浑浊度"[95]。

水质管理目标设定项目共 27 个,这些项目属于目前在饮用水中的检测情况尚未达到必须纳入水质基准的浓度、但今后在饮用水中有检出的可能性、在水质管理方面有必要关注的项目。其中,第 15 个项目农药类的特点比较突出,经过近几年的不断修订,农药项目指标已从原来的 120 项变为现在的 114 项[94],均为在日本饮用水中检出可能性较高的农药;在限值规定上,不仅规定了每个指标的对应限值,还提出了总量的限值规定:各农药指标的检测值除以各自的限值后的合计值不超过 1,即每个农药指标的检测值都要远低于限值;此外,对部分农药的限值规定既包含农药的母体浓度,还包含其代谢产物的浓度[96],例如在草甘膦的浓度限值中,除了包含自身浓度外,还包含其代谢物氨甲基膦酸(Aminomethyl Phosphonic Acid)的浓度,需要将氨甲基膦酸的浓度按照规则换算后,再进行合并计算。

需要讨论的项目是指,由于目前毒性评价不确定或在饮用水中的检测实际情况不明确等原因,尚无法纳入水质基准项目、水质管理目标设定项目,共 45 项,部分项目未指定限值。需要讨论的项目包括我国饮用水水质标准中的非常规指标银、钡、钼、丙烯酰胺、苯乙烯、微囊藻毒素-LR、二甲苯,此外还包括一些常见的环境激素,如附录 A 中的双酚 A、邻苯二甲酸二丁酯,以及我国饮用水质标准里没有列入的雌二醇、炔雌醇、壬基酚。值得注意的是,从 2020 年起日本水质标准已将全氟辛烷磺酸和全氟辛酸这两种环境激素从需要讨论的项目移至水质管理目标设定项目,而我国最新的水质标准在修订过程中也考虑到了这两种物质[95]。2020 年日本最新《饮用水水质基准》详细信息见附录 4。

2.2.2.2　国内管道分质直饮水相关水质标准

目前我国现行的与供水相关的水质安全标准主要有《生活饮用水卫生标准》(GB 5749—2022)、《地表水环境质量标准》(GB 3838—2002)、《地下水质量标准》(GB/T 14848—2017)、《城市供水水质标准》(CJ/T 206—2005)、《生活饮用水水源水质标准》(CJ 3020—1993)、《饮用净水水质标准》(CJ 94—2005)等。与此同时,以上海市地方标准《生活饮用水水质标准》(DB 31/T 1091—2018)、深圳市地方标准《生活饮用水水质标准》(DB 4403/T 60—2020)、海口市地方标准《生活饮用水水质标准》(DB 4601/T 3—2021)、张家口市地方标准《生活饮用水水质标准》(DB 1307/T 286—2019)、保定市地方标准《生活饮用水水质标准》(DB 1306/T 200—2022)、江苏省地方标准《生活饮用水管道分质直饮水卫生规范》(DB 32/T 761—2022)及其他标准作为补充标准。

这些标准共同构建了我国水质安全标准体系。作为标准体系核心的生活饮用水卫生标准,对我国饮用水安全发挥了关键作用,推动供水企业技术进步和管理升级,促进了监管部门管理能力的建设与提高。同时住房和城乡建设部参与或主导了部分国标、CJJ/T 110—2017和行业政策的制定,反映出建设部门对城市供水设施建设和运行的管理责任,而城市供水行业的技术进步直接影响和促进了我国饮用水标准的发展。

1) 国家强制性水质标准

与生活用水相关的现行的国家强制性水质标准有两部,分别为《生活饮用水卫生标准》(GB 5749—2022)及《食品安全国家标准 包装饮用水》(GB 19298—2014),两部强制性标准的具体内容如下:

(1) 生活饮用水卫生标准

自1954年起,我国先后发布了多个版本的生活饮用水标准,其发展历程如表2.2。

表2.2 《生活饮用水卫生标准》发展历程

时间	标准内容	颁布单位
1954年发布,1955年5月1日在北京、天津以及上海等12个城市开始试行[97]	《自来水水质暂行标准》	卫生部
1956年12月1日实施	《饮用水水质标准》(草案)[98] 该标准对15项水质指标的限值做出了规定	卫生部和国家建设委员会联合审查批准
1959年发布,同年11月实施	《生活饮用水卫生规程》[99] 该标准包括水质指标的卫生要求、水源选择和水源卫生防护3部分内容,将限值的水质指标增至17项	卫生部和建设工程部联合发布
1976年	《生活饮用水卫生标准》(试行)(TJ 20—76)将水质限值指标增至23项[100]	卫生部和国家建设委员会共同审批
1985年8月16日批准,1986年10月1日起实施	《生活饮用水卫生标准》(GB 5749—85),该标准包括5部分内容,水质指标由23项增至35项	卫生部以国家强制性卫生标准发布
2006年12月29日发布,2007年7月1日实施	《生活饮用水卫生标准》(GB 5749—2006)该标准将限值的水质指标增至106项;其中常规指标42项,非常规指标64项[101]	卫生部和国家标准化管理委员会联合发布
2022年3月15日发布,2023年4月1日实施	《生活饮用水卫生标准》(GB 5749—2022)水质指标由106项调整为97项,水质参考指标由28项调整为55项[102]	国家市场监督管理总局和国家标准化管理委员会发布

为了使饮用水的安全和质量更加符合国情,国家强制性饮用水新标准《生活饮用水卫生标准》(GB 5749—2022)于2022年3月15日正式发布,并于2023年4月1日正式实施,新的国家标准将对保护居民身体健康和经济可持续发展起到积极的作用。

《生活饮用水卫生标准》(GB 5749—2022)(以下简称2022版标准)包括范围、规范性引用文件、术语和定义、生活饮用水水质要求、生活饮用水水源水质要求、集中式供水单位卫生要求、二次供水卫生要求、涉及饮用水卫生安全的产品卫生要求、水质检验方法和附录十个部分。

与 GB 5749—2006 相比,除结构调整和编辑性改动外,主要技术变化如下。

① 水质指标由 GB 5749—2006 的 106 项调整为 97 项,包括常规指标 43 项和扩展指标 54 项。其中:

增加了 4 项指标,包括高氯酸盐、乙草胺、2-甲基异莰醇、土臭素;

删除了 13 项指标,包括耐热大肠菌群、三氯乙醛、硫化物、氯化氰(以 CN⁻ 计)、六六六(总量)、对硫磷、甲基对硫磷、林丹、滴滴涕、甲醛、1,1,1-三氯乙烷、1,2-二氯苯、乙苯;

更改了 3 项指标的名称,包括化学耗氧量(COD_{Mn} 法,以 O_2 计)名称修改为高锰酸盐指数(以 O_2 计)、氨氮(以 N 计)名称修改为氨(以 N 计)、1,2-二氯乙烯名称修改为 1,2-二氯乙烯(总量);

更改了 8 项指标的限值,包括硝酸盐(以 N 计)、浑浊度、高锰酸盐指数(以 O_2 计)、游离氯、硼、氯乙烯、三氯乙烯、乐果;

增加了总 β 放射性指标进行核素分析评价的具体要求及微囊藻毒素-LR 指标的适用情况;

删除了小型集中式供水和分散式供水部分水质指标及限值的暂行规定(见 2006 年版的第 4 章)。

新版国标更关注居民的感官体验和饮水健康,突出"末梢水"达标和保障的理念,它的实施必将推动供水行业从"源头"到"龙头"全过程建立和完善水质保障体系,提升精细化管理水平。

② 水质参考指标由 GB 5749—2006 的 28 项调整为 55 项(见附录 A)。其中:

增加了 29 项指标,包括钒、六六六(总量)、对硫磷、甲基对硫磷、林丹、滴滴涕、敌百虫、甲基硫菌灵、稻瘟灵、氟乐灵、甲霜灵、西草净、乙酰甲胺磷、甲醛、三氯乙醛、氯化氰(以 CN⁻ 计)、亚硝基二甲胺、碘乙酸、1,1,1-三氯乙烷、乙苯、1,2-二氯苯、全氟辛酸、全氟辛烷磺酸、二甲基二硫醚、二甲基三硫醚、碘化物、硫化物、铀、镭-226;

删除了 2 项指标,包括 2-甲基异莰醇、土臭素;

更改了 3 项指标的名称,将二溴乙烯名称修改为 1,2-二溴乙烷、亚硝酸盐名称修改为亚硝酸盐(以 N 计)、石棉(>10 μm)名称修改为石棉(纤维>10 μm);

更改了 1 项指标的限值,为石油类(总量)。

本次标准修订对标准的范围进行了更加明确的表述,对规范性引用文件进行了更新,修订完善,或增减了集中式供水、小型集中式供水、二次供水、出厂水、末梢水、常规指标和扩展指标等术语和定义,对全文一些条款中的文字进行了编辑性修改。《生活饮用水卫生标准》(GB 5749—2022)主要指标及限值见附录 5。

2022 版标准更加科学严谨、先进合理,体现了城乡一体化,有力推动供水行业设施设备改造,强化供水行业的检测能力与应急能力建设,促进供水行业的高质量发展。新国标的实施将为我国饮用水卫生安全提供法律保障,为我国建立水质安全标准体系、水质保障管理体系、水质工程技术体系提供依据、奠定基石,为水行业持续、健康、稳定、创新发展明确了目标和方向。

(2) 食品安全国家标准——包装饮用水

《食品安全国家标准 包装饮用水》(GB 19298—2014)由国家卫生计生委于2014年12月24日批准发布,自2015年5月24日起实施,标准中对包装饮用水的标签标识要求(4.1和4.2)自2016年1月1日起实施。本标准是在起草组分析了国内外包装饮用水相关标准及安全指标要求,在《瓶(桶)装饮用水卫生标准》(GB 19298—2003)及《瓶(桶)装饮用纯净水卫生标准》(GB 17324—2003)的基础上整合修订而成。本标准代替《瓶(桶)装饮用水卫生标准》(GB 19298—2003)及第1号和第2号修改单、《瓶(桶)装饮用纯净水卫生标准》(GB 17324—2003),《瓶装饮用纯净水卫生标准》(GB 17324—1998)涉及本标准指标的以本标准为准。适用于直接饮用的包装饮用水,不适用于饮用天然矿泉水。其感官要求应符合表2.3的规定,理化指标应符合表2.4的规定,微生物限量应符合表2.5的规定。

表 2.3　GB 19298—2014 表 1　感官要求

项 目	要 求 饮用纯净水	要 求 其他饮用水	检验方法
色度/度　≤	5	10	GB/T 5750
浑浊度/NTU　≤	1	1	GB/T 5750
状态	无正常视力可见外来异物	允许有极少量的矿物质沉淀,无正常视力可见外来异物	GB/T 5750
滋味、气味	无异味、无异嗅	无异味、无异嗅	GB/T 5750

表 2.4　GB 19298—2014 表 2 理化指标

项 目		指 标	检验方法
余氯(游离氯)/(mg/L)	≤	0.05	GB/T 5750
四氯化碳/(mg/L)	≤	0.002	GB/T 5750
三氯甲烷/(mg/L)	≤	0.02	GB/T 5750
耗氧量(以 O_2 计)/(mg/L)	≤	2.0	GB/T 5750
溴酸盐/(mg/L)	≤	0.01	GB/T 5750
挥发性酚[a](以苯酚计)/(mg/L)	≤	0.002	GB/T 5750
氰化物(以 CN^- 计)[b]/(mg/L)	≤	0.05	GB/T 5750
阴离子合成洗涤剂[c]/(mg/L)	≤	0.3	GB/T 5750
总 α 放射性[c]/(Bq/L)	≤	0.5	GB/T 5750
总 β 放射性[c]/(Bq/L)	≤	1	GB/T 5750

a. 仅限于蒸馏法加工的饮用纯净水,其他饮用水。
b. 仅限于蒸馏法加工的饮用纯净水。
c. 仅限于以地表水或地下水为生产用源水加工的包装饮用水。

表 2.5　GB 19298—2014 表 3 微生物限量

项目	采样方案[a] 及限量 n	c	m	检验方法
大肠杆菌/(CFU/mL)	5	0	0	GB 4789.3 平板计数法
铜绿假单胞菌(CFU/250 mL)	5	0	0	GB/T 8538

样品的采样及处理按 GB 4789.1 执行。

2) 管道分质直饮水相关行业标准

与生活用水水质标准相关的行业标准目前有两部,分别为《饮用净水水质标准》(CJ 94—2005)及《城市供水水质标准》(CJ/T 206—2005),具体内容如下:

(1) 饮用净水水质标准　《饮用净水水质标准》(CJ 94—2005)是 2005 年 10 月 1 日实施的一项行业标准。适用于以自来水或符合生活用水水源水质标准的水为原水,经深度净化后可供给用户直接饮用的管道分质直饮水。饮用净水水质不应超过表 2.6 中规定的限值。

表 2.6　CJ 94—2005 表 1　饮用净水水质标准

项　目		限　值
感官性状	色	5 度
	浑浊度	0.5 NTU
	臭和味	无异臭异味
	肉眼可见物	无
一般化学指标	pH	6.0～8.5
	总硬度(以 $CaCO_3$ 计)	300 mg/L
	铁	0.20 mg/L
	锰	0.05 mg/L
	铜	1.0 mg/L
	锌	1.0 mg/L
	铝	0.20 mg/L
	挥发性酚类(以苯酚计)	0.002 mg/L
	阴离子合成洗涤剂	0.20 mg/L
	硫酸盐	100 mg/L
	氯化物	100 mg/L
	溶解性总固体	500 mg/L
	耗氧量(COD_{Mn},以 O_2 计)	2.0 mg/L

续表

项 目		限 值
毒理学指标	氟化物	1.0 mg/L
	硝酸盐氮(以 N 计)	10 mg/L
	砷	0.01 mg/L
	硒	0.01 mg/L
	汞	0.001 mg/L
	镉	0.003 mg/L
	铬(六价)	0.05 mg/L
	铅	0.01 mg/L
	银(采用载银活性炭时测定)	0.05 mg/L
	氯仿	0.03 mg/L
	四氯化碳	0.002 mg/L
	亚氯酸盐(采用 ClO_2 消毒时测定)	0.70 mg/L
	氯酸盐(采用 ClO_2 消毒时测定)	0.70 mg/L
	溴酸盐(采用 O_3 消毒时测定)	0.01 mg/L
	甲醛(采用 O_3 消毒时测定)	0.90 mg/L
细菌学指标	细菌总数	50 cfu/mL
	总大肠菌群	每 100 mL 水样中不得检出
	粪大肠菌群	每 100 mL 水样中不得检出
	余氯	0.01 mg/L(管网末梢水)*
	臭氧(采用 O_3 消毒时测定)	0.01 mg/L(管网末梢水)*
	二氧化氯(采用 ClO_2 消毒时测定)	0.01 mg/L(管网末梢水)* 或余氯 0.01 mg/L(管网末梢水)*

注：表中带"*"的限值为该项目的检出限，实测浓度应不小于检出限。

（2）城市供水水质标准 《城市供水水质标准》(CJ/T 206—2005)由建设部 2005 年 2 月 5 日颁布，并于 2005 年 6 月 1 日正式实施。本标准对供水水源、水厂生产、输配水、二次供水和用户受水点水质的安全管理和监督提出了原则性要求，并规定了供水水质要求、水源水质要求、水质检验和监测、水质安全规定，城市公共集中式供水、自建设施供水和二次供水单位，在其供水和管理范围内的供水水质应达到本标准规定的水质要求，用户受水点的水质也应符合本标准规定的水质要求。常规检验项目见表 2.7，非常规检验项目见附录 6。

表 2.7 CJ/T 206—2005 表 1 城市供水水质常规检验项目及限值

序号	项目		限值
1	微生物指标	细菌总数	≤80 CFU/mL
		总大肠菌群	每 100 mL 水样中不得检出
		耐热大肠菌群	每 100 mL 水样中不得检出
		余氯(加氯消毒时测定)	与水接触 30 min 后出厂游离氯≥0.3 mg/L；或与水接触 120 min 后出水总氯≥0.5 mg/L；管网末梢水总氯≥0.05 mg/L
		二氧化氯(使用二氧化氯消毒时测定)	与水接触 30 min 后出厂游离氯≥0.1 mg/L；管网末梢水总氯≥0.05 mg/L；或二氧化氯余量≥0.02 mg/L
2	感官性状和一般化学指标	色度	15 度
		臭和味	无异臭异味，用户可接受
		浑浊度	1NTU(特殊情况≤3NTU)①
		肉眼可见物	无
		氯化物	250 mg/L
		铝	0.2 mg/L
		铜	1 mg/L
		总硬度(以 $CaCO_3$ 计)	450 mg/L
		铁	0.3 mg/L
		锰	0.1 mg/L
		pH	6.5～8.5
		硫酸盐	250 mg/L
		溶解性总固体	1 000 mg/L
		锌	1.0 mg/L
		挥发酚(以苯酚计)	0.002 mg/L
		阴离子合成洗涤剂	0.3 mg/L
		耗氧量(COD_{Mn}，以 O_2 计)	3 mg/L(特殊情况≤5 mg/L)②
3	毒理学指标	砷	0.01 mg/L
		镉	0.003 mg/L
		铬(六价)	0.05 mg/L
		氰化物	0.05 mg/L
		氟化物	1.0 mg/L
		铅	0.01 mg/L
		汞	0.001 mg/L
		硝酸盐(以 N 计)	10 mg/L(特殊情况≤20 mg/L)③

续表

序号	项目		限值
3	毒理学指标	硒	0.01 mg/L
		四氯化碳	0.002 mg/L
		三氯甲烷	0.06 mg/L
		敌敌畏(包括敌百虫)	0.001 mg/L
		林丹	0.002 mg/L
		滴滴涕	0.001 mg/L
		丙烯酰胺(使用聚丙烯酰胺时测定)	0.000 5 mg/L
		亚氯酸盐(采用 ClO_2 消毒时测定)	0.7 mg/L
		溴酸盐(采用 O_3 时测定)	0.01 mg/L
		甲醛(采用 O_3 时测定)	0.9 mg/L
4	放射性指标	总 α 放射性	0.1 Bq/L
		总 β 放射性	1.0 Bq/L

注：① 特殊情况为水源水质和净水技术限值等。
② 特殊情况指水源水质超过Ⅲ类即耗氧量>6 mg/L。
③ 特殊情况为水源限制，如采取地下水等。

3) 管道分质直饮水相关地方标准

鉴于中国各个城市水源水的多样性，上海、深圳、海口、张家口及保定等多个城市均结合本地水质特点，编制本地区的地方水质标准，提出适应本地区的供水水质指标和限值，并对水质管控提出更高的要求，确保饮水安全。江苏省还编制了适用于以符合生活饮用水卫生标准的市政供水或自建供水为原水，经深度净化处理后可直接饮用的管道分质直饮水的卫生规范。

这些地方标准的编制，均以国家强制性水质标准及国标指标限值为基础，参考国际组织和发达国家最新修订标准限值，同时综合考虑本地区供水运行管理能力及原水水质特征，广泛征求供水、卫生、科研、设计、高校等单位的意见，最后形成与国际发达国家接轨、同时体现本地区供水水质特征的标准限值。其发布实施，将进一步提升自来水的口感和安全性，并为实行区域供水直饮提供更加有力的保障。本书挑选有代表性的标准进行描述。

(1) 上海市生活饮用水卫生标准 《生活饮用水水质标准》(DB 31/T 1091—2018)是由上海市质量技术监督局颁布实施的一项地方标准。为适应建设卓越全球城市和社会主义现代化国际大都市的战略发展需求，上海以国家《生活饮用水卫生标准》(GB 5749—2006)为基础，依据本地区水质状况，对标国际先进的饮用水水质标准，制定并于2018年10月1日开始实施上海市《生活饮用水水质标准》(DB 31/T 1091—2018)。次年，上海市印发《上海市供水规划(2019—2035 年)》。上海市《生活饮用水水质标准》(DB 31/T 1091—2018)参考了当前全球的主要饮用水水质标准，包括 2011 年世界卫生组织(WHO)《饮用水水质指南》(第四版)、美国 2018 年《国家饮用水水质标准》、欧盟《饮用水水质指令(98/83/EC)》、《地表水环境质量标准》(GB 3838—2002)等。在当时国标基础上,增加了 5 项指标,同时对 40 项指标的限量值进行了修订[103]。

该地方标准从国标 106 项增加至 111 项(增加 5 项指标,包括常规指标 49 项,非常规指标 62 项),修订限值 40 项。其中,将国标非常规指标中的锑、一氯二溴甲烷、二氯一溴甲烷、三溴甲烷、三卤甲烷、氨氮,以及国标附录 A 指标中的亚硝酸盐氮,总共 7 项指标增加至常规指标;并对常规指标中的镉、亚硝酸盐氮、铁、锰、溶解性总固体、总硬度、汞、阴离子合成洗涤剂、三卤甲烷、溴酸盐、甲醛、菌落总数、色度、浑浊度、耗氧量、总氯、游离氯 17 项进行提标;将国标附录 A 中的 2-甲基异莰醇、土臭素、总有机碳以及新增的 N-二甲基亚硝胺共 4 项指标增加至非常规指标,对原有 23 项非常规指标进行升级,其中 18 项有机物和无机物指标是按照国内外最严标准要求制定的限值;新增水质参考指标 3 项。对接 WHO、美国、欧盟的饮用水水质标准,实现新地方标准与国际先进水质标准的全面接轨。

该标准规定的是上海市生活饮用水水质要求、卫生要求、水质检验及考核要求和水质检验方法,适用于上海市公共供水、二次供水的生活饮用水。

(2) 深圳市生活饮用水水质标准　2018 年,深圳市制订《深圳经济特区践行"四个走在全国前列"率先建设社会主义现代化先行区战略规划(2018—2035 年)》和《深圳市建设自来水直饮城市工作方案(征求意见稿)》。2020 年 5 月 1 日由深圳市市场监督管理局颁布的《生活饮用水水质标准》(DB 4403/T 60—2020)开始实施。该地方标准由深圳市水务局牵头,市水文水质中心、市水务集团等单位共同参与编制而成,前后历时一年多时间。该标准对标 WHO、欧盟、美国、日本等先进饮用水水质标准,结合深圳市水质特点,提出了适应深圳市的供水水质指标和限值,并对水质管控提出要求,确保饮水安全。该标准包含水质指标 116 项,其中常规指标 52 项,非常规指标 64 项,比当时国家《生活饮用水卫生标准》(GB 5749—2006)新增指标 10 项、提升指标限值要求 48 项。

该标准规定了深圳市生活饮用水水质要求、水质检验方法和水质管理要求,适用于深圳市公共供水(含二次供水)。并规定,深圳市生活饮用水水质应符合 GB 5749 的要求,同时符合该地方标准的水质要求。

(3) 生活饮用水管道分质直饮水卫生规范　《生活饮用水管道分质直饮水卫生规范》(DB 32/T 761—2005)于 2005 年 1 月 31 日首次发布 DB 32/T 761—2022 为第一次修订版,并于 2022 年 7 月 4 日由江苏省市场监督管理局颁布,2022 年 8 月 4 日正式实施。该地方标准在我国首次提出管道分质直饮水概念并明确了相关的水质标准。《生活饮用水管道分质直饮水卫生规范》(DB 32/T 761—2022)明确指出管道分质直饮水是指利用过滤、吸附、消毒等工艺以符合生活饮用水卫生标准的市政供水或自建供水为原水,经进一步深度(特殊)处理,通过独立封闭的循环管道输送,供给人们直接饮用的水。同时增加了管道分质直饮水管理单位的定义:管道分质直饮水管理单位(Management Unit of Piped Dual Direct Drinking Water)是指管道分质直饮水的管理责任单位,为管道分质直饮水设施的产权所有人或其委托经营管理的单位。

该标准规定的水质指标数量为 25 项,与 DB 32/T 761—2005 相同,但具体指标进行了调整,增加了 5 项指标,包括硝酸盐、溴酸盐、甲醛、臭氧、大肠埃希氏菌;删除了 5 项指标,氯仿、四氯化碳、亚氯酸盐、游离余氯、粪大肠菌群;更改了 4 项指标限值,包括 pH 值由 6.5~8.5 修改为 6.0~8.5、浑浊度限值由 0.5 NTU 降到 0.3 NTU、高锰酸盐指数限值由 1.0 mg/L 提升至 1.5 mg/L、细菌总数由每 100 mL 水样中不得检出改为 100 (MPN/mL 或 CFU/mL);更改了 2 项指标名称,包括细菌总数名称修改为菌落总数、耗氧量名称修改为高锰酸盐指数。管道分质直饮水水质应符合表 2.8 的规定,其余水质指标应符合 GB 5749 的要求。

表 2.8 DB 32/T 761—2022 管道分质直饮水水质项目及限值

序号	指标	限值
一、微生物指标		
1	总大肠菌群/(MPN/100 mL 或 CFU/100 mL)	不应检出
2	大肠埃希氏菌/(MPN/100 mL 或 CFU/100 mL)	不应检出
3	菌落总数/(MPN/mL 或 CFU/mL)	100
二、毒理指标		
1	砷/(mg/L)	0.01
2	镉/(mg/L)	0.003
3	铬(六价)/(mg/L)	0.05
4	铅/(mg/L)	0.01
5	汞/(mg/L)	0.001
6	硝酸盐(以 N 计)/(mg/L)	10
7	溴酸盐(采用臭氧消毒)/(mg/L)	0.01
8	甲醛(采用臭氧消毒)/(mg/L)	0.9
三、感官性状和一般化学指标		
1	色度(铂钴色度单位)/度	5
2	浑浊度(散射浑浊度单位)/NTU	0.3
3	臭和味	无异臭、异味
4	肉眼可见物	无
5	pH	6.0~8.5
6	铝/(mg/L)	0.2
7	铁/(mg/L)	0.2
8	锰/(mg/L)	0.05
9	硫酸盐/(mg/L)	100
10	氯化物/(mg/L)	100
11	溶解性总固体/(mg/L)	400
12	总硬度(以 $CaCO_3$ 计)/(mg/L)	200
13	高锰酸盐指数(以 O_2 计)/(mg/L)	1.5
四、消毒剂指标		
1	臭氧(采用臭氧消毒)/(mg/L)	≥0.01(管网末梢水)

4) 管道分质直饮水相关团体标准

目前,我国直饮水还未普及,缺少对应的标准是重要原因之一。直饮水标准的提出将填补国内直饮水标准的空白,加快推进直饮水在我国的普及使用。因此,江苏省净水设备制造行业协会于 2017 年颁布实施了《优质饮用净水水质标准》(团体标准),北京包装饮用水行业协会于 2021 年颁布实施了《健康直饮水水质标准》(团体标准),具体内容如下:

(1) 优质饮用净水水质标准 《优质饮用净水水质标准》(T/WPIA 001—2017)是由江苏省疾病预防控制中心、江苏省净水设备制造协会和江苏省卫生监督所共同提出,于 2017 年 12 月 25 日由江苏省净水设备制造协会颁布并实施的团体标准。该标准是国内首部优质饮用水的水质标准。

该标准规定了优质饮用净水水质标准的术语和定义、卫生要求和检验方法,适用于以符合 GB 5749 的自来水或水源水为原水,经净水设备处理后方可供给学校、托幼、养老机构及需要改善、提高水质的单位及家庭可直接饮用的优质饮用净水。其水质卫生要求不应超过表 2.9 规定的限值。

表 2.9　T/WPIA 001—2017 表 1　优质饮用净水水质卫生要求

指　　标		限　　值
1. 微生物指标[a]	总大肠菌群/(MPN/100 mL 或 CFU/100 mL)	不得检出
	耐热大肠菌群/(MPN/100 mL 或 CFU/100 mL)	不得检出
	大肠埃希氏菌/(MPN/100 mL 或 CFU/100 mL)	不得检出
	浑浊度(散射浑浊度单位)/NTU	0.3
	菌落总数/(CFU/mL)[b]	100
2. 毒理指标	铅/(mg/L)	0.01
	镉/(mg/L)	0.003
	硝酸盐(以 N 计)/(mg/L)	10
	三氯甲烷/(mg/L)	0.03
3. 感官性状和一般化学指标	色度(铂钴色度单位)	5
	臭和味	无异臭、异味
	肉眼可见物	无
	pH	6.0~8.5
	锰/(mg/L)	0.05
	铝/(mg/L)	0.05~0.2
	耗氧量(COD_{Mn} 法,以 O_2 计)/(mg/L)	1.5
	铁/(mg/L)	0.2
	氯化物/(mg/L)	100
	硫酸盐/(mg/L)	100
	溶解性总固体/(mg/L)	400
	总硬度(以 $CaCO_3$ 计)/(mg/L)	200

注:其他水质标准符合 GB 5749 规定的限值。

　　a. MPN 表示最可能数;CFU 表示菌落形成单位。当水样检出总大肠菌群时,应进一步检验大肠埃希氏菌或耐热大肠菌群,水样未检出总大肠菌群,不必检验大肠埃希氏菌或耐热大肠菌群。
　　b. 非肠道致病菌,用作指示水处理效率,控制微生物的指标。

（2）健康直饮水水质标准 《健康直饮水水质标准》（T/BJWA 01—2021）是 2021 年 3 月 10 日由中国检验检疫科学研究院综合检测中心和北京包装饮用水行业协会共同颁布，2021 年 4 月 10 日正式实施的团体标准，首次提出健康直饮水概念并明确水质标准，其中多项指标严于 WHO、日本、美国和欧盟的饮用水水质标准。《健康直饮水水质标准》明确指出健康直饮水是以符合生活饮用水水质标准的自来水或水源水为原水，经处理后具有一定的矿化度，符合食品安全国家标准及本文件规定，可供直接饮用的水。

《健康直饮水水质标准》在满足《生活饮用水卫生标准》（GB 5749）和《饮用净水水质标准》（CJ 94）较严要求的前提下，对相关指标做了修订和调整。设置了溶解性总固体、总硬度和总有机碳（Total Organic Carbon，TOC）等 3 项重点指标限值，且指标同时也满足国标《生活饮用水卫生标准》（GB 5749）中的限值要求；增加了粪链球菌、铜绿假单胞菌、产气荚膜梭菌 3 项微生物指标。

同时调整了 19 项限量指标，本文件的限量指标严于《生活饮用水卫生标准》（GB 5749）和《饮用净水水质标准》（CJ 94）中指标较严的限值要求。主要变化如下：铝由 0.2 mg/L 降到 0.1 mg/L；铅由 0.01 mg/L 降到 0.005 mg/L；砷由 0.01 mg/L 降到 0.005 mg/L；汞由 0.001 mg/L 降到 0.000 1 mg/L；镉由 0.003 mg/L 降到 0.001 mg/L；镍由 0.02 mg/L 降到 0.008 mg/L；增加总铬限值 0.05 mg/L；氰化物由 0.05 mg/L 降到 0.01 mg/L；亚硝酸盐由 1 mg/L 降到 0.1 mg/L；甲醛由 0.9 mg/L 降到 0.06 mg/L；甲苯由 0.7 mg/L 降到 0.1 mg/L；四氯化碳由 0.002 mg/L 降到 0.001 mg/L；三氯乙烯由 0.07 mg/L 降到 0.002 5 mg/L；1,2-二氯乙烯由 0.05 mg/L 降到 0.025 mg/L；余氯≤0.05 mg/L；阴离子合成洗涤剂由 0.2 mg/L 降到 0.15 mg/L；总 α 放射性由 0.5 Bq/L 降到 0.1 Bq/L；总 β 放射性由 1 Bq/L 降到 0.5 Bq/L；浊度由 0.5 NTU 降低到 0.3 NTU。健康直饮水应符合表 2.10-2.12 中规定的限值，其他指标和限值应符合 GB 5749 和 CJ 94 中较严限值的规定。

表 2.10　T/BJWA 01—2021 表 1　重点指标及限值

指　　标	限　　值	检测方法
溶解性总固体/(mg/L)	30～200	GB/T 5750 （所有部分）
总硬度（以 CaCO$_3$ 计）/(mg/L)	15～100	
总有机碳（TOC）/(mg/L)	≤1	

表 2.11　T/BJWA 01—2021 表 2　微生物指标及限值

指　　标	限　　值	检测方法
粪链球菌/(CFU/250 mL)	不得检出	GB 8538
铜绿假单胞菌/(CFU/250 mL)	不得检出	
产气荚膜梭菌/(CFU/50 mL)	不得检出	

注：CFU 表示菌落形成单位。

表 2.12　T/BJWA 01—2021 表 3　限量指标及限值

指　标	限　值	检测方法
总铬/(mg/L)	0.05	GB 8538
铝/(mg/L)	0.1	GB/T 5750（所有部分）
铅/(mg/L)	0.005	
砷/(mg/L)	0.005	
汞/(mg/L)	0.000 1	
镉/(mg/L)	0.001	
镍/(mg/L)	0.008	
氰化物/(mg/L)	0.01	
亚硝酸盐/(mg/L)	0.1	
甲醛/(mg/L)	0.06	
甲苯/(mg/L)	0.1	
四氯化碳/(mg/L)	0.001	
三氯乙烯/(mg/L)	0.002 5	
1,2-二氯乙烯/(mg/L)	0.025	
余氯/(mg/L)	0.05	
阴离子合成洗涤剂/(mg/L)	0.15	
总 α 放射性/(Bq/L)	0.1	
总 β 放射性/(Bq/L)	0.5	
浑浊度/NTU	0.3	HJ 1075

5）水杯子直饮水水质标准

《水杯子直饮水水质标准》(Q/ZSZY 0101—2023)由中国水务银龙水杯子直饮水(湖南)集团有限公司提出,南京水杯子科技股份有限公司、长沙水杯子直饮水工程设备有限公司、南京水联天下水处理科技研究院有限公司参与编写。该标准通过收集整理世界各国、重要国际组织及国内相关饮用水水质标准,包括:WHO(第四版)、美国、欧盟、日本的饮用水水质标准以及国内《生活饮用水卫生标准》(GB 5749—2022),《饮用净水水质标准》(CJ 94—2005),《城市供水水质标准》(CJ/T 206—2005),上海、深圳、海口、保定、张家口生活饮用水水质标准,江苏省、湖南省、天津市管道直饮水卫生规范及技术标准等相关标准和编制说明,并对各类标准进行分析比较而成。

目前,国内的标准多为生活饮用水水质标准,国家强制性标准 GB 5749 是水杯子直饮水标准的上位标准。迄今为止,直饮水没有相应的国家标准或行业标准,而与其直接相关的水质标准仅有一部城建建设标准《饮用净水水质标准》(CJ 94—2005),该标准于

2005年10月1日实施,距今已有17年时间,标准内少数指标及限值随着水处理技术的发展和国家标准GB 5749的修订需要重新规定。与管道分质直饮水密切相关的标准为江苏省地方标准《生活饮用水管道分质直饮水卫生规范》(DB 32/T 761—2005),2022年修订版DB 32/T 761—2022也已经正式颁布,该标准的实施,引导和规范了管道分质直饮水行业,有利于相关设计施工单位和供水单位的自身管理及相关行政部门的监督检查,对管道分质直饮水行业的健康发展起到了积极的推动作用。

水杯子直饮水水质应符合表2.13、表2.14、表2.15(即标准表1、表2和附录A)中规定的限值,其余水质指标应符合GB 5749的要求。

表2.13　Q/ZSZY 0101—2023 表1　水杯子直饮水水质常规指标及限值

序号	水质指标	限值
一、微生物指标		
1	总大肠菌群/(MPN/100 mL 或 CFU/mL)[a]	不得检出
2	大肠埃希氏菌/(MPN/100 mL 或 CFU/mL)[a]	不得检出
二、毒理指标		
3	砷/(mg/L)	0.01
4	汞/(mg/L)	0.001(目标值0.000 1)
5	镉/(mg/L)	0.003
6	铬/(六价)(mg/L)	0.05
7	铅/(mg/L)[b]	0.01(目标值0.000 5)
8	氟化物/(mg/L)	1.0
9	硝酸盐(以N计)/(mg/L)	10
10	三氯甲烷*/(mg/L)	0.03(目标值0.02)
11	溴酸盐*/(mg/L)	0.005
三、感官性状和一般化学指标		
12	色度(铂钴色度单位)/度	5
13	浑浊度(散射浑浊度单位)NTU	0.3
14	臭和味	无异臭、异味
15	肉眼可见物	无
16	pH	6.5～8.5

续表

序 号	水质指标	限 值
17	总硬度(以 $CaCO_3$ 计)/(mg/L)	200
18	铁/(mg/L)	0.2
19	锰/(mg/L)	0.05
20	铝/(mg/L)	0.2(目标值 0.05)
21	硫酸盐/(mg/L)	100
22	氯化物/(mg/L)	100
23	溶解性总固体/(mg/L)	300
24	高锰酸盐指数(以 O_2 计)/(mg/L)	1.5(目标值 1.0)

说明：
[a] MPN 表示最可能数，CFU 表示菌落形成单位。当水样检出总大肠菌群时，应进一步检验大肠埃希氏菌；水样未检出总大肠菌群，不必检验大肠埃希氏菌。
[b] 铅的目标值为最低检测限的一半。
"*"表示制水或供水过程中有可能带入或产生：
——采用液氯、次氯酸钠、次氯酸钙、二氧化氯及氯胺时，应测定三氯甲烷；
——采用臭氧时，应测定溴酸盐。

表 2.14 Q/ZSZY 0101—2023 表 2 水杯子直饮水水质扩展指标及限值

序 号	水质指标	限 值
一、毒理指标		
25	银*/(mg/L)	0.05
26	甲醛*/(mg/L)	0.45
27	四氯化碳/(mg/L)	0.002(目标值 0.001)
二、感官性状和一般化学指标		
28	挥发酚类(以苯酚计)/(mg/L)	0.002

说明："*"表示制水或供水过程中有可能带入或产生：
——采用载银活性炭或采用管件含银时，应测定银；
——采用臭氧时，应测定甲醛。

表 2.15 Q/ZSZY 0101—2023 附录 A 表 A.1 水杯子直饮水水质参考指标及限值

序 号	水质指标	限 值
一、毒理指标		
1	高氯酸盐*/(mg/L)	0.07

续表

序 号	水质指标	限 值
二、微塑料		
2	微塑料/(个/L)	10
三、全氟及多氟化合物		
3	全氟辛酸/(ng/L)	40
4	全氟辛烷磺酸/(ng/L)	20
四、抗生素		
5	大环内酯类/(ng/L)	19
6	阿莫西林/(ng/L)	78
7	环丙沙星/(ng/L)	89

注：参考指标根据水源地实际情况选择是否测定。
"*"表示制水或供水过程中有可能带入或产生：采用氯化法或与臭氧联合消毒时，应测定高氯酸盐。

2.2.2.3 管道分质直饮水与自来水水质标准比较

目前与管道分质直饮水相关的水质标准有行业标准《饮用净水水质标准》(CJ 94—2005)、地方标准《生活饮用水管道分质直饮水卫生规范》(DB 32/T 761—2022)、团体标准《健康直饮水水质标准》(T/BJWA 01—2021)以及企业标准《水杯子直饮水水质标准》(Q/ZSZY 0101—2023)；自来水水质标准最具代表性的为国家强制性标准《生活饮用水卫生标准》(GB 5749—2022)以及 WHO 第四版的《饮用水水质准则》、欧盟(EU)《饮用水水质指令》2020 版、美国《国家饮用水水质标准》2018 版、日本《饮用水水质基准》2020 版等国际先进水质标准。

根据相关的概念可知，管道分质直饮水水质标准的适用范围与行业标准《饮用净水水质标准》(CJ 94—2005)适用范围相同，故本节主要采用《饮用净水水质标准》(CJ 94—2005)水质指标将管道分质直饮水的水质标准与自来水水质标准进行比较，并分析管道分质直饮水水质标准的优势。

管道分质直饮水的水质标准与自来水水质标准的指标与限值对比情况如表 2.16 所示。

表 2.16 管道分质直饮水水质标准和自来水水质标准的指标与限值的对比

水质指标	管道分质直饮水标准 CJ 94—2005《饮用净水水质标准》	DB 32/T 761—2022《生活饮用水管道分质直饮水卫生规范》	T/BJWA 01—2021《健康直饮水水质标准》	Q/ZSZY 0101—2023《水杯子直饮水水质标准》	GB 5749—2022《生活饮用水卫生标准》	自来水水质标准 WHO第四版《饮用水水质准则》	US EPA《国家饮用水水质标准》2018版	EU《饮用水水质指令》2020版	JPN《饮用水水质基准》2020版
1. 感官性状指标									
色度	5	5	—	5	15		15	用户可以接受且无异味	5.0
浑浊度(NTU)	0.5	0.3	0.3	0.3	1(3)		未规定	用户可以接受且无异常	2.0(1.0)
臭和味	无异臭异味	无异臭异味	—	无异臭异味	无异臭异味		无异臭异味	用户可以接受且无异常	无异常
肉眼可见物	无	无	—	无	无		无	—	—
2. 一般化学指标									
pH	6.0~8.5	6.0~8.5	—	6.5~8.5	6.5~8.5		6.5~8.5	6.5~9.5	5.8~8.6(7.5)
总硬度(mg/L)(以$CaCO_3$计)	300	200	15~100	200	450				300(10~100)
铁(mg/L)	0.2	0.2	—	0.2	0.3		0.3	0.2	0.3
锰(mg/L)	0.05	0.05	0.3	0.05	0.1		0.05	0.05	0.05(0.01)
铜(mg/L)	1.0	—	—	—	1.0	2.0	1.3(1.0)	2.0	1.0
锌(mg/L)	1.0	—	—	—	1.0		5.0	—	1.0
铝(mg/L)	0.2	0.2	0.1	0.2 目标值 0.05	0.2		0.05~0.2	0.2	0.2(0.1)

续表

水质指标	管道分质直饮水水质标准					自来水水质标准			
	CJ 94—2005《饮用净水水质标准》	DB 32/T 761—2022《生活饮用水管道分质直饮水卫生规范》	T/BJWA 01—2021《健康直饮水水质标准》	Q/ZSZY 0101—2023《水杯子直饮水水质标准》	GB 5749—2022《生活饮用水卫生标准》	WHO 第四版《饮用水水质准则》	US EPA《国家饮用水水质标准》2018 版	EU《饮用水质指令》2020 版	JPN《饮用水质基准》2020 版
挥发酚(以苯酚计)	0.002	—	—	0.002	0.002				0.005
阴离子合成洗涤剂	0.2	—	0.15	—	0.3				0.2
硫酸盐(mg/L)	100	100	—	100	250		250	250	200
氯化物(mg/L)	100	100	—	100	250		250	250	200
溶解性总固体(mg/L)	500	400	30～200	300	1000		500		500(30～200)
耗氧量(COD$_{Mn}$,以 O$_2$ 计)	2.0	1.5	—	1.5 目标值 1.0	3.0			5.0	3.0

3. 毒理学指标(指标单位均为 mg/L)

水质指标	CJ 94—2005	DB 32/T 761—2022	T/BJWA 01—2021	Q/ZSZY 0101—2023	GB 5749—2022	WHO 第四版	US EPA 2018 版	EU 2020 版	JPN 2020 版
氰化物(mg/L)	1.0	—	—	1.0	1.0(1.2)	1.5	4.0(2.0)	1.5	0.8
硝酸盐氮(以 N 计)(mg/L)	10	10	—	10	10(20)	50	10	50	10
砷(mg/L)	0.01	0.01	0.005	0.01	0.01	0.01	0.01	0.01	0.01
硒(mg/L)	0.01	—	—	0.01	0.01	0.04	0.05	0.02	0.01
汞(mg/L)	0.001	0.001	0.0001	0.001 目标值 0.000 1	0.001	0.006	0.002	0.001	0.000 5
镉(mg/L)	0.003	0.003	0.001	0.003	0.005	0.003	0.005	0.005	0.003

续表

水质指标	管道分质直饮水水质标准					自来水水质标准			
	CJ 94—2005《饮用净水水质标准》	DB 32/T 761—2022《生活饮用水管道分质直饮水卫生规范》	T/BJWA 01—2021《健康直饮水水质标准》	Q/ZSZY 0101—2023《水杯子直饮水水质标准》	GB 5749—2022《生活饮用水卫生标准》	WHO第四版《饮用水水质准则》	US EPA《国家饮用水水质标准》2018版	EU《饮用水水质指令》2020版	JPN《饮用水水质基准》2020版
铬（六价）(mg/L)	0.05	0.05	0.05	0.05	0.05	0.05	0.1	0.05（0.025）	0.02
铝(mg/L)	0.01	0.01	—	0.01 目标值 0.000 5	0.01	0.01	0.015（0）	0.01（0.005）	0.01
银(mg/L)（用载银活性炭）	0.05	—	—	0.05	0.05				
三氯甲烷(mg/L)	0.03	—	—	0.03 目标值 0.02	0.06	0.3	0.1		0.06
四氯化碳(mg/L)	0.002	—	0.001	0.002 目标值 0.001	0.002	0.004	0.005（0）		0.002
亚氯酸盐(mg/L)（采用 ClO_2 消毒时测定）	0.7	—	0.1	—	0.7	0.7		0.70	
氯酸盐(mg/L)（采用 ClO_2 消毒时测定）	0.7	—	—	—	0.7	0.7		0.70	0.6
溴酸盐(mg/L)（采用 O_3 消毒时测定）	0.01	0.01	—	—	0.01	0.01	0.01	0.01	0.01
甲醛(mg/L)（采用 O_3 消毒时测定）	0.9	0.9	0.06	0.45	0.9				0.08

续表

2 管道分质直饮水供水的法制保障

水质指标	管道分质直饮水水质标准					自来水水质标准			
	CJ 94—2005《饮用净水水质标准》	DB 32/T 761—2022《生活饮用水管道分质直饮水卫生规范》	T/BJWA 01—2021《健康直饮水水质标准》	Q/ZSZY 0101—2023《水杯子直饮水水质标准》	GB 5749—2022《生活饮用水卫生标准》	WHO第四版《饮用水水质准则》	US EPA《国家饮用水水质标准》2018版	EU《饮用水质指令》2020版	JPN《饮用水水质基准》2020版
4. 细菌学指标										
细菌总数	50 CFU/mL	100	—	—	100(500)	—	—	—	100
总大肠菌群	不得检出	不得检出	—	不得检出	不得检出	—	不得检出	不得检出	不得检出
粪大肠菌群	不得检出	—	—	—	—	—	—	—	—
大肠埃希氏菌	—	不得检出	—	不得检出	不得检出	—	—	—	—
耐热大肠菌群	—	不得检出	—	—	—	—	—	—	—
余氯	≥0.01 mg/L 管网末梢水	—	0.05	—	≥0.02 mg/L 末梢水余量	≥0.5 mg/L 在管网点 ≥0.2 mg/L	4mg/L（最大残留消毒水平）	—	1 mg/L 以下
臭氧（采用O$_3$消毒时测定）	≥0.01 mg/L 管网末梢水	≥0.01 mg/L 管网末梢水	—	—	≥0.02 mg/L 末梢水余量				
二氧化氯（采用ClO$_2$消毒时测定）	≥0.01 mg/L 管网末梢水或余氯≥0.01 mg/L 管网末梢水	—	—	—	≥0.02 mg/L 末梢水余量		0.8 mg/L（最大残留消毒水平）		0.6 mg/L 以下

注：空白代表无该指标，"—"代表未列出该指标，国内标准"—"代表未列出还需符合 GB 5749 的要求。

下面将选取水质标准中的重点水质指标进行对比分析：

1) 微生物指标

(1) 总大肠菌群

总大肠菌群是评价饮用水卫生质量的重要微生物指标之一。总大肠菌群可指示肠道传染病传播的可能性，一般来说，总大肠菌群能够指示肠道传染病菌存在的可能性，但它不是专一的指示菌。如果在水样中检出总大肠菌群，则应再检验大肠埃希氏菌或耐热大肠菌群以证明水体是否已经受到粪便污染；如果水样中没有检出总大肠菌群，就不必再检验大肠埃希氏菌或耐热大肠菌群。

WHO《饮用水水质准则（第四版）》未规定总大肠菌群的限值；国内外其他标准均要求饮用水中总大肠菌群不得检出，管道分质直饮水水质标准中大肠菌群为不得检出。

(2) 大肠埃希氏菌

大肠埃希氏菌是粪便污染最有意义的指示菌，已被世界上许多组织、国家和地区使用。国内外几乎所有水质标准中都规定饮用水中 100 mL 水样不得检出大肠埃希氏菌。若水样中检出大肠埃希氏菌，说明水体可能已受到粪便污染，存在发生肠道传染病的可能性，必须采取相应措施。

国内外的标准均要求大肠埃希氏菌为不得检出，管道分质直饮水水质标准中大肠埃希氏菌也为不得检出。

2) 毒理学指标

(1) 砷

砷是少数几种会通过饮用水使人致癌的物质之一。三价无机砷比五价无机砷有较强的活性和毒性，一般认为，三价砷是致癌物。然而，对致癌机理以及在低摄入量时的剂量—反应曲线尚有很大的不确定性及争议。已有足够证据证明无机砷化合物对人有致癌作用，对动物的致癌作用也有少量数据证明，国际癌症研究中心（International Agency for Research on Cancer，IARC）在对化学致癌物进行分组时，将无机砷分在第 1 组（对人致癌的物质，对人致癌性证据充分）。国际化学品安全规划署（International Programme on Chemical Safety，IPCS）相关资料指出，长期暴露于饮用水中的砷会诱发皮肤、肺、膀胱和肾的癌症，以及其他的皮肤病变，例如角化过度和色素变化。

国内外可查询到的饮用水水质标准，砷的限值均为 0.01 mg/L，管道分质直饮水水质标准砷的限值多为 0.01 mg/L，其中，团体标准《健康直饮水水质标准》砷的限值为 0.005 mg/L。

(2) 铬（六价）

在我国用大鼠试验，三价铬长期经口致癌性试验没有发现肿瘤发病率的增加，而大鼠用六价铬经吸入途径染毒实验显示有致癌性，但是没有经口染毒的致癌性实验证据。一些流行病学研究发现了吸入暴露六价铬与肺癌之间的联系。六价铬毒性比三价铬大 100 倍，可引起急性或慢性中毒。IARC 化学致癌物分组将六价铬列为第 1 组（对人致癌的物质），三价铬被列为第 3 组（现有证据对人的致癌性尚无法分类）。我国的饮用水中铬的标准均标明为六价铬。动物毒理试验的最大无作用浓度为 2 mg/L。

美国《国家饮用水卫生标准》中铬的限值为 0.1 mg/L；WHO《饮用水水质准则（第四

版)》、GB 5749—2022 铬的限值均为 0.05 mg/L；欧盟《饮用水水质指令》规定最迟应在 2036 年 1 月 12 日达到 0.025 mg/L 的参数值。在此之前，铬的参数值应为 0.05 mg/L；日本《饮用水水质基准》为 0.02 mg/L；管道分质直饮水水质标准中六价铬的标准限值也为 0.05 mg/L。

(3) 铅

天然水中很少含有铅，自来水的铅主要来自含铅的管道系统，软水、酸性水是管道中铅溶出的主要因素。饮用水中铅浓度一般低于 0.005 mg/L，但在有含铅配件的地方，浓度可高达 0.1 mg/L。

前瞻性(纵向)流行病学调查结果表明，若产前暴露于铅可能对孩子智力发育有早期影响，但不会持续到 4 岁。实验动物饲以高浓度铅化合物饲料引发肾肿瘤，IARC 化学致癌物分组将铅和无机铅化合物列入 2B 组(对人可能致癌，对人致癌证据有限，对实验动物致癌性证据充分)。铅污染对儿童健康影响研究比较深入，儿童摄入铅后，有 40% 被吸收，而成年人只吸收 10%，铅污染影响儿童发育，尤其影响儿童脑发育，使儿童智力低下，智商下降。

美国《国家饮用水卫生标准》铅的最大允许浓度(MCL) 0.015 mg/L，目标值(MCLG) 0 mg/L；欧盟、日本、WHO 等国外标准及 GB 5749—2022、CJ 94—2005 和各地方标准等国内标准铅的指标限值均为 0.01 mg/L，已与国际先进标准接轨，但对儿童来说，国际上公认水中铅浓度越低越好，因而水杯子直饮水水质标准中铅的水质限值定为 0.01 mg/L，目标期望值为 0 mg/L，考虑到铅的检出限的问题，将目标值设为所有检测方法的最低检测限值的一半为 0.000 5 mg/L。

(4) 氟化物

氟化物在自然界广泛存在，适量的氟被认为是对人体有益的元素。摄入量过多对人体有害，可致急、慢性中毒(慢性中毒主要表现为氟斑牙和氟骨症)。我国在流行病学方面进行过大量调查，资料表明，在一般情况下，长期饮用含氟量 0.5 mg/L~1.0 mg/L 的水时，氟斑牙的患病率为 10%~30%，多数为轻度斑釉；含氟量为 1.0 mg/L~1.5 mg/L 时，多数地区氟斑牙患病率已高达 45% 以上，且中、重度患者明显增多。当水中氟化物超过 2.0 mg/L 时，学龄儿童(以 8~15 岁计)患病率约为 60%~70%；当水中氟化物浓度达到 4 mg/L 时，几乎所有在当地成长的儿童均出现氟斑牙症状，成人氟骨症患者明显增多。适量氟化物有利于预防龋齿发生，调查资料表明，水中含氟量 0.5 mg/L 以下的地区，居民龋齿患病率一般高达 50%~60%；含氟量为 0.5 mg/L~1.0 mg/L 的地区，则龋齿患病率一般仅为 30%~40%。

美国《国家饮用水卫生标准》中氟化物 MCL 限值为 4.0 mg/L，MCLG 限值为 2.0 mg/L；WHO《饮用水水质准则(第四版)》和欧盟《饮用水水质指令》中氟化物的限值为 1.5 mg/L；日本《饮用水水质基准》中氟化物限值为 0.8 mg/L；GB 5749—2022 规定饮用水中氟化物的限值为 1 mg/L，当小型集中式供水和分散式供水因水源与净水技术受限时，氟化物可按 1.2 mg/L 要求；CJ 94—2005 规定饮用净水中氟化物的限值为 1.0 mg/L。考虑到适量的氟化物对人体有好处，水杯子直饮水水质标准中氟化物限值也为 1.0 mg/L；管道分质直饮水水质指标优于直饮水水质标准。

(5) 硝酸盐(以 N 计)

硝酸盐在水中经常被检出,含量过高可引起人工喂养婴儿的变性血红蛋白血症。虽然对较年长人群无此问题,但有人认为某些癌症(膀胱癌、卵巢癌、非霍奇金淋巴癌等)可能与极高浓度的硝酸盐含量有关。据报道,当饮用水中硝酸盐氮含量低于 10 mg/L 时,未见发生变性血红蛋白血症的病例;高于 10 mg/L 时,偶有病例发生;高达 20 mg/L 时,未引起婴儿的任何临床症状,而血中变性血红蛋白含量增高。国外报道,饮用水中硝酸盐氮含量达 20 mg/L 时,并未引起婴儿的任何临床症状,而血中变性血红蛋白含量增高。在国内,某地对 18 万人口地区中的 50 个托幼机构共 3 824 名婴幼儿的调查表明,该地区 20 年来饮用水中硝酸盐氮含量为 14 mg/L～25.5 mg/L,无论过去和现在均未发现高铁血红蛋白血症的病例。

WHO《饮用水水质准则(第 4 版)》及欧盟《饮用水水质指令》中硝酸盐(以 N 计)的限值均为 50 mg/L;美国《国家饮用水卫生标准》及日本《饮用水水质基准》中硝酸盐(以 N 计)的限值均为 10 mg/L;GB 5749—2022 规定饮用水中的硝酸盐(以 N 计)允许限值为 10 mg/L,当小型集中式供水和分散式供水因水源与净水技术受限时硝酸盐(以 N 计)指标限值为 20 mg/L;除团体标准《健康直饮水水质标准》外,管道分质直饮水水质标准中硝酸盐(以 N 计)限值为 10 mg/L。

(6) 银

银天然存在的主要形式是不溶物的稳定氧化物、硫化物和一些盐类。银偶尔能在地下水、地表水和饮用水中检出高于 0.05 mg/L 的浓度。经银消毒处理的饮用水中其浓度可能超过 0.05 mg/L。有研究表明,银在人体内只有小部分被吸收,人体内的银的保留率为 0～10%。银摄入过量的唯一明显体征是患银质沉着病,组织中的银使皮肤和毛发发生严重变色。管道分质直饮水水处理工艺中如使用载银活性炭或供水管道或材料中可能带入银,造成含量超标。因此指标银也应列入管道分质直饮水标准。

美国《国家饮用水卫生标准》中银的限值为 0.1 mg/L;GB 5749—2022、CJ 94—2005 及水杯子直饮水水质标准中银的限值为 0.05 mg/L。

(7) 甲醛

饮用水中的甲醛的产生主要来自水的臭氧化和氯化过程中天然有机物的氧化。聚缩醛塑料配件也可能向饮用水中释放甲醛。IARC 将水中臭氧消毒副产物甲醛列为第 1 组(对人是致癌的化学物质),不过有明确研究表明经口摄入甲醛不致癌。由于甲醛的活性较高,人体组织所受刺激相比于总甲醛的摄入量,与单次吸收甲醛的量关系更强。

GB 5749—2022、CJ 94—2005 及 DB 32/T 761—2022 中甲醛的限值均为 0.9 mg/L;日本《饮用水水质基准》甲醛的限值为 0.08 mg/L;团体标准《健康直饮水水质标准》中甲醛的限值为 0.06 mg/L,水杯子直饮水水质标准中甲醛的限值为 0.45 mg/L。

(8) 四氯化碳

IARC 将四氯化碳列为对人可能致癌的化学物质(2B 组),即对实验动物的致癌性证据充分。四氯化碳的主要毒性靶器官是肝脏和肾脏。在大鼠和小鼠的试验中,四氯化碳被证实诱导细胞肿瘤和肝细胞癌,产生肝脏肿瘤的剂量大于产生细胞毒性的剂量。因此,四氯化碳的肝毒素效应要比其致癌性重要。

美国《国家饮用水卫生标准》中四氯化碳最大允许浓度(MCL)为0.005 mg/L,目标值(MCLG)0 mg/L;WHO《饮用水水质准则(第四版)》四氯化碳限值为0.004 mg/L;GB 5749—2022以及CJ 94—2005中四氯化碳限值规定为0.002 mg/L;管道分质直饮水是经过深度净化后通过铺设的循环管网进行供水,水杯子直饮水水质标准四氯化碳的限值为0.002 mg/L,目标值0.001 mg/L;团体标准《健康直饮水水质标准》四氯化碳限值为0.001 mg/L;管道分质直饮水水质标准优于自来水水质标准。

3) 感官性状和一般化学指标

(1) 浑浊度

水中的浑浊度是由悬浮颗粒或胶体物质阻碍了光在水中的传递而造成的。虽然浊度本身(例如源于地下水矿物质或源于石灰处理的碳酸钙后沉淀)并不一定对健康造成危害,但它是对危害健康的污染物可能存在的重要指示,是重要的水质综合性指标。因为病原微生物、有机化学物和重金属离子均可黏附于悬浮颗粒物上,因此浑浊度低不但说明感官好,也说明微生物污染、有机污染和重金属污染去除的程度高。

GB 5749—2022规定浑浊度的限值为1 NTU,小型集中式供水和分散式供水因水源与净水技术受限时浑浊度指标限值按3 NTU执行;现行美国《国家饮用水卫生标准》中将浑浊度列入微生物类,明确其是微生物指标之一,虽未规定具体的限值,但规定任何时候浑浊度不得大于1 NTU,连续检测95%的概率不得大于0.3 NTU;欧盟《饮用水水质指令》规定为用户可以接受且无异常;日本《饮用水水质基准》浑浊度的限值为2.0 NTU,目标值为1 NTU;CJ 94—2005的浑浊度限值为0.5 NTU;江苏省地标DB 32/T 761—2022及水杯子直饮水水质标准中浑浊度限值为0.3 NTU,优于自来水水质标准。

(2) 总硬度(以$CaCO_3$计)

水中总硬度是钙和镁形成的,世界卫生组织没有提出饮用水中硬度的健康准则值。在日常生活中,硬度过高,可在配水系统中形成水垢,烧热水时多消耗能源,洗涤时多消耗肥皂。

GB 5749—2022将饮用水中总硬度标准定为450 mg/L;美国《国家饮用水卫生标准》未明确指出总硬度指标的限值,美国学者综合考虑各国饮用水中硬度与心血管病死亡率的研究资料,提出最理想的硬度为170 mg/L;日本《饮用水水质基准》限值定为300 mg/L,目标值为10~100 mg/L;CJ 94—2005综合考虑此研究结果和我国水处理技术等因素将水中硬度定为300 mg/L;江苏省地标DB 32/T 761—2022及水杯子直饮水水质标准中总硬度指标限值为200 mg/L;团体标准《健康直饮水水质标准》总硬度指标限值为15~100 mg/L,管道分质直饮水总硬度指标限值优于自来水水质标准。

(3) 铁

铁是人体营养的必需元素,特别是在氧化态的二价铁离子。人对铁的最低日需求量取决于年龄、性别、生理状况和铁的生物利用率,估计范围在10~50 mg/d。为了预防人体内过量铁的储存,1983年世界粮农组织和世界卫生组织食品添加剂联合专家委员会(Joint FAO/WHO Expert Committee on Food Additives, JECFA)建立了0.8 mg/kg bw的每日膳食耐受量(Provisional Maximum Tolerance Daily Intake, PMTDI)值,应用于所有来源的铁,用作发色剂的氧化铁、孕期和哺乳期的铁补充剂或特殊临床需要的铁除外。这一 PMTDI 的 10% 分配到饮用水中,其浓度约为 2 mg/L,对健康无害。

水中含铁量在 0.3~0.5 mg/L 时无任何异味,达到 1 mg/L 时便有明显的金属味,在 0.5 mg/L 时可使饮用水的色度达到 30 度。WHO 没有提出铁基于健康的准则值;GB 5749—2022、日本《饮用水水质基准》和美国《国家饮用水卫生标准》中规定铁的限值为 0.3 mg/L;欧盟《饮用水水质指令》、CJ 94—2005、DB 32/T 761—2022 及水杯子直饮水水质标准中铁的指标限值均为 0.2 mg/L。

(4) 溶解性总固体(TDS)

水中 TDS 包括无机物,主要成分为钙、镁、钠的重碳酸盐、氯化物和硫酸盐,其浓度高时可使水产生不良的味道。基于对于水味的影响,GB 5749—2022 将水中 TDS 水质限值定为 1 000 mg/L。

TDS 是评价水中含矿物质、微量元素的一项重要指标,美国学者综合各国科研成果认为水中 TDS 300 mg/L 左右为健康水指标之一,美国《国家饮用水卫生标准》TDS 限值为 500 mg/L;;日本《饮用水水质基准》的 TDS 限值为 500 mg/L,目标值为 30~200 mg/L;GB 5749—2022 的 TDS 限值为 1 000 mg/L;CJ 94—2005 的 TDS 水质限值定为 500 mg/L;江苏省地标 DB 32/T 761—2022 定为 400 mg/L;水杯子直饮水水质标准中 TDS 限值定为 300 mg/L;团体标准《健康直饮水水质标准》TDS 定为 30~200 mg/L;该指标的管道分质直饮水水质标准整体优于自来水水质标准。

(5) 高锰酸盐指数(以 O_2 计)

高锰酸盐指数能间接反映水受有机物污染的程度,是评价水体受有机物污染物总量的一项综合指标。在发生饮用水有机污染突发事件时,由于高锰酸盐指数易于检测、简单实用,常作为反映水体有机物污染的一个重要检测指标。总有机碳(TOC)虽是能更加准确反映水中有机物污染的指标,但很少有疾控机构配备相关检测仪器,故一般以高锰酸盐指数代替。

欧盟《饮用水水质指令》中高锰酸盐指数的限值为 5 mg/L;日本《饮用水水质基准》和 GB 5749—2022 均将饮用水中高锰酸盐指数限值定为 3 mg/L;CJ 94—2005 将其定为 2.0 mg/L,江苏省地标 DB 32/T 761—2022 将该指标限值定为 1.5 mg/L。水杯子直饮水水质标准将其限值定为 1.5 mg/L,目标值定为 1.0 mg/L。

2.2.3　管道分质直饮水供水工程建设标准

2.2.3.1　管道分质直饮水供水工程建设标准

管道分质直饮水供水工程建设的相应标准,经过检索,较为重要的有国家标准 8 部,行业标准 3 部,地方标准 4 部,团体标准 4 部,其他相关标准、规程和要求 3 部,详见表 2.17。

除此之外,管道分质供水工程建设的相关内容还均应符合上位法的要求,包括但不限于《中华人民共和国水法》《中华人民共和国供水管理条例》等。

目前,管道分质供水的建设标准最为重要的是中华人民共和国行业标准《建筑与小区管道直饮水系统技术规程》(CJJ/T 110—2017),其正文内容见附录 7。

表 2.17 主要参照标准

类 型	名 称	标准号
国家标准	城市给水工程项目规范	GB 55026—2022
	建筑给水排水设计标准	GB 55015—2019
	室外给水设计标准	GB 55013—2018
	建筑抗震设计规范	GB 50011—2010
	给水排水管道工程施工及验收规范	GB 50268—2008
	建筑工程施工质量验收统一标准	GB 50300—2013
	薄壁不锈钢管道技术规范	GB/T 29038—2012
	生活饮用水卫生标准	GB 5749—2022
行业标准	建筑与小区管道直饮水系统技术规程	CJJ/T 110—2017
	二次供水工程技术规程	CJJ 140—2010
	饮用净水水质标准	CJ 94—2005
地方标准	天津市管道直饮水工程技术标准	DB 29—104—2010
	湖南省城市管道分质供水工程技术标准	DB J43/T 382—2021
	山东省城市公共供水服务规范	DB 37/T 940—2020
	江苏省生活饮用水管道分质直饮水卫生规范	DB 32/T 761—2022
团体标准	管道分质供水工程技术要求	T-CAQ I69—2019
	管道分质供水工程安装验收要求	T-CAQ I70—2019
	管道分质供水工程水质水量在线监测技术规范	T/CIECCPA 007—2022
	直饮水水站（系统）卫生规范	T/JWPPIA 001—2022

根据建设部建标〔2003〕104号文的要求，由中国建筑设计研究院牵头主编了《管道直饮水系统技术规程》（CJJ 110），该规程最早于2006年8月1日实施。《管道直饮水系统技术规程》（CJJ 110）在2006年发布之后，首次从行业的高度规定了管道直饮水工程的勘察、规划、设计、施工、验收、质量检验等各环节统一的技术要求。在《管道直饮水系统技术规程》（CJJ 110）实行了9年后的2015年启动了标准修订工作，并于2017年正式颁布了《建筑与小区管道直饮水系统技术规程》（CJJ/T 110—2017）。本书编者作为主要起草人员，全程参与了规程的修订工作。《建筑与小区管道直饮水系统技术规程》（CJJ/T 110—2017）主要吸收了《室外给水设计标准》（GB 50013）、《建筑给水排水设计标准》（GB 50015）、《给水排水工程管道结构设计规范》（GB 50332）、《给水排水管道工程施工及验收规范》（GB 50268）中的相关成果。对以下内容进行了修订：1. 增加医院、体育场馆等几种类型建筑最高日直饮水定额；2. 根据实际工程需要，在保证水质的前提下将不循环支管长度修订为不宜大于6 m；3. 取消塑料管的相关规定；4. 增加水质在线监测系统的相关条款等。

现结合现行国家及省市标准，对《建筑与小区管道直饮水系统技术规程》（CJJ/T 110—2017 以下简称行业规程）进行介绍，地方标准按"省市＋地标"进行简称。

1）术语、符号章节

行业规程术语、符号部分对管道分质直饮水供水系统基础性的定义进行了相应的规定,详见附录7的2.1、2.2的相关条文。

湖南地标在管道直饮水系统定义上,加上了分质供给的限制:"管道直饮水系统包括净水系统和供配系统,将直饮水输配到用户或者公共取水点,实现生活用水分质供给,优水优用。"规定了管道直饮水系统的概念,明确了分质供给,优水优用的思想。在原水的定义上,明确了自来水或符合生活饮用水水源标准的其他水源,在水源的要求上,较《城市给水工程项目规范》(GB 55026—2022)的原水要求更加严格。

在产品水的定义上,天津地标、山东地标、江苏地标均出现了管道分质直饮水的相应定义。江苏地标将管道分质直饮水定义为"指利用过滤、吸附、消毒等设施对符合生活饮用水卫生标准的市政自来水或自建供水为原水做进一步的深度(特殊)处理,通过独立封闭的循环管道输送,供给人们直接饮用的水。"

江苏地标还给出了管道分质直饮水管理单位的定义,即管道分质直饮水的责任单位,定义为"管道分质直饮水供水过程中的责任单位,包括管道分质直饮水设施的产权所有人或经营者、委托的物业服务企业或者其他承担管理的单位"。

对于水质在线监测系统,湖南地标还专门增加了监控与智慧化管理一章,进行详细规定。中国工业节能与清洁生产协会于2022年8月发布了专门的《管道分质供水工程水质水量在线监测技术规范》(T/CIECCPA 007),在线监测技术已经越来越多地被应用到管道分质直饮水系统中。

2) 水质、水量和水压

行业规程对最高日直饮水定额提出了相应要求,详见附录7的表3.0.2。

就住宅楼、公寓最高日直饮水定额一项,湖南地标:2.0~3.0 L/(人·d);天津地标:2.0~4.0 L/(人·d);山东地标:3.0~6.0 L/(人·d)。最高日直饮水定额越来越高,符合人民群众对健康生活、高品质生活日益重视的预期。

3) 水处理工艺

行业规程对水处理工艺要求的主要条款详见附录7的4.0.1~4.0.7。

随着近年来出现的新型污染物,地标规定了相应的处理原则,如天津地标规定:当原水受到有机物等微污染或不确定污染时,必须通过试验确定水处理工艺。山东地标规定:当原水受到有机物、重金属等污染或不确定污染时,必须通过试验确定净水工艺。

膜处理技术的应用发展迅速,越来越多的饮用水深度处理采用纳滤膜和反渗透膜。管道分质供水的深度净化采用膜处理技术,是结合了当代社会经济发展的实际情况。在具体的膜类型方面,湖南地标对深度净化处理提出了膜元件的类型应根据净化设备进水水质情况,在确保管道分质直饮水水质的前提下,宜优先选择以纳滤为核心的膜工艺组合。山东地标规定深度净化处理除了采用膜处理(纳滤、反渗透等)外也可以采用其他成熟的新技术,为深度水处理新技术发展的应用预留了空间。天津地标针对深度净化处理系统,规定采用膜处理技术需要有相应的反冲洗工艺。

在管道分质供水工程实际实施过程中,首选紫外杀菌器作为系统杀菌的方式,臭氧杀菌作为辅助杀菌。与其他化学消毒方法不同的是,紫外线通过物理方法对微生物实现快速和高效的灭活。大量的科学研究证明紫外光具有灭活致病性细菌、病毒和微生物的广谱性。紫外比氯消毒还有一大重要优势,是它能灭活对公共安全具有非常大威胁的抗氯性的病原微生物(贾第虫、隐孢子虫)。

湖南地标规定管道直饮水系统应采用对人和环境无不良影响的消毒方式,当采用消毒剂消毒时,投加量应严格限制在规定值内,减少对直饮水口感的影响。此外,水中残留量不应对设备、管道和使用者造成潜在危险。

4) 系统设计

行业规程对系统设计的主要条款详见附录 7 的 5.0.1~5.0.16。

管道分质供水系统,作为生产和供应优质饮用水的系统,必须独立设置,以避免与自来水或其他供水、排水系统的相互影响。设置独立的循环管网,可以有效地解决常规自来水管网二次污染的难题。湖南地标规定直饮水系统必须独立设置,一般由市政直饮水管网系统和建筑直饮水管网系统组成。

湖南地标要求市政直饮水管网系统应采用环状管网,建筑直饮水管网系统应采用环状管网或同程式循环供配水形式,管道系统应合理设置排气阀、泄水阀及供水管路系统,在净水机房内设分区供水泵或设不同性质建筑物的供水泵,或在建筑物内设减压阀竖向分区供水。

供配水系统中的直饮水停留时间不应超过 12 h。在正常情况下,水在管网系统中(包括管、水箱等)停留的时间越长,水质下降越大,反之,水质下降越小。也就是说,循环次数越多,水在独立管网中停留时间越短,则用水点的水质越好。但循环次数增加,一方面使循环运转费用增大,另一方面将不可避免地增加在白天时段的循环次数,可能对正常饮水产生影响。湖南地标将直饮水停留时间定为 8 h,是目前最为严格的要求。

支管过长,易形成滞水。入户不循环管道应按照小于 6 m 控制,支管长度超过 6 m 后,菌落总数指标超标的风险增加。因此,入户不循环管道越短越好。在实际建设中,入户支管长度应统一按照计量表后支管长度进行计算。天津地标要求各用户端由立管接出的支管长度不宜大于 2 m,为目前最严格的要求。

因气候变化原因,冬季极端天气越来越频繁。因此管道保温措施对于保障供水安全越来越重要。防止管道分质直饮水冻结最常用的方法是设置管道保温层。使用保温管道可有效减少热损失,以防止直饮水冻结在管内,使管道的使用寿命和运营年限延长。天津地标要求管道直饮水室外敷设的供水管道,宜在热水、热力管道的下方和排水管的上方,其净距应大于 0.5 m。山东地标要求敷设在有冰冻危险位置的管道应采取防冻措施。湖南地标要求架空或露天管道应设置管道伸缩设施、保证管道整体稳定的措施和防止攀爬(包括警示标识)等安全措施,并应根据需要采取防结露和防冻隔热措施。

管道分质直饮水工程采用的管材是最为重要的输水通道,选材应符合国家行业规程 CJJ/T 110 的规定。卫生性能应符合现行国家标准《生活饮用水输配水设备及防护材料的安全性评价标准》(GB/T 17219)的规定。山东地标要求直饮水管材优先选用不锈钢管,亦可选用铜管等符合食品级要求的优质管材。湖南地标要求室外明装直饮水管材不应选用塑料管。除此之外,直饮水管道还应具有耐腐蚀、能承受相应地面荷载等能力,应根据工程地质条件、承受压力等级及安装环境选用符合国家标准的管材及配套管件。

5) 净水机房

行业规程对净水机房设计的主要要求条款详见附录 7 的 7.0.1~7.0.12 条。

净水机房作为制水最重要的场所，必须满足安全卫生的基本需求。行业规程CJJ/T 110虽未明文规定净水机房应单独设置，但是作为专章出现，已经体现了净水机房的重要性。在山东地标、天津地标中，均明文规定净水机房应独立设置，严禁兼作它用，而且天津地标是以强条出现的。

净水机房的选址需要排除一切产生污染的可能，同时对进入的管道也有相应的要求。山东地标要求净水机房应靠近集中用水点，不得与中水、污水处理或储存房间相邻，机房上一层房间不应设置排水管道及卫生设备。

机房内部布置的原则是按照工艺流程进行布置，同类设备应相对集中布置。净水机房内部的设置规定，以湖南地标最为细致，山东地标、天津地标均按照CJJ/T 110的基本原则设置。

净水机房的消毒装置，主要是采用紫外空气消毒，紫外线灯应按$1.5~\text{W}/\text{m}^3$吊装设置，距地面宜为2 m。对净水机房空间的杀菌，行业规程CJJ/T 110还留有臭氧杀毒的相关规定，地标均只按照紫外线灯杀菌进行布置。

此外天津地标要求，净水机房内不得设置卫生间，并且提出净水机房宜采用智能监控系统。

为保证净水机房的出水水质，须对出水水质进行严密监控。监控指标应能反映水质主要指标和易发生的问题。优先采用在线实时检测仪表，及时、简便地掌握水质关键问题，在线检测仪表应通过有相关资质的机构定期标定，以保证检测数据的准确性。也可采取人工采样检验的方式，净水机房内应配有相应的监测仪器和设备，定时采样化验。不论采用何种监控方法，均应做好检验记录。记录应真实、及时、字迹清晰并妥善保存。

6) 水质检验

行业规程对水质检验项目和频率的规定详见附录7的8.0.1、8.0.3条款。

水质检验是及时发现水质问题的有效途径、保障安全供水的重要措施。检验项目和检验频率的选择，原则上应能判断是否影响水质安全、能洞察设备运行情况，又便于操作，不增加产品水的成本。对于月、年检验，特别是年检验，存在水质检验项目多、检验频率低、操作复杂、技术要求高、所需仪器设备昂贵，检验成本较高的情况，应委托具备相关法定资质的检测机构进行检验。在检测项目上，天津地标周检为耐热大肠菌群，山东地标将化学耗氧量改成了高锰酸盐指数，湖南地标增加了铜绿假单胞菌并增加了半年检。

当供水水质发生重大变化时，应按照年检的检验项目和检验要求，对供水水质进行全面检验。江苏省《生活饮用水管道分质直饮水卫生规范》(DB 32/T 761—2022)中提到当滤芯、滤料更换后和遇到其他可能造成水质污染的事件时，也应该按照年检的检验项目和检验要求进行水质检验。在实际运行过程中，应通过操作控制系统使得管道分质直饮水供水系统至少3天进行一次水的定期循环，避免停产的情况发生。供水条件变化要按照年检全面检验，在天津地标中是强制性条文。

7) 控制系统

行业规程对控制系统的主要规定条款详见附录7的9.0.1~9.0.6。

控制系统一章，受限于编制时的技术条件，行业规程CJJ/T 110更多的是提出了原则性规定。在此基础上，按时间先后发布的天津地标、湖南地标、山东地标在控制系统上的规定,大致沿用了 CJJ/T 110 的原则,并与时俱进,提出了一些新的规定。

控制系统提出了原则性规定。净水机房制水、供水过程宜设自动化监控系统,自控系统根据系统工程的规模和要求可分为三种操作模式:遥控模式(即通过中心计算机进行控制);现场自动模式(系统按预先编制的程序和设置的参数自动运行);现场手动模式(操作人员根据现场情况开启或停止某个设备)。具体选择哪种操作模式也可根据客户需求而定。在遥控模式和现场自动模式的设计中,同时要求具有现场手动控制功能。一般在正常运行时使用遥控和现场自动功能;在调试和检修情况下,使用手动功能。

对监控系统及水质实时检测网络分析系统,均为新规。湖南地标更是对控制系统进行了细分,不仅仅是控制,更是监控和智慧化管理。管道分质直饮水系统应配置信息系统,将上述水质、水量在线监测数据采用物联网方式接入信息系统。管道分质直饮水信息系统应注重权限管理、安全隔离等措施,构建边界防护、网络防护、主机防护和应用防护等多层面的立体安全防护体系。山东地标要求大型的直饮水净化工程宜设水质实时检测网络分析系统。

净水机房监控系统中应有各设备运行状态(待机、故障、运行、反洗等)和系统运行状态(制水、供水、设备清洗等)指示或显示。对大型系统工程,一般选用远程遥控模式,设有中心控制室,在中心控制室设有中心计算机,并通过上位机或 PLC 采集现场运行数据,在上位机上显示相应的工艺流程和系统参数。对所有电气设备的运行状态和在线仪表数据进行实时监控,根据采集的数据自动调整运行参数、开关阀门、启停机泵,在显示屏上显示动态流程,自动生成水质参数实时、历史趋势分析图表、报表并具备实时打印报警、报表、历史曲线等功能,实现高效实时反馈的水质变化、生产动态管理全自动控制。

大型的净水机房控制系统也可设计为能通过有线或无线网络系统在异地进行远程监控的形式,即能自动通过有线或无线网络系统间断地发送运行状况、故障信息给操作人员或管理人员。根据客户的需要或资金等情况也可设计成非全自动控制,如在设备监控、远程监控、水质分析、自动清洗功能等方面根据实际情况取舍。

8) 施工安装

行业规程对施工安装的要求详见附录 7 的 10.1~10.4 的相关条文。

管道分质供水工程施工安装对于饮用水质量的提升具有最为直接的影响。合理选择管道材质、施工工艺和设备,确保施工质量达到规程的标准要求,可以有效避免管道渗漏、污染等问题,保证管道分质直饮水的纯净和新鲜。同时,在施工过程中严格控制管理,优化布置设计,减少水力阻力,提高供水压力,使得水流稳定,进一步保障优质饮用水的供水安全。

再者,管道分质供水工程的施工安装对于系统的可靠性和稳定性有着关键影响。通过科学合理的施工布局和技术手段,可以建立起完善的管道分质直饮水供水网络,确保供水管网的畅通无阻。合理选择管道直径、管材材质和施工方式,根据项目规划和供水需求进行精准设计,能够有效降低管网压力损失,提高管道分质直饮水供水系统的抗干扰能力和稳定性。

总之,严格的施工管理和优质的施工材料,是管道分质供水系统的稳定运行和提供优质饮用水的重要保障。因此,应该重视管道分质供水系统施工安装的质量和技术要求,进一步提升饮用水供水安全和稳定,满足用户日益增长的用水需求。

直饮水管材应优先选用不锈钢管,亦可选用铜管等符合食品级要求的优质管材。室外明装直饮水管材不应选用塑料管。管材还应具有耐腐蚀、能承受相应地面荷载等能力,应根据工程地质条件、承受压力等级及安装环境选用符合国家标准的管材及配套管件。

直饮水管道的施工须比常规的自来水管道的施工更加严格。施工过程是保证水质的一个关键环节,施工时是否按图施工、是否采用正确的材料、是否注意管内清洁等都可能对水质产生重要影响,因此施工时需要严格把关,确保水质。编制施工方案或施工组织设计有利于指导工程施工,提高工程质量,明确质量验收标准;同时便于监理或建设单位审查,以便于互相遵守。由于设计可能采用不同材质的管道,如不锈钢管、铜管等,每种管道有其各自的材料特点,因此施工人员均应经过相应管道的施工安装技术培训,以确保施工质量。

净水设备的安装应按工艺要求进行。在线仪表安装位置和方向应正确,不得少装、漏装。筒体、水箱、滤器及膜的安装方向应正确、位置应合理,并应满足正常运行、换料、清洗和维修要求。设备安装主要标准规定大同小异,但是湖南地标更加详细,给出了膜组件和紫外线消毒设备的安装相关规定。湖南地标膜组件的安装规定如下:

膜组件安装必须严格按照组件的水流方向,不得反向安装。膜过滤组件进出口应安装压力表;安装膜组件时应注意保持场地、环境清洁,防止灰尘、杂质进入膜组件;膜组件和连接膜组件的管道应稳固固定,不得使膜组件承担管道及附件的重量和固定作用;膜组件的安装应便于拆卸检修和维护,所有管道连接处不得使用影响水质卫生的材料。

紫外线消毒设备的安装应符合下列规定:

不应将紫外线消毒设备安装在紧靠水泵的出水管上,防止停泵水锤损坏石英玻璃管和灯管。应将紫外线发生器安装在过滤设备之后;紫外线消毒设备应严格按照进出水方向安装,应保证水流方向与灯管长度方向平行;紫外线消毒设备应有高出建筑地面的基础,基础高出地面不应小于100 mm;紫外线消毒设备及其连接管道和阀门应稳固固定,不得使紫外线发生器承担管道及附件的重量;紫外线消毒设备的安装应便于拆卸检修和维护,所有管道连接处不得使用影响水质卫生的材料。

9)调试与验收

行业规程对调试与验收要求的主要条文详见附录7的11.1～11.3。

管道安装完成后,应进行水压试验,山东地标要求不同材质的管道应分别试压。水压试验必须符合设计要求,不得用气压试验代替水压试验。

管道直饮水系统经冲洗后,应采用消毒液对管网灌洗消毒。采用的消毒液应安全卫生,易于冲洗干净。净水机房宜配置原位消毒清洗系统,定期对直饮水管道系统及滤膜进行清洗消毒。

管道清洗的过程同时也是调试的过程。管道的清洗是否充分,关系到通水时水质能否通过验收。同时,清洗时对出口水质的检验也能判断系统设置是否合理,系统能否充分循环。如不能充分循环,应及时对系统进行重新调试或调整,以确保水质符合要求。天津地标要求新建、改建、扩建后的供水管道及设施必须清洗消毒,经水质检验合格后方可供水。天津地标将清洗与消毒作为强条规定,须严格执行。

管网、设备安装完毕后,除了外观的验收外,功能性的验收必不可少。管道是否畅通、流量是否满足设计要求、水质是否满足标准等均要进行验收。不满足要求的部分应进行施工整改,整改后须重新验收,直至验收合格。

竣工资料的收集对工程质量的验收以及日后系统的维护、维修有着重要的指导作用,这一程序必不可少。

10) 运行维护与管理

行业规程对运行维护与管理要求的主要相关条文详见附录7的12.1～12.4。

运营维护和管理工作是为了保证管道分质直饮水供水系统正常运行和水质合格而进行的一系列活动过程及其结果,其重要性不言而喻。

江苏地标规定了管道分质直饮水管理单位作为运行维护的主体单位。为管好建筑与小区管道分质直饮水的工艺和系统,使其合理、有效、可靠地运转,运行管理人员应熟悉并熟练掌握直饮水系统的水处理工艺和所有设施、设备的技术指标和运行要求。天津地标明确表述管道分质直饮水供水是城市供水的组成部分,关系到民计民生。管道分质直饮水经营单位属于城市供水经营范畴,按照《天津市城市供水用水条例》的规定,其产权单位或其委托的管理单位应当办理城市供水经营许可。

山东地标规定运营维护管理单位应制定水质突发事件应急预案,遇有水质突发事件应立即启动应急预案并立即上报当地卫生行政部门、建设行政部门,配合事件处理。湖南地标专门规定了突发事件的应急管理。管道分质直饮水供水单位应制定《供水水质突发事件应急预案》,遇有水质突发事件应立即启动应急预案并立即上报城市供水管理部门。

应经常巡视检查管网沿线地面的情况,如发现有施工活动危及管网时,应及时提醒有关方注意保护直饮水管网。湖南地标在管网维护工作上,提出了定期分析供水情况来发现管网异常的方法,通过及时检查来避免和排除故障。

11) 其他规定

地方标准在管道直饮水系统的许多方面都有更加详细的规定,是对行业规程CJJ/T 110的有益补充,笔者认为比较重要的有以下几个方面:

(1) 湖南地标增加了监控与智慧化一章

其主要规定如下:

城市管道直饮水系统的监控与智慧化管理系统应具备监测、自动化控制、安防等数据感知功能,物联网智能网关的数据采集传输功能和上端的智慧化管控功能。监控与智慧化管理系统应在直饮水系统数字化管理的基础上,采用大数据等技术手段,提高科学化和智慧化水平,保障城市管道直饮水系统的安全可靠、高效运行。

城市管道直饮水系统工程设计应根据工程规模、工艺流程、运行管理和水质安全保障要求确定检测和控制的内容。监控与智慧化管理系统应具有规模扩展性,并具有高适应性、高可用性、高安全性等特点。

净水机房监控系统中应有各设备运行状态和系统运行状态指示或显示,并应按设定的程序自动运行。

城市管道直饮水系统在建设时,宜同步建设区域级或者城市级的监控与智慧化管理相适应的监控中心。

(2) 湖南地标对管道水压试验的条件进行了更加详细的规定

具体规定如下：

管道规格、材质、位置、标高、阀门、仪表及支承件数量和形式、管道连接处洁净度应符合设计文件要求；应关闭所有设备、配套设施与管道系统连接的隔断阀门和封堵管道的甩口，同时应打开试压管道系统上的阀门；试压用水应符合现行国家标准《生活饮用水卫生标准》(GB 5749)的规定。

(3) 湖南地标对管道系统水压试验进行了特别规定

具体规定如下：

应分别对室内及室外管段进行水压试验。水压试验必须符合设计要求。不得用气压试验代替水压试验；室外管道水压试验应符合现行国家标准《给水排水管道工程施工及验收规范》(GB 50268)的要求，室内管道水压试验应符合现行国家标准《建筑给水排水及采暖工程施工质量验收规范》(GB 50242)的要求；当设计未注明时，各种材质的管道系统试验压力应为管道工作压力的 1.5 倍。室外管道不低于 0.9 MPa，室内管道不低于 0.6 MPa；暗装管道应在隐蔽前进行试压及验收；金属管道系统在试验压力下观察 10 min，压力降不应大于 0.02 MPa。降到工作压力后进行检查，管道及各连接处不得渗漏。

(4) 山东地标和湖南地标对系统调试作出了较为明确的规定

山东地标要求直饮水设备的调试应根据设计要求进行。石英砂、活性炭、陶粒等填料经清洗后才能正式通水运行，水罐(箱)、连接管道等正式使用前应进行清洗消毒。

湖南地标调试运行的主要内容包括预处理、膜处理、水质在线监测内容及设计的工艺参数等，且明确规定了系统调试的主要要求：不同用途设备应分别进行调试；调试应在设备满负荷工况下进行；系统调试运行应持续 72 h 不间断运行。

2.2.3.2　管道分质直饮水与自来水建设标准的主要差异

管道分质直饮水建设标准和自来水建设标准的主要差异可从以下几个方面来理解：

1) 原水要求不同

《城市给水工程项目规范》(GB 55026)规定：自来水的水源水为符合要求的地下水和地表水。

《建筑与小区管道直饮水系统技术规程》(CJJ/T 110)规定，管道直饮水的水源水为城镇自来水或符合生活饮用水卫生标准的其他水源。

自来水的水源水主要从自然环境中获取，根据不同的地域和环境，自然环境中的部分水是有可能达到生活饮用水水源标准的，但大部分是无法满足要求的。而管道分质直饮水供水系统的原水规程中很明确地指出，是城镇自来水或满足生活饮用水水源标准的水，这样的原水质量更加稳定。

2) 产水水质标准不同

城镇供水系统和管道分质直饮水制水供水的水质目标也是不同的。

《城市给水工程项目规范》(GB 55026)规定的水质和《二次供水工程技术规程》(CJJ 140)规定的水质均应符合现行国家标准《生活饮用水卫生标准》(GB 5749)的有关规定。

《建筑与小区管道直饮水系统技术规程》(CJJ/T 110)规定的水质除了必须符合现行国家标准《生活饮用水卫生标准》(GB 5749)的有关规定外,还应符合现行行业标准《饮用净水水质标准》(CJ 94)的规定。

3) 制水工艺不同

城镇供水系统和管道分质直饮水制水的工艺也是不同的。

《城市给水工程项目规范》(GB 55026)制水工艺规定为两条,一条是当原水水质满足要求时,应优先采用常规处理工艺。第二条是当原水水质不能满足要求时,应采用强化常规处理工艺,或根据需要增加水厂预处理或深度处理工艺。

《建筑与小区管道直饮水系统技术规程》(CJJ/T 110)要求对原水进行深度净化处理,主要采用膜处理技术。

自来水厂常规处理工艺包括混凝、沉淀、过滤及消毒等,其主要处理工艺与管道分质直饮水供水的处理工艺对比如表2.18所示。

表2.18 处理工艺对比

工艺方法	GB 55026—2022	CJJ/T 110—2017
处理工艺	混凝+沉淀+过滤+消毒	吸附+膜处理
消毒方式	主要采用氯化法消毒	主要采用臭氧杀菌+紫外杀菌
供水管网	一管到底不保鲜	封闭循环管网保鲜

因为自来水厂提标改造耗资巨大,目前仅在沿海经济发达地区采用。近年来规模较大的自来水厂提标改造有福州市长乐二水厂、广州市北部水厂、张家港市第四水厂等20余家,均采用膜法深度处理工艺。采用膜法深度处理工艺的自来水厂虽然可以保证水厂产水水质,但如果未采用循环管网供水及未达到管道分质直饮水相关建设要求,用户端水质仍然得不到安全保障。

4) 采用的输配水管网不同

城镇供水系统和管道分质直饮水配水采用的管材和管道的设计方案也是不同的。

《城市给水工程项目规范》(GB 55026)要求配水管材应选择安全可靠、适应内压、耐久性强、便于运输安装的管材。主要为球墨铸铁管,混凝土管等。《建筑与小区管道直饮水系统技术规程》(CJJ/T 110)要求直饮水管道应选用耐腐蚀、内表面光滑,符合食品级卫生、温度要求的S30408及以上材质薄壁不锈钢管或符合国家现行卫生标准的其他优质管材;管槽内暗敷宜为S31608材质,室内架空时可为S30408材质。我国现有的自来水供水管网,特别是老城区的管网存在老化、渗漏严重等问题。传统的供水管网管材主要分为金属管与非金属管,金属管主要有铸铁管、钢管、铜管等,非金属管材主要有混凝土管与塑料管。金属供水管道随着使用时间的增长容易发生腐蚀结垢。当自来水的流速发生变化时,结垢层的表面物质将进入水中,从而造成自来水水质污染。实际应用时,更多是考虑到经济和适用因素,所使用的管材类型基本是铸铁管、镀锌钢管,容易因化学腐蚀造成水质污染。

《城市给水工程项目规范》(GB 55026)管网设计方案在城市原水输水时,一般采用单管,一管到底。近年来随着经济的发展,要求城市配水管网干管应成环状布置。《建筑与小区管道直饮水系统技术规程》(CJJ/T 110)要求管道直饮水系统管网应该独立设置,应设计为循环管道,供回水管网应设计为同程式。管道直饮水系统采用独立同程循环管网供水,可有效保障饮水安全。

3

管道分质直饮水供水技术

管道分质供水技术的发展与成熟为管道分质直饮水供水工程的建设和推广提供了有力保障。饮用水深度处理技术是管道分质直饮水供水技术的核心内容,其主要包括预处理技术、膜处理技术和产水后处理技术。

预处理技术的作用是保护后续的膜深度处理工艺设备,延长膜的使用寿命。包括介质过滤技术、软化水处理技术及精密过滤技术等。膜处理技术能够较好地去除水中悬浮物质、有机物、细菌、病毒、消毒副产物等污染物,并且具有不产生再污染、过程简单、占地面积小、处理效果不受原水水质影响及稳定可靠等优点。用于饮用水深度处理的膜处理技术主要为超滤、纳滤、反渗透[104]和组合膜技术。产水后处理技术包括pH值调节与矿化技术、杀菌保鲜技术及浓水综合利用技术等。其中pH值调节与矿化技术是调节膜处理单元产水pH值至中性偏碱性,并有一定的矿化度,更适合饮用;应用于管道分质供水产水后处理杀菌保鲜技术的基本要求是瞬间杀菌能力强,有一定的持续杀菌能力,不影响水立即饮用时的口感,操作简单,维护方便[105];浓水综合利用技术通过浓水的回用可达到节约用水的目的。

此外,管道分质供水设备的自动控制技术及管道分质供水系统远程监控和智慧化管理技术也是管道分质直饮水供水中的关键技术。管道分质供水设备的自动控制系统主要通过PLC所具备的软件功能,对设备的全部单元进行集中控制,构成一个完整的控制系统,各控制单元具有一定独立性,又相互联系与互锁保护;管道分质供水系统的远程监控和智慧化管理系统利用自动化监控和在线监测技术,以及物联网、云数据等技术,实现管道分质供水系统的远传监控、智慧化管理和人工智能服务,实现水质异常预警及设备故障自诊断,并在多种平台、终端上实现数据管理与共享。前台系统在现场,保障系统的实时精准运行,提供可靠的人性化服务;后台系统在管理单位,支撑管理单位对现场系统的大数据积累、综合评估,以及系统维护的远程支持。

3.1 预处理技术

3.1.1 预处理目的

管道分质供水系统预处理单元的主要作用是降低原水的浊度、有机物浓度,消除大分子颗粒,及原水中不利于膜处理系统的有机和无机物质,确保进入膜处理系统的水质满足系统的需要,尽可能改善膜系统的进水水质,起到对膜的保护作用,延长膜使用寿命[106,107]。简而言之,预处理的目的,主要是保障水质安全并保证膜处理单元装置的稳定运行和使用寿命。

一般要求预处理效果:出水SDI<3,浊度<1;进入膜系统的原水的生物活性和余氯含量能够得到良好的控制,防止胶体物质、微生物、有机物质与悬浮固体颗粒物等污堵,防止$CaCO_3$、$CaSO_4$、$SrSO_4$、CaF_2、SiO_2、铁铝氧化物等在膜表面结垢,防止氧化性物质对膜原件的氧化破坏;并有足够的水源供给膜处理单元,保证膜处理系统稳定产水。

3.1.2 预处理技术

预处理技术一般包括介质过滤技术、软化水处理技术、精密(微滤)过滤技术,其中介质过滤包括石英砂过滤、活性炭过滤、多介质过滤等。管道分质直饮水供水系统预处理单元构成一般包括:多介质过滤器、活性炭过滤器、软化器(选配)、精密过滤器[108]等。

3.1.2.1 介质过滤技术

介质过滤是指利用一种或多种的过滤介质,除去悬浮杂质,从而使水澄清的过程。自来水中的微小颗粒,如泥沙、胶体物质等的存在会影响后续的净水进程,降低净水效率,故在预处理阶段应对原水进行除浊处理,这一过程通常通过介质过滤器来实现。

介质过滤器是一种传统的常见的过滤设备,又称作介质过滤器或压力过滤器,即利用一种或几种过滤介质,在一定的压力下,使原液通过该介质,去除杂质,从而达到过滤的目的,其过滤性能主要是通过过滤介质实现的。过滤介质是具有一定粒径的滤料,堆积一定的厚度,待过滤的水流过滤料层时,杂质被拦截在滤料层表面或者不同深度处,干净的水从滤料层的另一侧流出。过滤精度主要取决于滤料的粒径等[109]。常用的滤料有石英砂、活性炭、无烟煤、锰砂等。

预处理单元常用的介质过滤器有石英砂过滤器、活性炭过滤器、多介质过滤器等。

1) 石英砂过滤器

由于石英砂具有较稳定的物理性能和化学性能,因而通常将其作为过滤器的过滤介质。石英砂过滤器即在一定的压力下,把浊度较高的水通过一定厚度的粒状或非粒状的石英砂过滤,达到净化水质的作用。

① 石英砂过滤器的功能

石英砂过滤是去除水中悬浮物有效手段之一,其作用是通过滤料的截留、沉降和吸附作用将水中已经絮凝的污染物进一步去除,达到净水的目的。

石英砂过滤器是一种压力式过滤器,利用过滤器内所填充的精制石英砂滤料,当进水自上而下流经滤层时,水中的悬浮物及黏胶质颗粒被去除,从而使水的浊度降低。

石英砂过滤器以石英砂作为填料,有利于去除水中的杂质,同时其还有过滤阻力小、比表面积大、耐酸碱性强、抗污染性好等优点。石英砂过滤器还可以通过优化滤料和过滤器的设计,实现过滤器的自适应运行。滤料对原水浓度、操作条件、预处置工艺等具有很强的自适应性,即在过滤时滤床自动形成上疏下密状态,有利于在各种运行条件下保证出水水质,反洗时滤料充分散开,清洗效果好。

② 石英砂过滤器的分类

石英砂过滤器一般分为两类:一类是常规石英砂过滤器,也被称作浅层介质过滤器;另一类是连续砂过滤器,也被称为流砂过滤器。

根据不同的用户要求,石英砂过滤器又可分为立式和卧式两个系列,适用于工业和民用循环水系统的水质处理[110]。国内传统的石英砂过滤器均为立式柱状罐体。

③ 石英砂滤料的选择

砂滤料颗粒表面形貌的均方根偏差能够较直接地表征砂滤料颗粒表面粗糙度,而表面粗糙度直接影响到砂滤层的过滤效果和水头损失。砂滤层在过滤过程中，砂滤料颗粒表面将与水进行充分接触，砂滤料颗粒与水的接触面对水产生一定阻力，砂滤料颗粒表面粗糙度越大，对水的阻力越大，水头损失越大。所以，在石英砂滤料的选取过程中，为了减小砂滤层对水的阻力，应当使用表面相对光滑且粒径相对较大的石英砂滤料。

2) 活性炭过滤器

活性炭过滤为主要利用活性炭的吸附性能和过滤性能去除水中的臭味、胶体、色素、微生物、部分重金属离子的水处理过程。近年来，活性炭在水处理应用中发挥着越来越重要的作用，截至2019年，世界活性炭总用量超过150万吨，其中，超过40%被用于水处理行业[111]。

活性炭过滤器作为一种较常用的水处理设备，可有效保证后级设备使用寿命，提高出水水质，防止后级反渗透膜、纳滤膜及离子交换树脂等的游离态余氯中毒污染。同时还能够吸附从前级过滤泄漏过来的小分子有机物等污染性物质，进一步降低膜处理装置进水的SDI值。

(1) 活性炭过滤器的构成和功能

活性炭过滤器是一种外壳为不锈钢或玻璃钢，内部填充活性炭的罐体过滤器。活性炭表面的官能团以及内部发达的空隙使其具有很大的吸附面积，能够对水中污染物进行物理和化学双重吸附。除了吸附性能，活性炭过滤器还具有过滤性能，活性炭间的空隙能够将水中悬浮状态的污染物进行截留。滤层孔隙尺度以及孔隙率的大小，随活性炭料粒度的加大而增大，即活性炭粒度越粗，可容纳悬浮物的空间越大，表现为过滤能力增强，纳污能力增加，截污量增大。水流速较低时，过滤能力主要地来自活性炭的筛除作用，而流速快时，过滤能力来自活性炭颗粒表面的吸附作用。活性炭的吸附能力和与水接触的时间成正比，接触时间越长，过滤后的水质越好[112]。值得注意的是，因为活性炭吸附容量是有限的，需要经常更换。当压差大于0.05 MPa时，说明过滤器滤层间的孔隙阻塞，需要进行反洗操作或者更换[113]。

(2) 活性炭的分类

活性炭是由含炭材料，如煤、木材和各种果壳等通过物理和化学方法进行破碎、筛分、成型、炭化、活化、成品处理等一系列工序加工制造而成的外观呈黑色，内部孔隙结构发达、比表面积大的优良吸附材料[114]。活性炭产品种类繁多，根据原料不同，活性炭可分为木质活性炭、果壳类(椰壳、杏核、核桃壳、橄榄壳等)活性炭、煤基活性炭和石油焦活性炭等；按外观形状可分为颗粒活性炭、粉状活性炭、活性炭纤维等[114]。

一般来说，活性炭颗粒越小，比表面积越大，过滤面积就越大，吸附能力越强。所以，粉末状的活性炭面积最大，吸附效果最佳，但粉末状的活性炭很容易随水流入水箱中，难以控制，故很少采用[115]。颗粒状的活性炭颗粒成形不易流动，水中有机物等杂质在活性炭过滤层中也不易阻塞，吸附能力强，携带更换方便。因此，目前用于水处理的活性炭以颗粒状活性炭为主。

(3) 活性炭的性能评价

活性炭性能的技术指标检测结果是评价活性炭质量的重要依据。我国《煤质颗粒活性炭—净化水用煤质颗粒活性炭》(GB/T 7701.2)[116]、《木质净水用活性炭》(GB/T

13803.2)[117]以及《生活饮用水净水厂用煤质活性炭》(CJ/T 345)[118]均对净水用颗粒状活性炭的性能指标进行了规定,决定活性炭性能常见的吸附指标有碘吸附值、亚甲蓝吸附值、比表面积等[111]。碘吸附值一般是活性炭真微孔(孔径为1~10 Å)的一个表征值,可用来表征活性炭的总表面积和衡量活性炭是否已活化好;亚甲蓝吸附值表征活性炭的孔隙结构中次微孔(孔径在6~7 Å与15~16 Å)的发达程度;比表面积是活性炭的主要吸附指标,表征活性炭的吸附能力,某种意义上解释了活性炭产生吸附作用的原因[119]。一般认为,活性炭碘值、亚甲蓝值越高,其吸附性能越好,使用寿命越长。

表 3.1 净水用颗粒活性炭选用指标

编号	指标	GB/T 7701.2—2008	GB/T 13803.2—1999 一级品	GB/T 13803.2—1999 二级品	CJ/T 345—2010
1	孔容积/(mL/g)				≥0.65
2	比表面积/(m²/g)				≥950
3	漂浮率/%	≤10			≤3
4	水分/%	≤5	≤10	≤10	≤5
5	强度/%	≥85			≥90
6	装填密度/(g/L)	≥380			≥380
7	水溶物/%	≤0.4			≤0.4
8	pH值	6~10	5.5~6.5	5.5~6.5	6~10
9	碘吸附值/(mg/g)	≥800	≥1 000	≥900	≥950
10	亚甲蓝吸附值/(mg/g)	≥120	≥135	≥105	≥180
11	苯酚吸附值/(mg/g)	≥140			≤25
12	二甲基异莰醇吸附值/(Hg/g)				—
13	有效粒径/mm				0.35~1.5
14	均匀系数				≤2.1
15	锌含量/(Hg/g)				<500
16	砷含量/(Hg/g)				<2
17	铬含量/(Hg/g)				<1
18	铅含量/(Hg/g)				<10

3)多介质过滤器

多(层)介质过滤器又称深层次介质过滤器,它的过滤介质是由两种或两种以上过滤介质组成,一般为石英砂、活性炭、无烟煤、锰砂及其他接触性介质。其原理为按深度过滤,即水中较大的颗粒在顶层被去除,较小的颗粒在过滤器介质的较深处被去除,从而使水质达到粗过滤后的标准。

(1)多介质过滤器的构成及功能

多介质过滤器(滤床)的主要结构包括过滤器体、配套管线和阀门,过滤器体又包括筒体、布水组件、支撑组件、反洗气管、滤料、排气阀等。

多介质过滤器归属于普通快滤设备;水中含有的悬浮物颗粒与絮凝剂充分混合,使水中的胶体颗粒物的双电层被压缩,当胶体颗粒流经多介质过滤器的滤层时,滤料的缝隙会对悬浮物起到筛选过滤的作用,使悬浮物较易于被吸附在滤料的表面。多介质过滤器可以除去水中的泥沙、悬浮物、胶体等杂质和藻类等生物,降低对膜元件的机械损伤及污染等[120],被广泛应用于水处理的工艺中,可以单独使用,但多数情况下是作为水质深度处理的预过滤。

(2) 多介质过滤器的分类

多介质过滤器之间的区别主要在于其内部填充的滤料,常用的滤料有石英砂、无烟煤、活性炭、陶粒、锰砂、纤维球、核桃壳、纤维束等。这些过滤介质可以高效地去除大范围的颗粒类型,从低密度微生物颗粒开始到高密度颗粒,如铁和/或氧化钛固体[121]。

目前管道分质供水系统的多介质过滤器多选用石英砂-无烟煤作为内部填充物,可除去原水中含有的泥沙以及胶体物质等粒度在 10 μm 以上的悬浮颗粒物质。其中,石英砂主要成分为二氧化硅,密度在 2.65 左右,在 pH 值为 2.1—6.5 的酸性水环境中具良好的化学稳定性。石英砂滤料主要依靠其巨大的比表面积,对污染物截留与吸附[122]。无烟煤作为煤炭的一种,是一种植物化石,具有和腐殖酸相似的结构和成分,是复杂的大分子有机物的混合物,其主要由碳、氢、氧、氮、硫等组分构成。无烟煤作为传统的过滤工艺中常用的滤料,具有比重低、截污效果好、颗粒相对均匀等优点。实际研究也证明了双层均匀滤料滤床过滤效果优于单层滤床[123],并且由单层石英砂滤料改造为无烟煤-石英砂双层滤料,大大节约了电量、耗水量[124]。对于无烟煤-石英砂双层滤料来说,其杂质的截留作用发挥主要在无烟煤层[125],而活性炭-石英砂双层滤料,其浊度、总生物量等的去除主要发生在活性炭层[126]。

(3) 多介质过滤器的性能评价

多介质过滤器用于预处理阶段,可除去水中的杂质,减轻后续的净水负担,且造价低廉,运行费用低,操作简单;滤料经过反洗,可多次使用,使用寿命长。

多介质过滤器的过滤性能受到滤料、滤速、冲洗方式等的影响。其中,滤料的密度、化学性质以及机械强度等特性是决定水处理效果的重要因素[127]。所选滤料需满足以下条件:必须有足够的机械强度,以免在反冲洗过程中很快磨损和破碎;化学稳定性好;不应含有对人体有害的有毒物质,不应含有对生产有害、影响生产的物质;吸附能力、截污能力大、产水量高、出水水质好。

另外,滤料的颗粒粒径与厚度也会影响过滤性能,一般认为 L(粒径)/d(厚度)越大,滤料的表面积越大,过滤效果越好[125]。对于过滤速度来说,滤速小,石英砂层越厚,出水浊度越稳定,水头损失越慢;高滤速下,无烟煤层越厚,出水浊度越稳定,水头损失增长越慢[128]。通过改变石英砂—无烟煤双层滤料冲洗方式,可减少过滤的水头损失[129]。

3.1.2.2 软化水处理技术

当采用地下水源时,进水水质硬度较大。测试发现,水的硬度越高,净水设备的净水产水率和总净水量越低,进而影响净水器的水效。为降低水的硬度,净水过程常采用软化水处理技术,除去自来水中的钙、镁、铁等阳离子,降低原水的硬度,防止膜表面结垢导致膜效率降低和寿命减短[130]。管道分质供水系统中常选配软化器来对水质进行软化处理。

1) 软化技术分类

软化器采用的技术有钠型阳离子树脂交换技术、纳米晶 TAC 技术、阻垢技术和分散技术。钠型阳离子树脂交换技术简称离子交换技术,利用树脂作为载体,用钠离子置换水中的钙镁离子,使水软化。它直接减少或去除水中的钙镁离子含量,降低水的硬度,其过程较复杂[131];纳米晶 TAC 技术,即 Template Asisted Crystallization(模块辅助结晶),利用纳米晶产生的高能量,把水中游离的钙、镁、碳酸氢根离子打包成纳米级的晶体,从而阻止游离离子生成水垢[132];阻垢技术[133],是指水中的钙镁离子没有被直接去除,而是使其不能生成碳酸盐水垢,也能实现软化作用,如硅磷晶,由聚磷酸盐及硅酸盐组成,经高温烧结成玻璃型球体,与钙离子、镁离子络合使它不能生成碳酸盐水垢;分散技术[134],是指即使形成水垢,但通过改变水垢的结构和晶格形式,使其分散在水中不结硬垢,这样也能达到软化目的,如聚丙烯酸,改变碳酸钙等盐类的晶格形式,形成亚微晶体分散于水中,随着水一起流动,不附着、不沉淀。

2) 全自动离子交换软化器的构成及工作流程

管道分质供水系统多使用全自动离子交换软化器。全自动离子交换软化器一般由控制器、控制阀(多路阀或多阀)、树脂罐(交换柱)、盐箱组成。其主要工作流程包括运行、反洗、再生、置换、正洗、注水[135]。运行阶段,原水在一定的压力流量下,进入离子交换器罐,罐内填充有钠离子交换树脂的钠离子交换器,以离子交换树脂本身的 Na^+ 取代水中的 Ca^{2+}、Mg^{2+},使水的硬度小于 0.035 毫克当量/升,使原水硬度降低,变为软化水。反洗阶段,即是在树脂失效后,用水自下而上冲洗树脂层的过程。通过反洗使树脂表面积累的悬浮物及碎树脂随反洗水排出,从而使交换器的水流阻力降低。反洗水流方向与运行水流方向相反,反洗出水经多向水阀后进行排污。再生(吸盐)阶段,就是让一定浓度、流量下的盐液流经失效的树脂层,使其恢复原有的交换能力。即再生水流过多路阀中的射流器喷嘴产生负压,从盐箱吸入饱和盐液进入再生水中,稀释成一定浓度的盐液流经失效树脂层进行再生,再生废液从排污口排出。置换(慢速清洗)阶段,再生完毕后,用相同于再生液方向和流速的清水进行清洗树脂层,以充分利用树脂层中剩余盐液的再生作用,并减轻正洗的负荷,其出水从排污口排出。正洗(快速清洗)阶段,目的是清除树脂层中残留的再生废液,通常以正常流速清洗至出水合格(达标的软化水)为止。正洗时水流方向与运行方向相同,其出水从排污口排出。盐箱注水阶段,自动向盐箱中补充清水,以保证盐箱内的盐溶液能满足下一个再生过程所需用量。清水经多向阀、射流器等,由吸盐管将清水注入盐箱。

3) 软化器的性能评价

全自动的软水器自动化程度高,供水工况稳定,使用寿命长,全程自动,只需定期加盐,不需人工干预;效率高、能耗低、运行费用经济;设备结构紧凑合理,操作维修方便;使用简便,安装、调试、操作简单易行,控制部件性能稳定,可使用户解决后顾之忧。

影响全自动软水设备运行稳定性的关键在于其多路控制阀结构。除控制阀外,控制器、树脂与其再生技术的选用也至关重要。控制器根据工作模式可分为:①时间型控制器

(时间一到就再生);②流量型控制器(用水量一到就再生);③时间＋流量型双控器(结合了以上两种方案的优势)。树脂为颗粒状,尺寸越小越均匀软化效果越好。软水机普遍使用的树脂直径在 0.4—0.6 mm 之间。再生技术包括顺流再生、逆流再生和补软水再生。逆流再生根据树脂的容量,匹配适应的用盐量,与顺流再生相比,既保证树脂再生,用盐成本还下降 20%;而补软水再生是在逆流再生的基础上,使用软水进行再生,再生效果更好,进一步省水省盐。国产旋转式多路阀与美国康科水力控制阀采用逆流再生,而美国福莱克和阿图祖的多数型号软水器采用顺流再生[136]。

全自动离子交换软化器能够有效降低水的硬度,减轻膜处理单元等的过滤压力,延长膜的使用寿命,提升净水系统的总净水量及净水的产水率,提高净水系统的水效[131]。

3.1.2.3 精密(微滤)过滤技术

精密过滤技术也称为微滤技术,过滤过程主要通过其微滤膜滤芯完成。微滤膜(Microfiltration Membranes,MFM)也称微孔滤膜,属于筛型精滤介质,表面截留微粒、污染物,达到净化、分离、浓缩等目的[137]。

1) 微滤膜结构与分类

微滤膜大多是由具有一定刚性和均匀性的纤维素、高分子聚合物材料、无机材料制成的多孔性过滤介质,所以,微滤膜的结构为多孔性结构。微滤膜的孔隙可以被认为是微小的通道或孔道,允许水分子和较小的溶质通过,但可以阻止较大的分子、胶体、微生物和颗粒穿过。

微滤膜的孔径通常在 0.1 μm 到 10 μm 之间,按孔径可分为低分子量微滤膜和高分子量微滤膜。低分子量微滤膜孔径在 0.1 μm 至 1 μm 之间,用于去除较大颗粒、胶体和微生物;高分子量微滤膜孔径在 1 μm 至 10 μm 之间,用于去除更大的颗粒和微生物。微滤膜孔径十分均匀,平均为 0.45 μm 的滤膜其孔径变化在 $(0.45\pm 0.02)\mu m$ 范围,微滤膜的表面约有 10^7—10^{11} 个/cm^2 的微孔,孔隙率一般在 80% 左右,通量比同等截留能力的滤纸大 40 倍。

微滤膜按材料可以分为有机微滤膜和无机微滤膜,具体材料包括聚丙烯(PP)、聚醚酮、氧化铝、硅碳化物、陶瓷和不锈钢等。微滤膜按形式分类可以是平板膜片、螺旋卷曲的膜片或中空管状膜。有机微滤膜常用的有机材料是聚丙烯(PP)材料。由于聚丙烯化学性质稳定,耐酸碱和各种有机溶剂,制备工艺成熟,膜孔径分布均匀,孔径分布宽,孔径规格从 0.1—70 μm。无机微滤膜中陶瓷滤膜是发展较早的,技术成熟,多用于小型水质处理器。

2) 精密(微滤)过滤器结构与分类

精密过滤器又称作微滤过滤器,大都采用不锈钢做外壳,内部装有微滤过滤滤芯。精密过滤器工作时,将待过滤液体由过滤器进口压入,液体经滤芯自外向里透过滤层而被过滤成清澄液体,杂质被截留在滤芯的深层及表面,从而达到过滤的目的。

精密过滤器的滤芯根据材料的不同可分为:熔喷 PP 棉滤芯、线绕滤芯、折叠式滤芯、陶瓷滤芯、不锈钢滤芯等[138]。

PP 熔喷滤芯:采用特殊的熔喷工艺从可拆换熔喷模头喷丝孔中挤出聚丙烯熔体细

流,经喷丝孔两侧高速热空气流拉伸形成扇形瀑布状纤维喷射,并由接收装置上的芯棒连续不断地缠绕而成型。其过滤层上的纤维为相反螺旋方向隔层交叉,构成迷宫式过滤孔隙结构[139]。适用于各种低浓度悬浮液的精密过滤,具有过滤精度可靠、过滤速度高、纳污能力大、过滤周期长、容易反洗、运行费用低以及更换滤芯便捷的优点[140]。

线绕滤芯:采用具有良好过滤性能的纺织纤维纱线(丙纶纤维、腈纶纤维、脱脂棉纤维等)按特定工艺精密缠绕在多孔骨架(聚丙烯、不锈钢等)上精制而成。通过控制纱线的缠绕松紧度和稀密度,可以制成不同精度的过滤芯,有效地去除流体中的悬浮物、微粒、铁锈等杂物。适用于低黏度、低杂质量的液体的过滤。

折叠式滤芯:其主要过滤材质有不锈钢丝网、烧结网、聚丙烯、疏水性聚四氟乙烯、亲水性聚四氟乙烯、聚醚砜、尼龙等,折叠式多层结构的设计提供了高纳污空间和过滤面积,具有高截留率、高流通量、低压差、广泛的化学相容性的过滤特征。

陶瓷滤芯:饮用水净化微孔陶瓷滤芯是由石英、氧化铝、碳化硅等掺和一定量的黏合剂、成孔剂、稀土抗蚀剂,经过高温烧结而成的过滤材料[141]。滤芯内部或表面含有大量开口或闭口微小气孔的陶瓷体,其孔径一般为微米级或亚微米级,可以去除水中的部分重金属离子、余氯、有机化学物质、颜色、异味等。具有过滤精度高、使用寿命长、清洗再生方便、无二次污染等特点,可应用于净水器、桶装水和分质供水等行业[142]。

不锈钢滤芯:不锈钢滤芯的主滤材采用多层不锈钢烧结网,通常采用冲孔板骨架和不锈钢编织网叠加烧结加工而成[143]。这种结构可有效保证滤芯丝网的耐腐蚀性能,提高滤芯的结构强度并且降低成本,具有耐高温、过滤精度高、不易变形、机械强度高、使用寿命较长,可再生性好等优点[144]。

3) 精密过滤器功能

经过前级预处理后,水中仍可能存在不能去除的微细悬浮物或胶体粒子,甚至还可能存在前级处理中滤料泄漏的细小颗粒等物质,这些物质容易划伤、损坏高压泵的叶轮,并且可能会损坏核心膜元件[145]。为满足后续工序对进水的要求,延长膜处理装置的使用寿命,通常选用精密过滤器对水进行进一步净化。因此,在预处理工艺中,精密过滤器又称作保安过滤器。

管道分质供水系统预处理单元中,精密过滤器主要用于多介质预处理装置及软化器之后,膜处理装置之前。其作用是滤除前置预处理过程中破碎的活性炭和破碎的离子交换树脂。因为颗粒杂质会在高压泵作用下击穿膜元件,所以必须在膜装置进水前将其滤除[145]。精密过滤器主要是起"保安"作用,保证原水水质能够达到膜装置的进水要求,避免膜元件受到损伤。

4) 精密过滤器的性能评价

对于精密过滤器而言,选择合适的滤芯材料和精度非常关键,因为它们直接影响过滤效率、使用寿命和操作性能。

选择微滤滤芯时,过滤精度是精密过滤器选择的重要参数。过滤精度是指包含杂质的溶液通过滤材即微滤滤膜时,允许通过的最大颗粒的尺寸[146],也就是过滤器滤芯的孔径大小。精密过滤器的过滤孔径一般在 0.01—120 μm 范围,孔径越小,过滤精度越高。应根据需要去除的颗粒大小和液体的特性,选择适当的过滤精度。如水处理领域一般选择 5 μm 的滤芯。选择合适的精度可以提高过滤效率,一般来说,过滤精度越高,过滤效果越好,但也会增加过滤器运行的阻力和成本,使滤芯在使用过程中产生压差。精密过滤器通过配备压力表显示滤芯的运行压力状态。过滤器的滤芯拥有很大的过滤面积,水流在通过滤芯时,杂质被拦截在滤芯的表面,随着杂质被拦截的越来越多,滤芯的大部分可通水面积被杂质堵死,可通水的有效过滤面积越来越小,当通水的面积小于进水口的截面积时就会产生明显压差[147]。

滤芯材料的选择需要根据过滤介质、温度及设计工艺确定,以达到出水水质的要求。管道分质直饮水供水技术预处理工艺通常采用 PP 熔喷滤芯。

3.2 膜处理技术

膜是具有选择性分离功能的材料,当膜两侧存在推动力时(如压力差、浓度差、电位差等),原料组分选择性地透过膜。利用膜的选择性分离可以实现不同液体或气体组分的分离、分级、浓缩与提纯[148,149]。能够让溶液中一种或几种组分通过,而其他组分不能通过的选择性膜叫"半透膜"[150]。当用半透膜隔开纯溶剂和溶液(或不同浓度的溶液)的时候,纯溶剂向溶液相(或从低浓度溶液向高浓度溶液)自发地流动。这一现象称为"渗透"[151]。1748 年 Abbe Nollet 通过动物膜的实验首次证明了渗透现象。之后,Van't Hoff 建立了稀溶液的完整理论。J. W. Gibbs 提供了认识渗透压及其与热力学关系的理论。

膜分离过程是当代新型高效的分离技术,是多学科交叉的产物,特别适合于现代工业对节能、提高生产效率、低品位原材料再利用和消除环境污染的需要,成为实现经济可持续发展战略的重要组成部分。美国官方文件声称:"18 世纪电器改变了整个工业过程,而 21 世纪膜技术将改变整个工业面貌""目前没有一项工业技术能像膜技术那么广泛地应用。"欧洲和日本均把膜技术作为 21 世纪基本技术进行研究与开发,并且明确提出:"在 21 世纪的多数工业中,膜分离技术扮演着战略角色"。世界著名的化学与膜专家黎念之院士也强调指出:"谁掌握了膜技术,谁就掌握了化学工业的未来"[152,153]。膜材料及其制备是膜分离技术的核心,《中国制造 2025》路线图明确高性能分离膜材料是发展重点[154],与其他技术相比,膜技术基本上不需要化学添加剂、热能和再生。商业化的膜技术可以进行高效的、选择性的和可靠的分离[155],在水处理应用领域,压力驱动的膜工艺仍然是最广泛使用的工艺[156,157]。

3.2.1 分离膜的定义、分类

膜的选择性分离与传统过滤的不同在于膜可以在分子范围内进行分离,并且这过程是一种物理过程,不需发生相的变化和添加助剂。膜分离技术的核心是膜本身,很难给予膜一个严格的定义,准确地说它应该是一种具有选择性分离功能的、一层薄的凝聚相物质,膜材料自身的性质和化学结构直接决定膜的分离性能[158]。

随着人们对膜及其性能的认识逐步加深,现已知的分离膜有各种各样的类型。然而,由于膜的种类较多而且每种膜的功能和实际应用也不尽相同,对膜进行准确单一的分类是比较困难的。目前,较为常用的分类方法有以下几种,它们分别是按照膜的材料、膜的结构、膜的外形、膜的用途和膜的作用机理进行分类的:按膜结构分为液膜和固膜,对称膜和非对称膜;按膜化学组成分为有机膜和无机膜;按膜及膜组件的外形分为平板膜、卷式膜、管式膜及中空纤维膜;按膜待处理体系的相态不同即膜的用途不同,分为气-气分离膜、气-液分离膜、气-固分离膜、液-液分离膜、液-固分离膜及固-固分离膜;按膜作用机理分为吸附性膜、扩散性膜、离子交换膜、选择渗透膜及非选择渗透膜[159]。

膜可以是天然的或合成的,也可以是致密的(有效无孔的)或多孔的。通常,人们更愿意根据膜的特有孔径或应用目的对膜进行分类。一般说来,水处理工艺根据孔径大小可分为以下几种膜:反渗透膜、纳滤膜[160]、超滤膜和微滤膜[161],有机膜分类参见图 3-1。

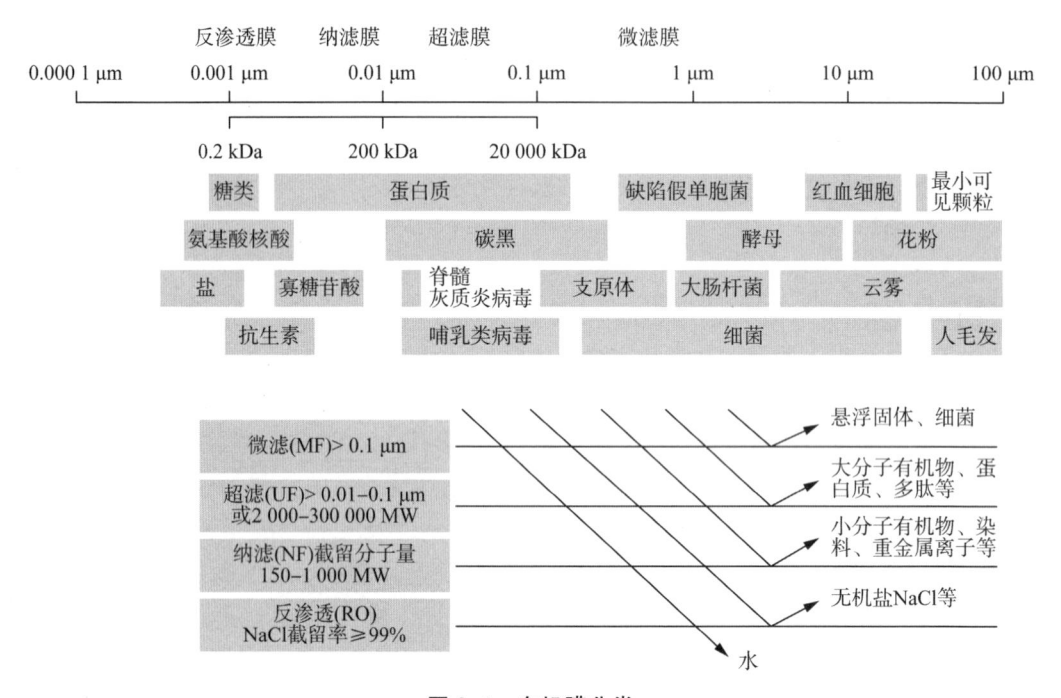

图 3-1 有机膜分类

反渗透膜(Reverse Osmosis Membranes):反渗透膜具有非常小的孔径,最小可至 0.1 nm。反渗透技术以压力差为推动力,利用反渗透膜的选择透过特性,通过在高浓度溶液一侧施加大于溶液渗透压的外压力,使溶剂分子透过反渗透膜流向低浓度的一侧,无机离子、胶体物质和大分子溶质无法通过,从而对混合物进行分离。反渗透技术能获得较高的除盐率和水的回用率,目前被广泛应用于去除水中溶解物、离子和微生物,广泛应用于淡化海水、饮用水净化和废水处理。

纳滤膜(Nanofiltration Membranes):纳滤膜的孔径介于超滤和反渗透之间,通常在 0.001 μm 到 0.002 μm 之间。纳滤膜分离技术主要就是将反渗透膜与超滤膜分离有机结合在一起,用压力驱动膜分离过程,确保水中的离子、有机物和某些小分子等杂质能够快速与水分离,切实提升膜分离效率。

超滤膜(Ultrafiltration Membranes):超滤膜的孔径通常在 0.002 μm 到 0.1 μm 之间。超滤膜利用机械筛选方式,以静压差为推动力,将原料液中溶剂和小溶质粒子从高压的料液侧透过膜到低压侧,从而对微生物、悬浮物、胶体等进行有效拦截,用于分离大分子、胶体、悬浮物和微生物。该技术常用于生物制药、食品处理和废水处理。

微滤膜(Microfiltration Membranes):微滤膜的孔径通常在 0.1 μm 到 1 μm 之间,微滤膜利用筛分原理和压差来实现物质组分的分离,是一种应用广泛的膜分离技术。适用于分离较大的胶体、颗粒和微生物,常见于水处理的预处理装置中。

尽管这 4 种膜外观相似,但他们各有其独特功能,这是由于生产膜采用的材料和技术不同[162]。将不同类型的聚合物和塑料薄层镀到底层材料上,需要先进的聚合物化学技术和生产技术。

3.2.2 饮用水深度处理膜分离技术

3.2.2.1 超滤膜

1) 超滤膜定义及特点

超滤是一种膜分离技术,能够将溶液净化、分离或浓缩。超滤是介于微滤和纳滤之间的一种膜分离过程,其意义在于在较低的压力下(驱动压力通常为 0.5~2.0 bar)以较高的效率(水处理速率通常大于 100 $Lm^{-2}h^{-1}bar$)去除或回收水体中具有中等尺寸的物质(粒度通常为 5 nm~1 μm),膜孔径范围为 0.05 μm(接近微滤)—1 nm(接近纳滤)[163]。超滤的典型应用是从溶液中分离大分子物质(如细菌)和胶体,通常认为,所能分离的溶质相对分子质量下限为几千。

超滤膜的基本分离机理为孔径筛分,如图 3-2 所示[164]。在压力的驱动下,原料液产生跨膜流动的倾向,原料液中的水和无机盐等可穿过膜孔达到膜的另一侧,蛋白质和油脂等有机大分子则受到膜孔尺寸的限制而被截留。超滤膜的基本分离性能为渗透通量和截留性能。渗透通量主要取决于膜孔隙率和表面亲水性,高孔隙率和强亲水性有利于提升膜渗透通量。截留性能主要取决于膜的孔径大小和分布,在一定程度上小于截留物粒度的孔径和集中的孔径分布有利于提高膜的截留性能。良好的分离性能有利于提高超滤膜的水处理效率,减少设备成本,降低运行能耗。

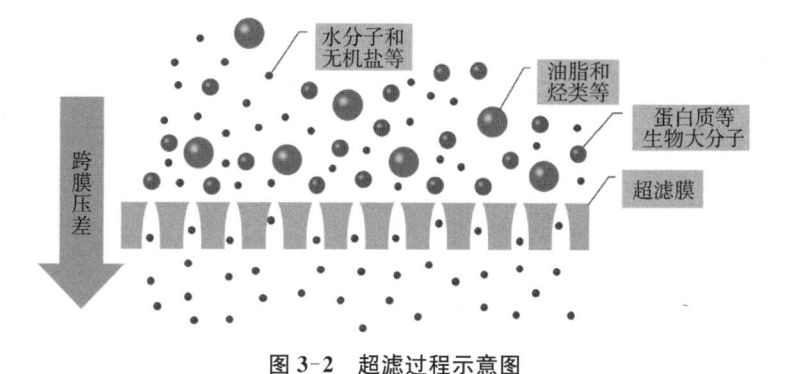

图 3-2 超滤过程示意图

国外的超滤技术始于 19 世纪中叶,但受限于条件,直至 20 世纪 60 年代研发出非对称性乙酸纤维素膜后,膜技术才逐渐开始应用,世界上第一座超滤膜水厂建立以后超滤技术在世界范围内进入快速发展阶段。虽然超滤技术在我国的研究起步较晚,但近年来得到了飞速的发展,目前在微污染水处理、生活饮用水处理、污水深度处理、含油废水处理、海水淡化处理等方面都得到了广泛应用。

超滤膜的发展方向为预处理及组合工艺的应用,超滤膜技术已经被证实是一种有效的深度水处理技术,目前已经得到了广泛的应用和深入的研究,当前制约超滤膜技术进一步应用和发展的还是超滤膜污染问题,为了更好地解决膜污染问题,超滤膜技术更多的是与其他预处理技术和水处理技术联合使用。在超滤前加入预处理手段,以及将超滤技术与其他水处理技术联用可以有效降低超滤前水中污染物的含量或者改变污染物的存在形态,不仅能够提升出水水质,还能减轻膜污染,延长膜的使用寿命,是超滤技术使用的主要方式。

2) 超滤膜原材料

膜材料作为膜分离的核心,决定了超滤膜在分离过程中的物化特性、热稳定性和力学性质[165]。不同领域对膜原料的需求也有差异,制得性能理想的超滤膜需要选择合适的膜原料。超滤膜的原料通常需要具备以下特点:有较好的力学性能,可以承受一定的工作压力;制备的超滤膜渗透能力强,水通量高,可以有效处理污水或其他料液;对目标产物的分离性能好,有较高的污染物截留率,可以保证过滤质量;制膜过程工艺简单,生产成本低,且成膜性能稳定。在目前的研究中,相对成熟的制膜材料一般包括有机高分子材料和无机材料两大类。

(1) 有机高分子材料

高分子聚合物因其成膜后性能较稳定,所以在制膜领域发展十分迅速,成为膜材料的重点研究方向,占膜材料总量的 90% 以上。目前常用的制膜原料主要分为以下几类:

① 聚砜类膜材料

聚砜类超滤膜具有稳定的物化性能和热力学性能,并且还具有优异的抗氧化能力[166]。因此,在生活用水等水净化领域发展已经较为成熟。但聚砜类材料制备的超滤膜也存在一些不足,如耐紫外老化性能差、耐候性差等。此外,聚砜类材料的亲水性较差,膜污染现象较为严重。

② 聚偏氟乙烯膜材料

聚偏氟乙烯是一种半结晶型含氟高分子材料,成膜性能好,化学性质稳定,具备耐高温以及抗紫外老化等性能,易溶于有机溶剂中,是理想的制膜原料。如今已被普遍应用水质净化行业。然而,聚偏氟乙烯的表面自由能较低、亲水性差且成膜后水通量较低,这些缺点也制约了其作为膜材料的发展和应用[167]。

③ 聚酰胺类膜材料

聚酰胺材料包括芳香聚酰胺、含氮芳香聚合物等,利用该类原料制备的复合超滤膜可以在较大酸碱范围内工作,抗有机溶剂能力强,且具有较稳定的热力学性能,已经成为膜领域的热门原料之一。除此之外,聚酰胺超滤膜表面亲水性强、水通量大、截留率较高,能够较好地满足工业需求[168]。

④ 纤维素衍生物类膜材料

纤维素是存在于自然界的天然高分子,具有储量大,降解性良好,分布广泛等特点。

因此早年间就有研究将其进行化学改性制备相关衍生物,例如醋酸纤维素、硝酸纤维素、再生纤维素以及乙烯基纤维素等,并将其成功应用于超滤膜的制备。其中,醋酸纤维素超滤膜的发展历史最为悠久,该类超滤膜在工作中表现出优异的亲水性能。而且,醋酸纤维素原料易得、成本低、制膜工艺能耗低且无毒,符合环境友好型发展的要求,容易实现工业化生产应用。但是醋酸纤维素超滤膜存在耐酸碱性能不稳定、力学强度不高以及容易被微生物腐蚀降解等缺点[169]。

（2）无机材料

无机材料主要有陶瓷、玻璃、氧化铝、氧化锆和金属[170],目前国内还处于实验室研究阶段,尚未商品化生产,这种材质的超滤膜最突出的优点是耐高温,耐有机溶剂性能好,不易老化,可再生性强,适用于特种分离。

3) 超滤膜组件的分类

目前常用的超滤膜组件可分为:板框式膜、中空纤维膜、管式膜、卷式膜等[171]。板框式也称平板式,它是由许多板和框堆积组装在一起而得名,其外观结构类似普通的板框式压滤机。它采用平膜,是膜分离历史上最早问世的一种膜组件形式。中空纤维膜是形状像中空纤维一样的膜。将一定数量的中空纤维膜丝用环氧树脂等黏结剂将两端固定。根据透水方向不同,分为内压式和外压式两种。管式膜的形状像圆管,膜管内径一般为3 mm～5 mm,管式膜在制造过程中,可以直接成膜,也可以在已有的管状材料上镀膜,膜可以在管状材料的内表面,也可以在管状材料的外表面。卷式膜是将平板膜做成布带状后沿中心管卷绕形成卷式膜,然后放入压力容器就成为完整的螺旋卷式膜组件。

4) 超滤膜的性能评价

为了准确客观地评价超滤膜的性能,确定膜过滤水通量等运行条件,识别膜污染特征,建立现场研究与实验室检测相结合的膜性能评价体系非常必要(图3-3)。超滤净水工艺中对超滤膜性能的要求主要包括截留性能、过水性能、抗污染性能和机械性能等方面。其中截留性能是关键,是饮用水处理采用超滤工艺的最根本目的和最主要处理目标,

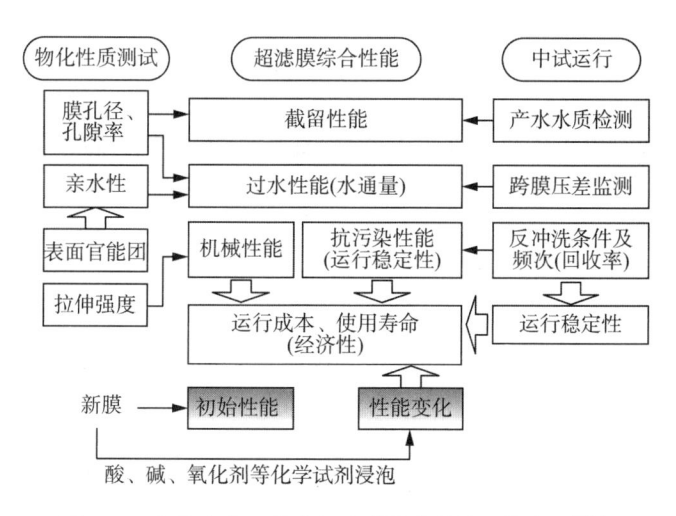

图3-3 超滤净水工艺中超滤膜综合性能评估方法[172]

决定了膜工艺的"有效性";过水性能主要决定膜工艺的投资成本,而抗污染性能和机械性能则主要决定膜的使用寿命,从而决定膜工艺的运行成本;膜工艺的投资成本和运行成本综合决定了其"经济性"[172]。

超滤膜的性能评价主要包括对纯水通量、蛋白质截留率、拉伸强度、亲水接触角、微观结构等进行详细的分析评价,研究改性条件对膜结构、性能和表面亲水性的影响。

对超滤膜分离性能的评价包括膜的纯水渗透通量和分离性能,超滤膜材料的性能测试方法如下:

(1) 纯水通量的测试

膜的透水性能一般可用纯水通量来表征,纯水通量越大,则膜的透水性越好。采用内压式、错流过滤方式进行膜组件水通量测试,过滤装置示意图见图3-4。在常温条件下,先在0.15 MPa下预压30 min至水通量基本稳定,然后以0.10 MPa为工作压力对不同中空纤维膜组件进行纯水通量的测试,测定时间20 min。根据式(3.1)计算膜通量J[84]。

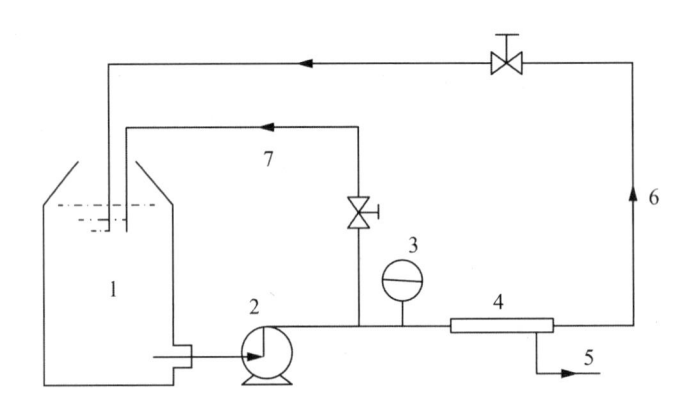

1. 料液槽;2. 蠕动泵;3. 压力表;4. 膜组件;5. 透过液;6. 浓缩液;7. 回流液

图3-4 膜分离性能测试装置示意图

$$J = \frac{V}{A \cdot t} \tag{3.1}$$

式中:J为水通量,$L \cdot m^{-2} \cdot h^{-1}$;$V$为纯水透过量,L;$A$为膜的有效过滤面积,$m^2$;$t$为测试时间,h。

膜过滤面积的计算:

$$A = n\pi DL \tag{3.2}$$

式中:A为膜面积,m^2;n为组件中膜丝根数;D为中空纤维膜丝直径(内压膜为内径,外压膜为外径),m;L为中空纤维膜丝有效长度,m。

(2) BSA截留率的测试

BSA截留率反映了超滤膜的分离性能,截留率越高,则膜的分离效果越好。实验室常用的用于超滤膜截留性能及抗污染性能测试的实验试剂为牛血清蛋白(Bovine Serum Albumin,BSA)(分子量,67 kDa),配制不同浓度的牛血清蛋白质溶液并在280 nm波长下以去离子水为参比溶液,测试各个溶液的吸光度,利用测得的吸光度结果,绘制牛血清蛋白吸光度标准曲线。首先测试蛋白溶液原料液在 280 nm 下的吸光度。然后将过滤后的蛋白溶液在相同条件下再次测定。根据超滤前后测试得到的吸光度计算超滤膜的截留率,见公式(3.3)[173]。

$$R = \frac{C_f - C_p}{C_f} \times 100\%　\quad(3.3)$$

式中:R 代表 BSA 截留率,%;C_p 代表膜过滤后收集液的吸光值;C_f 代表 BSA 原液的吸光值。

3.2.2.2 纳滤膜

1) 纳滤膜发展及应用

纳滤作为膜分离技术中的新兴领域,是一种以压力作为驱动截留溶液中纳米级颗粒物的膜过滤技术。20 世纪 70 年代,人们开始使用纳滤膜,但直到 1984 年,学者 Peter Eriksson 根据纳滤膜特性才第一次正式提出"纳滤"的概念。纳滤技术的关键是纳滤膜。纳滤膜的孔径范围在 1~2 nm 之间,截留分子量为 100~2 000 Da,因其可以截留纳米级别的物质,所以被称为纳滤膜。纳滤膜比其他分离膜(微滤膜、超滤膜和反渗透膜等)出现的时间晚一些,但由于其具有分离精度高、能源消耗少及不会对环境造成污染等特点,因此发展十分迅速,被认为是一种特殊且具有潜力的分离膜[174]。

因为纳滤膜对单价盐的截留率较低而对多价盐的截留率较高(通常大于 90%),但操作压力远低于反渗透膜,所以纳滤膜又称"低压反渗透膜"或"疏松反渗透膜",又因其与超滤膜相比,膜孔小而致密,渗透性略低,故又称其为"致密超滤膜"[175]。可以说,NF 填补了 RO 和 UF 之间的分离空白,进一步精细化了溶质在纳米尺度的分离,拓宽了膜分离技术的应用范围。此外,NF 与 RO 相比,其一方面在相同通量条件下需要施加的外部压力小,渗透压低,能耗低,设备的运行费用低;另一方面由于 NF 膜表面的电荷特性,在截留一些多价离子的同时还可以根据离子的水力学半径和化合价高低保留 K^+、Na^+、Cl^- 等一价无机离子,实现对低价离子和高价离子的高效分离。根据分离特性,NF 的应用主要有两个方面:一是不同价态离子的分离及纯化;二是不同分子量有机物的分离和浓缩。

NF 膜可稳定去除水中的臭味、微生物及大多数有机物,可以选择性分离盐离子,与传统高压反渗透膜相比,NF 膜对单价离子去除率较低而可去除大部分的高价离子,因此可保留部分对人体有益的元素,以保障饮用水的健康性。因此 NF 膜具有不可比拟的优越性,尤其是近年来在饮用水软化与净化、饮用水新兴污染物去除、海水淡化等方面得到了较为广泛的应用[176,177]。Gang 等[178] 发现纳滤膜可有效降低盐湖水的镁锂比,操作压力对分离过程影响较大,提高操作压力可改善处理效果;赵长伟等综述了纳滤膜对新兴污染物的去除效果,纳滤膜对水中药品及个人护理品(Pharmaceutical and Personal Care Products)、微囊藻毒素、消毒副产物前体物、内分泌干扰物(Endocrine Disrupting Chemicals,EDCs)等物质的去除率基本可达到 90% 以上。武睿等人[179] 采用以纳滤为核心的深度处理工艺,得出其对溶解性总固体、硬度、硫酸盐的去除率分别可达到 81.37%、

90.88%、92.49%。NF膜技术目前已广泛应用于饮用水的软化、超纯水的制备以及苦咸水淡化等领域。

目前国内外已有大规模应用NF膜作为饮用水深度处理工艺的水厂,并且数量在快速增加。世界上第一个大型纳滤膜深度处理净水厂是位于法国巴黎北郊的Mery-sur-Oise水厂,建成于1999年,处理规模为$14×10^4 m^3/d$,主要去除水中的有机物和杀虫剂,去除率分别可达到60%(以TOC计)和90%以上,运行至今,出水水质及性能指标非常稳定[180,181]。近几年纳滤工艺在国内饮用水领域得到快速应用,例如,上海首个高品质饮用水示范项目($1×10^4 m^3/d$的常规+纳滤膜工艺)、江苏太仓市第二水厂深度处理工程($5×10^4 m^3/d$)、张家港第四水厂扩建工程($10×10^4 m^3/d$)、陕西西安渭北工业区湾子水厂供水工程($4×10^4 m^3/d$)[182]、山西阳泉市自来水水质改造工程($3.5×10^4 m^3/d$)、河北沧州海兴饮用水改善工程($5×10^3 m^3/d$)、福州市长乐二水厂($10×10^4 m^3/d$)等项目均将纳滤技术作为核心工艺。

由于纳滤膜发展较晚,目前在家用净水机上应用较少,但其可以在去除有害物的同时保留矿物质,更符合居民对饮用水健康安全的需求。敬双怡等[183]研究发现纳滤直饮水系统对无机阴离子、浊度、硬度等的去除效果较好,平均制水成本仅0.20元/L。

2) 纳滤膜分离机理

NF膜具有荷电表面及大量纳米级孔结构,分离过程中溶质的跨膜传质较为复杂,涉及膜表面与纳米孔中的微流体动力学、孔结构与膜材料的荷电性结合导致的限域效应等[184]。多数研究学者认为NF膜的选择性是由多个分离机理共同决定的。目前学界公认的NF膜分离机理主要有尺寸筛分效应、Donnan效应和介电效应[184],相应的作用机理如图3-5所示。

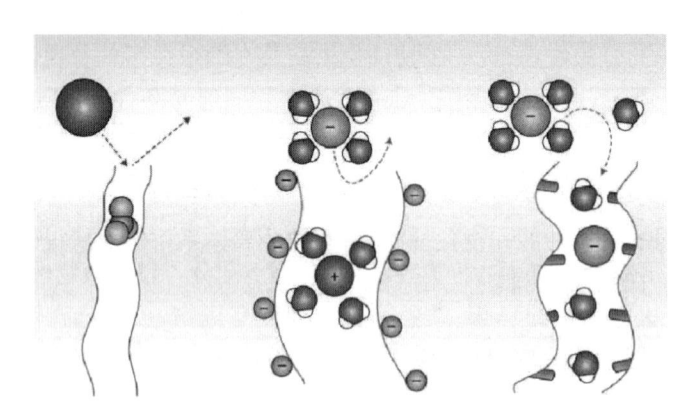

图3-5 纳滤膜分离机理图

(1) 尺寸筛分效应

尺寸筛分效应是指在外部压力作用下,依靠纳滤膜自身孔径尺寸的大小对不同尺寸的电中性物质进行物理筛分。常见的电中性物质如胶体、蛋白质、乳糖等较大物质被截留,而像水这样的小分子物质一般会透过膜,从而达到分离与提纯的目的。然而,纳滤膜的孔径一般不均匀,其孔的结构和形状会影响膜的分离性能。所以,制备孔径均匀的纳滤膜是未来研究的重点也是难点[185,186]。

（2）Donnan效应

Donnan效应又称为唐南效应或者电荷排斥效应，即同性相斥，异性相吸。一般而言，纳滤膜表面的官能团在水溶液中因水解或质子化使膜表面带电荷，从而对荷电的离子产生一定的静电作用，从而影响分离效果[186]。与膜表面电荷相反的离子会受到静电吸引的作用，使其在膜内的浓度高于主体溶液的浓度，而溶液中与膜表面电荷相同的离子会受到静电斥力，使膜内的浓度小于主体溶液中的浓度，由此产生的电势梯度即 Donnan 电位差。为了保持膜系统整体呈现电中性，Donnan电位差会阻止异性离子从膜内向主体溶液扩散迁移以及同性离子从主体溶液中向膜内进行扩散。然而施加外压时，虽然可以驱动水透过膜，但电势差仍然存在。此时，由于Donnan效应，同性离子倾向于远离膜，但为了保持电中性，异性离子也同时被截留。同性离子的价态不同，受到的静电斥力也不同，所以价态越高的同性离子，其截留率也就会越高。因此，对于荷电的物质的分离，其不仅依靠孔径筛分效应，还会受到Donnan效应的影响。

（3）介电排斥效应

自由水具有高介电常数，而膜基质介电常数较低。当水合离子靠近NF膜时，离子根据两种介质的相对介电常数会极化这两种介质，在不连续表面形成极化电荷分布，产生一种对阴离子和阳离子都排斥的力[184]。用介电排斥效应解释离子在纳滤膜中的跨膜行为成了人们的研究热点。纳滤膜的孔径（1 nm 左右）与水分子大小（0.28 nm 左右）接近，水分子在膜孔的限定空间里的排列方式与主体溶液自由空间中的差异性导致了膜孔道中水的介电常数较低，与自由状态下高介电常数的水相比，离子在前者中具有更高的溶剂化能，因此，离子从主体溶液中进入膜孔时就需要克服一定的能势，这将会对离子向孔道的迁移形成阻碍，进而对溶质离子起到截留作用[175]。

总之，尺寸筛分效应、Donnan效应和介电排斥效应相互叠加，使得NF膜具有了不同于RO膜的一二价盐分离特性。

3）纳滤膜材料分类

纳滤膜分离性能效果的好坏主要由膜材料的性质与膜的结构决定，材料不同，制备的纳滤膜也具有不同的力学性能和物化性能，对不同分离体系可以取得很好的效果[187]。

（1）有机高分子纳滤膜材料

有机高分子纳滤膜的制备是以有机聚合物为原料，经过特定的制备工艺得到。常用的有机材料主要有聚四氟乙烯（Poly Tetra Fluoro Ethylene）、醋酸纤维素（Cellulose Acetate,CA）、聚乙烯醇（Polyvinyl Alcohol）、聚磺砜（Polysulfone）及其他的高分子材料[188]。表3.2列出了一些比较典型的有机高分子材料。这些材料制备的纳滤膜虽然制备工艺简单、适应性强、制造成本也相对较低，但在实际应用过程中，其本身或多或少存在一些不可避免的问题，比如：耐溶剂性、耐酸碱性、耐氯性、抗氧化性差与使用寿命短等缺点，增加了其使用成本，在很多领域失去了使用价值。因此，为了使纳滤膜具有良好的稳定性，较长的使用寿命以及达到产品商业化，许多新型膜材料（如：聚电解质类、聚酰亚胺类与聚酯类等）正深受科研人员的关注。

表 3.2　有机高分子材料分类[189]

类别	膜材料	举例
纤维素酯类	纤维素衍生物类	醋酸纤维素、硝酸纤维素、乙基纤维素等
	聚砜类	聚砜、聚醚砜、聚芳醚砜、磺化聚醚砜等
	聚酰(亚)胺类	芳香族聚酰胺、聚砜酰胺、含氟聚酰亚胺等
非纤维素酯类	聚酯、烯烃类	聚碳酸酯、涤纶、聚乙烯聚丙烯腈等
	含氟(硅)类	聚四氟乙烯、聚偏氟乙烯、聚二甲基硅氧烷
	其他	聚电解质、壳聚糖等

现已用于商业化生产的材料主要有：聚酰胺、聚乙烯醇、醋酸纤维素、聚苯乙烯、聚醚砜、壳聚糖和聚偏氟乙烯等。表 3.3 列出了典型有机纳滤膜材料的特点与局限[190]。

表 3.3　典型纳滤膜材料的特点与局限

膜材料	特点	局限
聚酰胺	优异的机械性能、耐高压、渗透率高、适用 pH 广泛	不耐氯腐蚀
聚乙烯醇	优异的机械性能、成本低、成膜性能好、耐化学腐蚀	溶于水
醋酸纤维素	亲水性好、选择性好、通量大、成本低、可生物降解	润湿下机械强度低、耐碱/强氧化性物质差
聚苯乙烯	耐热性好、适用 pH 广泛、耐氯性好	疏水、工作压力低
聚醚砜	机械性能好、制作简单、化学稳定性好	疏水
壳聚糖	抗菌性、不溶于水和有机溶剂、化学稳定性好	耐氯性差、酸性条件下水解
聚偏氟乙烯	机械性能好、化学稳定性好、热稳定性好	疏水

(2) 无机纳滤膜材料

无机纳滤膜，也被称为陶瓷纳滤膜，是以无机物为原料(如：氧化铝、氧化钛、氧化锆等)在特定的温度下烧结而成的一种多孔的分离膜。无机膜的结构呈非对称分布，其组成分为支撑层、过渡层及微孔膜层三部分。无机纳滤膜与有机高分子纳滤膜之间最大的差异在于制备膜的材质大不相同，并且相比于有机材料，无机材料拥有较好的耐高温性、耐酸碱性、耐氧化以及使用年限长等特性。总体而言，无机材料基本克服了有机材料存在的缺点，成为备受关注的制膜材料，且无机纳滤膜拥有的突出优点也促使了其在更广阔领域的应用[187]。

然而，由于无机材料纳滤膜本身制造工艺复杂，加工制作成本相对较高，且制成的纳滤膜在强碱的环境下容易被腐蚀，脆性高，易断、易碎。种种原因使得无机材料制备的纳滤膜在推广应用方面受到限制。目前，无机纳滤膜主要应用在生物制药、食品、水处理及化工等行业[191]。无机膜材料种类如表 3.4 所示。

表 3.4　无机膜材料种类

致密膜	致密的金属膜	Pd 膜、Pd 合金膜 Ag 膜、Ag 合金膜
	致密的固体电解质膜	氧化锆膜 复合固体氧化膜 多孔负载膜
多孔膜	多孔 Ni 膜、多孔 Ag 膜、多孔 Pd 膜、多孔 Ti 膜 多孔陶瓷膜（Al_2O_3 膜、SiO_2 膜、ZrO_2 膜、TiO_2 膜） 多孔玻璃膜、分子筛膜（碳分子筛）	

（3）无机-有机复合纳滤膜材料

无机材料制备的纳滤膜具有极佳的物化稳定性与较长的使用寿命等特点，有机材料具有制膜工艺简单、制造成本低的优点。但在近年来，有关纳滤膜的研究表明，依靠单一的无机材料或有机材料制备的纳滤膜，由于其本身的性能存在一定缺陷，通常在使用过程中会存在一些不可避免的问题。因此，将传统的无机材料和有机材料突出的优点结合在一起，制备一种兼备无机材料和有机材料各自特点的新型复合纳滤膜已成为膜分离领域的研究热点[187]。

（4）纳滤膜的制备

NF 膜的制备方法也是影响膜性能的重要因素，目前 NF 膜常见的制备方法有界面聚合法、相转化法、层层自组装法及表面涂覆法等。

① 界面聚合法

界面聚合法（Interfacial Polymerization，IP）是目前最有效的制备复合膜的方法，也是工业生产中应用最广泛、规模最大的制膜方法。如图 3-6a 所示，复合膜由多孔的无纺布、微孔层作为多孔支撑层和 IP 形成的聚合物选择层构成，膜的分离性能由聚合物层决定。典型的 IP 反应，通常将胺单体溶解在水相，酰氯单体溶解在有机相，胺单体从水相快速向有机相扩散，并在水/有机相界面上与酰氯快速反应（图 3-6b）。因此，IP 是一种由胺单体扩散行为决定的反应，这种不易控制的扩散和快速聚合导致了具有多尺度和不均匀孔径的聚酰胺（Polyamides，PA）层形成[192]。

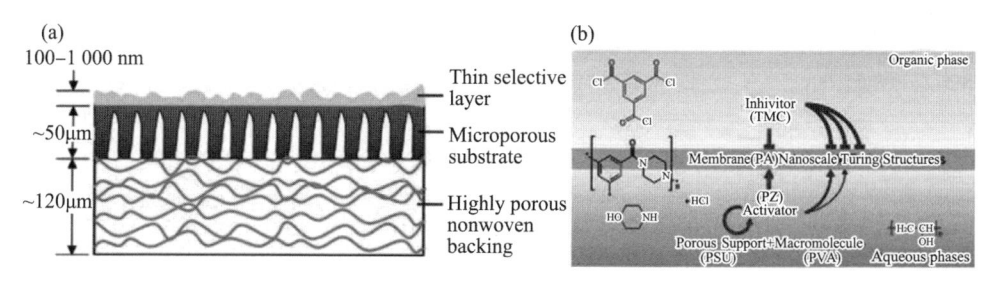

图 3-6　(a)复合膜(TFC)横截面和每层结构　(b)界面聚合过程示意图

PA 层的性能很大程度上依赖 IP 的参数，包括单体类型和浓度、有机溶剂的性质、聚合反应时间和温度，以及后处理条件。首先，选用较高的胺酰氯比，确保完全聚合，同时防止酰氯水解阻碍酰胺键的形成，降低聚合物网络的交联度。IP 是一个快速的反应过程，通常聚合时间在 1 min 左右。随后,对界面聚合的膜进行热处理(60～80℃),以完成膜聚合,并增强 PA 层与基底之间的附着力。进一步,为获得更好的分离性能,研究人员分别从基底材料的选择及修饰、IP 过程的调控和复合膜的后处理等方面进行了探究。

目前,对界面聚合法已经取得阶段性的成功,但界面聚合的调控仍是主要难题所在,对胺单体扩散的精准调控,是进一步提高膜性能的关键所在。

② 相转化法

相转化法是指聚合物以某种方式由液体转变成固态的过程,被用来制备不对称膜。相转化法由于步骤少,它不限制膜的形状,除平板膜外,常被用来制备中空纤维膜。相转化法总是被用来制备纯聚合物膜,在纳滤膜制备方面已经得到了广泛的应用[192]。

相转化法的制备过程包括几种方式[193]:一是 L-S 相转化法。是指当聚合物溶液浸没在非溶剂的凝固浴中,并且其中溶剂和非溶剂可互溶时,发生浸入沉淀。聚合物周围的溶剂进入非溶剂中,引起相分离。二是蒸发诱导相分离法。是指溶剂的蒸发使聚合物浓度增加导致沉淀或分层。三是蒸汽诱导相分离法。是当聚合物溶液暴露在大气中的非溶剂时,这种非溶剂的吸收会导致分层/沉淀。四是热诱导相分离法。是指通过改变温度来实现相分离。首先使聚合物在溶剂中溶解,随后,通过萃取、蒸发或冷冻干燥,从所产生的聚合物基质中去除溶剂。

L-S 相转化法是纳滤膜制备最常用的相转化法,制备出的膜结构十分不对称(图 3-7)。这种不对称结构包括致密的选择层和稀松的支撑层,可以大大减小传质阻力。

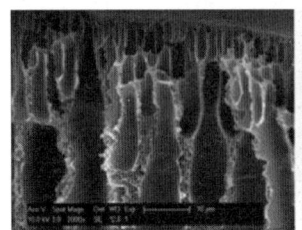

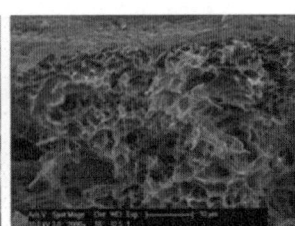

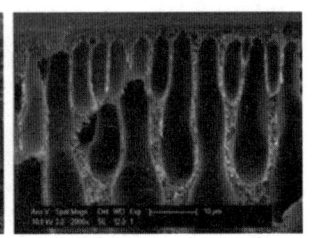

图 3-7 L-S 相转化法制备不对称纳滤膜结构 SEM 图像[84]

③ 层层组装界面聚合

层层组装界面聚合是指两相单体逐层反应成膜,根据精密程度可分为分子级层层组装和纳米级层层组装[194]。分子级层层组装过程如图 3-8a 所示:特殊处理的超滤支撑膜选择性吸附第一层胺单体,接着与第一层酰氯单体接触反应,然后两相单体交替接触即可发生连续聚合生成性质稳定、高度交联、致密的 PA 分离膜。纳米级层层组装过程如图 3-8b 所示:胺单体和酰氯单体分别溶解在水、有机两相中并储存在两支针头中。两支针头与高压电源的一极相连,电源的另一极与贴有超滤支撑膜的滚筒相连。过程开始时,滚筒以一定速度旋转,同时两支针头喷出带有相同电荷的两相溶液,库仑斥力迫使喷射出的雾滴的直径远低于 1 mm。以微小雾滴形式存在的两相在滚筒上接触反应,形成第一层 PA 分离膜,然后滚筒旋转一周膜层增加一层[195]。由于不会像原位界面聚合一样受到动力学和传质的限制,层层组装工艺可以作为一种平台技术制备 PA 分离膜。这些层的厚度、拓扑结构和局部化学成分在单体尺度或纳米尺度上是可控的,而这是其他成膜工艺无法实现的。具体来说，膜的厚度可以通过沉积循环次数控制，而其拓扑结构和局部化学成分可以通过组装中使用的单体类型和顺序控制。由于这一过程是在分子尺度或纳米尺度上完成的，因此制备的膜与其他工艺的膜相比更加光滑。此外，与需要水、有机两相分别分散胺单体和酰氯单体的工艺路线不同，层层组装工艺不局限于特定的溶剂，从而拓宽了溶剂的使用范围[196]。但是层层组装技术也存在一个缺点，它的实施依赖于复杂的制备工艺和精密的构筑仪器。

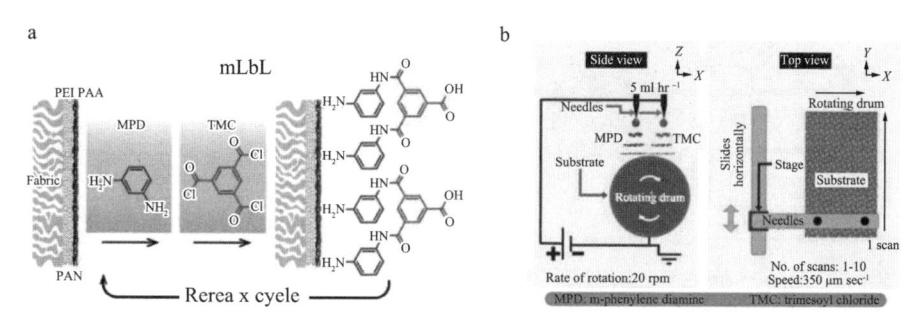

图 3-8 层层组装界面聚合示意图

④ 表面涂覆法

表面涂覆法是指根据应用需要使用各种各样的聚合物，采用喷涂、浸泡、旋涂等方式对微滤或超滤基底进行后处理制备纳滤膜。涂覆法同样对基膜形状没有限制，是一种广泛应用的制膜方法[192]。聚二甲基硅氧烷(Polydimethylsiloxane, PDMS)是一种具有渗透性的橡胶，有良好的化学和力学性能，是涂覆常用的聚合物。PDMS 已经作为商业膜的分离层，用于分离溶剂或在极端 pH 下使用。为了提高膜的通量，Vanherck 等人[197]发现使用纳米颗粒作为填充可获得更薄的 PDMS 层。在近些年，综合 PDMS 膜的性能考虑，这种聚合物的使用逐渐变少。

聚乙烯醇(Polyvinyl Alcohol, PVA)作为早期反渗透膜的基础，近年来受到了人们的关注。将 PVA 涂覆在聚砜(Polysulfone, PS)或聚丁二酸乙二醇酯[Poly(Ethylene Glycol Succinate), DEGS]基底上，并使用不同交联剂进行交联获得纳滤膜的性能。为了提高纳滤膜性能，PVA 和第二种聚合物同时被涂覆在基底上。Liu 等人[198]将 PVA 与聚对苯乙烯磺酸钠混合，将混合物涂覆在 PS 载体上，然后使用戊二醛交联，形成带负电荷的纳滤膜。Bano 等人[199]将 PVA 和海藻酸钠混合物涂在多孔聚砜基底上，然后用两步法(氯化钙和戊二醛)交联涂层，获得高性能纳滤膜。Lv 等人[200]将多巴胺和聚乙烯亚胺(Polyethyleneimine, PEI)共沉积在聚丙烯腈(Polyacrylonitrile, PAN)基膜上，然后使用戊二醛进一步交联，形成一个带正电荷的纳滤膜。

磺化聚砜或磺化聚醚砜的涂层也被应用于多孔基底上，以制备具有良好的耐酸和氯的负电荷膜。除了上述常见的类别外，还有各种各样具有不同特性的聚合物涂层被应用于多孔的基膜上。

4) 纳滤膜性能评价

纳滤膜的性能评价包括纳滤膜分离性能评价、稳定性评价、抗污染性能评价以及耐氯性能评价。

(1) 纳滤膜分离性能评价

纳滤膜的分离特性用渗透性和截留率两个参数来进行评价,渗透性与截留率共同作为评价膜性能的重要指标。膜截留率是分离膜阻止水体中某些物质通过分离膜的能力。分离膜的截留率是一个分离系统性能好坏的直接决定因素之一。采用自制错流过滤系统或错流式膜性能测试仪器对纳滤膜的分离性能进行测试。装置如图3-9所示[194]。

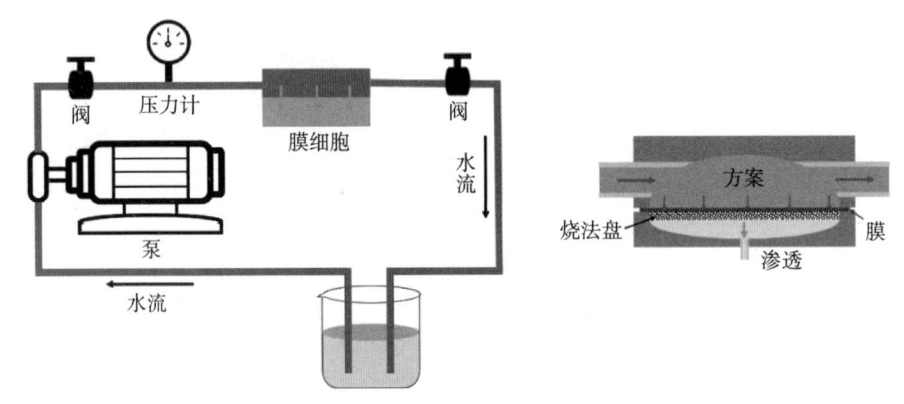

图3-9 (a)错流过滤系统示意图　(b)膜池截面示意图[194]

纳滤膜分离性能主要测试纳滤膜的渗透性、盐截留率、Cl^-/SO_4^{2-},评价方法如下：

测定纯水通量和渗透性：首先将待测纳滤膜装入错流膜池,然后在2.5 bar的压力下预压30 min,待水通量稳定后将压力调整为2.0 bar,并记录透过去离子水的体积(V,L)、有效膜面积(A,m^2)、时间(ΔT,h)和跨膜压差(Δp,bar),通过公式3.4和3.5可分别计算出纯水通量(J,Lm^{-2}h^{-1})和渗透性(P,Lm^{-2}h^{-1}bar^{-1})：

$$J = \frac{V}{A\Delta t} \quad (3.4)$$

$$P = \frac{J}{\Delta p} \quad (3.5)$$

测定盐截留率：选择浓度为1 000 mg/L的四种无机盐水溶液(Na_2SO_4、$MgSO_4$、$MgCl_2$和NaCl)代替去离子水测定膜的截留性能。计算公式如式3.6：

$$R = \frac{C_f - C_p}{C_f} \times 100\% \quad (3.6)$$

式中：R为盐的截留率,%;C_f和C_p分别为原料液和透过液浓度。盐溶液的浓度可通过电导率仪进行测定。

计算Cl^-/SO_4^{2-}选择性,公式如式3.7：

$$\alpha = \frac{1 - R_{NaCl}}{1 - R_{Na_2SO_4}} \quad (3.7)$$

式中：α为Cl^-/SO_4^{2-}选择性;R_{NaCl}和$R_{Na_2SO_4}$分别NaCl和Na_2SO_4的截留率,可通

过公式 3.10 计算获得。

（2）纳滤膜稳定性评价

纳滤膜在多变的分离条件和严苛的运行环境下的稳定性对实际工业应用至关重要。纳滤膜涉及的稳定性实验包含五种，分别是长周期稳定性、耐压稳定性、高盐浓度稳定性、酸稳定性和氧化稳定性[194]。具体条件如下：

长周期稳定性：采用 1 000 mg/L 的 Na_2SO_4 溶液在 2.0 bar 的压力下连续不间断运行一段时间（长周期实验中连续运行时间为 100 h，30 d），并记录纳滤膜渗透性和截留率。

耐压稳定性：测试纳滤膜在不同压力下（1.0、2.0、3.0、4.0、5.0 和 6.0 bar）的纯水渗透性和 Na_2SO_4 截留率。

高盐浓度稳定性：测试纳滤膜在不同 Na_2SO_4 浓度下（500、1 000、2 000、3 000、4 000 和 5 000 mg/L）的渗透性和截留率。

酸稳定性：将纳滤膜浸泡在 pH=1 的 HCl 溶液中，每隔一定的时间取出，冲洗后测定膜的纯水渗透性和 Na_2SO_4 截留率。为保证 HCl 溶液 pH 不变，每隔 24 h 更换一次 HCl 溶液。

氧化稳定性：将纳滤膜浸泡在 1 000 mg/L 的 NaClO 溶液中，每隔一定时间取出，冲洗后测定膜的纯水渗透性和 Na_2SO_4 截留率。为保证 NaClO 溶液浓度不变，每隔 24 h 更换一次 NaClO 溶液。

（3）纳滤膜的抗污染性能评价

膜的抗污染性能是决定膜使用寿命的重要工艺参数，为了探究膜样品对有机污染的抵抗能力，实验交替改变原料液的组成，分别配制一定浓度牛血清蛋白（Bovine Serum Albumin，BSA）和腐殖酸（Humic Acid，HA）溶液代表蛋白质和有机物的模拟污染物体系，测试膜样品的抗污染性能。膜样品的抗污染性能测试分为两个循环周期，每个循环周期为 5 h，依次通入纯水和牛血清蛋白溶液，每隔 1 h 记录膜样品的渗透通量，通过计算分离膜的通量恢复率（Flux Recovery Ratio，FRR）、可逆结垢率（Reversible Fouling Ratio，RFR）、不可逆结垢率（Irreversible Fouling Ratio，IFR）和总结垢率（Total Fouling Ratio，TFR）表征膜抗污染性能，具体计算公式见 3.8～3.11[190]：

$$FRR = \frac{J_{w2}}{J_{w1}} \times 100\% \tag{3.8}$$

$$RFR = \frac{(J_{w2} - J_P)}{J_{w1}} \times 100\% \tag{3.9}$$

$$IFR = \frac{(J_{w1} - J_{w2})}{J_{w1}} \times 100\% \tag{3.10}$$

$$TFR = \frac{(J_{w1} - J_P)}{J_{w1}} \times 100\% \tag{3.11}$$

式中：J_{w1} 代表纯水通量，单位为 $Lm^{-2}h^{-1}$；J_P 代表牛血清蛋白溶液的通量，单位为 $Lm^{-2}h^{-1}$；J_{w2} 代表清洗后的纯水通量，单位为 $Lm^{-2}h^{-1}$。

5) 纳滤膜元件国内外产品标准及要求

(1) 国外纳滤膜元件标准

国际标准化组织和美国标准化机构没有针对纳滤膜产品制定专门标准,只是在有关标准中针对相关产品制定了一些参数的检测方法。

主要有:ISO 标准 2 项(ISO 27448—2009、ISO 15989—2004);美国国家标准 2 项(ANSI/AWWA B114—2015、ANSI/AWWA B110—2019);美国材料实验协会(American Society of Testing Materials,ASTM)有 7 项(比较全面)(D4472-08—2014、D3923-08—2014、D4195-08—2014、D6161-19—2019、D4194-03—2014、D6908-06—2017、D4692-01—2017)。

(2) 国内纳滤膜元件标准

我国的纳滤膜制备、应用研究较晚,其标准化近 20 年才刚刚起步。目前国内发布的相关标准不多,具体如下:

产品标准:到发稿前为止,我国关于纳滤膜的产品标准只有 2 项国家标准——《膜分离技术术语》(GB/T 20103—2006)、《膜组件及装置型号命名》(GB/T 20502—2006),两项行业标准——《纳滤膜及其元件》(HY/T 113—2008)、《纳滤装置》(HY/T 114—2008),远不能满足当前纳滤膜研究、生产、应用发展的需要。

测试标准:在目前发布的 3 项纳滤膜及设备装置国家标准中,有两项为测试标准,《纳滤膜测试方法》(GB/T 34242—2017)和《反渗透和纳滤装置渗漏检测方法》(GB/T 37200—2018)。这两项标准的诞生,很好地指导了我国纳滤膜的研制及产业化生产,为近年来纳滤膜的应用推广打下了坚实的基础。

工程建设标准:目前,国内尚未对纳滤膜及设备在工程建设方面制订专门的标准,只是在相关的标准中给予规范,如《城镇给水膜处理技术规程》(CJJ/T 251—2017),《城镇供水设施建设与改造技术指南》。

目前国内纳滤膜无论是产品标准还是测试标准、工程建设标准,均处于刚刚起步阶段,标准数量及相关性均无法满足日益发展的需要。

6) 纳滤膜应用情况

根据高瞻智库《2019—2025 年中国纳滤膜行业市场发展及投资战略发展报告》的数据显示,2017 年中国膜行业市场容量达 1 720 亿元,而纳滤膜的市场份额不足 3%,但纳滤膜年复合增长率达到 15.76%,发展速度极快,其市场规模较 2016 年增长 27.1%,其中饮用水及废水处理可占 74.6%。纳滤膜的应用领域主要包括饮用水净化、食品、制药与生物医药、化工、海水淡化、冶金、污废水处理等等。纳滤膜技术被认为是一种对环境友好、处理成本低廉的一种新兴水处理技术,符合可持续发展理念,具有广阔的市场前景及应用空间。

7) 水杯子纳滤膜制造技术

与一体化膜比较,纳滤复合膜的表面致密层厚度更薄,使膜同时具有高的溶质分离率和水的透过速率,及可优化的物理化学结构,可满足各种不同的选择性分离需求。复合膜成膜工艺包括界面聚合、就地聚合、表面涂覆、等离子体聚合等,当前广泛用于水处理行业中的复合膜主要采取界面聚合的方式,将聚酰胺薄膜复合到微孔支撑底膜表面。通常的工艺过程,在开创性的美国专利 4277344 中有详细介绍,首先将聚砜涂覆到聚酯无纺布上而形成的微孔底膜,浸入到二胺或多胺水溶液中,然后通过风淋、辊压等方法去除膜表面多余胺溶液,再浸入到多元酰氯的有机非极性溶液中与酰氯发生界面聚合反应,从而在表面形成致密的具有分离功能的超薄活性层,成膜后,充分洗涤及适当热固化处理可增加膜性能。为进一步改善膜性能,在复合成膜过程中,经常使用各种添加剂添加到有关溶液中,如美国专利 6162358 将酚类化合物添加到多胺的水溶液中以提高膜的水通量,美国专利 5207908 将聚合物或预聚物添加到有机溶液中来改善膜性能。

为克服上述现有技术的缺点,水杯子发明专利 ZL 201110154642.3 提供一种制造纳滤复合膜的方法,方法如下:第一步,将聚砜支撑底膜浸入到二胺或多胺溶液中,并取出后半干;第二步,接着把聚砜支撑底膜浸入多元酰氯单体的有机溶液进行界面聚合反应,在底膜表面形成聚酰胺反渗透复合膜,所述多元酰氯单体的有机溶液中预先添加光致裂解型有机致孔剂;第三步,取出聚酰胺反渗透复合膜并进行紫外线照射处理,使残留在复合膜中的致孔剂裂解成水溶性的小分子化合物;第四步,通过碱水溶液洗涤复合膜,溶出该致孔剂并在聚酰胺反渗透复合膜中留下相应的孔;第五步,对聚酰胺反渗透复合膜进行热处理或 UV 处理。进一步的,所述光致裂解型有机致孔剂为叠氮萘醌类抑制剂与酚醛类光敏树脂的混合物。再进一步的,所述叠氮萘醌类抑制剂为邻叠氮萘醌,所述酚醛类光敏树脂为酚醛树脂;所述酚醛树脂重复单元为 1—50;叠氮萘醌与酚醛树脂质量比为 1:1 到 1:100。再进一步的,有机致孔剂在多元酰氯单体的有机溶液中的总浓度为 1%—90%。更进一步的,第三步中,紫外线照射的紫外波长范围为:100～400 nm,照射时间范围为:0.1 min～60 min。

界面聚合制备聚酰胺纳滤复合膜工艺中,将光致裂解致孔剂添加到酰氯溶液中,从而在成膜过程中,通过分子缠绕而使致孔剂部分残留在薄膜中,成膜后经紫外线照射使该致孔剂裂解成水溶性的小分子化合物,然后通过碱水溶液洗涤溶出该致孔剂并在聚酰胺薄膜中留下相应的孔,所形成的孔结构经过热处理后可以保持稳定,并可通过改变致孔剂的结构,分子尺寸及浓度得到调节。本方法中将邻叠氮萘醌及酚醛树脂混合物作为致孔剂,复合成膜过程中,该混合物将通过分子缠绕而部分残留在界面处及膜本体中,成膜后经紫外照射后经碱水溶液洗涤使裂解的小分子溶出,而形成可调节的孔结构,从而提供了一种对切割分子量有不同要求的纳滤膜的制造方法。具体的实施例如下。

对比例:将平均孔径约 200 Å 的聚砜底膜浸入到 2.0% 的间苯二胺水溶液中 2 min,用橡皮辊辊压膜表面至半干后浸入到 0.2% 的均苯三甲酰氯正己烷溶液中 30 s。取出后放入 90 ℃ 的烘箱处理 10 min。所得的复合膜性能用以下条件测试:$MgSO_4$ 的水溶液浓度:1 000 mg/L;测试压力:1.5 MPa;测试温度:25 ℃。所得测试结果:$MgSO_4$ 的截留率 99.9%,水通量为 0.72 $m^3/m^2 \cdot d$。实施例 1—4:将不同比例的邻叠氮萘醌和分子量约 1 000 的邻甲基酚醛树脂首先溶于丙酮,然后加入到均苯三甲酰氯正己烷溶液中,复合成膜后经发射波长在 365.0 nm 的高压汞灯照射 30 s,然后浸泡到 0.1% 的 NaOH 水溶液中 120 s,其他条件与对比例相同,测试条件与对比例相同,所得结果列于表 3.5。

表 3.5 不同实施方式对比表

实施例	酰氯溶液中致孔剂及浓度	截留(%)	水通量 m³/m²·d
对比例	无	99.9	0.72
实施例 1	0.5%邻叠氮萘醌/1%酚醛树脂	95.0	0.85
实施例 2	1%邻叠氮萘醌/1%酚醛树脂	94.4	1.11
实施例 3	0.1%邻叠氮萘醌/5%酚醛树脂	95.2	1.01
实施例 4	1%邻叠氮萘醌/5%酚醛树脂	92.5	1.35

从表 3.5 可知,经本方法处理后,复合膜的截留率、水通量得到了改善。实验数据证明,残留在复合膜中的致孔剂经紫外线照射裂解成水溶性的小分子化合物,从而使复合膜形成纳孔结构,并且这种纳孔微结构可通过改变致孔剂的组分及配比进行调节。

3.2.2.3 反渗透膜

反渗透(RO),是一种以压力差为推动力,从溶液中分离出溶剂的分离操作。在膜的浓料液一侧施加高于渗透压的压力,溶剂会逆着自然渗透的方向作反向渗透,从而在膜的低压侧得到透过的溶剂,即渗透液;高压侧得到浓缩的溶液,即浓缩液。反渗透过程无相变,一般不需要加热,工艺操作简单,能耗低,是 21 世纪最有发展前途的高新技术之一[201]。

1) 国内外研究进展及应用

目前,淡水资源短缺问题已经成为限制地区发展的主要因素之一。根据联合国《2018 年世界水资源开发报告》,全球淡水资源需求每年仍在增长[202]。从海水或苦咸水中收集淡水资源能够在一定程度上缓解世界的水危机。目前,世界上最重要的海水淡化方法之一就是反渗透膜法[203]。由于其设备简单,易于操作,分离过程几乎没有相变,能耗较低,工作寿命长,反渗透膜技术受到越来越多的关注[204]。

反渗透过程的推动力为压力差,具有无相变、节约能源的特点。反渗透技术的核心是反渗透膜。反渗透膜的发展历程可分为三个阶段。

第一个阶段为 20 世纪 50 年代 Reid 教授用 6 μm 厚的均质醋酸纤维素(CA)成功制得对称结构的均质反渗透膜[205];

第二个阶段为 20 世纪 60 年代初,Loeb 和 Sourirajan[206]用新的制膜工艺制备了世界上第一张高脱盐率、高通量的不对称 CA 反渗透膜,使得膜技术在海水脱盐方面取得了重大进展。由于使用节能装置、创新的工艺和新的膜材料而使得技术改进,大大降低了脱盐费用。CA 类反渗透膜的成功制备极大地推动了反渗透技术的发展,使其达到实用化水平,是膜发展史上的里程碑[207]。CA 类反渗透膜的优点是成本较低、容易制备,但存在可适用 pH 范围较窄、长时间高压操作下容易出现多孔层被压实从而导致水通量大幅度衰减、容易被生物降解等缺点,在一定程度上限制了其应用范围的扩大[208]。

1965 年,Riley 和 Cadoffe 在聚砜多孔支撑层上覆盖了一层致密的皮层,制备出复合型反渗透膜[209]。聚砜现在仍是制备复合膜使用最多的基膜。1970 年 Cadoffe 研制出

NS-100 反渗透复合膜证明界面聚合是制备复合膜的有效方法。1972 年,Cadoffe 等人又制备出 NS-200 反渗透复合膜[210],由界面聚合制备的芳香聚酰胺反渗透复合膜是反渗透膜材料发展的第三个阶段[211]。1980 年具有良好渗透选择性和耐氯性能的 FT-30 复合膜诞生。同时,日本东丽公司也开发了具有较高脱盐率的 PEC-1000 复合膜。1990 年,中压、低压及超低压聚酰胺反渗透复合膜开始进入市场并正式投入使用,膜性能提高较为明显,被称为第三代反渗透膜。随着高通量、低压、低污染反渗透膜的研制成功,最初性能较差的不对称反渗透膜[212]已被完全取代。

聚酰胺复合膜不仅克服了 CA 膜耐酸碱性差的缺点,而且进一步提高了通量和脱盐率。因此,聚酰胺复合膜也迅速取代了 CA 膜[204]。目前世界上绝大多数的反渗透膜系统使用的均是这种聚酰胺反渗透膜。这种复合膜结构如图 3-10 所示,一般具有 3 层结构,第一层结构为聚酯材料增强无纺布,厚度约 90—120 μm,它可以极大增强复合膜的机械性能;第二层为多孔支撑膜,目前主要为聚砜或者聚醚砜材料制备的多孔支撑膜,其厚度约 40—100 μm,它可以进一步提高复合膜的机械性能并且为界面聚合提供良好的载体;第三层为超薄聚酰胺功能层,厚度约 0.2 μm,主要的传质阻力位于这一层。这种复合膜的优点是可以根据具体情况对每一层结构进行优化设计。例如,控制界面聚合工艺参数,可以对功能层结构产生影响,进而改变复合膜的分离性能。新型支撑膜的研制对复合膜耐热性、耐氯性等也有益处[213]。

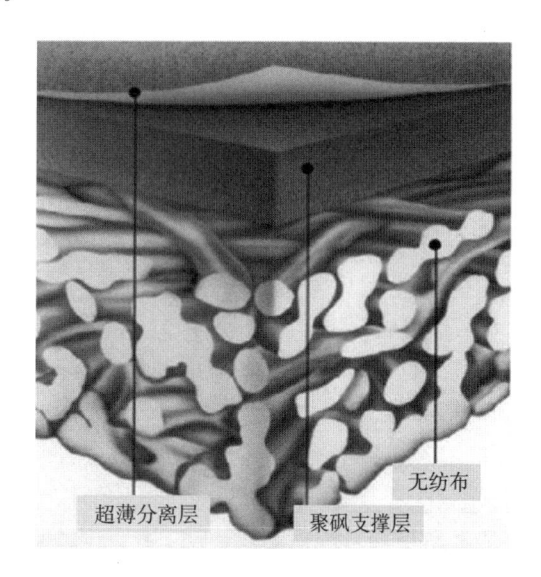

图 3-10 反渗透复合膜的结构示意图

国内对反渗透的研究晚于国外,是从 20 世纪 80 年代开始,经过四十多年的发展,我国对反渗透复合膜的制备方法、膜材料的改性、膜组件的研发到反渗透膜的应用等方面都取得重大突破,特别是在膜材料、膜组件改性等方面取得了较大成果[214]。北斗星膜制品公司和汇通源泉公司生产的海水淡化反渗透复合膜脱盐率达 99.2%～99.5%[215]。2008 年国产反渗透膜的脱盐率能够达到 99.7%,属于国际领先水平[216]。日本东丽公司和蓝星股份有限公司合资引进了先进专业的制膜技术。目前中国最具反渗透技术研发实力的企业是时代沃顿,同时,时代沃顿也是国内最大的反渗透膜生产厂家,生产的各种膜产品在国内市场所占份额较大,在一定程度上阻碍了国际品牌对国内膜市场的垄断[217]。

目前,部分市政供水厂采用反渗透膜处理饮用水,取得了好的效果。研究表明,反渗透膜对水中氟、砷的去除率可达到 95%以上,对抗生素、四环素、乳化剂、消毒副产物及其前体物均有很高的去除率,对各种微生物的去除率高达 99.9%。由于原水中硝酸盐含量较高,山东某设计规模为 $10\times10^4 m^3/d$ 的大型水厂采用超滤＋反渗透工艺作为深度处理工艺,水厂出水可达到直饮水标准[218];江苏某工业园区内采用超滤＋低压 RO 装置对工业水厂出水进行深度处理以满足园区内生活用水需求,处理规模为 1×10^4 m³/d,该装置显示出诸多优点:占地面积小且集成化程度高,出水水质优于生活饮用水卫生标准[219],可有效去除盐分和硬度、有机物、微生物等。目前已经有多座净水厂采用反渗透为深度核心处理工艺,例如内蒙古乌海市海勃湾北部净水厂(10×10^4 m³/d)、浙江杭州航丰水厂(2×10^4 m³/d)[220]、甘肃庆阳二水厂(1.632×10^4 m³/d)[221]等,其中部分水厂的水源为苦咸水,反渗透膜优良的脱盐效果逐渐成为其淡化的首选技术[222]。

中国沿海地区经济发展速度快且人口数量持续增长,但水资源严重不足,人均水资源量远远低于全国人均水平。海水淡化逐渐成为解决水资源匮乏的主要途径。反渗透膜集成工艺是海水淡化的重要技术手段[223],截至 2022 年底,全国应用反渗透技术的工程 133 个,工程规模 1 530 018 t/d,占总工程规模的 64.91%,所占比例最高[224]。

2) 反渗透膜过滤机理[225]

自 20 世纪 50 年代末,人们已经对反渗透膜的透过机理开展了研究。经过近 60 年的发展,研究者先后提出了各种透过机理和模型,对设计和开发高性能反渗透膜产品有着划时代的指导意义,现对其进行逐一介绍:

(1) 优先吸附—毛细孔流理论

S. Sourirajan 等人基于 Gibbs 等温吸附方程提出了优先吸附—毛细孔流理论。其理论认为反渗透膜的皮层是具有一定毛细孔的结构,反渗透膜表面与原料液中各组分之间的相互作用力不同,使得溶液中某一组分(脱盐过程中通常是指水)会优先在膜表面上吸附而溶质(无机盐类)被排斥,然后在外加压力的作用下优先吸附的组分(水)则会通过膜表面的孔结构透过膜而溶质(无机盐类)则被过滤,从而获得渗透液(水)[226]。基于优先吸附—毛细孔流理论,S. Sourirajan 等人研制出了具有良好性能的实用反渗透膜。

(2) 溶解—扩散理论

Lonsdale 和 Riley 等人提出了溶解—扩散理论,该理论是以假定反渗透膜表面是无缺陷的无孔膜为理论基础。他们认为溶质和溶剂通过膜是由于溶质和溶剂都能溶于均质的非多孔膜表面层内;然后在浓度或压力引起化学位差的推动下,溶质和溶剂从膜的一侧向另一侧扩散,并且溶剂和溶质在膜中的扩散服从 Fick 定律;最后溶质和溶剂在膜的另一层解吸附。因此,溶质和溶剂的渗透能力主要取决于其在膜相中溶解度和扩散性的大小。通常来讲水分子的扩散系数远大于溶质的扩散系数,并且溶质在膜中还常常面临着溶解困难的问题,因此在外界驱动力的作用下,透过膜的水分子的数量往往远超透过膜的溶质分子的数量[225]。

(3) 氢键理论

C. E. Reid 等人于 1959 年率先提出了氢键理论,主要是对于醋酸纤维素反渗透膜的水透过加以解释。这种理论认为醋酸纤维素膜的表面是致密的,但是膜表面含有大量可与水分子形成氢键的官能团,当水与醋酸纤维素膜接触后由于氢键作用将形成所谓的结合水,而结合水不具有溶剂化能力,因此便不能使盐在其中溶解,就把盐排斥在外面[227]。这样在压力驱动下氢键断裂,解缔下来水分子又将沿着作用力的方向产生位移与下一个醋酸纤维素分子形成新的氢键,通过氢键的不断断裂与形成的这种循环往复,水分子依次位移直至到达膜的另一侧,从而在渗透侧得到纯水[228]。

3) 反渗透膜材料分类

反渗透膜材料的选择经历了由实验室探索到不断认识深化的过程,从早期盲目使用有机高分子材料制成膜进行对比试验,到以后逐步从膜的传递原理、材料的结构和性能与膜性能之间的关系等进行预测,如溶解扩散机理,材料溶解度参数,优先吸附原理等。到目前为止,通用的反渗透膜材料主要有醋酸纤维素膜和芳香聚酰胺膜两大类。

(1) 醋酸纤维素膜(CA 膜)

美国的 Loeb-Sourirajan 研制出世界上第一张非对称醋酸纤维素反渗透膜,并于 1960 年在加利福尼亚大学发表了制作该膜的方法,这一具有历史意义的成果被人们视为第一代反渗透膜[206]。铸膜液的组成为含一定量乙酰的醋酸纤维、溶剂(如丙酮)、盐类添加剂(如高氯酸镁)与水,按一定比例混合并溶解。1963 年 Manjikian 也在加利福尼亚大学用甲酰胺代替高氯酸镁作为添加剂,在室温下制得同样的膜,从而使操作变得更简单。

通常非对称醋酸纤维素反渗透膜的厚度为 100—200 μm,制膜时与空气相接触的丙酮蒸发面在外观上有光泽,其具有致密构造,厚度在 0.25—1 μm,称为表面致密层。致密层的孔径在 10 nm 以下,直接与除盐效果有关,因此也称分离层。致密层下面为较厚的多孔海绵层,由于其支撑着表面致密层,也称支撑层。支撑层的孔径一般在 100 nm 以上,与脱盐作用无关。

非对称醋酸纤维素反渗透膜具备高透水量,对大多数水溶性组分的渗透点低,具有良好的成膜性能等优点,得到长期研究与使用。

(2) 芳香聚酰胺膜(PA 膜)

芳香聚酰胺反渗透膜由美国杜邦公司(Du Pont)于 1970 年研制成功,并首先开发了海水脱盐中空纤维膜。铸膜液一般由芳香聚酰胺、溶剂(如 N,N-二甲基乙酰胺和二甲基亚砜等)和盐类添加剂(如硝酸锂、氯化锂等)三组分组成。中空纤维膜由溶液纺丝而成。制作工艺包括:将芳香聚酰胺、添加剂与溶剂混合溶解为铸膜液,溶液纺丝,溶剂蒸发,在水中凝胶成型等。

通常芳香聚酰胺反渗透膜的厚度为 25—27 μm,表面致密层厚度为 0.1—1 μm,支撑层的厚度约为 26 μm。与非对称醋酸纤维素反渗透膜相比,芳香聚酰胺反渗透膜具有更高的水通量和脱盐率、更强的耐酸碱性以及更好的热稳定性[225]。

(3) 复合膜

复合膜由膜与基材复合而成。复合膜于 20 世纪 60 年代在美国开始研究,20 世纪 70 年代 PA—300 型复合膜也曾工业化生产,但直到 1980 年 Filmtec 公司才推出性能优异、实用的 FT—30 复合膜。20 世纪 80 年代末,高脱盐率的全芳香族聚酰胺复合膜研制成功;20 世纪 90 年代,超低压高脱盐全芳香族聚酰胺复合膜进入市场,占据了反渗透膜应用领域的主导地位。

复合膜通常可分为三层:致密分离层、支撑层与过渡层。致密分离层可选用不同的材质改变膜表面层的亲和性,因而可有效提高膜的分离效果和抗污染性;支撑层和过渡层可做到空隙率高,结构随意调节,材质可选择,因而可有效提高膜的通量。在相同条件下,复合膜通量比非对称性膜高 50%—100%。

FT-30 复合膜的致密分离层的化学组成为全芳香高交联度聚酰胺,约 0.2 μm 厚;聚砜材料的多孔支撑层约 40 μm 厚;过渡层为聚酯材料增强无纺布,约 120 μm 厚。复合膜的主要结构强度由无纺布提供,具有坚硬、无松散纤维的光滑表面。为避免分离层直接复合于无纺布时表面不太规则且空隙大,需要在无纺布上预先涂布一层高透水性的微孔聚砜作为中间支撑层。

4) 反渗透膜的研究方向

自界面聚合技术公开发布至今,反渗透膜发展迅速,各种高性能的反渗透膜层出不穷。目前,芳香族聚酰胺反渗透膜因其稳定的结构和高效的分离性能,跃升为现在反渗透膜市场上的主流产品,但在实际操作中,为抑制微生物滋生污染膜常常在料液中加入活性氯氧化剂,这对聚酰胺反渗透膜材料的交联结构造成了严重的破坏,故而大大降低了膜的分离性能,缩短了膜的使用寿命。如何在保证高通量、高截留率的前提下进一步提升聚酰胺反渗透膜耐氯性能及使用寿命已成为各国科研工作者广泛关注的问题。

因此,如何选择合适的改性方法对聚酰胺反渗透膜进行可控备,从而实现高渗透通量及截留率兼顾优异的环境适应性,这对于反渗透膜的性能及使用寿命提升、推动膜科学理论及环境/水资源治理技术的发展,都具有重要的理论和实际意义。目前反渗透膜改性研究主要包括以下几个方面[229]:

(1) 耐氯性能

由于聚酰胺结构中 N—H 键具有较高的电子密度,容易受到游离氯的攻击,使得反渗透膜的聚酰胺结构分解,而实际饮用水深度处理、海水淡化等操作中需要引入氯进行杀菌消毒。因此,耐氯反渗透膜是当前研究的热点问题。

提高反渗透膜耐氯性的主要方法是使用新单体或使用后处理方法取代 N—H 上的 H,例如 4,4-对硫代苯甲酰氯(4,4-p-Thiobenzoyl Chloride)替代传统的酰氯单体三亚甲基碳酸酯(Trimethylene Carbonate,TMC),将硫醚单元引入聚酰胺结构中,可以提高反渗透膜的耐氯性能。使用 4-甲基间苯二胺(4-Methyl-m-Phenylenediamine)替代间苯二胺(m-Phenylenediamine,MPD)也能获得类似的结果[230]。

另一种主要的方法是在反渗透膜基础上增加涂层材料作为牺牲层或保护层,提高耐氯性。这种方法可分为物理涂覆和化学改性,物理涂覆操作简单,耐氯性能提高较多,缺点是涂层依靠较弱的分子间作用力结合在一起,长期高压分离操作下容易脱落导致保护层失效;而化学改性是依靠化学键与膜结合在一起,更加稳定,但是化学改性往往耐氯性能达不到预期效果并对分离性能有较大影响。Shin 等人[231]通过在反渗透膜上增加一层硅烷化合物涂层,制备的反渗透膜在 25 000 mg/L 氯溶液中使用 1h 仍能达到 99% 的脱盐率,耐氯性能是传统聚酰胺反渗透膜的 10 倍以上。

(2) 耐污染性能

与耐氯性能相类似,在实际应用中,膜污染也是一个不可避免的问题。而聚酰胺反渗透膜耐污能力较差,在处理高污染、高化学耗氧量(Chemical Oxygen Demand,COD)的污水时,一般一周左右就需要进行一次清洗[232]。因此,耐污染能力也是评价反渗透膜性能的重要指标。造成膜污染的两种主要原因是盐溶液的浓差极化和微生物产生的胶体污染。在反渗透过程中,压力驱动下,低浓度渗透液通过反渗透膜,而在膜表面会积聚很高的盐浓度产生浓差极化现象。减缓浓差极化现象主要通过在膜上方施加强力搅拌或者使用错流过滤产生剪切力带走浓盐水,但长期使用仍无法完全避免。胶体污染主要是由于原料液中含有一些微生物,他们会在膜表面附着生长,破坏功能层,直接导致膜的通量和脱盐率下降。避免胶体污染的主要方法是对原料液进行杀菌预处理,但是预处理后残余的余氯、臭氧等物质也会对反渗透膜分离性能产生影响。因此,要根据实际需要选择处理剂并对残余物质的影响进行评估。除了对原料液进行预处理外,反渗透膜本体改性也很有必要,主要改性方法与提高耐氯性能的方法类似[232]。Ni 等人[233]通过在膜表面接枝亲水性无规聚合物涂层,同时提高了膜的耐氯性和耐污染性。

(3) 高通量

具有高水通量的膜,在达到相同的通量要求时,所需要的压力较小,节约能源的同时延长膜系统使用寿命,在进行膜清洗时也更加容易。Kim 等人[234]发现,聚酰胺层具有脊-谷结构,而这种脊-谷结构极大地影响反渗透膜的水通量。在水相中添加二甲基亚砜(Dimethyl Sulfoxide,DMSO)可以使反渗透表面脊-谷结构更大,大幅增加膜的通量。浙江大学张林教授团队[235]发现在哌嗪中添加聚乙烯醇后,产生"图灵结构",极大地增加了反渗透膜的水通量。Sadrzadeh 等人[236]发现,在零度以下的油相中进行界面聚合,可以产生更薄和更平滑的聚酰胺层,与在 50℃下制备的反渗透膜相比,聚酰胺交联度更高。这证明降低有机溶液的温度有效地降低了聚酰胺活性层的厚度,并因此增强了通量。但是,Hoek 等人[237]发现,聚酰胺的厚度对反渗透膜的通量影响并不明显,而是与聚酰胺表面结构有关。

(4) 高脱盐率

与高通量相对应,脱盐率是衡量反渗透膜性能好坏的另一个重要指标,而目前主要商品化的反渗透膜对 NaCl 的脱盐率基本保持在 95.0%~99.5%。

除了以上四点反渗透膜改性研究以外,各种新型表征方法和模拟计算也为反渗透膜的发展提供了强有力的理论基础和事实支撑。Simazu 等人[238]将正电子湮没谱学用于反渗透膜,得到更加清晰的膜孔信息。2018 年,McCutcheon 等人[239]将 3D 打印与电喷雾技术结合,将两种聚合单体依次以纳米级液滴的方式沉积在可选基底上,实现了膜厚和粗糙度都可调控的高效率反渗透膜。

未来反渗透膜改性研究仍将维持在耐氯性、耐污染性能上。同时,各种新型的表征方法和精密度高的仪器也会使反渗透膜分离机理研究更加先进。

首先,对于反渗透膜本身的研究主要包括以下几点:一是新单体的设计与合成[240]。这是最直接改进反渗透膜性能的方法,但是由于新型单体反应活性和合成难度等问题,目前最主要的单体仍是 MPD 和 TMC。二是新制膜工艺改进。通过对聚合方法或者界面聚合工艺参数进行改进,也会对膜性能产生影响,可以根据实际需要对工艺条件进行调整。三是多孔支撑膜的研究[241]。尽管反渗透主要传质阻力在于功能层,但越来越多的研究表明,多孔支撑膜对反渗透膜整体分离性能也有影响。四是模拟计算的应用[242]。计算化学的发展可以为新单体设计、反应活性研究提供参考性意见,同时分子动力学模拟也可以为膜分离过程中分子扩散问题提供理论支撑。

其次,反渗透膜系统配套装置的研究也是一大热点,包括高压泵组件、水循环系统、膜清洗剂研究、浓水排放等。反渗透装置主要成本仍是高压相关系统所消耗的电能,优化工艺流程可以有效降低成本。

5）反渗透膜制备方法

复合反渗透膜的制备方法多种多样，常用的方法有涂覆法、接枝法、自组装法、界面聚合法和一些新出现的方法[243]。

(1) 涂覆法

涂覆法的基本原理是将待涂覆材料溶解后均匀涂抹在支撑层表面，使涂覆材料均匀分布在支撑层表面和孔中，经过处理除去表面多余溶剂，待涂层凝固后即可得到复合膜。涂覆法的优势在于操作简单、易于调控，可以通过改变涂层溶液浓度、涂覆次数和涂覆高度等方式对涂覆层厚度进行控制。但由于涂覆过程基本不会发生化学变化，因此会导致涂覆层和支撑层之间结合力较弱，因此后续一般会进行交联或改性等后处理，以便增强层与层之间结合力[243]。

目前，对于改性聚酰胺反渗透膜的耐污染改性工艺中，通过表面涂覆法采用防污涂料对现有的市售膜进行表面改性已引起相当大的关注。显然，这种改进的关键要求是增加膜的耐污染性能防止结垢，同时保持与未改性的无污染膜相当的排斥特性和渗透通量。这种方法存在优势，同时操作方便，可以避免开发全新类型的膜造成的昂贵成本和大量测试，并且在现有膜制造过程结束时通过简单地涂覆操作就可以实现。

表面涂层是膜表面改性的有效且简单的技术，目前常用的涂覆物质为亲水和中性电荷材料，这些物质可以在聚酰胺分离层表面形成平滑涂层，同时涂层中加入具有耐氯基团的化学物质可以在膜表面形成耐氯"阻隔层"，提高耐氯性能。

(2) 填充接枝法

填充接枝法是在支撑膜表面和微孔中填入可反应单体，经由紫外辐照等方式引发单体进行聚合反应，生成的聚合物将填充在膜孔中，缩小支撑膜的孔径。填充接枝法操作简单，但由于反应单体含量、反应程度等因素难以控制，制备的复合膜致密程度较低，难以达到反渗透膜的性能要求，一般用于纳滤膜制备中[243]。

聚酰胺分离层表面的官能团主要是少量的未反应的氨基，以及大量的经聚合形成聚酰胺膜后未反应的酰氯基团经水解产生的羧酸根，当这些残余的氨基和羧基与接枝分子之间发生化学键作用，化学反应使保护层分子与聚酰胺层之间的结合更牢固，增加保护层发挥作用的持久性。这些保护层分子具有功能性，如亲水性超强、耐污染性强或带有可循环耐氯基团等，通过表面化学接枝这种方式，可以在聚酰胺层建立氯敏感牺牲层或将氯敏感活性位（酰胺键）保护起来以提高聚酰胺反渗透复合膜的耐氯性，达到既保持膜的优异分离性能又延长膜的使用寿命的目的。

(3) 自组装法[244]

层层自组装(Layer-by-Layer Self-Assembly, LBL)可以基于静电或非静电相互作用来执行，例如氢键结合，电荷转移相互作用，宿主相互作用，生物学特异性相互作用，协调化学相互作用，共价键等。

聚酰胺层表面的官能团主要是酰胺键和界面聚合成膜后未反应的酰氯基水解产生的羧酸根，呈负电性，利用静电力或氢键作用可以有效地把带有各种功能性的小分子或纳米材料结合在聚酰胺层的表面。值得注意的是，由 LBL 组装制备的表面改性层的厚度可以在纳米范围内精确控制,例如,使用聚(4-苯乙烯磺酸钠)和聚(烯丙基胺盐酸盐)作为阴离子和阳离子的 LBL 装配层,LBL 组装聚电解质层的超亲水性使膜表面具有优异的防污性能。层层组装已广泛作为一种有效的表面修饰策略,用于由各种纳米材料定制聚酰胺反渗透复合膜。

(4) 界面聚合法

界面聚合反应成膜的原理是将两种功能性单体分别溶于互不相溶的两相溶剂中,当两相溶液接触时,单体在相界面反应成膜。由于该方法操作简单,且成膜稳定性好,是目前复合反渗透膜的主要制备方法。基于该方法,复合反渗透膜的制备工艺如下:首先将超滤支撑膜浸入含有多元胺的水相溶液中,沥干后再将其浸入含有多元酰氯的有机相溶液中,使两相单体在支撑膜表面聚合反应,最后经过一定的后处理工艺,形成致密的分离层。

界面聚合反应一般分为三个阶段[245,246],在反应的第一阶段,浸润于基膜中的胺类单体沿着基膜孔道扩散到基膜表面与有机相中的多元酰氯单体发生聚合,由于有机相中酰氯浓度高,初期将生成酰氯基团封端的低分子量聚合物。在反应的第二阶段,多元胺单体持续向反应界面扩散,与第一阶段生成的低分子量聚合物反应,聚合物分子链不断增长,形成高聚物,这一阶段在反应区域内,多元胺与多元酰氯单体的比例大致相等。在反应的第三阶段,生成的高分子量聚合物已经交联成网状结构,两相单体向反应界面扩散受到阻碍,反应速率减慢。最终形成的分离膜结构中间致密两边疏松,水相侧含有大量的未反应的氨基,有机相侧含有大量的未反应的酰氯基团,酰氯基团最终水解为羧酸基团。

聚酰胺反渗透复合膜的制备工艺如图 3-11 所示,首先将含有多孔的聚砜支撑膜浸入溶有胺类单体的水相溶液中,保证多元胺水溶液充分浸润多孔支撑膜,多孔支撑膜脱离水相后,使用压缩空气将支撑膜表面水滴吹除。再将支撑膜浸入溶有多元酰氯单体的有机相溶液中,渗透在支撑膜孔道结构中的胺类单体,可以通过支撑膜孔道扩散到支撑膜表面,与扩散到支撑膜表面的多元酰氯反应,生成较薄并且致密的聚酰胺活性分离层,最后将复合膜经过热处理后,用水洗涤,得到最终的聚酰胺反渗透复合膜[247]。

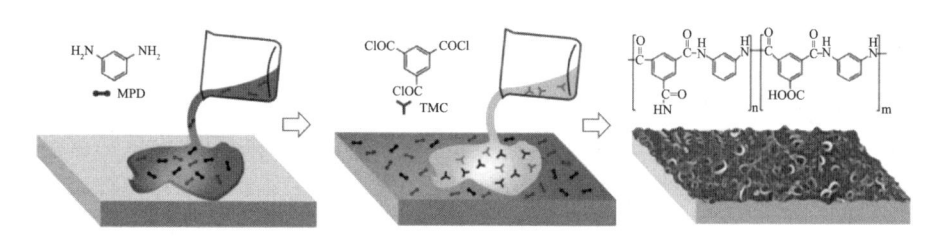

图 3-11 界面聚合法制膜流程图

6) 反渗透膜性能评价

与纳滤膜相似,水通量与截留率是反渗透复合膜渗透选择性能的核心评价参数。反渗透膜的性能评价包括反渗透膜分离性能评价、稳定性评价、抗污染性能评价以及耐氯性能评价。

(1) 反渗透膜分离性能评价[248]

反渗透复合膜性能测试指标主要为脱盐率和通量。通量 J 是指单位时间单位面积内透过液的体积,按公式(3.12)计算得到。脱盐率是指通过反渗透膜从系统进水中去除可溶性单价盐离子的百分比,按公式(3.13)通过测试电导率来表征反渗透膜的脱盐率。膜性能评价装置示意图如图3-12所示,主要由原料池、低压泵、PP棉滤芯、高压泵、膜池和温控系统构成,可根据需要能分别满足苦咸水膜和海水膜的测试需求。

$$J = \frac{V}{t \cdot S} \tag{3.12}$$

式中:J 为膜渗透通量,L/($m^2 \cdot h$);V 为时间 t 内透过液的体积,L;t 为采样间隔时间,h;S 为有效膜面积,m^2。

$$R = (1 - \frac{C_P}{C_f}) \times 100\% \tag{3.13}$$

式中:R 为脱盐率,%;C_p 为透过液电导率,$\mu S/cm$;C_f 为进料液电导率,$\mu S/cm$。

采用自制错流过滤系统或错流式膜性能测试仪器对反渗透膜的分离性能进行测试。装置如图3-12所示。

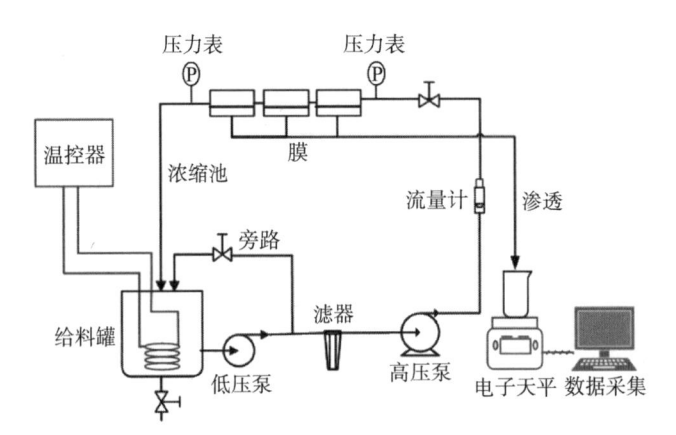

图 3-12 反渗透膜片性能评价装置示意图

(2) 反渗透膜耐氯性能评价[244]

反渗透膜的耐氯性能测试过程:对膜的活性氯破坏处理在 pH=4(99%的活性氯以 HClO 形式存在的条件下)时进行,使用浓度为 500 mg/L 的 NaClO 溶液,将膜分别浸入 500 mL 活性氯溶剂中,分别对膜浸泡 1 h、2 h、3 h、4 h、5 h、6 h,活性氯的处理强度定义为浓度(mg/L)与处理时间(h)的乘积。处理过的膜首先使用去离子水浸泡清洗 2—3 次,之后再在超声机中以最低频率超声处理 2 h,以确定残留在膜材料中的活性氯完全被除去,之后储存在去离子水中备用。

膜的分离性能测试方法见上节反渗透膜分离性能评价,在进行性能测试以评价膜的耐氯性能时,膜的水通量测试数据和截留率测试数据均作归一化处理,即将氯化处理后的膜的通量 J 与截留率 R 除以氯处理前的膜参数(J_0 与 R_0),将二者的比值用于评价氯化前后膜分离性能的变化情况。

(3) 反渗透膜的抗污染性能评价

膜的抗污染性能是决定膜使用寿命的重要工艺参数，为了探究膜样品对有机污染的抵抗能力，实验交替改变原料液的组成，分别配制一定浓度牛血清蛋白和腐殖酸（溶液分别代表蛋白质和有机物的模拟污染物体系）测试膜样品的抗污染性能。膜样品的抗污染性能测试分为两个循环周期，每个循环周期为5h，依次通入纯水和牛血清白蛋白溶液，每隔1h记录膜样品的渗透通量，与纳滤膜的抗污染性能评价相似，可通过计算分离膜的通量恢复率（FRR）、可逆结垢率（RFR）、不可逆结垢率（IFR）和总结垢率（TFR）表征膜的抗污染性能，具体计算公式如式3.8~3.11。

7）反渗透膜元件相关标准

(1) 国外反渗透膜元件标准

最新调研结果显示，与反渗透膜元件直接相关的国际标准或国外先进标准为：ISO标准2项（ISO 27448—2009、ISO 15989—2004）；美国国家标准12项（ANSI/AWWA B114—2015、ANSI/AWWA B110—2019、ANSI/NSF 58《反渗透饮用水处理系统》10项）；美国材料实验协会（ASTM）10项，分别为D 4472—08（2014）、D 3923-08（2014）、D 4195-08（2014）、D 6161-19（2019）、D 4194-03（2014）、D 4516-19a（2019）、D 5615-20（2020）、D 3739-19—2019、D 6908-06（2017）、D 4692-01（2017）。反渗透膜比纳滤膜发展时间更长，其国际标准较为完善。目前国外反渗透膜生产厂家均采用ASTM相关测试方法对产品性能进行表征，同时辅以企业标准和客户要求。ASTM标准较为完善，并且修订及时，得到国际社会认可。但目前针对反渗透膜元件具体的检测方法尚不完善。

(2) 国内反渗透膜元件标准

我国的反渗透膜制备、应用研究起步较早，但形成产业化规模较晚，其标准化建设相对纳滤来说比较完善。目前国内发布了一些相关标准，但尚未形成统一的技术性能指标和标准体系，具体如下：

① 产品标准：目前我国关于反渗透膜的产品标准有：4项国家标准——《膜分离技术术语》（GB/T 20103—2006）、《反渗透水处理设备》（GB/T 19249—2017）、《卷式聚酰胺复合反渗透膜元件》（GB/T 34241—2017）、《膜组件及装置型号命名》（GB/T 20502—2006），4项行业标准——《中空纤维反渗透技术 中空纤维反渗透组件》（HY/T 054.1—2001）、《海岛反渗透海水淡化装置》（HY/T 246—2018）、《饮用纯净水制备系统SRO系列反渗透设备》（HY/T 068—2002）、《移动式反渗透淡化装置》（HY/T 211—2016）。

② 测试标准：已发布的国家标准和行业标准中，有7项测试标准，包括3项国家标准——《反渗透膜测试方法》（GB/T 32373—2015）、《海水淡化反渗透膜装置测试评价方法》（GB/T 32359—2015）、《反渗透和纳滤装置渗漏检测方法》（GB/T 37200—2018），4项行业标准——《中空纤维反渗透膜测试方法》（HY/T 049—1999）、《中空纤维反渗透技术 中空纤维反渗透组件测试方法》（HY/T 054.2—2001）、《卷式反渗透膜元件测试方法》（HY/T 107—2017）、《反渗透膜亲水性测试方法》（HY/T 212—2016）。这些标准很好地指导了我国反渗透膜的研制、产业化生产及反渗透膜产品的表征，为反渗透膜产品在我国的应用推广打下了坚实的基础。

③ 工程建设标准：反渗透膜及设备在我国应用推广相对较早，形成的国家工程建设

标准 3 项——《海水淡化反渗透系统运行管理规范》(GB/T 31328—2014)、《反渗透能量回收装置通用技术规范》(GB/T 30299—2013)、《反渗透系统膜元件清洗技术规范》(GB/T 23954—2009);行业标准 3 项——《反渗透海水淡化工程设计规范》(HY/T 074—2018)、《反渗透用能量回收装置》(HY/T 108—2008)、《反渗透用高压泵技术要求》(HY/T 109—2008)。这些标准的实施,对于规范我国反渗透膜及设备的推广应用起到了指导作用,规范了膜法水处理市场。

8) 反渗透膜应用情况

根据 2019 年前瞻产业研究院发布的《中国膜产业市场前瞻与投资战略规划分析报告》,目前国内反渗透膜市场中,国外品牌占约 85%—88% 的市场份额,其中美国陶氏公司和海德能公司产品分别占 30% 和 26%,剩余份额被日本东丽、美国 GE 等公司占领,如图 3-13 所示。

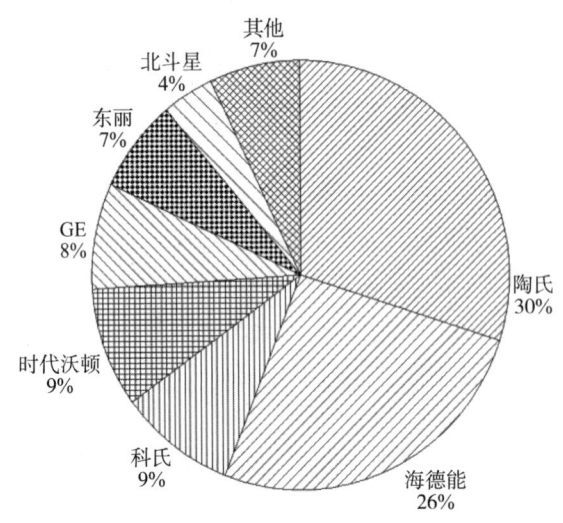

图 3-13 国内外反渗透膜生产企业市场占有率

我国从 21 世纪初开始掌握自主反渗透膜生产技术,目前我国生产技术已经较为成熟,性能有了很大提高,膜的脱盐率也得到增强,并在国际市场受到欢迎,目前已成为全球重要的反渗透膜生产国家,总产量占比约为 19%(参见图 3-13)。目前国产品牌时代沃顿生产的反渗透膜产品出口销售额占总销售额的 40%,并以每年 40% 的速度持续增长。

随着海水淡化、苦咸水软化、超纯水制备以及对微量污染物去除需求的逐年快速增加,反渗透膜在膜市场行业中占比也随之增大。目前在中国膜市场中用量最大的是反渗透膜,占膜市场份额的 50% 以上,从 2010 年到 2018 年,我国反渗透膜市场规模持续扩大,2018 年已超过 930 亿元,如图 3-14。

9) 水杯子反渗透膜技术

反渗透复合膜虽然具有卓越的分离性能,但在氧化性成分存在的条件下,膜性能会急剧下降;同时,原水中很多潜在污染物容易造成膜的污堵,使膜性能迅速衰减。国内外研究机构进行了大量的工作以改善膜的耐氧化和耐污染性能,但迄今尚没有既保持原有膜分离性能,又具有高耐氧化、耐污染性能的产品出现。因此,耐氧化、耐污染复合膜的开发

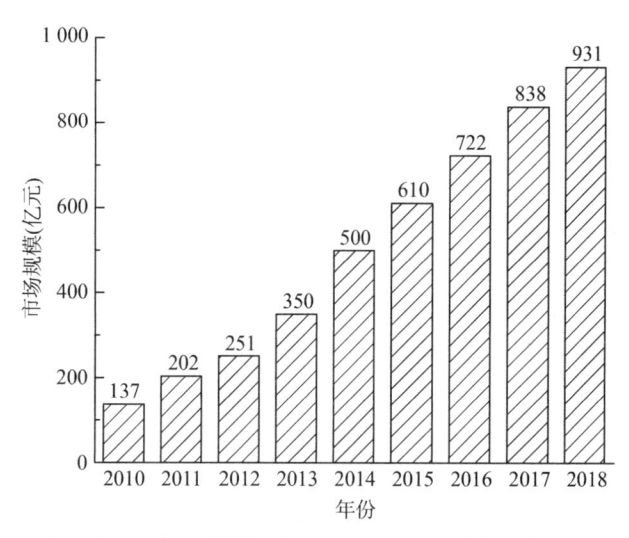

图 3-14 我国 8 英寸反渗透膜使用量和应用规模市场份额统计情况

成为业界首要关注课题。水杯子耐氧化耐污染反渗透复合膜的研发与产业化,可将目前国际通用复合膜的耐氧化性提高 5 倍以上,耐污染性能提高 2 倍以上,达到国际先进水平。反渗透复合膜耐氧化、耐污染性能的提升,可有效减少水处理设备的预处理环节,延长膜的使用寿命,降低能耗及膜的使用成本,提升水处理行业技术水平和企业的核心竞争力,填补国内空白。

近三十年来,多家研究机构及大型跨国企业进行了大量的研发工作以改善反渗透膜的耐氧化性能,但至今尚无突破性进展及相应的产品问世。如美国 SST 公司 2002 年在美国陆军研究报告 No.201370 中采用环戊四酰氯替代通用的均苯三甲酰氯单体,提高了复合膜耐氯性,但由于其他性能得不到保障,尚无产品问世;Dow Chemical 在 US5876602 及时代沃顿在 US2008/0203013 的专利中采用后氧化处理提高膜的耐氯耐氧化性能,但其产品尚不能用于真正的含高氧化性成分的环境中。因此,目前在反渗透膜应用过程中必须先经过严格的预处理,这大大增加了膜的使用成本。反渗透复合膜的另一个主要缺点是它的耐污染能力很弱,原水中颗粒物对膜孔的堵塞、在膜表面及孔内表面的吸附沉积、被分离组分与膜材料的化学作用、分离浓缩产生的被分离物在膜表面的浓差极化、凝胶层的形成及微生物在膜表面的生长等均会造成膜污染,使膜性能迅速衰减,降低膜的使用寿命,这就要求额外的预处理过程以便尽可能除掉这些组分,这同样增加了膜的使用成本。

水杯子反渗透膜技术拥有多项专利及专有技术(包括 ZL 201110144364.3、ZL 201110154645.7 等),采用国际独创的技术方法解决了困扰聚酰胺类反渗透复合膜业界耐氧化性和耐污染差的难题。其中试膜产品与国外通用技术工艺相比,在保证脱盐率及水通量情况下,膜的耐氧化、耐污染性能已经达到国际先进水平,使得我国在该领域拥有完全自主的知识产权。水杯子在已有专利技术基础上进一步优化工艺,开发出更好的耐氧化、耐污染的反渗透复合膜,填补国内空白,使得所开发的反渗透膜产品能够全面替代进口产品,并迅速进入国际反渗透膜用品市场。水杯子膜元件产品是海水淡化、纯水制备和净水设备等产业链的核心部件,高性能反渗透膜制造技术是一项重大技术突破,其成套设备的使用寿命和成本优势将促进整个水处理行业的结构调整,将使我国在水处理领域能够与跨国公司在不断提高的技术水平及不断扩大的国际市场竞争中拥有自己独特的优势。

为改善饮水水质,基于反渗透膜的净水设备被越来越多的家庭、学校、医院和住宅小区所采用。为解决水资源短缺问题,海水淡化和苦咸水淡化成套设备也越来越多地被油田和海岛所采用。但是,基于传统反渗透膜的净水设备,为了去除水中的氧化性成分,降低污染物含量,延长膜的使用寿命,其预处理成本往往较高。在此背景下,水杯子开发的高耐氧化、耐污染反渗透复合膜,可以通过减少甚至取消预处理单元的方法,制造无预处理的反渗透净水设备,降低该类净水设备的造价和运营成本,提高市场竞争力,推动我国净水行业的技术进步与快速发展。

水杯子发明专利 ZL 201110154645.7"一种制造耐氯聚酰胺反渗透复合膜的方法"如下:第一步、经过通用的相转化法制成支撑底膜,其中,底膜铸膜液中预先添加有添加剂,所述添加剂为含环氧基团的粘接剂的固化剂、含硅氧基团的粘接剂的固化剂、含异腈酸基团的粘接剂的固化剂中的一种或几种的混合;第二步、支撑底膜表面用含环氧基团或硅氧基团或异腈酸基团的粘接剂的溶液处理;第三步、经界面聚合法在支撑底膜表面复合一层聚酰胺反渗透复合膜。进一步的,所述固化剂为分子中包含氮原子、羟基、羧基、酸酐基、酚羟基、硫醇基中的一种或几种的小分子化合物或低聚物或高分子化合物。本发明中,所述含环氧基团的粘接剂为分子中至少含有一个环氧基团的小分子化合物、分子中至少含有一个环氧基团的低聚物、分子中至少含有一个环氧基团的高分子化合物中的一种或几种;所述含硅氧基团的粘接剂为分子中至少含有一个硅氧基团的小分子化合物、分子中至少含有一个硅氧基团的低聚物、分子中至少含有一个硅氧基团的高分子化合物中的一种或几种;所述含异腈酸基团的粘接剂为分子中至少含有一个异腈酸基团的小分子化合物、分子中至少含有一个异腈酸基团的低聚物、分子中至少含有一个异腈酸基团的高分子化合物中的一种或几种。更进一步地,本发明底膜铸膜液中所添加的固化剂占底模铸膜液的浓度为 0.01%—10%。再进一步地,本发明第二步中,底膜表面处理用粘接剂的溶液浓度为 0.01%—50%。第二步中,对支撑底膜表面处理的方法为双面浸涂、表面喷涂、表面刷涂中的一种。该底膜表面中所含的环氧,硅氧及异腈酸类化合物起到如下作用:可提高聚酰胺功能层和底膜间的粘接性能,从而提高复合膜界面的耐化学稳定性;该类化合物可在加热条件下被聚酰胺中的酰胺基/胺基/羧基等基团及底膜中的固化剂固化,在界面处及底膜本体内形成网状化合物,从而大大提高了该复合膜的耐氯性能;酰胺基在界面处的易受游离氯攻击的—CONH 基将与底膜表面的环氧或异腈酸基反应而变成不易受游离氯攻击的—CON—基团,这样从化学结构方面提高了该复合膜的耐氯性能。经本方法制造的聚酰胺反渗透复合膜,其耐氯性能得到很大的提高。具体的实施方式对比结果如表 3.6。

表 3.6　不同实施方式对比情况表

实施例	底膜铸膜液添加剂及浓度/表面处理条件	截留(%)	水通量($m^3/m^2 \cdot D$)	1 000 mg/L NaClO 处理 1 小时后 截留(%)	1 000 mg/L NaClO 处理 1 小时后 水通量($m^3/m^2 \cdot D$)	1 000 mg/L NaClO 处理 10 小时后 截留(%)	1 000 mg/L NaClO 处理 10 小时后 水通量($M^3/M^2 \cdot D$)
对比例	无	98.6	0.82	85.0	1.30	35.5	1.90
实施例 1	3%聚醚酰亚胺/3%环氧胶	99.1	0.74	98.9	0.84	96.3	1.1
实施例 2	1%聚丙烯酸酐/3%环氧胶	99.0	0.77	98.7	0.87	96.2	1.29
实施例 3	5%聚(N-乙烯基亚胺羰基)/3%环氧胶	99.2	0.78	98.9	0.89	98.5	1.23
实施例 4	5%聚乙烯醇-20000/1% A-186 偶联剂	99.0	0.75	98.8	0.85	96.4	1.11
实施例 5	3%聚醚酰亚胺/3%甲苯二异氰酸酯	99.1	0.76	98.0	0.86	96.5	1.1
实施例 6	1%聚丙烯酸酐/3%甲苯二异氰酸酯	99.2	0.79	98.9	0.88	96.1	1.26
实施例 7	5%聚(N-乙烯基亚胺羰基)	99.1	0.77	98.8	0.87	98.4	1.22

本发明中,涉及的有机溶液 a 的浓度范围为 0.001%—30%,有机溶液 b 的浓度范围为 0.001%—30%。

本发明中,所述热处理的温度范围为 20—120℃,加热处理的时间范围为 10—1 000 s;所述 UV 处理的功率范围为 1—1 000 W,UV 处理的时间范围为 10—600 s。本发明将环氧基或异氰酸基或硅氧基通过与聚酰胺分子中的反应性基团反应键合到膜表面,使膜表面电荷趋于中性,从而达到耐污染的效果。为了进一步提高膜耐污染的能力,通过前述的键合作用在膜表面引入亲水基团以增加膜表面的亲水性;或者引入含能降低表面能的元素以降低膜的表面能,从而提高膜的抗污染能力,同时膜表面涂层的粘合强度通过键合作用而得到提高。本发明中,涉及的有机溶液 a 的浓度范围为 0.001%—30%,有机溶液 b 的浓度范围为 0.001%—30%。热处理的温度范围为 20—120℃,加热处理的时间范围为 10—1 000 s;所述 UV 处理的功率范围为 1—1 000 W,UV 处理的时间范围为 10—600 s。具体的实施方式对比结果如表 3.7。

表 3.7　不同实施方式对比情况表

实施例	溶剂及热处理条件	截留(%)	初始水通量($m^3/m^2 \cdot D$)	循环 4 个小时后水通量($m^3/m^2 \cdot D$)
对比例	无	99.2	0.87	0.52
实施例 1	5%的 1,2-环氧-3-氟丙烷/95%甲异丁酮处理 10 min,丙酮清洗 2 min,90℃热处理 5 min	99.5	0.83	0.79
实施例 2	5%的(3,3,3-三氟丙基)三甲氧基硅烷/95%环己烷处理 20 min,丙酮清洗 2 min,90℃热处理 5 min	99.4	0.80	0.75

续表

实施例	溶剂及热处理条件	截留(%)	初始水通量 ($m^3/m^2 \cdot D$)	循环4个小时后水通量 ($m^3/m^2 \cdot D$)
实施例3	1%的安特固F-05环氧胶/环己酮溶液处理1 min,空气中放置10 min,5%PVA水溶液处理5 min,90℃下热处理5 min	99.8	0.98	0.88
实施例4	1%的A-186偶联剂异丙醇溶液处理1 min,空气中放置10 min,5%PVA水溶液处理5 min,90℃下热处理5 min	99.6	0.95	0.89
实施例5	1%的安特固F-05环氧胶/环己酮溶液处理1 min,空气中放置10 min,5%PVA水溶液处理5 min,90℃下热处理5 min	99.8	0.95	0.88
实施例6	2.0%的甲苯二异氰酸酯/异丙醇溶液处理1 min,空气中放置10 min,90℃下热处理5 min	99.5	0.81	0.74
实施例7	2.0%的甲苯二异氰酸酯/异丙醇溶液处理1 min,空气中放置10 min,5%PVA水溶液处理5 min,90℃下热处理5 min	99.7	0.94	0.88

3.2.3 膜材料的结构表征及性能测试手段

分离膜的渗透性和选择性是表征膜性能最基本的参数,渗透性通常用膜通量或者渗透速率评估,即在单位驱动力下,单位时间内通过单位面积膜的渗透物流量。选择性指的是被分离组分的分离效率,不同膜分离过程的表征方式有所不同,反渗透膜和纳滤膜的选择性表征参数主要为脱盐率,微滤膜和超滤膜选择性表征参数为截留率。除此之外,膜的强度、允许使用压力、温度、适宜pH值以及对有机溶剂和各种化学药品的抵抗性等参数被用来表征膜的物化稳定性,衡量膜的使用寿命。

膜材料的结构表征方法主要有以下几种手段:

1) 扫描电子显微镜

扫描电子显微镜(Scanning Electron Microscope,SEM)可利用极狭窄的高能电子束扫描样品表面,通过电子束与样品表面的相互作用产生各种效应(主要是二次电子发射),激发出的电子信号通过信号收集及逐点成像转化为样品表面高倍率放大图像。场发射扫描电子显微镜(FESEM)是SEM的一种,具有高分辨率,能在镀膜或不镀膜的基础上,于低电压下观察膜表面和断面的纳米或微米级形貌,且具有较强的立体感[164]。

扫描电子显微镜用于对膜表面和断面形貌进行表征。

2) X射线能谱仪

X射线能谱仪(Energy Dispersive X-ray Spectrometers,EDS)通常与SEM配合使用,通过由电子束激发的样品特征X射线对样品进行元素分布分析。需要注意的是,SEM二次电子发射反应主要受观测面形貌影响,而特征X射线则主要受观测面以下一定区域元素组成的影响,故测量结果并非观测面表面元素组成。EDS常用模式有元素分析模式,元素面分布模式和元素线扫描模式[164]。

3) X 射线光电子能谱

X 射线光电子能谱(X-ray Photoelectron Spectroscopy, XPS)可利用 X 射线辐照样品表面,使样品表面各元素的内层电子或价电子受到激发而脱离原子核束缚,这些电子被称为光电子。对于特定的 X 射线,被激发光电子的动能和电子结合能的加和为固定值,可通过对光电子动能的测定计算电子结合能。同种原子内层电子的结合能在不同分子中相差很小,具有特征性,由此可得到某种原子占测试区域总原子的百分比。同种原子内层电子的结合能在不同分子中的微小差异由外层电子屏蔽作用导致,对该微小差异的分析可确定原子价态和所在化学结构等信息[164]。

X 射线光电子能谱用于测定膜表面元素的化学组成及金属元素的化学态。

4) 傅里叶变换红外光谱

有机物分子中的原子处于不断振动和转动的状态,其频率位于红外光的频率范围。当被红外光照射时,与红外光存在耦合作用(存在偶极矩变化)的化学键或官能团可吸收红外光,从低的振动或转动能级跃迁到高的能级。不同化学键或官能团具有特定的吸收频率,产生不同的吸收波谱,称之为红外光谱(Infrared Spectroscopy, IR)。傅立叶变换红外光谱(Fourier Transform Infrared Spectroscopy, FTIR)将傅立叶变换的数学处理与 IR 相结合,通过测量组干涉图和对照组干涉图进行傅里叶变换的方式来处理和解析 IR。衰减全反射傅里叶变换红外光谱(Attenuated Total Reflection Fourier Transform Infrared Spectroscopy, ATR-FTIR)则是利用反射光信号检测对样品表面化学组成进行分析的傅立叶变换红外光谱(FTIR)[164]。

傅立叶变换红外光谱用于表征膜表面的化学组成。

5) 原子力显微镜

原子力显微镜(Atomic Force Microscope, AFM)可用来研究固体材料表面结构,其工作原理为检测待测样品表面和纳米级探针间的原子间相互作用力。探针固定于弯曲模量极低的悬臂梁一端,给定二维坐标使探针缓慢沿法线向样品表面靠近,当探针针尖与固体表面发生接触时,悬臂梁发生形变,使用光学检测算法可将悬臂梁形变过程转为样品第三维度坐标和作用力的函数。将相同作用力下的第三维度坐标对平面二维坐标作图,可得到固体表面三维形貌图像;将相同二维坐标下的作用力对第三维度坐标作图,可得到固体表面弹性模量、相对表面能等参数[164]。

原子力显微镜用于对膜表面的粗糙度进行表征。

6) 机械性能测试

超滤膜在使用过程中通常采用泵等设备提供压力作为推动力,在泵启动关闭等过程中会产生水锤等冲击,造成超滤膜组件发生断丝等现象,将严重影响超滤膜的使用性能和寿命,因此超滤膜的机械强度大小是评价超滤膜性能的一个重要指标[249]。

7) 膜的孔隙率和平均孔径测试

膜的孔隙率和平均孔径是膜结构的重要参数之一,直接决定了膜的渗透分离性能。采用干—湿法测定膜的孔隙率和平均孔径的主要步骤如下:将完全脱除溶剂的膜样品从去离子水中取出,用滤纸擦干表面多余水分并称重记为湿重,随后将膜置于真空干燥箱中在 60℃ 干燥至恒重并称重记为干重,膜的孔隙率(ε)可用(3.14)式计算得到[166,250,251]:

$$\varepsilon(\%) = \frac{W_w - W_d}{\rho_w A \delta_0} \times 100 \tag{3.14}$$

式中：$\varepsilon(\%)$是膜的孔隙率；$W_w(g)$和$W_d(g)$分别为膜的湿重和干重；$\rho_w(g/cm^3)$为纯水密度；$A(cm^2)$和$\delta_0(cm)$分别为湿膜的膜面积和膜厚。

膜的平均孔径(r_m)是根据膜纯水通量和孔隙率数据，通过 Guerout-Elford-Ferry 方程计算得到，具体如公式 3.15 所示[131]：

$$r_m = \sqrt{\frac{(2.9 - 1.75\varepsilon)8\eta l Q}{\varepsilon A \Delta P}} \tag{3.15}$$

式中：η是纯水黏度，8.9×10^{-4} Pa·s；$Q(m^3/s)$是膜单位时间纯水通量；ΔP 是其操作压力。

8) 接触角测试

接触角是在气—液—固或液—液—固三相交点处界面切线与固—液界面交线之间的夹角。接触角反映了液体在固体表面的润湿性和铺展性。当接触角小于 90°时，可判断液滴对固体表面具有润湿性和铺展性；当接触角小于 30°时，可认为液滴对固体表面具有超亲性；当接触角大于 90°时，可判断液滴对固体表面具有不润湿性和非铺展性；当接触角大于 150°时，可认为液滴对固体表面具有超疏性[164]。如图 3-15 所示。

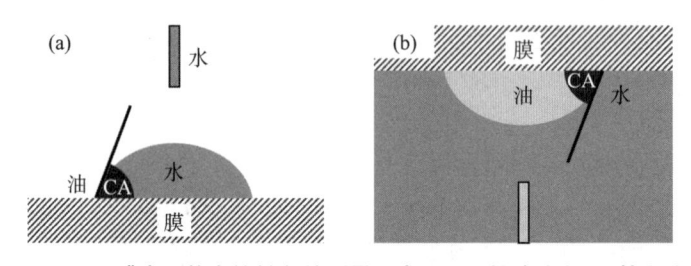

图 3-15　膜表面静态接触角的测量示意图：(a)躺滴法和(b)鼓泡法

9) 膜表面 Zeta 电位测试[252]

溶液中的离子由于热运动通常呈均匀分布的状态，而带电表面往往会吸引相反电荷的离子，这些反离子，一部分由于相互电荷吸引吸附于表面，形成吸附层（Stern 层），而其他反离子分散在溶液中，这部分被认为是双电层的分散层。而与带电表面紧密接触的相反离子所形成的界面，被认为是紧密层。由于带电表面的运动会带动吸附在表面的反离子一起随之运动，而溶液中的离子运动幅度并不大，因此会认为在紧密层和分散层之间会有个滑动面。Zeta 电位指的是滑动面相对于离子平衡处的电位，可以通过仪器测试。

测试原理为：两个相同的膜样被固定在载体上，间隔一段距离相对放置，形成一个通道。施加静水压力梯度，迫使电解液溶液切向通过通道的空隙。当溶液中的反离子重新排列时，由于膜表面的电荷密度，在剪切流作用下，更多的反离子被吸引到通道的低压侧。由于通道的一端到另一端的反离子之间的存在差异，使得生成电流[253]。通常使用 Zeta 电位来间接表征膜表面的电荷特性。

3.3 产水后处理技术

产水后处理技术包括膜处理后的pH值调节与矿化技术、杀菌保鲜技术和浓水利用技术等。

3.3.1 pH值调节与矿化技术

随着人们生活水平的提高,对饮用水质量要求越来越高。大量研究表明,自来水厂现有传统水处理工艺较难有效根除水中存在的有毒有害物质,饮用水须深度处理已成为国际化大趋势。目前,我国解决这一问题基本都是采用反渗透技术。而通过反渗透膜处理出来的水,去除了部分金属离子,源水中的酸碱平衡被破坏,水溶性二氧化碳分解,水中H^+部分释放,代替原有金属离子电位,膜出水水质为中性偏酸性。

目前我国营养学界、权威机构,特别是慢性疾病研究机构从未对水的pH值对人体健康的影响发布任何定性研究结果,但调节酸碱平衡,使偏酸性的水恢复成中性偏碱的状态,可保证口感润喉,更适于快速平衡人体体液,符合饮用习惯。而国内外许多生活饮用水水质标准会对pH值作出规定,如《生活饮用水卫生标准》(GB 5749)规定水质pH在6.5~8.5之间,主要是考虑pH太高或太低都可能会对运输金属管道造成不利影响,管道被腐蚀速率加快。因此,管道分质供水系统中大多配备pH调节装置。

此外,饮用水是除食物外补充人体所需元素的重要途径。不含任何矿物元素的纯净水虽然其纯净度比较高,但是会导致水体稳定性变差[254]。长期大量饮用纯净水会对人体健康产生负面影响,使得人体缺乏必需的常量及微量元素。研究表明,长期大量饮用纯净水会造成骨骼发育不良、免疫力下降等健康风险。目前所使用的直饮水系统多数含有反渗透膜处理装置,该装置在有效净化水质的同时也截留了水中大量的矿物质,减少了直饮水中有益矿物元素的含量,人体长期饮用可能对身体健康产生负面影响。为解决直饮水中矿物质含量过低的问题,需要对反渗透膜处理后的直饮水进行再矿化处理,即通过一定的方法来增加直饮水中的离子含量。矿化的方法大致分为三类:一是直接投加药剂法;二是与其他水源掺混;三是溶解矿石法。其中溶解矿石法与天然矿泉水的形成过程最为接近,是水矿化研究的主要方法[255]。

溶解矿石法的研究核心是矿石材料的选取,目前在相关领域已取得了一定的研究成果。李华等[256]针对海水淡化低硬度和低碱度的特点,以《海水淡化产品水水质要求》(HY/T 247—2018)为目标,采用方解石对淡化水进行矿化。随着淡水资源短缺问题日趋严重,海水淡化技术逐渐成为解决淡水资源匮乏的主要手段的同时,海水淡化产水的矿化处理更加重要,是保证人体健康和管道安全输送的关键工艺。与其他需加入CO_2、H_2SO_4等药剂的矿化工艺相比较,方解石工艺节省资金和运行成本。从各出水指标的数据来看,设备出水满足HY/T 247—2018标准要求。

赵葆等[257]利用麦饭石、沸石、扇贝壳三种矿化材料进行矿化研究,考察水力停留时间和pH对矿化效果的影响,其工艺流程如图3-16所示。结果表明,水流量越小,水力停留时间越长,越有利于元素溶出;pH越低,元素溶出量越多。其中扇贝壳组在矿物质总量和锶的溶出方面表现突出,若能解决其有机质带来的矿化水浊度高、菌落数易超标的问题,扇贝壳则可作为一种良好的矿化材料用于淡化海水的矿化工艺中。

湖南大学许仕荣等人[258]针对珠江中下游的地表水具有低碱低硬的特点,为了改善饮用水水质化学稳定性,提出了石灰石接触池工艺,该工艺具有维护简单、管理方便、运行安全和成本低廉等优点,如图 3-17。在石灰石接触池工艺中,石灰石的选择是很关键的一步,直接影响到石灰石接触池的处理效果。试验结果表明,影响石灰石溶解特性的主要因子有石灰石中碳酸钙含量、不溶杂质以及单位体积空隙的表面积。当碳酸钙含量高于 98% 时,溶解效果非常理想。不溶杂质容易在石灰石表面生成残渣层,降低传质速率。单位体积空隙的石灰石表面积和石灰石的粒径、球度、孔隙率有关。

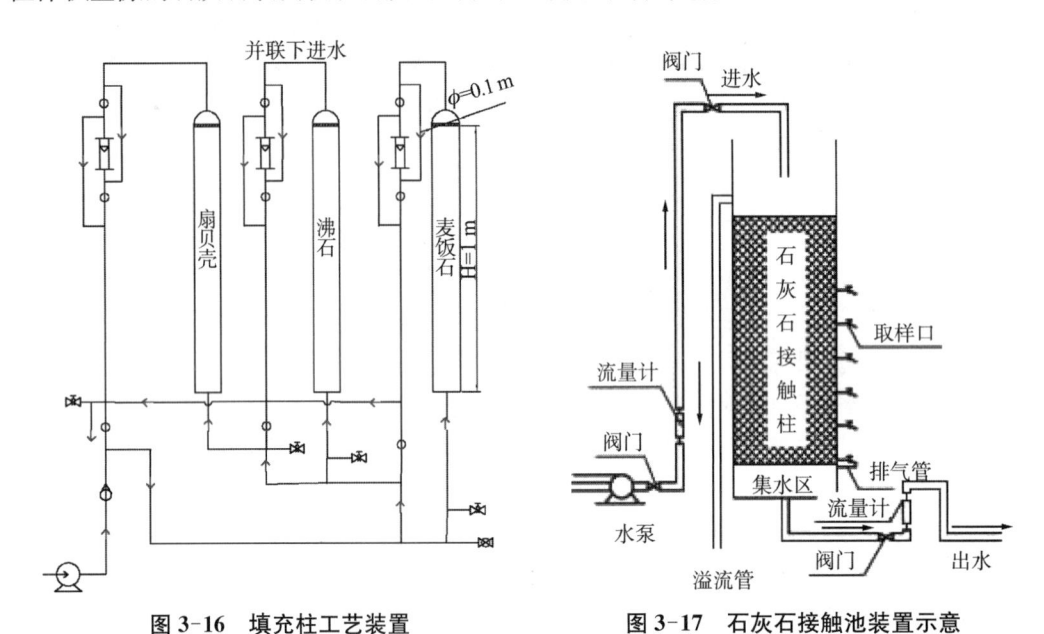

图 3-16 填充柱工艺装置   图 3-17 石灰石接触池装置示意

除了将各种矿化材料直接应用以外,刘同庆等人[255]为达到高效矿化的目的,以麦饭石、硒矿石、天青石和镁矿石 4 种天然矿石为原料,辅以黏合剂和造孔剂,通过磨粉、造球、煅烧等工艺,采用硬模板法制备出具有一定孔隙率、高抗压强度的多孔陶瓷材料;将制得的多孔陶瓷材料运用于直饮纯净水的矿化,具有优良的溶出安全性和稳定性;且微量元素锶的溶出量能够达到天然矿泉水的水平,填料工艺装置如图 3-18。

对于 pH 值调节与矿化技术,有学者研发了一种安全并且健康的可调节饮用水酸碱性的产品——弱碱性复合滤芯,研究对麦饭石、海泡石等矿石进行改性处理,通过物理化学改性方法改变矿物晶体结构,使矿物溶解沉淀能力加强,同时利用酸洗和微波打通矿物的盲通道,增加矿物的溶解吸附能力,改性后复合滤芯锶的溶出含量能够达到天然矿泉水的标准。但是由于研发的矿化滤芯制备工艺复杂、成本较高,且其属于个性化产品,只适用于家庭直饮水场景。

水杯子管道分质直饮水供水系统中应用的 pH 值调节与矿化技术(发明专利号:ZL99101544.4)采用文石、白云石、方解石、菱镁矿石或是其混合组成的磨成砂粒的洁白、

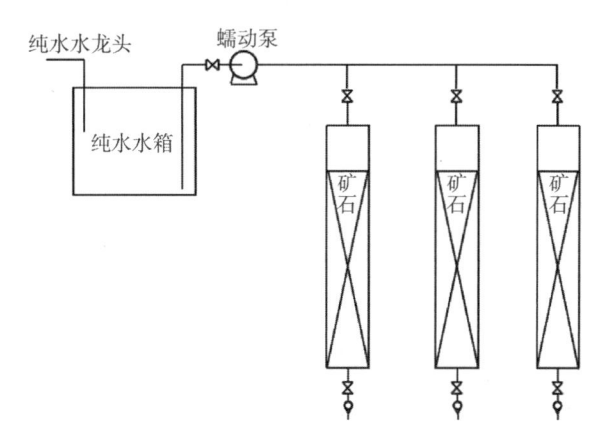

图 3-18 填料工艺装置

纯净、不含任何有害成分的纯天然矿石与粒状活性炭按一定的比例混合而成的混合滤芯填充在过滤装置内,也可将上述天然矿石砂粒和粒状活性炭分别填充在两个过滤装置内,并把填充天然矿石砂粒的过滤装置安置在前,填充粒状活性炭的过滤装置安置在后,且同时作为净水生产工艺的后置处理装置,设置在脱盐装置后、杀菌装置前。其中:天然矿石的粒径控制在 0.2～2 cm,粒状活性炭粒径为 0.1～0.5 cm,纯净水流过这种混合滤料层的接触时间控制在 5～60 s。装载混合滤料层的过滤装置由不锈钢、玻璃钢或 PVC 材料制成,混合滤料填充度为 80%～90%。其作用原理是:处理后的净水通过本天然矿石混合滤料层时,天然矿石在净水中会极微弱溶解,将与净水中存在的极其微量的盐类组成缓冲体系,不仅具有调节 pH 值的功能,长期保持 pH 呈中性至弱碱性,而且可以适量增加钙、镁、钠、钾等微量生命元素,提高净水对人体的健康作用。粒状活性炭的加入一方面可增加 pH 值调节速度,另一方面可以改善水的口感。

水杯子 pH 值调节与矿化技术不采用化学添加剂而应用天然矿石砂粒与粒状活性炭混合滤料过滤,不仅可以使净水 pH 值从 5.0～6.0 快速调整到 7.0～7.6,改善水的口感,且配合水杯子管道分质供水设备的智能控制系统,可精准调控出水 pH 值;与此同时,该技术投资省,运行费用低,可广泛应用于管道分质供水行业。

3.3.2 杀菌保鲜技术

3.3.2.1 传统杀菌保鲜技术

在安全饮用水供应中,杀菌保鲜对许多病原体尤其细菌是一个有效的屏障。基本上所有的措施,包括水源保护、合理的水处理工艺和输配水系统中预防和去除微生物的管理对策,都应与杀菌保鲜结合进行。水处理中化学消毒剂的使用通常导致消毒副产物的形成。而副产物的健康危险性与不适当的或不足量的消毒引起的健康危害相比则显得非常渺小,世界卫生组织强调:消毒不应该妥协于控制消毒副产品的目的。

消毒作为常规水处理工艺的末端流程,在整个水处理工艺中扮演着"守门员"的角色,其通过投加消毒剂等多种方式进行杀菌，达到阻止细菌、病毒、病原体等传播与蔓延的目的，同时在输配水管网中保留一定的剩余消毒能力避免微生物的复活与繁殖。常见的消毒方式主要有：氯系消毒（液氯、二氧化氯、次氯酸钠、氯胺等）、紫外消毒、臭氧消毒以及组合消毒工艺。以上工艺在实现消毒功能的同时，由于消毒剂本身的强氧化性，会与天然水中存在的无机盐离子（Cl^-、Br^-、I^- 等）以及某些小分子天然有机物（Natural Organic Matter，NOM）发生反应生成消毒副产物（DBPs）。因此，在选择消毒工艺时，应在关注消毒效果的同时严格控制消毒副产物的生成量，切实保障水质安全。

1）常规水处理杀菌消毒技术

（1）氯消毒法

到目前为止，氯依然是应用最广泛、技术最成熟的消毒剂之一。氯消毒技术中液氯和次氯酸盐是使用最多的两种消毒剂，其中液氯是由氯气加压至 600～700 kPa 或常压冷却到 −34℃而成，是一种油状液体，其优点是成本低；而由于使用方便、运输和储存安全性较高，近年来次氯酸盐逐渐受到重视[259]。二者反应机理一致，都是通过水解反应生成次氯酸，从而发挥消毒作用，其反应方程式分别为：

$$Cl_2 + H_2O \longrightarrow HOCl + H^+ + Cl^-$$

$$ClO^- + H_2O \longrightarrow HOCl + OH^-$$

次氯酸是弱酸，在水中发生部分解离，生成氢离子和次氯酸根离子：

$$HOCl \longrightarrow H^+ + OCl^-$$

在此过程中，HOCl 和 OCl^- 都有杀灭细菌的作用，但一般认为前者起主要消毒作用。饮用水中大部分细菌表面带有负电荷，OCl^- 具有氧化性，能杀灭一些细菌，但由于本身带负电荷而存在同性互斥的作用，因此难以扩散到细菌表面发挥其消毒作用。而 HOCl 是中性小分子，能轻易穿透细菌的细胞壁和病毒外壳，氧化细菌（病毒）的酶和核酸等有机高分子，从而破坏其原有系统结构使其丧失活性而死亡。

这种消毒方法操作简单，投资和运行成本低，杀菌效果好，且有持续的杀菌能力，是国内外饮用水行业最为常用的消毒方式。根据调查显示，我国有 99.5% 以上的水厂采用氯消毒，即便是在一些经济发达的国家，也有 94.5% 以上的自来水厂采用这种消毒技术。但是，人们发现，氯消毒过程中，容易与水源中的富里酸反应，生成三卤甲烷和卤乙酸等卤代有机化合物。这些消毒副产物（DBPs）具有致突变、致畸和致癌性，可导致人体心血管和神经系统基因异常，严重威胁人类健康。因此，人们针对氯消毒所产生的有害消毒副产物，采取了多种工艺措施，如脱氯，来降低消毒副产物的生成，同时，对氯的使用也有了更严格和安全的规定，这也最终造成氯消毒技术的成本在不断提升。

（2）氯胺消毒

氯胺消毒法，是通过使用含有一氯胺（NH_2Cl）、二氯胺（$NHCl_2$）和三氯胺（NCl_3）的消毒剂，在水中缓慢释放 HClO 的方式，从而实现消毒的目的。其消毒机理与氯气消毒相似，均是通过穿透微生物病原体细胞膜，使其核酸变性，最后抑制蛋白酶的合成，从而杀灭微生物病原体。当 Cl_2 加入水中后，会生成具有强氧化性的 HClO，而 HClO 会与氨

(NH_3)反应生成氯胺[260]。氯胺消毒的反应过程如下：

$$Cl_2 + H_2O \rightleftharpoons HClO + HCl$$

$$NH_3 + HClO \rightleftharpoons NH_2Cl + H_2O$$

$$NH_2Cl + HClO \rightleftharpoons NHCl_2 + H_2O$$

$$NHCl_2 + HClO \rightleftharpoons NCl_3 + H_2O$$

以上反应存在动态平衡，随着消毒过程中 HClO 的不断消耗，此时所投入的消毒剂一氯胺(NH_2Cl)、二氯胺($NHCl_2$)和三氯胺(NCl_3)会使反应呈逆向进行，从而生成更多的 HClO，最终达到较长时间持续性的消毒效果[261]。

氯胺消毒法的稳定性较强，可以较长时间保持消毒剂的浓度，并且操作难度小，成本也低，最重要的是，氯胺消毒所产生的氯臭和氯酚味道较小，与水源腐殖质反应所产生的"三致"有害消毒副产物(DBPs)也远小于氯气消毒法。这种氯胺消毒技术可以应用在供水距离较长的输水管网与含有氨氮微污染水源中[262]。虽然氯胺消毒法所产生的 DBPs 较少，但是氯胺的氧化能力较弱，杀菌效果较差，约为氯气消毒效果的 1/50～1/100，需要延长与水的接触作用时间，才可以达到对微生物病原体灭活的目的。同时还会在水中生成可生物同化有机碳(Assimilable Organic Carbon，AOC)，使水的生物稳定性降低。除此之外，根据美国密苏里大学罗拉分校的一位科学家称，使用一氯胺消毒的饮用水，会造成水中铅含量增加，从而危害人类健康[263]。

(3) 二氧化氯消毒

二氧化氯同样是一种高效广谱的消毒剂。常温下 ClO_2 是一种黄绿色气体，有与氯气相似的特殊刺激性气味，受热或受光易分解，对热、震动和撞击敏感，易因此发生爆炸，故采用二氧化氯消毒须现场制备，即时投加。

ClO_2 制备方法主要分为化学法(氯酸盐法和亚氯酸盐法)和电解法[264]。其中以氯酸盐和亚氯酸盐为原料的化学法制备 ClO_2 的技术已经比较成熟，国内外水厂也大多采用此法制取 ClO_2。

亚氯酸盐法分为亚氯酸钠的氯化和酸分解两种。

氯化法反应式为：

$$Cl_2 + 2NaClO_2 \longrightarrow 2ClO_2 + 2NaCl$$

$$HOCl + HCl + 2NaClO_2 \longrightarrow 2ClO_2 + 2NaCl + H_2$$

酸分解法反应式为：

$$4HCl + 5NaClO_2 \longrightarrow 4ClO_2 + 5NaCl + 2H_2O$$

$$2H_2SO_4 + 5NaClO_2 \longrightarrow 4ClO_2 + 2Na_2SO_4 + NaCl + 2H_2O$$

亚氯酸盐法的优势在于所制备的 ClO_2 纯度高和副产物少，但生产成本高。

氯酸盐法常使用强酸还原氯酸钠来制取 ClO_2。工程上硫酸法和盐酸法应用较多，工艺较成熟。其反应式为：

$$2H_2SO_4 + 2NaClO_3 + 2NaCl \longrightarrow 2ClO_2 + 2Na_2SO_4 + Cl_2 + 2H_2O$$

$$4HCl + 2NaClO_3 \longrightarrow 2ClO_2 + 2NaCl + Cl_2 + 2H_2O$$

电解法是采用隔膜电解技术制取 ClO_2，使用原料为氯化钠。由于电解法制取 ClO_2 的生产成本高、故障率高和产气量不稳定等特点，目前工程上应用较少。

二氧化氯的消毒机理是利用自身的强氧化性与强穿透力，在不明显破坏微生物病原体的细胞壁情况下，有效地作用于细胞内含硫基的酶，使其氧化灭活，从而抑制微生物病原体蛋白质的合成表达，导致其代谢机能障碍，最终使其死亡。有学者通过施加多种消毒剂对水中微生物病原体的细胞膜损伤进行了研究，发现二氧化氯在对水体消毒的同时，对细胞完整性的损伤较小，不会导致细胞内容物的析出，从而避免了对环境的二次污染，具有优越的环保特性。

二氧化氯不仅有着较强的杀菌特性，能够杀灭水中的贾第鞭毛虫、大肠杆菌等其他多种病原微生物，最重要的是，二氧化氯只发生氧化反应，不发生氯代反应，因此不会形成具有"三致"作用的消毒副产物，破坏周围的生态环境[265]。同时，其稳定性仅次于氯胺，因此可以保持较长时间的消毒作用，并在饮用水消毒时不生成有害物质，因此被 WHO 列为 A 级消毒剂。与氯消毒剂相比，ClO_2 的优势体现在：一、不与水中有机物反应生成三卤甲烷，这也是它最大的优势；ClO_2 在水中扩散速度快，渗透能力强，因此消毒能力更强，相同条件下投加量更低；ClO_2 不水解，能在较大 pH 值范围内(6—9)保持良好杀菌效果；作为强氧化剂，ClO_2 对水中铁、锰、酚类、腐殖质等有一定的去除效果。

然而，二氧化氯消毒存在着一些无法忽视的问题：有报道指出，水中残留浓度过高的 ClO_2 对人体是有一定毒性的，同时 ClO_2 消毒过程中产生的氯酸盐和亚氯酸盐对人体同样是有害的[259]。《生活饮用水卫生标准》(GB 5749)中规定，ClO_2 与水接触时间不低于 30 min，出厂水中浓度须在 0.1~0.8 mg/L，末梢水余量不得低于 0.02 mg/L；亚氯酸盐和氯酸盐的限值均为 0.7 mg/L。

(4) 臭氧消毒

臭氧(O_3)是最常见的消毒方法之一，是由三个单原子氧(O)组成，极不稳定，易溶于水，分解时会产生具有强氧化性的初生态 O。因此，臭氧利用自身的强氧化特性[266]，可以降解水中的有机物，矿化无机物，并对具有强抵抗力的微生物病原体有很强的灭活能力，从而达到对水消毒的目的。正因为臭氧自身极强的氧化性，而与普通的氯气消毒机理有所差异。

臭氧在溶于水以后，会发生以下两种反应：一是臭氧在水中直接氧化，具有高选择性，容易与水中的苯酚、乙醇和胺等化合物发生反应，从而分解水中的一系列有机物和无机物；二是臭氧会分解羟基(·OH)自由基，继而发生连锁反应。这种反应会产生氧化性极强的单原子氧 O，并瞬间分解水中的微生物病原体。臭氧利用自身的高氧化还原电位，氧化分解细菌的细胞壁，从内部降解所需酶，破坏其代谢途径，最终使其死亡。除此之外，臭氧也可直接破坏微生物病原体的核酸，阻止其正常的新陈代谢，从而使微生物病原体被灭活。因此，臭氧对芽孢、病毒等微生物病原体均有着很强的杀灭效果[260,267]。

氧化能力极强的臭氧，可以迅速杀死水中的藻类、微生物病原体等，杀菌和消毒能力强,反应快,更不会出现氯代法所生成的三氯甲烷等有害的"三致"消毒副产物[268]。同时,臭氧消毒不受到水中氨氮含量以及水温、pH 等的影响,消毒效果稳定,消毒后的水质口感较好,感官效果佳,不存在二次污染,为饮用水消毒处理提供了良好的途径。但是,臭氧消毒仍然存在一些问题,如臭氧本身可以分解,半衰期仅为 8 min,加上臭氧本身氧化性强,不稳定,对管道有腐蚀作用,不具备持续消毒的能力。因此,采用臭氧作为消毒剂时,还得与氯、氯胺等消毒剂联合使用。更重要的是,由于水源水中的有机物种类繁多,臭氧虽然能降解有机物质,与有机物发生反应,但也能生成许多中间产物。这些中间产物中不乏有毒物质,如不饱和醛类,若处理不当对人类的健康依旧存在很大的威胁[263]。此外,臭氧还能与水中的溴离子反应生成有毒的溴酸盐,破坏水质安全,威胁人类健康,溴酸盐已被国际癌症研究所指定为 2B 级致癌物[269]。

(5) 紫外线杀菌消毒

紫外线(Ultraviolet,UV)是紫色可见光以外的一段电磁波,波长为 100—405 nm,根据波长可以把紫外线分为长波紫外线(Ultraviolet Radiation A,UVA)、中波紫外线(Ultraviolet Radiation B,UVB)、短波紫外线(Ultraviolet Radiation C,UVC)和真空紫外线(Vacuum Ultraviolet,VUV),波长分别为 320～405 nm、280～320 nm、200～280 nm、100～200 nm。紫外线具有杀菌能力,尤其是 300 nm 以下的短波紫外线具有强烈的杀菌性能[270],短波紫外线能直接破坏微生物的核酸、蛋白质结构而达到杀菌消毒的目的,而紫外线用于杀菌消毒作用时,其波长范围在 240～280 nm。紫外线的波长分布如图 3-19。

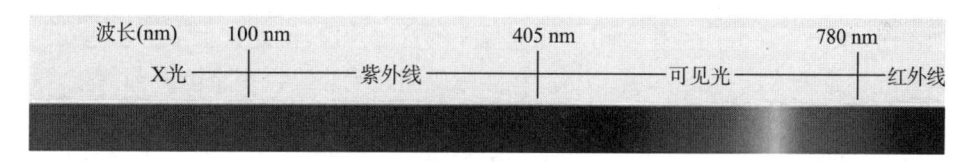

图 3-19 紫外线的波长分布

紫外线消毒杀菌是一种物理消毒杀菌过程。病原微生物被紫外线照射时,对波长 200～280 nm 的紫外线最为敏感,吸收该波段的紫外线后,该病原微生物的 DNA 或 RNA 被破坏,导致细胞不能分裂,以达到灭活病原微生物的目的。紫外线波段中,波长为 253.7 nm 的紫外线最容易被微生物吸收,杀菌效果最好[271],其紫外线的杀菌特性如图 3-20。

一般的化学消毒法对于生存能力很强的微生物,如隐孢子虫及贾第鞭毛虫等,无法完全灭活,而紫外线消毒却可以在短时间内杀灭一切微生物,包括细菌、结核菌、病毒和芽孢等等,去除率达到 99.99% 以上。当紫外线放射的电磁能量作用于水中的细菌和一系列微生物病原体时,会迅速导致微生物的 DNA 和 RNA 链断裂,破坏核酸结构,或者发生光学聚合反应,使之失去繁殖能力,最终灭活水中的微生物病原体,达到水处理过程中的消毒目的。

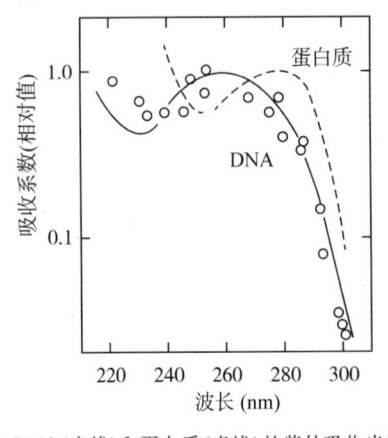

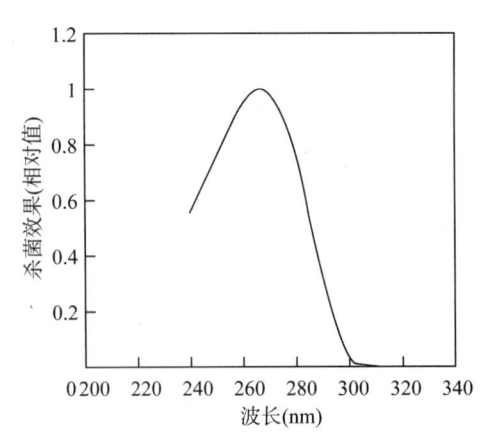

a) DNA(实线)和蛋白质(虚线)的紫外吸收光谱　　b) 杀菌分光特性

图 3-20　紫外线杀菌特性

紫外线消毒几乎可以灭活所有的细菌和病毒,作用时间短,效率高,杀菌效果优异,运行操作简单。最重要的是,紫外线消毒作为一种物理消毒法,不需要添加任何化学消毒剂,这不仅不会产生有害的消毒副产物,而且还不会对水和周围的环境造成二次污染,具有良好的广谱杀菌能力。然而,紫外线消毒也存在一些不足,当水中的浊度、悬浮物浓度过高时,紫外线的辐射范围受阻,会严重影响消毒效果,这使紫外消毒技术需要在水质清澈条件下使用。值得注意的是,由于一些微生物存在暗修复和光复活的现象[150],造成紫外线消毒时,依旧存在一些微生物可以修复受损的核酸片段,恢复其正常的表达功能。又因为紫外线消毒技术的持续消毒能力差,在实际应用时无法维持剩余消毒剂剂量,这造成在消毒过后一些微生物病原体可能仍旧存在。因此,在紫外线消毒后,还需要投加其他的化学消毒剂,防止恢复功能的微生物病原体重新增殖,继而影响人类的身体健康。

上述的常规水处理消毒技术都存在各自优点和缺陷。常见的消毒方法比较如表 3.8 所示。

表 3.8　常规消毒方法比较[272]

消毒方式	消毒时间	效果	消毒副产物	安全性	费用
液氯	>30 min	有灭菌效果	三卤甲烷、卤乙酸、卤化腈	有毒、腐蚀性强、运行管理具有一定危险	基建、运行费用较低
氯胺	>30 min	灭菌效果差持久性好	卤乙酸、氯化腈、溴化腈	管网腐蚀性小	基建、运行费用较低
二氧化氯	10—20 min	灭菌效果较氯好	亚氯酸盐	不稳定、有毒性、腐蚀性、操作管理要求高	基建和安装费用高、运行费用较低

续表

消毒方式	消毒时间	效果	消毒副产物	安全性	费用
臭氧	5—10 min	灭菌和杀病毒的效果均较好、无持续杀菌能力	溴酸盐、醛类、酮类、羧酸、二溴丙酮	有毒性、强氧化性、操作管理要求高	基建投资较大、运行成本高
紫外	5—10 s	消毒效果好、迅速、无持续杀菌能力	无	安全性好	安装费为二氧化氯50%、运行费为氯胺25%

2) 保鲜技术

(1) 渗银活性炭

将活性炭浸于含银化合物溶液中,使活性炭颗粒上吸附一定量的银,凭借消毒微动力作用[273],破坏细菌的酶活性,使其DNA分子断裂,抑制细菌在活性炭颗粒上的生长繁殖。

(2) KDF

KDF(Kinetic Degradation Fluxion)是一种原子化高纯度的铜锌合金颗粒,呈金黄色,在水中具有原电池效应,可有效转移电子,进行氧化还原过程[274]。其主要成分是99.999%纯的铜锌合金,粒径为(100±10)目,2.000—0.149 mm,密度为2.4—2.9 g/cm^3,无臭无味。

KDF处理介质不是通过单独一种机理,而是几种机理共同作用控制微生物的生长繁殖,通过每一种的单独作用或协同作用来达到抑制微生物的目的。一是因电子转移而建立的电离场,使大多数微生物不能存活;二是能使水中的Cl^-和O^{2-}形成氯氧基和过氧化氢,两者可干扰微生物的正常活动能力。

3.3.2.2 新型杀菌消毒技术

伴随着物理学、无机化学、材料学等基础科学的进步,杀菌消毒技术也在不断地发展。当前新型的饮用水杀菌消毒技术有:高级氧化技术、新型杀菌材料以及联合消毒新技术。

新型饮用水消毒技术模式,不仅要能替代常规消毒剂或消毒技术,而且在杀灭微生物的同时不产生有毒有害消毒副产物。

1) 高级氧化杀菌技术

高级氧化技术(Advanced Oxidation Processes,AOPs)作为一种强氧化工艺,在给排水处理中备受关注。羟基自由基(·OH)是高级氧化技术的核心,研究表明,·OH几乎对所有有机物均有很好的去除效果,且反应速率很快,能使有机物完全矿化为CO_2、H_2O和无机盐[275],在饮用水这种对处理工艺和安全性要求比较高的领域中存着广阔的应用前景。

高级氧化技术也称作深度氧化技术,是指产生羟基自由基(·OH)以及羟基自由基诱发一系列羟基自由基链反应的过程。羟基自由基是一种绿色强氧化剂,无选择性,与其他化学药剂相比(如表3.9所示),氧化还原电位高(2.80 V),化学反应速率快,与有机化合

物反应速率常数为 $10^7 \sim 10^8$ $M^{-1}s^{-1}$[276]。·OH 一旦形成,会诱发一系列自由基链反应,对污染物、微生物破坏作用达到完全或接近完全破坏,最终形成二氧化碳、水和微量无机盐,无任何有毒有害物质残留,从根本上解决环境污染问题,实现零环境污染、零废物排放。

表 3.9 几种氧化剂主要参数对照表

氧化剂	氧化还原电位(V)	反应速率常数($M^{-1}s^{-1}$)
羟基自由基(·OH)	2.80	$10^7 \sim 10^8$
臭氧(O_3)	2.07	$10^0 \sim 5.7 \times 10^3$
过氧化氢(H_2O_2)	1.78	$10^{-2} \sim 10^0$
氯气(Cl_2)	1.36	$10^{-3} \sim 10^{-1}$

高级氧化技术的核心是·OH 的制备。·OH 的规模、高效生成一直是学术界研究的热点和难点。从环境科学领域来看,高级氧化技术的发展历程就是不断提高·OH 生成率和利用率的过程,深入研究·OH 的产生规律及其与水中有机污染物的作用机理,对水中污染物控制特别是难降解有机微污染物的高效降解具有重要意义[276]。

光催化消毒杀菌技术是一种高级氧化杀菌技术。

当光照射在催化剂上时,在催化剂表面生成电子和空穴对。电子与水中的氧气发生反应生成过氧化氢,空穴与水反应生成羟基自由基,羟基自由基氧化病原微生物的细胞膜,致使微生物死亡。另一方面,光催化剂可有效地降解水中的有机物,致使微生物缺少必要的营养物质,从而导致微生物缺乏营养物质死亡。光催化技术由于具有消毒过程无需投加药剂,不产生副产物等优点,已经作为现行消毒技术的可能选择与补充,成为国内外的研究热点。但是,将光催化消毒技术应用于工程实践还有很多问题需要深入研究。例如,有效的光反应时间、基于太阳能的光催化消毒反应器设计及水质条件对光催化消毒性能的影响。总体来说,设计太阳能光催化反应器、开发高效稳定的可见光响应的杀菌材料是发展光催化饮用水消毒技术需要重点解决的问题。

具有光催化性能的半导体催化剂主要有 TiO_2、WO_3、ZnO、ZnS、CdS 等,其中 TiO_2 是研究者公认最具优势的光催化剂。相关研究较成熟的是 TiO_2 和 ZnO,杀菌效果来源于两者的光催化性能。半导体在光照条件下会被激发,产生自由电子以及等量的电子空穴。具有还原能力的电子能够和溶液中溶解的氧气反应,生成·O^{2-},而产生的具有氧化能力的电子空穴 h^+ 能将 OH^- 氧化为·OH。光催化产生的这些活性物种·O^{2-}、·OH,$h+$ 表现出很强的氧化性,并且无选择性。细胞以及各种有害微生物除了组成的水以外,主要由含碳有机物构成,在光催化过程中产生的上述活性物质能够氧化破坏细胞的完整性,从而导致它们的死亡[277]。光催化消毒的机理如图 3-21 所示。

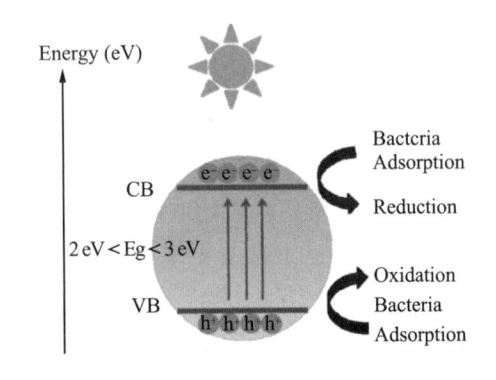

图 3-21 光催化杀菌过程中电子和空穴的产生机理

光催化分解产生的最终产物是 CO_2 和 H_2O,且利用的能源为太阳能,故而被称为是一种绿色、环保的抗菌技术[278]。

2) 电化学消毒技术[279]

作为高级氧化工艺(AOPs)中的一类技术,电化学氧化(Electrochemical Oxidation)通过阳极表面发生一系列电子转移生成大量高反应性的活性基团,可降解大分子有毒有害物质,具有很好的杀菌消毒的功能。

电化学消毒技术是指经过通电的电化学装置灭活水中存在的细菌、病毒、真菌与藻类等微生物的过程。在电化学消毒技术发展的早期,研究者普遍认为电化学杀菌主要依靠阳极氧化水中存在的氯离子生成具有消毒功能的活性氯来实现。但是随着相关研究的不断深入,在电解不含氯离子的溶液时,依旧可以获得良好的消毒效果[279]。研究人员从此对电化学消毒技术的原理进行了更加深入的探究,目前关于电化学杀菌机理的解释主要如下:

电场作用:主要包括电极表面的吸附以及电场力的直接破坏作用。电极可将细菌直接吸附在其表面,发生直接电子转移,氧化胞内的辅酶 CoA 使细菌自身呼吸代谢失调进而失活;同时,电场的直接击穿作用可以破坏微生物的细胞膜,使其无法维持正常代谢所需的渗透压最终凋亡[280];此外,在 Vernhes 等人[281]的研究中证实,电场作用导致的细胞电泳现象同样会对生物体自身代谢产生影响。

电解氯化作用:当水体含有一定浓度的 Cl^- 时,阳极会将其氧化生成 Cl_2[见式(3-14)],溶于水的 Cl_2 将与水分子发生反应生成 HClO,HClO 分子不稳定,常温下电离生成 ClO^-。溶于水的 Cl_2 与 $HClO/ClO^-$ 统称为游离氯或者活性氯,其强氧化性可以实现消毒杀菌的目的。此机理与氯消毒过程类似,具有灭菌广谱性的特点[282]。

$$2Cl^- + 2e^- = Cl_2$$

电解氯化过程受阳极材质[283]、水质条件(初始 Cl^- 浓度和初始 pH 等)以及操作条件(装置构型,循环流速,电流密度与电极面积等)等因素的影响,不同的消毒条件下生成活性氯的能力不同,最终消毒效果会出现差异。

电生活性基团作用:水分子(H_2O)与溶解氧(DO)会在电极表面反应生成一些寿命很短但是具有强氧化性的活性基团,主要包括·OH、·HOO、·O^{2-}、·O 等,此类活性基团又可经过反应生成 O_3 与 H_2O_2 等物质,以上物质的强氧化性可以氧化细胞内的多种物质使其丧失原有的功能从而达到灭活微生物的目的[279]。

综合以上,电化学消毒的基本原理可以简单概括成图 3-22 所示内容。

电化学消毒技术主要特点包括:杀菌范围广,速度快,体系内电产活性氯和 H_2O_2 具有持续消毒的能力;无需额外投加化学药剂,环境友好,自动化水平高,装置紧凑占地面积小,自动化程度高;可与其他电化学水处理工艺,包括电絮凝、电气浮与电渗析等进行一体化设计,实现污染物的协同去除[285];消毒过程中消毒副产物的生成量低于化学加氯法[286]。

3) 超声波消毒技术

超声波消毒是指利用超声空化效应进行消毒杀菌的水处理技术。在一定功率的超声

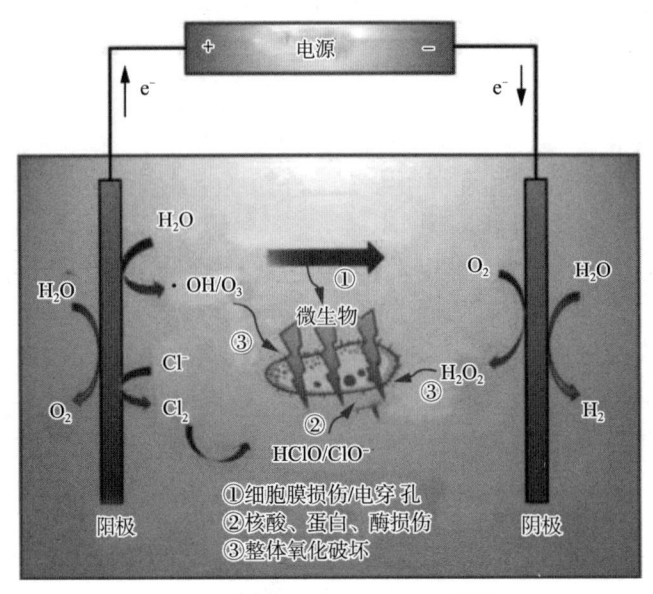

图 3-22　电化学消毒原理图[284]

波的辐射作用下,水溶液发生超声空化效应[287]。超声波用来消毒是由于声波作用于水溶液产生液泡。液泡在声波增长的半周期内增大,在声波减弱的半周期内破裂。液泡破裂时溶液产生高温高压,溶液中的水分解为羟基自由基和过氧化氢。羟基自由基和过氧化氢有很强的氧化杀菌作用。超声杀菌方法具有清洁、彻底、没有二次污染等优点,避免了常规化学消毒剂可能产生有害副作用的问题,具有诱人的应用前景。但另一方面,高频高强超声波发射声源成本高,且未能提供持续的消毒能力,因此从工程应用的角度而言单独利用超声进行消毒并不可行。

4) 新型杀菌材料

近年来,国内外出现了大量关于新型抗菌材料消毒效能与机制的报道。尽管在常规水处理工艺中,新型抗菌材料目前仍难直接应用于大规模的饮用水消毒工艺中,但在小型饮用水处理系统中,新型抗菌材料表现出一定的应用前景。沸石、活性炭纤维、银、三氧化二铝、氧化石墨烯作为新型的抗菌剂,已被广泛地研究[288]。

银由于具有杀菌率高、抗菌广泛、稳定无毒等优点而成为最具应用前景的抗菌材料。而银与载体结合成为新型抗菌剂已成为新一代抗菌净化的首选材料。负载抗菌剂是将载体与具有抗菌性能的金属及其化合物配合使用,让两者形成稳定的复合物,通过选择合适的载体,可使二者相互作用并起到加强抗菌效果和增强杀菌稳定性的目的。目前研究较多的载体有沸石、活性炭、石墨烯等。理想的抗菌剂应该具有下特征:抗菌范围广,抗菌效果好;抗菌剂本身对人体健康无害;使用抗菌剂之后不产生对人体有害的消毒副产物;经济可行,操作简便;不会腐蚀任何设备,易于储存。此外,由于 21 世纪纳米技术的迅速发展,为饮用水消毒开创了新的领域。

5) 联合消毒新技术

总的来说,各种不同的消毒技术单一使用时均有其各自的优缺点,因而可能导致饮用水在不同程度上存在安全风险。因此,人们提出了组合联用消毒工艺,并在研究与工程应用层面上进行了系统的探索与实践。结果表明,组合联用消毒技术能有效避免单一消毒工艺的缺点,并充分发挥不同消毒剂各自的优势。例如,两种或多种消毒剂组合使用常常表现出协同作用,从而大大增强其灭活饮用水中病原微生物的效能,而消毒能力的增强往往可以降低消毒剂的投加量,从而降低消毒副产物的生成量,并在一定程度上节约了成本。组合消毒工艺将是今后饮用水消毒技术的发展趋势[288]。

3.3.2.3 管道直饮水杀菌保鲜技术

通过对管网和水箱内的直饮水进行消毒灭菌,不但可以抑制细菌生物膜的形成,而且还能阻止一些由于管道消毒不彻底残留下来的诸如军团菌、肺炎球菌和大肠杆菌等致病菌的繁殖,减少和避免管道直饮水被二次污染的可能,从而保持管网内的水质稳定。如何保持水在管网中不产生细菌或把细菌控制在标准范围内,是一项很重要且艰巨的工作,选用消毒设备不但要考虑其杀菌速度和效果,而且还要考虑在消毒灭菌过程中是否会产生消毒副产物等二次污染。目前常用于管道直饮水消毒灭菌的技术主要有二氧化氯、臭氧和紫外线三种。管道分质供水的消毒灭菌技术多与活性炭后处理技术连用,共同形成了管道分质供水的杀菌保鲜技术。

水杯子管道分质直饮水的杀菌消毒技术采用的是臭氧和紫外线联合的高级氧化杀菌技术(专利号:ZL 202222409679.2)。其工作原理为:通过直饮水的高级氧化技术,又称深度氧化技术,以产生具有强氧化能力的羟基自由基(·OH)为特点,在高温高压、电、声、光辐照、催化剂等反应条件下,使难降解的有机物,氧化成低毒或无毒的小分子物质。该技术是将臭氧杀菌技术与紫外杀菌技术进行联合使用,紫外线可将臭氧分解为·OH自由基,并通过·OH自由基来实现对水中物质的氧化与消毒的,·OH自由基氧化电极电位比O_3还高,因此,这种高级氧化技术存在明显的协同效应,具有很强的氧化杀菌能力,其氧化效果比单独的臭氧与紫外线的叠加要强得多。

1) 实施方式

本新型杀菌保鲜技术思路为采用紫外与臭氧组合消毒工艺,在净水设备的中置处理系统后增设产水臭氧发生器进入净水箱,净水箱的出水口处增设紫外杀菌器以及后置处理系统回流至净水箱的管路上增设回水臭氧发生器,形成中央净水设备的高级氧化杀菌系统工艺流程如图3-23、图3-24所示。中央净水设备的产水及供水管网经后置处理系统回流至净水箱的回水都会经过对应的产水臭氧发生器及回水臭氧发生器,释放出臭氧进行杀菌,而净水箱的出水口处又设置了紫外杀菌器,因此,含有臭氧的水流经紫外杀菌器时,臭氧杀菌技术与紫外杀菌技术协同作用,紫外线将臭氧分解为·OH自由基,并通过·OH自由基来实现对水中物质的氧化与消毒,·OH自由基具有比O_3还高的氧化还原电位。

2) 工作过程

本新型杀菌保鲜装置工作过程(参见图3-23、图3-24)为:市政自来水设备主体内的原水桶1,自来水经前置处理系统2、组合膜过滤系统3,过滤掉水中的铁锈、悬浮物等大颗粒杂质,同时去除水中的余氯、异味、大部分有机污染物及细菌、病毒、重金属、有机物等有害物质,过滤后的净水进入中置处理系统4,用于调节净水的pH,改善设备净水的口感。

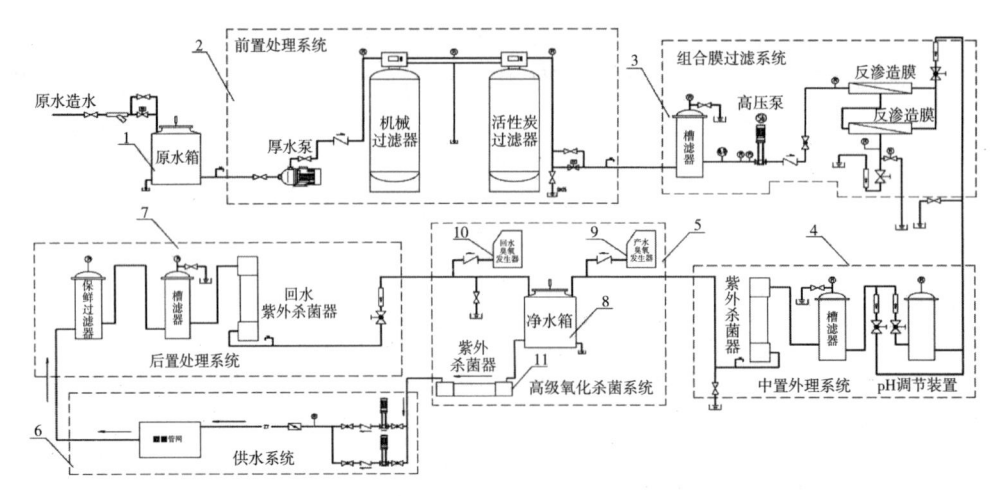

图 3-23 带有高级氧化杀菌净水系统

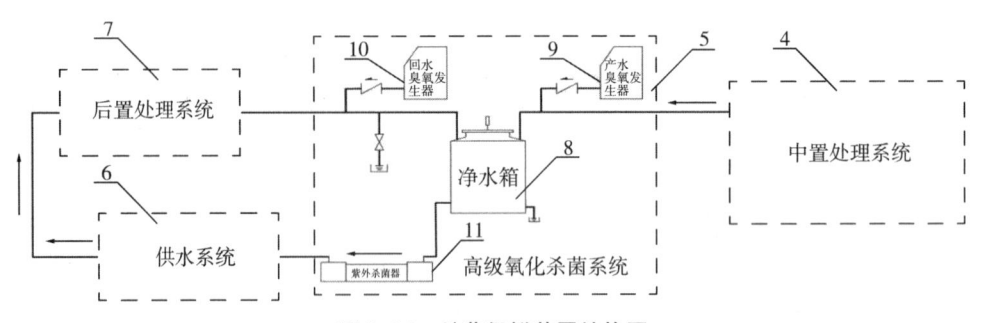

图 3-24 杀菌保鲜装置结构图

经 pH 调节后的净水经产水臭氧发生器 9 进入到净水桶 8 储存以供供水系统 6 中净水的使用。供水系统 6 中的循环水经后置处理系统 7 的保鲜处理,经回水臭氧发生器 10 回流至净水箱 8 中。

无论是组合膜过滤系统 3 产生的净水还是后置处理系统 7 回流至净水箱里水,都经过了臭氧发生器,从而对净水箱里的水起到了杀菌作用,供水管网 6 使用净水时,净水箱 8 的出水经过紫外杀菌装置 11,此时臭氧杀菌与紫外杀菌发生协同作用,紫外线将臭氧分解为·OH 自由基,并通过·OH 自由基来实现对水中物质的氧化与消毒,能减少臭氧消毒剂量的残留,从而降低副产物生成量,避免"光复活"现象,且可持续杀菌消毒,即使臭氧浓度较高,也能被紫外线分解,不影响水质口感。

3.3.3 浓水利用技术

3.3.3.1 浓水概念

当半透膜高浓度一侧施加的压力大于渗透压时,溶剂会逆着正渗透的方向进行反渗透,从而达到分离、提取、纯化、浓缩等目的。因此,反渗透工艺被广泛应用于各类水体处理之中,效果显著。然而,反渗透膜组件的截留性较强,根据其特定的回收率,通常会产生一定比例的反渗透浓水（Reverse Osmosis Concentrate，ROC），大致为进水的20%—50%。

反渗透浓水水量、水质受到的影响因素有：进水水质、回收率、预处理中使用的阻垢剂、反渗透膜清洗时使用的清洗剂等。其中进水水质对浓水的性质起主要决定作用，而过程中添加的化学物质的影响较小，因为添加的化学物质浓度相对较低。反渗透浓水中的污染物主要有溶解性有机物（Dissolved Organic Matter，DOM）和溶解性总固体（Total Dissolved Solids，TDS），其中 DOM 中对人类和环境危害重大的污染物有内分泌干扰物、药物及病原菌；TDS 主要成分为 Cl^-、HCO_3^-、SO_4^{2-}、NO_3^-、Ca^{2+}、Mg^{2+}、Na^+ 等。反渗透浓水通常具有较高的压力：高压反渗透（5.6～10.5 MPa）、低压反渗透（1.4～4.2 MPa）、超低压反渗透（0.5～1.4 MPa）。

近年来，随着环保要求的提高，提倡工业企业采用绿色技术，同时也对企业在节水减排上提出了更高的要求。循环冷却水的浓缩倍数逐步提高，循环冷却水加入置换水降低硬度和盐分后继续回用，导致最终的浓水相比原水中的污染物含量至少会增加到数倍以上，这股浓水的溶解性总固体（TDS）、COD、总氮等指标都越来越高。但是，RO 浓水的排放政策越来越严，所以，目前很多企业的浓水不再直接排放，而是先在企业内部尽可能地回用。国内大多把浓水回用到过滤器反冲洗水、循环冷却水、浇花、冲厕所、除尘除渣水等；国内 RO 浓水的处理方式主要有回流法、回用作生产用水、资源化利用、蒸馏浓缩等，国外 RO 浓水的处理方式主要有回流法、直接或间接排放法、综合利用法、蒸发浓缩法、污染物去除法等，其中综合利用法又包括资源回收和灌溉用水，污染物去除又包括吸附、生物法、高级氧化法等。

3.3.3.2 浓水回用处理技术

1) 浓水回用处理技术

浓水中不仅含有高浓度的无机盐和有机物，而且可生化性较差，若处理不当则易污染水体引发土壤板结等。常用的浓水回用处理技术有反渗透和臭氧—生物活性炭过滤技术。其中反渗透水处理技术因为其产水水质稳定、无相变无二次污染的特点，在工业与生活污水处理以及海水淡化等方面广泛应用。反渗透浓水回用技术的出现不仅可将节水减排变为现实，还能达到降低制水成本、保护水资源的目的。

若用反渗透处理高盐分的水，在膜的低压侧得到淡水，在高压侧得到卤水。水中溶解的大部分无机盐（包括重金属）、有机物、细菌和病毒不能通过反渗透膜，从而将渗透的纯水与不渗透的浓水严格分离。一般来说，有机碳（TOC）和盐（TDS）的去除率达 90% 以上，细菌和病毒的去除率达 99% 以上。反渗透浓水回用装置的产水电导率一般 $\leqslant$ 30 S/cm，可作为锅炉的给水，也可作为其他工艺用水。反渗透浓水回收利用技术不仅提高了系统水的利用率，降低了水的消耗，而且并不需要十分复杂的预处理工艺。该回用技术具有投资低、回报期短、性价比高的特点。在水资源匮乏的今天，回收和利用这部分水资源具有良好的经济效益和社会效益。

2) 工业浓水回用工艺设计原则

实际工业浓水组分复杂，具有高含盐量（根据原水含盐量和浓缩倍数而定）、较高有机物浓度、高硬度(相对原水)等特点,在回用方案设计时,须针对以上特征做适当的工艺选择。

工业浓水回收工艺设计原则如下:考虑需要回用的浓水量和排放的废水量;根据浓水水量和水质指标,采用针对性强、效果显著、运行成本低的膜法水处理技术;设备制造的外形尺寸满足水处理设备的要求,化学加药单元、微滤单元、反渗透单元均设计成机架式,方便安装,减少占地面积;系统设计为自动运行,控制先进、稳定、可靠,操作及检修方便;浓水回收系统回收率高,外排废水少;系统所用主要设备选用质量可靠产品,包括整套微滤系统、泵、pH 计、PLC 程序控制等,同时满足防腐、流量、压力的要求;工艺设计具有很好的耐冲击负荷和操作的灵活性;整体布局简洁、合理、同时符合国家有关绿化及环保、消防规定;动力设备采用先进设备,保证能长期稳定运行。

3)水杯子中央净水设备浓水回用技术

目前市场上常见的管道分质供水设备通常采用反渗透技术或纳滤技术对自来水进行净化处理达到人们的饮用标准。而反渗透/纳滤管道分质供水设备因其工作原理的限制,在制备净水的过程中都存在着产生浓水的问题。例如,传统的反渗透净水设备的纯废水比为 1∶3,即产生 1 L 纯水的同时也伴随着 3 L 浓水的产生,产生的浓水无法饮用,大部分净水设备厂家会选择将其直接排放。这样无疑是对水资源的一种浪费。水杯子针对管道分质供水设备出现的浓水问题,开发了多项浓水回收专利技术:如 ZL 201520395407.9,一种中央净水设备浓水自动回收控制系统;ZL 201720852083.6,一种带有浓水回流装置的节水型净水器;ZL 201821098832.1,一种新型中央净水设备浓水自动回收控制系统等。

专利 ZL 201821098832.1 的工作原理为:在膜过滤系统的最终浓水出水口增设一个硬度检测器,在硬度检测器后设 T 型管路,且将 T 型管路的下游支路,即浓水回流系统的浓水支路引至设备的原水箱,且沿浓水回流的方向依次串联设置有第三单向阀、回流球阀、浓水回流电磁阀、离子交换器及第四单向阀,其中回流球阀用于调节回水流量,当硬度检测器检测到浓水的硬度低于某一数值时,硬度开关量输出信号给控制柜的 PLC 控制器,PLC 控制器打开浓水回流电磁阀,浓水经过离子交换器,硬度降低,经第四单向阀回流至原水箱,与原水进行中和,进行废水的再利用,提升浓水的回收率,减轻中央净水设备滤芯等组件的工作压力,与此同时,离子交换器内的离子交换树脂可进行再生,循环使用,使用成本低;当硬度检测器检测到浓水的硬度高于某一数值时,系统关闭浓水回流电磁阀,打开出水电磁阀,浓水直接排放,以防止硬度过高的浓水损坏膜过滤组件,起到保护作用。

3.3.3.3 浓水综合利用技术

1)浓水综合利用技术

管道分质直饮水供水系统产生的浓水可以简单地理解为自来水浓缩后的水,根据浓水的特点,可以结合项目实际情况对其进行综合利用,节约用水。

(1)浓水回流反渗透系统循环使用

管道分质直饮水供水反渗透装置的进水电导率一般要求小于 2 000 μS/cm,而自来水的电导率一般在100~1 000 μS/cm之间,根据这一特点可以将部分浓水回收到原水箱中作为补充水循环使用。运行过程中只要将反渗透装置的进水电导率控制在2 000 μS/cm以下,既保证了反渗透装置的进水电导率的指标要求,又提高了反渗透装置对水的利用率。

(2) 浓水用于过滤器反冲洗

反渗透装置生产过程中预处理系统一般要设置介质过滤器,以去除水中的泥沙、悬浮物、胶体等,降低对反渗透膜元件的机械损伤及污染。在过滤过程中,原水中的悬浮物等被滤料层截流吸附并不断地在滤料层中积累,于是滤层空隙逐渐被污物堵塞,在滤层表面形成滤饼,过滤水头损失不断增加。当达到某一限度时,滤料须进行清洗,使滤层恢复工作性能,继续工作。因此,这些过滤器运行到一定周期,需要对其进行反冲洗。用浓水代替自来水反冲洗过滤器可以节约自来水。

(3) 浓水回收生产系统使用

大型厂矿企业的生产过程有些工序可能需要大量的水进行配料、冲洗等操作,这些工序可能对水质的要求不是很高,因此可以根据其生产要求将浓水输送到对水质要求不高的工序进行分配使用,节约自来水用量。

(4) 浓水用于绿化、景观

在项目内及周边的绿化区和景观区域铺设管道,用浓水代替自来水进行厂区绿化和作为景观用水,也可以节约自来水用量。

(5) 浓水用于冲厕、冲洗地面

在项目内的厕所区域铺设管道,用浓水代替自来水进行冲厕、冲洗地面,达到节水的目的。

2) 浓水综合利用过程中需注意的问题

浓水回用过程中注意控制产水指标。无论是将浓水回收反渗透系统循环使用,还是用于工业生产工序的配料、冲洗等工艺过程,均是基于满足产水水质标准和生产工艺指标要求为前提,因此要注意控制浓水回用工序的产水指标。在回收利用浓水的过程中,须保证满足产水水质标准和生产工艺指标的要求。

根据浓水的水质指标特点,浓水在回收利用过程中容易造成浓水输送分配管道的结垢,进而造成管道及阀门的堵塞。因此,在浓水输送管道设计过程中应考虑一定的设计余量,提前做好浓水管道结垢的预防工作。

由于浓水的含盐量指标是自来水的3~4倍,长期使用浓水进行绿化可能会造成绿地局部土壤钙质化,需要注意其可能对绿化植被产生不利影响。

3.4 管道保温隔热技术

管道分质供水工程采用的是独立的循环管网。独立管网在设计和铺设过程中,特别是已有的老旧小区和学校等公共建筑增设的管网主要采用外挂布置的形式。外挂的管道没有专门的管道井进行相应的防护,管网不仅有受到外力破坏的风险,同时在严寒时期还易受到冻胀破坏的风险。近年来随着全球气候变暖,气候变化和大气环流异常导致了越来越多的极端天气事件发生,在极端的天气事件中,多地冬季最低气温记录被打破,这些极低温度将使管网发生大规模的冻胀破坏;同时多地夏季最高纪录也被打破,极高温一方面将影响管网使用的持久性和稳定性,另一方面管网内直饮水温度升高,极大影响管道直饮水的口感,影响用户体验。因此,在管道分质供水工程中,独立管网的保温隔热措施是非常重要的。管网的保温隔热措施,主要是指减少管网向外传递热量而使用的工艺措施。保温隔热措施的主要目的是减少管道的热损失,以防止液体凝固或冻胀在管内,造成管道冻胀破坏,使管道的使用寿命和运营年限延长。

在寒冷的冬季,管道分质供水工程的供水管网容易发生冻胀破坏。管道冻胀不仅对管道系统造成损坏,增加维修和更换成本,而且导致供水中断,影响了用户的管道直饮水供应,给用户生活带来不便。根据中国的年均气温零度等温线这样一个重要的气候分界带,可以大致将冬天的中国分成三个部分。根据最新的气候分区标准,年均气温零度等温线大致位于中国的黄河流域和淮河流域之间,具体位置约在北纬32°—34°之间,主要经过河南、安徽、江苏、山东等省份。在最北的等温线以北的地区,气温较低,夏季较短,冬季较长,是冬季较为严寒的地区;而在最南的等温线以南的地区,气温较高,冬季较短,夏季较长,是冬季较为温暖的地区。在北纬32°—34°之间的年平均零度等温线带区间,是冬季严寒地区与温暖地区的过渡地区。三个地区的保温隔热措施均应有所分别,见表3.10。

表3.10 冬季不同分区保温隔热措施表

分区	严寒区 北纬34°以北	过渡区 北纬32°—34°	温暖区 北纬32°以南
保温隔热措施	保温措施为主	综合考虑	考虑夏季隔热

3.4.1 管网冻胀原因

根据现有文献报道[289],冬季我国自来水供水管线全线冻胀率高达80%,严重影响了管道正常供水。由于管道分质供水工程管道管径较小,管内流量小,流速低,在寒冷的冬季,即使外加保温层,水温通常会在几个小时内从10℃左右降至冰点以下[290],管道冻胀的可能性更高。引起供水管道冻胀原因较多,归纳起来主要有以下几点[291]:

(1) 间歇式供水方式:间歇式供水模式下,在每天的停供水时间段内,管网内水无流动性。冬季严寒情况下,管材外部环境热力学上可看作巨大的冷源,管内水储存的热量通过管壁散失到外部环境中,同时由于管线停水,管内水散失的热量无法得到及时补充,温度持续降低,当降至0℃以下时管线就会发生冻胀。

(2) 设计、施工不符合要求:实地调查中发现,部分管线由于设计、施工不符合要求,导致管线出现冻胀现象。部分地区施工单位私自降低管材质量和变更保温配件材质要求,简化施工流程,降低施工质量,严重影响管线供水安全进而导致管线冻胀严重。

(3) 室外管线老化、保温层失效:调查中发现,部分区域供水管线建成投入使用时间长,管线老化、保温层失效、腐蚀严重,自身保温能力下降,自身漏水渗水现象严重,导致经常出现冻胀情况。

(4) 供水入户管：调查中发现，很多用户入户管保温层损坏老化严重，部分管道或附属设备未进行保温处理，室内温度降至0℃时，入户管道就会出现冻胀现象。

3.4.2 管网防寒隔热措施

管网的防寒隔热主要措施包括以下三个：一是使用保温材料＋保温结构处理。在管道表面包裹保温材料，如石棉、玻璃纤维等，可以减少热量的传递，提高管道的保温性能。二是涂抹防冻（防晒）涂料。在管道表面涂抹防冻涂料，可以形成一层保护膜，防止水分、空气与管道接触。三是采用其他辅助工程措施。如利用循环泵增加管道系统的水循环，强制水流循环，防止管道内的水温度变化过大；或在管道系统的最低点设置排水阀或排空装置，可以在管道冻裂前及时将水排空，避免管道冻胀。这些措施可以结合使用，以提高管道的防寒隔热性能，确保管道的安全、节能和高效运行。

1) 主要保温材料

根据对国内外保温管道相关资料的研究和分析，保温管道常用的材料从其类型上可分为纤维型、气孔状（粉末类）和发泡型三大类[292]。

(1) 无机纤维状保温材料

① 矿棉、岩棉及玻璃棉[293-297]：矿棉制品是一种轻质、保温、节能的多功能材料，是以工业矿渣如高炉矿渣、粉煤灰、磷矿渣等为主原料，经过重熔、纤维化制成的一种无机质纤维，该制品在工业保温中越来越被人们所重视。

② 硅酸铝纤维[298,299]：硅酸铝纤维以硬质黏土熟料为原料，经电阻或电弧炉熔融、喷吹成纤工艺生产而成，是一种新型轻质耐火材料，该材料具有容重轻、耐高温、热传导率低、热稳定性好、热容小、抗机械振动好、受热膨胀小、隔热性能好等优点。经特殊加工，可制成硅酸铝纤维板、硅酸铝纤维毡、硅酸铝纤维绳、硅酸铝纤维毯等产品。

③ 气凝胶[300]：气凝胶又称为干凝胶。当凝胶脱去大部分溶剂，使凝胶中液体含量比固体含量少得多，或凝胶的空间网状结构中充满的介质是气体，外表呈固体状，这即为干凝胶，也称为气凝胶。气凝胶具凝胶的性质，即具膨胀作用、触变作用、离浆作用。

(2) 粉末状保温材料

粉末状保温材料是固体基质不连续，但气孔连续的保温材料。主要有膨胀珍珠岩、硅藻土、膨胀蛭石等保温材料。

膨胀珍珠岩[301-303]生产工艺不复杂，投资小，价格比较低，保温性能比较好。

硅藻土和蛭石等保温材料也是传统的低效无机保温材料，千百年来使用不衰，究其原因就在于它生产工艺简单，投资小，见效快，就地供应，使用方便。

(3) 多孔状保温材料

① 聚氨酯泡沫塑料[304-308]：聚氨酯泡沫塑料是由二元或多元有机异氰酯与多元醇化合物，加上其他助剂作用相互发生反应而形成的高分子聚合物。该保温材料以其优良的物理力学性能、声学性能、耐化学性能和绝热性能近几十年来在国内外获得了快速发展。

② 硅酸钙：硅酸钙保温材料从1972年开始应用至今。主要是以氧化硅、氧化钙以及增强纤维为主要原料，经过搅拌、加热、凝胶、成型、蒸压硬化、干燥等工序制成的一种新型保温材料。

③ 微孔硅酸钙：该制品是一种新型保温材料，它具有容重轻、导热系数低、抗折、抗压强度高、耐热性好、无毒不燃、可锯切、易加工、不腐蚀管线和设备等优点，是目前最受电力、石油、化工、冶金等部门欢迎的新型硬质保温材料。

④ 球硅复合材料[308]：球硅复合防腐保温材料是以球硅为骨料，改性泡沫为粘合剂的新型复合保温材料，具有不吸水、抗压强度高、防水防腐性能好，较好的韧性和弹性以及含湿率低等特点。

（4）膏状保温材料

① 复合硅酸盐：复合硅酸盐绝热涂料呈黏稠状浆体，它综合了绝热材料和涂料的双重特点，将其涂抹在要求绝热的设备以及管线表面，干燥后会形成有一定强度和弹性的多微孔绝热涂层。这种涂料形成的涂层的整体性好，导热系数比较低，绝热效果好。

② 稀土保温材料：稀土复合保温材料是近年发展起来的一种新型保温材料。它是由精选矿物添加多种化学添加剂，经特殊工艺制成的，具有可在常温或高温状态下施工的优点。

2）主要保温结构

在保温结构方面，国内外防腐保温管道的结构为防腐层-保温层-外保护层[309]。保温层主要采用闭孔型硬质泡沫塑料，外防护层材料主要采用聚乙烯。现场的多年应用表明，管道的工程保温措施主要是使用优质的保温材料结合一定的保温结构和防护层。因此，有必要针对管道分质供水工程的应用条件、使用场景和实际情况，模拟现场使用环境开展室内实验，对比多种保温结构，评价和优选出结构稳定、施工简单的保温结构。

（1）保温结构一般要求

保温结构[310-314]的设计关系到保温效果、投资费用、使用年限等问题。通常保温结构要满足以下条件：

① 保证管线热损失不超过标准热损失，在标准热损失允许范围内，保温层越薄越好；② 保温结构须有足够的机械强度；③ 有较好的防水保护层；④ 保温结构要避免使管线受到腐蚀；⑤ 保温结构所产生的应力不能传递到管线上；⑥ 结构简单，尽量减少材料消耗量；⑦ 保温结构所需材料应就地取材；⑧ 施工操作简单，维护检修方便。

（2）单层微孔硅酸钙瓦＋单层毡（岩棉）保温结构：内层微孔硅酸钙瓦与外层软质材料的保温结构，即内层为微孔硅酸钙瓦，外层为复合硅酸盐毡的软质材料。从现场实际应用情况看，这种结构普遍存在保温材料下沉的情况。

（3）保温毡结构：复合硅酸盐毡保温结构，保护层采用沥青玻璃丝布＋玻璃丝布刷防水漆的防护措施。现场实际应用表明，复合硅酸盐毡直接包裹在管线外壁上，长期使用后，由于管线振动同样也会造成保温材料下沉，使保温管线上部热损失增大。

（4）双层瓦块保温结构：微孔硅酸钙预制瓦双层嵌套的保温结构，外覆沥青玻璃丝布＋玻璃丝布刷漆。采用微孔硅酸钙预制瓦块双层嵌套的保温结构保温注汽管线，使保温材料与管线形成一个整体，保温层不下沉，不开裂，只要瓦块连接处接缝处理得当，不漏缝隙，保护层不破损，则基本能够满足表面热损小、结构稳定的要求。

（5）管壳保温结构：复合硅酸盐管壳对管线进行保温。对于管壳这种保温材料，连接处一般采用涂料固定接缝。

3) 保温涂料

管道常见的防冻防晒涂料为水性防冻防水涂料。这是一种环保型涂料,具有优异的防水性和防冻性。其主要成分为水性聚合物和纳米材料,不含有害溶剂和挥发性有机物,具有无毒、无味、不燃的特点,适用于管道等防水防腐施工。它具有优秀的防水性和防冻性,可以在寒冷的天气中保护管道不受到冻裂和损伤。

水性防冻防水涂料的施工方法简单,一般采用刷涂或喷涂方式。在施工前,需要对管道表面进行清理,去除油污、水分和杂质。然后,按照涂料的使用说明进行涂装,注意涂层的厚度和均匀性。涂装完成后,需要进行养护,确保涂层的质量和持久性。

4) 辅助运行措施

管道分质供水系统的管径大部分在DN32左右,容易发生冻胀而引起管道破坏影响稳定供水。根据项目运行的实际情况,并结合管道分质供水的特征,常用的辅助运行措施如下:

(1) 主机产水加热

在管道分质供水运行过程中,主机产水加热是一种主要的管道防冻方式。主机产水加热是将产水通过管道进行热交换或直接将加热设备设置在水箱当中,让产水加热到设定的温度,再通过管道将加热过的水泵送出去,防止水温过低引起管道冻胀。主机加热效率比较高,可以快速地将水加热到需要的温度,但能耗较大,应尽量做到节能。加热设备应该具有安全保护功能,以防止过热、干烧等安全问题。

(2) 增加循环次数/延长循环时间,减少水在管网中滞留时间

在严寒天气情况下,通过自动控制系统增加管道中水的循环次数或延长循环时间;增加循环次数或延长循环时间(极端24小时)可以有效地提高供水的水温,减少水在管网中滞留时间,从而确保管网中的水正常流动,防止管网发生冻胀。

(3) 根据极端天气预报,如遇极端寒冷天气,可提前通过控制系统打开最低泄水阀,预防性排空管道中的存水,但应严格根据应急预案进行处置。

3.5 管道分质直饮水供水自动控制和智慧化管理技术

3.5.1 自动控制和智慧化管理技术的发展

从20世纪初开始,经典控制理论使科技水平出现了巨大的飞跃,自动控制技术已经在各个行业得到广泛应用,并且随着科技的不断发展,自动控制技术也在不断进步和演变。自动控制技术的发展趋势主要包含以下几个方面:一是人工智能技术的应用。随着人工智能技术的不断发展,自动控制系统将更加智能化。人工智能技术可以帮助系统自动学习理解和适应环境变化,从而提高系统的自主决策能力和自适应能力。二是大数据和云计算的应用。通过收集和分析大量的实时数据,并利用云计算技术进行处理和存储,可以提高自动控制系统的决策能力和对复杂系统的建模能力。三是无线通信和物联网的应用。通过无线通信技术和物联网技术可以将传感器、执行器和控制节点相互连接,并实现对设备和系统的远程监控和控制,提高自动控制系统的实时性和可靠性。四是自适应

控制技术的应用。自适应控制技术可以根据系统的变化实时调整控制策略和参数,从而适应不同工况和外界干扰,提高系统的鲁棒性和稳定性。五是系统安全和可靠性的提升。自动控制系统的安全和可靠性是发展的重要方向。

纵观水处理自动化控制技术的发展,第一次大的飞跃是20世纪60年代末,当时主要是引进了可编程逻辑控制器(Programmable Logic Controller,PLC)技术[315]。第二次大的飞跃是20世纪90年代,那时国内开始引进分布式测控系统、工业PC机等概念和技术。自此水处理控制技术逐步走向自动控制的经典理论(如Process Identifier,PID调节等)与计算机技术的最新成果相融合的阶段[316]。这种融合充分发挥了各自的性能和特点,相得益彰产生了质的飞跃[317]。并且,现代计算机技术的集成化、网络化秉性,为构建新型的水处理自动控制系统,提供了强大又便捷的支持。另一方面,在测控的前端和末端,专门与PLC相匹配的水工业专用检测、转换、显示、调节、执行等部件也获得了长足的发展,这也成了推动供水系统的自动监控技术发展的动因之一。

管道分质供水系统,不仅要手动控制完成饮用水深度处理,更需实现日常的自动控制与无人值守操作。而且,随着工业化水平的不断提升以及人们生活水平的不断提高,对管道分质供水系统的自动化控制要求也越来越高[318]。国内在水处理领域的主流控制技术,较世界先进水平还是稍显落后的。剖析国内管道分质供水行业,目前在自动控制方面主要存在两个不足:一是在设计上大多尚未实现全自动控制,通常是部分自动控制(如主机与供水)。因手动控制还占了相当比例,故这些系统投入使用后,日常维护工程量大,非专业用户难以接管。二是全盘套用国外自来水生产的大型自动化系统。这种模式虽然能实现控制目标,但整个控制系统不仅造价高,且备品、备件的价格更高,致使售后服务跟不上。实际使用下来,也发现国外的控制系统与分质供水系统并不贴合。

管道分质直饮水供水是具中国特色的优质水供给方式,其水处理系统不同于自来水厂的处理系统,管理要求有其特殊性。针对这些特色,结合现代传感技术、计算机控制自动化技术以及信息互联技术是它的必由之路。随着管道分质直饮水供水控制技术和信息互联技术需求的日益迫切,我国需要抓紧开发高水平、智能化和人性化的先进管控方式。如何进一步提高中央水处理设备的自动化程度、运行可靠性、维护便捷性,降低人员维护工作强度和其他管理成本,也成为自动控制系统的一个重要评价标准。因而今天的管道分质直饮水供水自动控制系统,在物联网远程监控、智慧维护方向上有了快速的发展[319]。

为了保障管道分质直饮水供水系统的全天候、全方位地全程可靠运行,管道分质直饮水供水系统的制水和供水,必须设置手动控制系统和自动化控制系统,并可以选配远程监控系统[315,320]。据上,为后面叙述方便,我们对管道分质直饮水供水自动控制系统提出前台系统和后台系统两个概念。前台系统为:以PLC(或工业计算机)为中央处理器的实时测控系统,后台为:以企业云计算为核心的信息服务系统或智慧化管理平台。前台系统在现场,保障系统的实时精准运行,为客户提供可靠的人性化的服务;后台系统在企业,支撑企业对现场系统的大数据积累、综合评估,以及系统维护的远程支持。

本章主要介绍管道分质直饮水供水自动控制系统的构成、控制原理、操作及故障与诊断,并结合南京水杯子科技股份有限公司20余年的工程实践经验介绍管道分质供水的自动控制技术,同时介绍水杯子管道分质直饮水系统远程监控的实现方式和智慧管理平台。

3.5.2 技术思路与实施方式

管道分质直饮水供水系统是先进工艺技术、自控技术、智慧化管理等高科技的系统综合。为此,通过综合分析国内分质供水技术的不足及结合国内外技术的发展,水杯子公司设计了管道分质供水自动控制前台系统。前台控制系统主要由5个单元控制系统组成,即预处理单元控制系统、膜主机控制系统、变频恒压供水控制系统、杀菌保鲜控制系统及管网循环控制系统[321]。各控制单元具有一定独立性,又相互联系与互锁保护。采用PLC所具备的软件功能,对这些单元集中控制,构成一个完整的控制系统。前台自控系统的配置见图3-25。

图3-25 自控系统配置示意图

本前台系统的特点是:

1) 一体化的控制模式

将开关量等所有输入信号汇总(I)到PLC,由PLC通过软件功能,根据各单元系统设备运行逻辑关系,自动控制(O)各单元内的电气设备运行状态。

2) 合理的资源共享

采用统一控制,避免设备调用资源时发生冲突,提高了整个系统运行的效率和安全性。如早期某些系统设计时预处理单元控制系统和膜主机控制系统是独立分开的;膜主机的启动是通过水箱的液位来控制,是不定时的,而预处理单元的反冲洗是定时的,当出现膜主机制水同时要进行前置过滤器的冲洗时,膜主机仅仅靠低压保护开关来停止制水,一旦压力开关卡涩或调整位置不当,主机继续运行会造成高压泵的烧毁。我们研发的预处理单元和膜处理单元的整合就解决了这一问题:当PLC检测到前置预处理单元的反冲洗信号时,经软件处理会自动按正确顺序来停止膜主机工作,预处理冲洗结束,系统会重新按工艺程序启动膜主机。

3) 系统内安全性升级

整个系统设置多级连锁保护装置,大大提高了系统运行的安全性和可靠性。由于各个控制单元连成一个整体,当其中某个单元环节出现故障或事故时(如管漏、管裂、滤芯堵塞、变频器故障或设备失灵等),那么与其相关的设备系统会进入自锁保护状态,避免事故进一步扩展。这一点,传统孤立分开的控制系统是做不到的。

3.5.3 管道分质供水自动控制系统

3.5.3.1 控制系统功能

管道分质直饮水供水自动控制系统应运行安全可靠,应设置故障停机、故障报警装置、远程上报、实时监控,并实现无人值守、自动运行。

具体的基本功能包括:现场急停控制;现场自动/手动切换控制;管网变频恒压供水控制;石英砂、活性炭的正冲洗、反冲洗自动控制;主机产水自动洗膜控制;原/净水箱高低液位联动控制;紫外线灯与其他设备的联动控制;高压泵低压/缺水保护;水泵过载保护;电源过载、短路、漏电保护;设备接地保护;故障自动报警停机上传。

此外,智能化的管道分质供水控制系统还可具有以下拓展功能:

精滤器滤芯堵塞智能检测;膜污染智能检测;浓水回流节水功能与智能控制;设备产水量统计;设备运行状态实时显示;运行数据实时显示;报警信息自动提醒并记录;设备运行历史查询;操作权限密码保护;设备运行情况远程监视;设备远程控制等等。

管道分质供水控制系统核心控制器的选型充分考虑了工业控制的抗干扰、抗振动和高可靠性、低故障率的要求。严密的控制逻辑和完善的保护措施,再加上远程监控技术的应用,使整个电气监控系统具有极强的故障监测处理与自诊断能力,为维护人员迅速、及时地排除故障提供了有效的帮助。

3.5.3.2 控制系统内容

管道分质供水自动控制的主要内容包括但不限于如下内容:

1) 设备自动/手动产/供水控制

设备设有手动/自动模式切换开关,自动状态下设备根据实时液位和供水压力自动补水、产水、供水。手动模式下可单独控制设备任意单独元器件,实现手动产/供水。

2) 水泵控制

包括炭滤泵、高压泵、清洗泵和供水泵,其中供水泵可变频/工频切换运行。

3) 石英砂、活性炭控制

砂滤器、炭滤器各自由1个多路阀进行控制,分别有运行、反洗、正洗、停止4种状态。根据水质和设备的实际情况每1~7日(可设置)发送冲洗信号给PLC自动对砂滤器、炭滤器进行一次定时冲洗。

4) 洗膜电磁阀控制

在每次主机产水开始时开通,以对膜进行冲洗,除去上次停机时残余的水膜及污垢,延时1~3 min后关断。

5) 浓水回流阀控制

仅在浓水回流时开通,浓水排放到地沟时关断。

6) 杀菌消毒控制

在管道直饮水系统工程中,最常用的净水杀菌消毒方式为紫外线、臭氧、二氧化氯杀菌消毒,而不同消毒方式的设备控制系统会有区别。

7) 冬季防冻控制

针对冬季寒冷地区,在设计时应考虑冬季直饮水因环境温度过低管网防冻问题。使用环境温度和管网温度传感器探测实时温度,PLC根据传感器反馈回来的温度,控制设备进行加热循环,避免冬季管网冻胀影响住户用水。

3.5.3.3 控制系统的组成

住房和城乡建设部颁布的《建筑与小区管道直饮水系统技术规程》(CJJ/T 110—2017)中对控制系统做出了原则性规定:净水机房制水、供水过程宜设自动化监控系统。自控系统根据系统工程的规模和要求可分为3种控制模式:一是现场自动模式(净水设备按编制的程序和设置的参数自动运行);二是现场手动模式(操作人员根据现场情况开启或停止某个设备);三是远程模式(即通过中心计算机进行控制)。具体选择哪种操作模式也可根据客户需求而定。在遥控模式和现场自动模式的设计中,同时要求具有现场手动控制功能。一般在正常运行时,使用遥控和现场自动模式;在调试和检修情况下,使用手动模式。管道分质直饮水自动控制系统主要由主控制器、人机操作界面、现场信号采集、输出设备控制、远程监控单元等部分组成。

1) 主控制器

管道分质直饮水供水系统的设备自动运行需要 PLC 控制器来自动控制。依据管道直饮水系统工艺流程,按照事先编译的内部程序控制各部分设备的运转。

PLC 是管道分质直饮水电气监控系统的核心,它对采集得到的所有现场信号和来自操作面板、触摸屏、上位机等的所有操作指令进行分析和处理,而后对外部的输出设备进行控制,如泵的启停、电磁阀的通断等的控制。

2) 人机操作界面

人机操作界面是操作人员进行手/自动控制,以及启动、停止设备,获知设备状态、故障信息、参数配置的重要控制设备。传统的人机操作界面是机械式的开关指示灯面板,如图3-26所示。机械式开关指示灯面板将按钮旋钮开关、状态指示灯、显示仪表等器件安装于机械面板上,具有安装接线复杂、功能单一、占用空间多、硬件故障率高的缺点,只用于一些旧式的或低端简单的控制场所。在要求更高的场所,这种传统的机械控制面板被触摸屏人机界面取代。

图 3-26 传统机械按钮设备

触摸屏人机界面一般包括了彩色液晶显示器和触摸式人机操作面板,界面美观大方操作直接简便。它具有自动/手动控制功能,可实时显示运行数据、自动显示报警信息;还具备操作权限密码安全保护功能。另外,功能更高级的触摸屏还具备存储及查询系统设备运行历史数据的功能,以及设备运行状态、工艺流程动画显示等功能。如图 3-27、图 3-28 所示。

图 3-27　水杯子直饮水系统触摸屏主界面

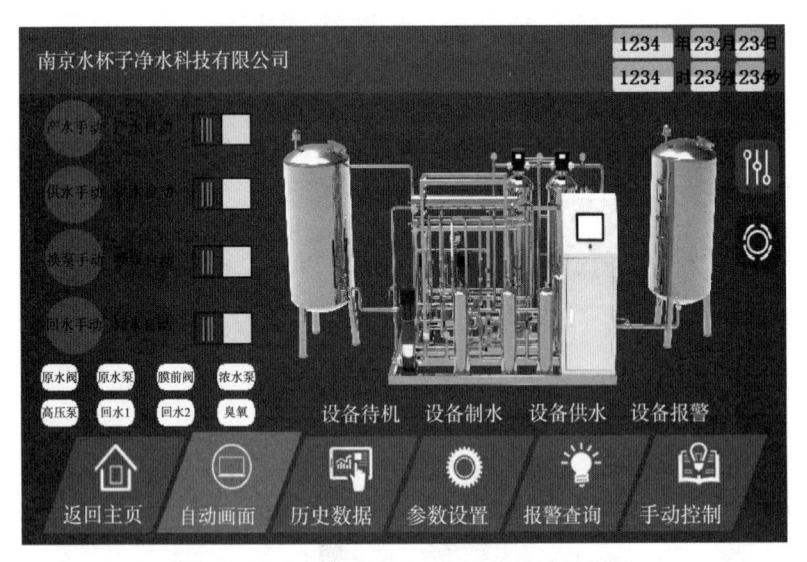

图 3-28　水杯子直饮水系统触摸屏控制界面

3) 预处理单元控制系统

(1) 预处理单元控制要求

预处理单元主要包括原水电磁阀、原水箱、原水泵 1、原水泵 2、介质过滤器、活性炭过滤器、压力表、电导率检测仪等组成。其工作过程为:原水注入原水箱,经原水泵增压至

0.2 kg/cm² —0.3 kg/cm² 后,输送到预处理单元。原水箱内有高、中、低液位控制开关,为系统自动控制提供相应控制信号。在膜主机正常制水过程中,如原水箱缺水(低于低液位时),原水泵、高压泵要自动停转。在原水箱补水到高于中液位后系统会自动再启动;当原水箱水位到达高液位时,原水进水阀将自动关闭,当原水箱水位低于中位时,原水进水阀自动开启补水。原水在通过过滤层过程中,水中的悬浮物被截留或吸附。随着过滤时间和过滤进水的增多,过滤器的滤料截留固体杂质、微生物增多,过滤器进出水的压力差增大,当压力差大于最大允许值(如0.05 Mpa)时,过滤器需要进行逆洗和正洗处理,以清除滤料过滤时截留的表面污物,恢复过滤器的过滤能力(图3-29)。

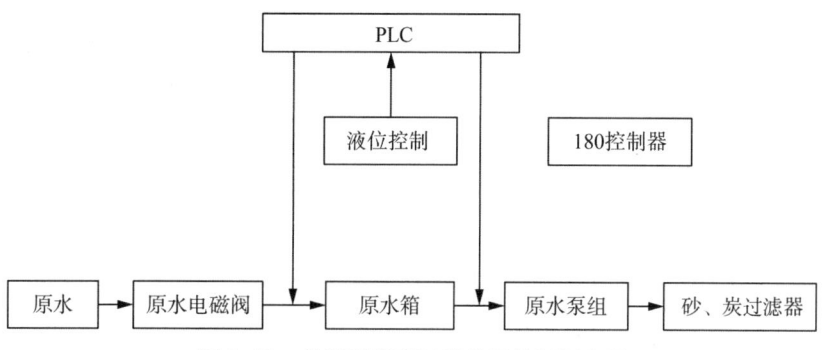

图 3-29　前置预处理过滤单元控制示意图

为实现上述工作过程,原水泵控制要达到如下要求:一是实现过滤器的自动或手动的正洗、反洗功能;二是实现与原水箱液位开关控制相对应的补水功能;三是实现与膜主机控制相对应的开启与闭合功能。

（2）预处理单元控制电路

为达到上述控制要求,预处理单元控制电路接线设计见图3-30。

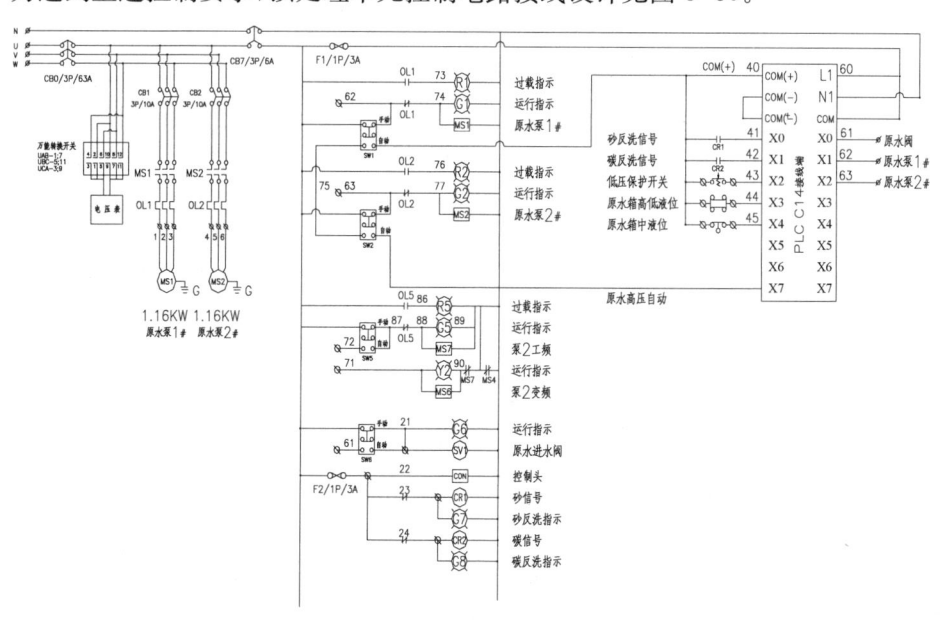

图 3-30　预处理单元控制电路接线图

电路图说明如下：PLC 的 X0、X1 分别接入石英砂过滤器冲洗信号和活性炭过滤器冲洗信号的继电器，当时间到达砂、炭过滤器上的控制头定时器设定的冲洗时间时，控制头上的微动开关接通，通过 23、24 引线使继电器 CR1、CR2 线圈动作，接点接通输入信号到 PLC，PLC 根据程序控制输出。原水箱高低液位开关信号接入 X3，中液位开关接入 X4，直接由 PLC 24 V 直流电源供电，液位开关浮子向下时，低、中液位开关是常开，高液位开关是常闭。X7 是原水泵 1、2 和高压泵"自动"输入信号，其中任一个不在"自动"位置，整个预处理系统都不会启动。泵 1 和泵 2 都设有过热过流保护开关 OL1 和 OL2，面板有正常运行指示 G1、G2 和过载报警指示 R1、R2。

(3) 系统软件设计

系统控制以采用日本松下电工公司的 FP1-C16PLC 可编程控制器为例，它具有 8 个开关输入量和 8 个开关输出量，本前置预处理单元输入开关信号主要包括：砂反洗信号、炭反洗信号、原水箱高液位、原水箱中液位、原水箱低液位、原水泵自动信号等；输出开关信号主要包括：原水阀的开启、原水泵 1 启动、原水泵 2 启动等。按系统控制功能要求，循环控制设计如图 3-31 所示。

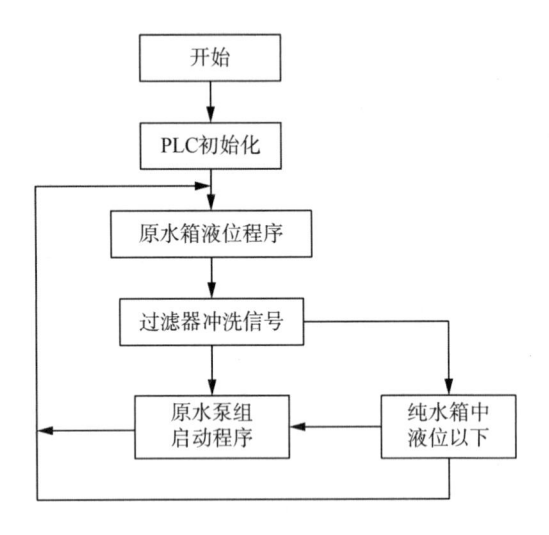

图 3-31 预处理系统程序流程图

在系统运行过程中，PLC 可执行如下指令：PLC 接受水位信号，完成原水箱低水位停泵报警、中水位开启进水阀和高水位关闭进水阀门。PLC 接受过滤器控制头的砂反洗、正洗信号及炭反洗、正洗信号，经内部程序分析、扫描后自动停止膜系统的运行，自动启动原水泵执行砂、炭滤器反洗所需要的各个动作。PLC 接受控制柜启动、停止按钮信号，完成对原水箱液位及原水泵的开启和停止控制。

两台原水泵随着制水、正洗、逆洗情况循环互换启动，以达到有效延长原水泵使用寿命的目的。膜主机工作时，程序启动一台原水泵运行，膜主机制水完毕，停原水泵。两台原水泵互换轮动，交替使用。

4) 膜主机控制系统

(1) 膜主机控制要求

① 高压泵的工作控制

由于膜组件工作提供驱动压力的多级高压泵无自吸功能，必须严格保证泵中有水流过后再启动泵，因此不能将开机与加压泵设计为同步，必须增加延时启动功能，而延时时间必须与前置的原水泵的流量和启动压力相匹配，才能保证高压泵启动的瞬间，预处理部分可供给足够的水量和压力，而不出现触发低压保护开关导致开机失败的现象。

② 产水水质监控控制

电柜上在线电导率检测仪表具有温度补偿功能，通过电导率仪对产水水质进行实时在线监测;并与设定值进行分析比较,分析结果触发仪表上的无源开关触点断开/闭合动作,并输入到PLC或远程监控系统,由其发出指令驱动电磁阀的关或开。

③ 膜冲洗控制

运行中的膜表面容易受水中机械颗粒和胶体等污染,须进行物理冲洗。设计自动冲洗功能,进行自动冲洗动作,自动实现日常维护和保养。

膜过滤单元系统控制构成示意图见图3-32。

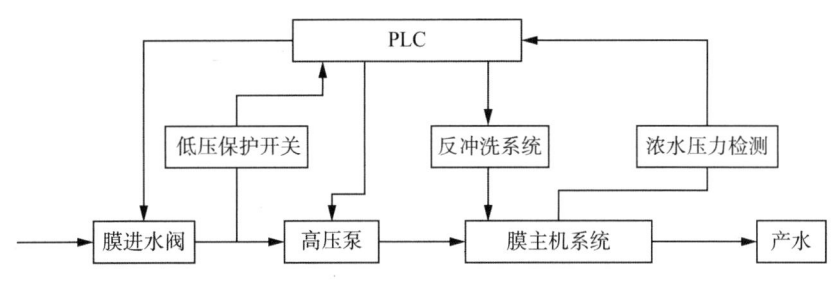

图 3-32 膜过滤单元系统控制构成示意图

(2) 膜主机系统控制电路

为达到上述控制要求,采取如下设计方案:

在高压泵的进水口设置了低压保护开关,防止由于处理供水量不足造成泵的损坏。

在膜组件进口、浓水出口设置压力检测仪器,一方面可避免管道堵塞造成膜组件的损坏,另一方面在膜组件或管道等因高压出现爆裂时,能及时关闭进水阀,避免事故进一步蔓延,这些压力开关和压力传感器经PLC或远传监控系统处理,会正确指明故障原因或发出停机或开机指令,在工作过程中有效地保护了高压泵和膜组件。

设计系统的正常运行和报警。包括膜进水电磁阀、原水泵、高压泵、时控开关等的工作运行指示以及原水泵、高压泵在运行时出现过流保护指示以及膜系统进水出现低压现象的报警指示。

硬件接线原理图见图3-33。

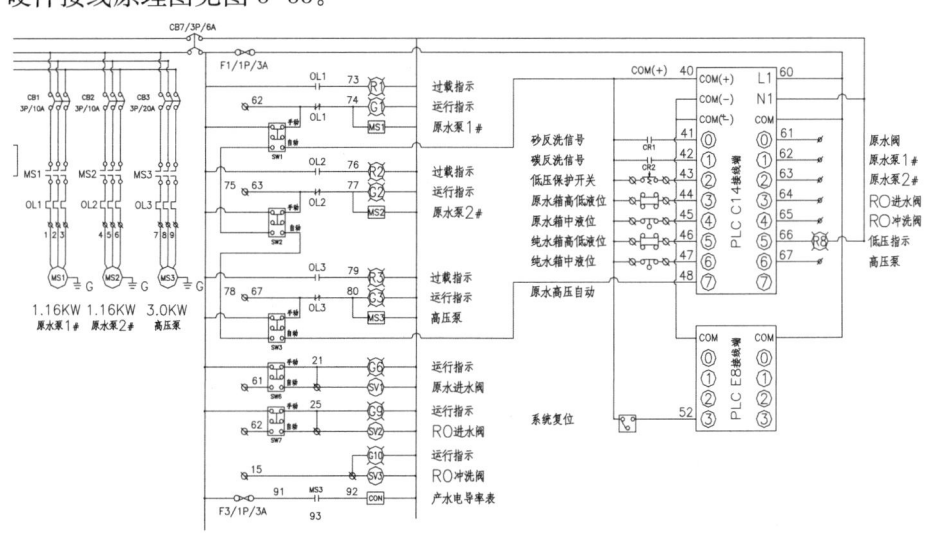

图 3-33 膜主机控制电路图

电路图说明:低压保护开关信号接入 X2,设置为常开,当水压达到设定值,开关吸合,输入信号→PLC,启动高压泵制水;高压启动同时接通产水电导率表电源,在线监测水质情况;高压泵设有过热过流保护开关 OL3,并在柜面上指示正常运行 G3 和过载报警 R3。当系统低压,在启动三次后水压仍达不到设定值,系统自锁,Y5 输出低压报警信号,R8 指示灯闪烁。只有当按下复位键,膜系统才能重新启动。

上述控制功能是一般膜主机所具备的,为满足无人操作的需要,保障系统的安全性,系统中应增设如下两点功能:

① 自控保护功能

目前,常用的膜主机系统,由于前级的保安过滤内滤芯表面污物过多而又来不及更换,或是前级的管件漏水,当启动高压泵制水时由于供水不足,会造成低压,系统将停止高压泵工作。之后水量的增加又使系统启动高压泵,如此往复循环造成高压泵的频繁启动,甚至烧毁电机。通过低压保护程序设计,当系统进水压力低于设定值,停止制水,系统启动低压自动复位功能,经一段时间后再次按工艺控制程序启动系统,若经三次启动,仍为低压报警,那么膜系统停止运行,进入自锁状态。只有当系统故障被排除后并按下"系统复位"按钮开关,才能重新自动启动系统,这样可保障高压泵正常运转。

② 膜管件及膜元件外壳破裂保护措施

这是一项新的保护措施,在工程中由于管件老化或粘贴不牢或其他外力原因而造成管裂,使大量水排出,会直接影响到设备正常运行,有时导致重大事故。在设计中,对回水控制阀实行压力控制,在运行过程中,如压力突然降低而进水工作正常,则自动关闭进水阀门,停止高压泵。

(3) 膜主机系统软件设计

根据以上几点功能控制,系统软件功能如下:

① 自动运行制水程序

系统接通电源,PLC 赋值初始化。自动运行制水条件为:原水箱水位高于中水位;净水箱水位低于中水位;砂滤器、炭滤器不进行反洗、正洗状态。同时满足以上条件及原水进水电磁阀、膜前进水电磁阀、原水泵 1#、原水泵 2#、高压系统各控制开关打至"自动"位置。系统首先开启膜前进水电磁阀,然后启动原水泵 1# 或原水泵 2#,压力开关对膜进水压力进行检测接通信号,几秒钟后启动高压泵,系统即处于自动保护状态下运行制备水。

② 自动停止制水条件

当净水箱水位到达高液位位置;原水箱水位低于低水位;砂滤器、炭滤器在进行自动反洗、正洗状态;膜进水压力低于设定值;各开关不处于自动状态。当其中任一条件成立,系统停止设备运行。停止制水的顺序为:先停高压泵,5 s 后再停原水泵,再过 5 s 关闭膜前进水阀。在自动工作制水方式下,膜前进水电磁阀、高压泵、原水泵控制开关具有互锁功能。以上开关其中一个不在自动位置,设备互锁功能停止膜主机的工作运行。

③ 低压保护程序

当膜系统进水压力低于系统设定值 0.15 MPa 时,10 s 后,系统首先自动关闭高压泵、原水泵 1#、原水泵 2#,再关闭膜前进水电磁阀,系统低压红色指示灯以一秒接通闪烁,一秒断开的频率交替进行闪亮。同时系统启动低压自动复位功能,膜系统在低压关机

1分钟后自动按工艺控制程序启动系统,如果启动后进水压力达到设定值,继续进行正常制水,如果启动后仍然低压,膜系统进行第二次低压开关,2 min后再自动按工艺控制程序启动系统,如果启动后进水压力达到设定值时继续进行制水;如果启动后再次低压,膜系统第三次低压关机,则整个膜系统停止运行并进入自锁状态。只有当系统故障被排除后并按下"系统复位"按钮开关,才能重新自动启动系统。

④ 自动冲洗程序

膜主机自动冲洗条件为:净水箱达到高水位时;膜主机累计运行15 h。

执行自动冲洗程序:当纯水箱液位达到高水位时,关闭高压泵,5 s后打开膜前冲洗电磁阀,再5 s后启动高压泵,然后自动冲洗膜3 min,然后关闭高压泵,5 s后关闭冲洗电磁阀及膜进水电磁阀。

5) 变频恒压供水控制系统

(1) 管道分质直饮水供水系统的特点

变频恒压调速由于系统的控制装置采用了PLC控制器和嵌入式网络控制器,可完成对系统中的各种运行参数、控制点的实时监控,并完成系统运行故障报警及打印报表等功能。自动恒压供水系统具有标准的通信接口,可与上位机联网,为管道分质直饮水供水系统提供现代化的调度、管理、监控及经济运行的手段。然而,管道分质直饮水供水系统的特点是小流量与较大压力,用水量集中在几个高峰期,不能全套采用现有变频供水的所有设置,本项目融合了变频器和PLC的控制功能,充分利用变频器内置的功能系统,结合管道分质直饮水供水的特点,使控制系统集先进性、整体性及经济性为一体。

(2) 控制原理与功能

变频恒压供水控制系统主要由交流变频调速泵、变频器、压力传感器(压力变送器)、压力表、压力开关、液位开关、净水箱、恒压罐、PLC控制柜等组成,控制系统原理图见图3-34。

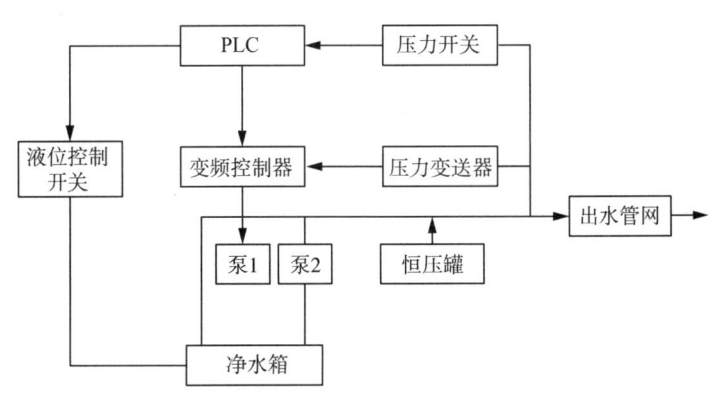

图3-34 变频恒压供水控制系统原理图

① 控制原理

当净水箱液位达到中液位以上,且管网压力未达到目标设定值时,PLC发出指令给变频器启动变频泵工作。远传压力传感器将供水管网内的动态压力信号转换成1—5 V或4—20 mA标准数字信号,转入到变频器的模拟量输入端子,经内部PLD运算后自动调节变频器输出频率,来控制泵的转速,消除实际水压与设定值之间的偏差,如此经自动反复调节最终使管网出口压力与设定值保持一致而且稳定,从而实现恒压变量自动供水。

② 控制系统的功能

a. 工频辅机

变频器通过控制其中一台泵的频率来达到恒压供水,当所控制泵的运转频率达到 50 Hz 时,管网压力仍然达不到目标设定值,变频控制器输出信号给 PLC,由 PLC 发出指令控制另一台泵以工频的方式来运行,两台泵同时运行供水[322]。当管网压力达到目标设定值时,工频辅机泵停止运行,变频器控制的变频泵继续工作直到其工作频率降至睡眠频率,系统进入睡眠状态。

b. 系统的睡眠和唤醒功能

当供水压力达到恒定设定压力值时,变频器输出频率下降到最低频率时,管网压力还处于目标设定值时,变频器进入睡眠状态,当管网反馈压力到达唤醒设定值时,变频器中止睡眠功能。

c. 工频辅助功能

控制系统设计的功能上,如变频器出现故障,系统自动启动以工频控制方式运行供水泵,防止供水管网出现低压无水。

d. 变频定时切换功能

变频泵具有周期定时转换运行功能,变频泵变换周期由 PLC 程序设定,以 120 h 为一次交换周期,以此顺序相互交替进行定时切换工作。不会因泵长期不用或管理不善使水泵锈死等,保证均衡使用。

e. 手动功能

控制系统设计的功能上,各变频泵都具有独立的控制功能并互为备用,相互之间既可以在自动的控制方式下实现任意组合连锁控制,也可以以手动控制方式独立控制。手动控制是操作员根据管网压力情况对变频泵进行启动和停止操作。

f. 液位连锁控制功能

变频系统受纯水箱水位控制决定开机、关机,实现变频泵与水位连锁控制启动、停止。

g. 显示报警保护功能

该系统不但能对水泵流量、管网压力及纯水箱液位进行自适应控制,而且还有显示水箱液位、管网压力、调速频率和电机电流的功能。同时对纯水箱上下限、水泵电机启动故障和运行故障以及变频器运行故障等都具有自动报警功能和保护功能。

(3) 控制系统设计

由于变频供水是一项较成熟的技术,下面只将管道分质直饮水供水系统特殊性的设计作较详细的介绍。

① PLC

如前所述,系统选择的 FP1-C16 共有 8 个开关输入量和 8 个开关输出量,另 EP8 有 4 个输入扩展和 4 个输出扩展。由系统控制所需设定的 I/O 配置为:输入开关信号主要包括净水箱的高、中、低液位信号、变频启动信号,变频故障信号,工频辅机及系统复位等;输出信号包括变频启动、泵 1 变频、泵 1 工频、泵 2 变频、泵 2 工频等。其中 FP1-C16 输入输出主要用来控制液位和报警故障显示等,扩展 EP8 主要用来控制变频泵的工作。

② 变频器的睡眠和唤醒功能

管道分质直饮水供水系统经常会遇到用户用水量较小或不用水(如夜晚)情况。设置变频器的睡眠和唤醒功能,可节省能源。设置方法是:当变频器频率输出低于其下限设定频率并超过延时时间,变频器停机,系统进入睡眠状态。具体为:当输出频率低于睡眠值时,睡眠延时开始。输出频率高于睡眠值时,计时器复位为零,即 td(td<t),变频器继续工作,当 td>t 时,变频器将进入睡眠状态。"唤醒值"由供水压力下限启动。当供水压力低于下限值时,经唤醒延时时间后,变频器恢复变频工作。唤醒值遵循下面公式:

低限＝外部给定最小值(%)＋唤醒值×(给定值－外部给定最小值)/(外部最大给定值－外部最小给定值)

睡眠唤醒功能如图 3-35 所示。

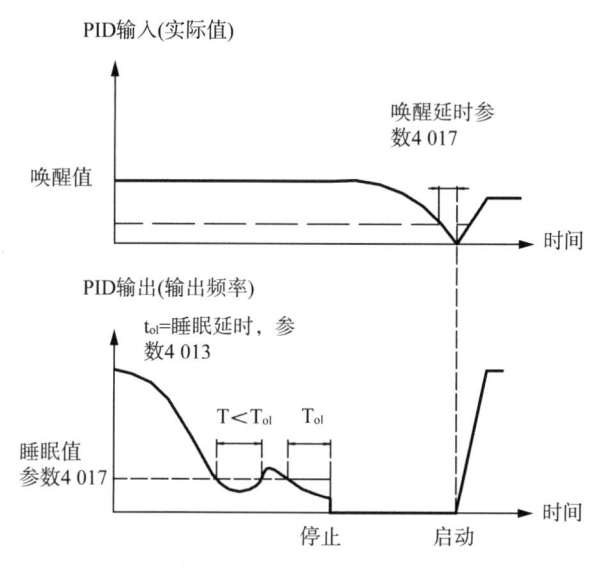

图 3-35 变频器睡眠唤醒功能示意图

在示范工程中睡眠延时时间(4013)td＝60 s,唤醒延时设为 0.5 s。经测试,系统到达 0.7 MPa 时,A12 相对值为 58.0%。到达 0.6 MPa 时 A12 值为 51.4%,唤醒值为 89%。

③ 变频器内部 PID 调节功能

PID 控制属于闭环控制,是指将被控量的检测信号(即由传感器测得的实际值)反馈到变频器,与被控量的目标信号相比较,以判断是否已达到预定的控制目标。如尚未达到,则根据两者的差值进行调整,直至达到控制目标为止。

PID 控制的工作过程:设 XT 为目标信号,其大小与所要求的管网压力相对应,XF 为压力变送器的反馈信号。则变频器输出频率 FX 的大小由合成信号(XT-XF)决定。如管网压力 P 达到了目标值,则 XF>XT→(XT-XF)<0→变频器的输出频率 FX↑→电机转速 NX↓→管网压力↓→直到与所要求的目标压力相符(XF≈XT)为止。反之,如管网压力 P 低于目标设定值,则 XF<XT→(XT-XF)>0→变频器的输出频率 FX↓电机转速 NX↑→管网压力↑→直至与所要求的目标压力相符(XF≈XT)为止。

上述工作过程存在着一个矛盾：一方面要求管网的压力（其大小与XF成正比）应无限接近于目标压力（其大小与XT成正比），即XT-XF→0；另一方面，变频器的输出频率FX又是由XT和XF相减的结果来决定的。如果把(XT-XF)直接作为给定信号XG的话，系统将无法工作。

解决上述矛盾的方法是：将(XT-XF)进行放大后再作为频率给定信号：

XG=KP(XT-XF)，式中KP为比例增益（即放大信号），由于XG是(XT-XF)成正比地放大结果，显然，KP越大则(XT-XF)=XG/KP越小，XT越接近于XF（如图3-36a所示）。

应当说明的是，XF只能是无限接近于XT，却不能等于XT。就是说XF和XT之间总会有一个差值，通常称为静差，用Σ表示，静差值应该越小越好。为了减小静差，应尽量增大比例增益，但由于系统有惯性，因此KP(XT-XF)太大了又容易引起被控量（压力）忽大忽小，形成振荡（图3-36b）。

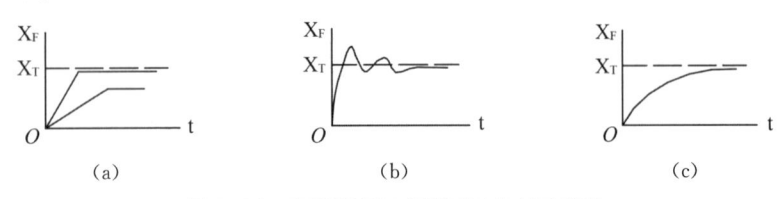

为了解决这一题，项目引入积分环节，目的是使给定信号XG的变化与乘积KP(XT-XF)对时间的积分成正比。尽管KP(XT-XF)-F3增大（或减少）了许多，但XG只能在"积分时间"内逐渐地增大（或减小），从而减缓了XG的变化速度，防止了振荡。积分时间越长，XG的变化越慢，只要偏差不消除，(XT-XF≠0)积分就不停止，从而能有效地消除静差（图3-36c）。

图3-36 变频器PID调节XF与XT情况

由此可见，正确预置PID功能中的PID参数对于整个恒压供水系统尤为重要。合理的PID参数会使管道分质供水系统更加平稳、圆滑地达到所需的压力目标设定值。

在示范工程中，变频器的PID参数是通过控制面板的4001（PID增益）、4002（PID INTEG TIME）及4003（PID DERIV TIME）参数组输入，输入的具体数值经过经验取值及在线的反复调试得到。加上PID调节器的优化算法，信号的滤波及换算，使系统的调试非常简单，水压的调节也十分平滑与稳定。

④ 变频器的液位控制

管道分质直饮水供水系统中的线性水箱中，液位分为高、中、低三档。当液位在中液位以上时可起动变频或工频泵工作；当液位到达低液位时，系统停止供水并有低位保护功能。液位的高或低情况由液位开关控制。

⑤ 变频恒压供水系统硬件接线原理

变频恒压供水系统硬件接线原理图见图3-37。

硬件接线图分为三部分，即变频器的接线、PLC的电路接线和外控制接线。说明如下：

a. 变频器接线

以ABB变频器为例，AIZ+AGND接压力传感器，管网压力通过传感器输入到变频器输入端，与内部设定压力值比较。CR7是变频器启动继电器，CR7吸合，变频器控制频

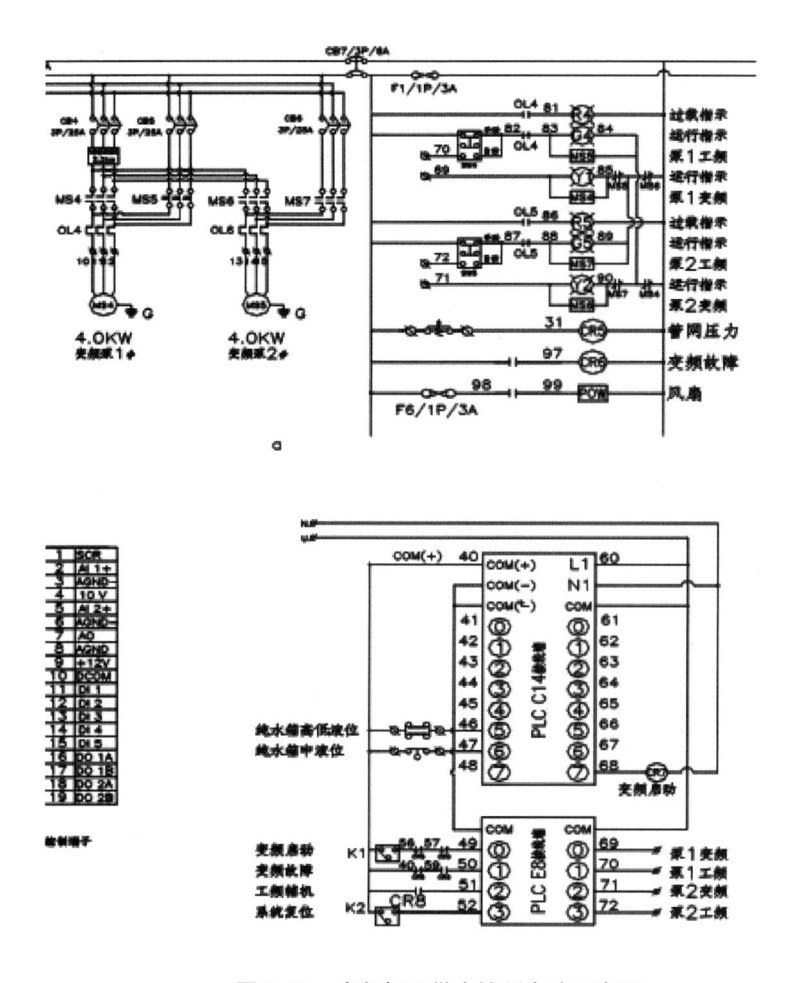

图 3-37 变频恒压供水控制电路示意图

率输出。DO1A、DO1B 是变频器故障信号输出端,当变频器出现故障,DO1A、DO1B 接通,继电器 CR6 接通,输入控制信号→PLC,PLC 根据程序作出回应,DO2A、DO2B 是变频器的第二继电器监控输出端,DO2A、DO2B 继电器接通,输出信号→PLC,PLC 启动工频辅机程序。

b. PLC 电路接线

PLC 的 X5-X6 是接相对应的纯水箱的高、中、低液位开关,当液位处于中液位以上,可启动变频器,而当液位处于低液位之下,变频器停止控制输出。

K1 是变频器的"变频启动"和"变频停止"开关。

K2 是系统复位开关,当变频器出现故障,故障消除后,只有按下系统复位开关,变频器才重新控制变频输出。

CR5 是连接到管网压力开关继电器,管网压力开关设置为常开,当压力上升达到压力开关值,管网压力开关接通;CR8 吸合,断开 X30 的输入。

CR6 是连到变频器故障信号的继电器,当变频器出现故障,DO1A、DO1B 接通,CR6 吸合 X31↑。

CR7是PLC控制输出的变频器启动信号继电器,通过接通ABB变频器的端子"8"和"11",由变频器内部设定参数要求启动变频输出。

c. 外围电路接线图

变频泵都设有过流过热保护开关,且泵1和泵2具有连锁保护功能,即同一台泵的变频运行和工频运行各自对应的交流接触器不会同时吸合而损坏变频器。各泵相对应有运行指示和故障指示。

(4) 变频恒压供水系统软件设计

根据系统控制要求,系统运行采用PLC编程实时控制,其程序控制流程见图3-38。

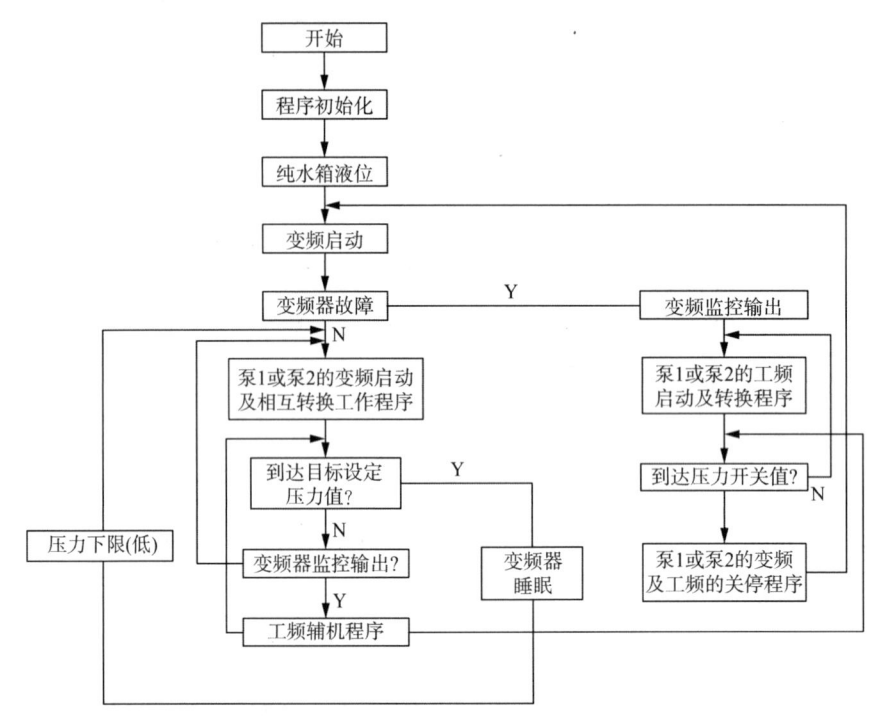

图3-38 变频恒压供水系统程序流程图

程序详解如下:系统启动后,PLC首先进行初始化,对各参数进行预置后,接着启用变频器控制程序。

变频器启动的条件:控制柜面板上的"变频器启动/变频器停止"开关打到"变频启动"状态;净水箱的水位达中液位以上;管网压力未达到压力开关值;变频器停止频率输出条件;控制柜面板开关打到"变频停止"状态;管网压力超出压力开关设定值;变频器出现故障;一台泵工作满2小时,需要切换到另一台泵工作时;净水箱低液位。

变频器控制输出频率升到50 Hz,而管网压力仍低于压力设定值时,PLC启动工频辅机程序。当变频器出现故障,变频器停止控制频率输出,程序启动泵在工频状态下工作以保证系统不间断供水。

6) 杀菌保鲜控制系统

后置处理及杀菌保鲜系统主要由消毒剂添加装置、浸没式紫外线、过流式紫外线、回水电磁阀等组成。本系统使用的紫外线杀菌器有两种形式,浸没式和过流式,浸没式紫外线杀菌器安装在净水箱处,膜主机产出的净水经其消毒后供用户使用;过流式紫外线杀菌器安装在回水处,管网循环回水流经筒体作二次杀菌处理。

后置系统的消毒剂添加及紫外线杀菌是由两个时控开关控制实现的。系统采用 KG316T 二回路微电脑时控开关,时控范围为 1 min—168 h,计时误差小于 ±2 s/d,可同时控制 1—3 回路输出,有 8 组开关时间,手动、自动两用。其中一个时控开关控制浸没式紫外线杀菌装置,通过内部设置设定每组开关时间,定时启动浸没式紫外线控制器,完成净水箱内的杀菌消毒。另一时控开关控制过流式紫外线杀菌装置及循环回水电磁阀。由于管网净水是通过两路管道进行循环回流,通过时控开关的两路控制输出和相应时间开关组的设置,在打开两路循环回水电磁阀(或打开其中一路循环回水电磁阀)的同时,接通过流式控制器的电源,对循环回水进行消毒,完成净水的循环回流二次处理。电路接线图见图 3-39。

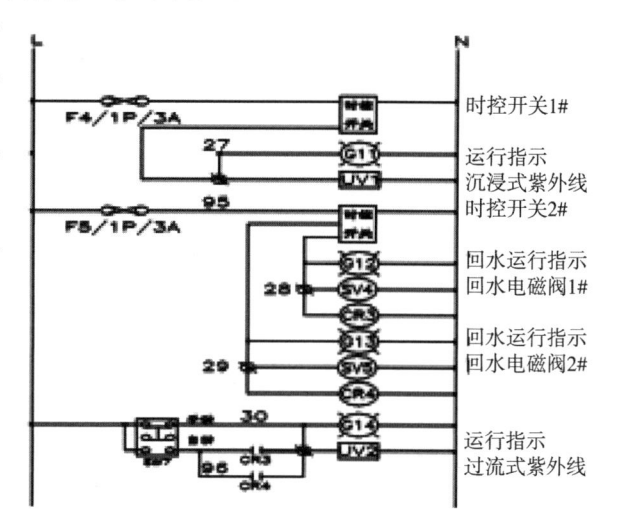

图 3-39 循环回水及消毒系统电路示意图

7) 管网循环自动控制系统

净水在管网内停留时间过长也会引起水质发生变化。因此,管道直饮水供水须采取循环管道布置方式,配合杀菌保鲜技术,定时定量进行管网循环。示范工程中采取两种循环方式:定时循环与条件循环。

(1) 定时循环

定时循环是水在有压力的条件下进行循环。根据实际用户用水的高低峰观测结果,为不影响用户用水,防止在管网水循环过程中,由于流速、压力分布等情况的变化,造成用水端供水不正常,定时循环一般设置在非用水高峰期(何时循环可随时调整)。

控制方式:由时间控制器控制回水电磁阀定时动作。回水电磁阀为常闭电磁阀,在正常恒压供水过程中该阀呈闭合状态,只有当定时循环开始时,该电磁阀才开启。

(2) 条件循环

在分质供水管网设计中,从主水管到用户终端都存在 2—3 m 长的死水段,定时循环不能达到该区。如用户有较长一段时间不用水,水质会变得不新鲜,滋生细菌。为此,在定时循环的基础上,设计了每周一次的条件循环,确保管网用户端不滞留死水。条件循环实际上是水的降低水头循环,把死水端的水倒出,这样可保持用户终端水的新鲜。

管网条件循环联结方案示意如图 3-40。

控制过程:在设定日期的午夜零时,时间控制器动作关闭供水电磁阀,打开回水电磁阀,管网水在压力和自重的作用下流回净水设备房。当管网回水压力电接点压力表 P2 达

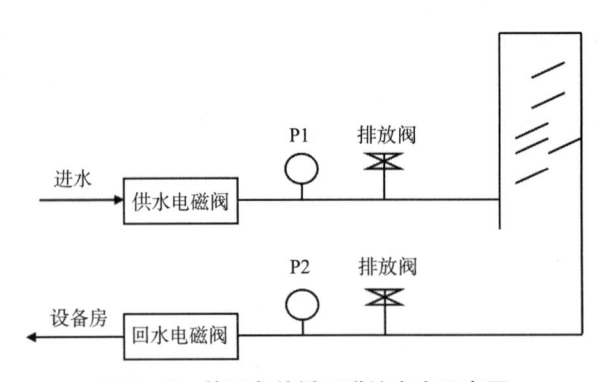

图 3-40 管网条件循环联结方案示意图

设定压力值时,打开供水电磁阀,保持回水电磁阀打开,管网供给新鲜水进行循环;循环一定时间后,关闭回水电磁阀,恢复恒压供水。

应当指出,P2 设定值及循环时间取决于设备房与最低用户的高差、供水小区的规模。一般可在半小时内完成。另外,本系统条件循环,根据需要可做多次设定,根据实际运行效果每周一次条件循环即可。

（3）自动控制原理

条件循环和定时循环的控制原理见图 3-41,过程描述如下:

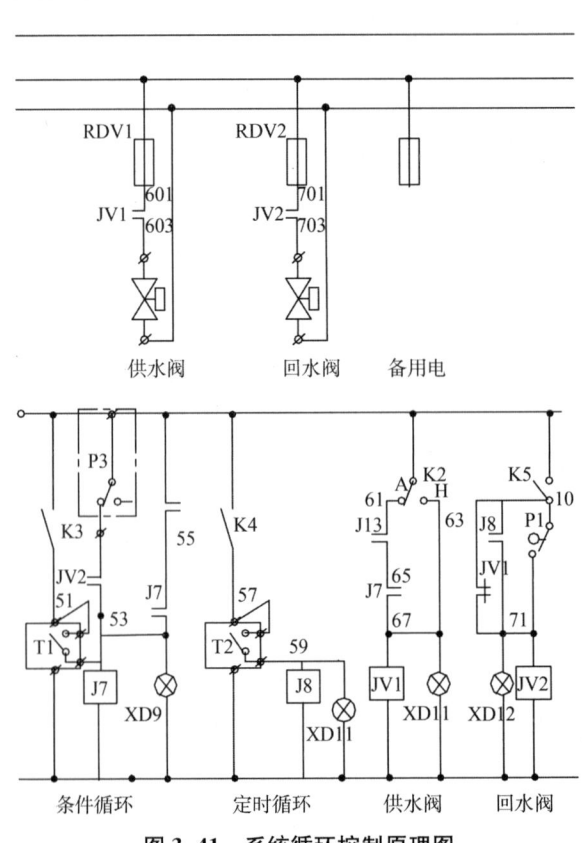

图 3-41 系统循环控制原理图

条件循环：每周 1 次的水循环电气过程；合上 K3，时间控制器 T1 得电至凌晨 12：00 动作一次(51,53)动闭→J7 得电→J13 失电 →JV1 失电→V1 关闭。→JV2 得电动作→V2 通→管网回水→当 P3(电接点压力表)检测到用户水压下降到设定值时(1,83)分断→J12 动作(1,55)分断→J7 失电→V1 阀通→管网水压上升→P1(电接点压力表)(1,71)分断→JV2 失电→V2 阀关闭→恒压供水。

定时循环：合上 K4，时间控制器 T2 得电，可置非条件循环期间内的任意时间，每天动作两次(57,59)动闭，时间约 10—15 分钟→J8 得电(10,71)闭合→JV2 得电(701,703)动闭→V2 动通 10—15 分钟后关闭。

上述两种循环过程中，只要管内有水流动，W1 及 W2 水流开关均动作，相应的设备均投入运行。

3.5.4　自动控制系统设计与编程

3.5.4.1　控制系统电源设计

管道分质供水控制系统的工作电源有三相交流 380 V 电源、单相交流 220 V 电源、直流 24 V 电源 3 种，根据设备功率进行配电设计。为方便检修，一般在总空气开关后设置 3～10 路空气开关分别控制不同的设备电源。

1) 总电源

从市电引入三相五线交流 380 V 电源，容量为 5～30 kW，经用户配电箱引入。用于相动力及单相负荷。

2) 控制及信号电源

由控制柜内 PLC 自带的直流 24 V 输出和直流 24 V 1～3 A 开关电源提供，作为 PLC 的输入电源及各模块的工作电源，以及压力传感器的工作电源。

如西门子 S7—200 SMART 型 PLC 主机单元有一个内部电源，它为本主机单元、扩展模块以及直流 24 V 负荷供电。需要注意的是，必须对 PLC 的输入、输出点以及扩展模块电源消耗定额进行计算，确保不超出 PLC 的电源供电容量值。

当同时使用两个以上的直流电源时，为确保稳定的电力供应，应将不同电源的公共端（通常为负极）连接在一起，使它们具有相同的电位。这样可以避免不同电源之间的电位差，减少电流漂移和电压波动，确保电路正常工作。这个连接通常被称为"电源公共接地"或"电源共地"。注意，两个或多个电源必须具备相同的电压和极性才能并联使用，以免引起损坏或短路。在连接电源之前，要确保电源参数和相应安全措施的配合。

3) 漏电保护

可以对管道分质供水控制系统增设漏电保护，漏电动作电流不应大于 30 mA，以充分保护维护人员的人身安全。由于管道分质供水控制系统中一般都有变频器，变频器工作时输出高频脉宽调制的电压波形造成漏电保护器误动作，所以漏电保护应避开变频器电路，变频器使用单独的空开即可。

3.5.4.2 控制系统核心器件选型

首先应明确项目的控制逻辑和需求,计算 PLC 的输入/输出点数。根据管道直饮水的工艺流程图,确定需要采集的信号,包括急停、操作指令、过载输入等数字信号和电导率、压力、液位等模拟信号,确定需要控制的水泵、电磁阀、多路阀、杀菌设备等对象的数量和功率,确定供水泵的联合编组和供水压力控制方案。

根据计算出的输入/输出点数,选择合适的 PLC 主机和扩展模块的型号和数量。要求能充分发挥 PLC 的功能,选择的 PLC 输入/输出点数应大于计算点数,还应预留一定的扩展余地。应在成本控制的基础上最大限度地满足控制要求,不应盲目追求不必要的功能。PLC 的选型还应考虑触摸屏、远程监控功能等对通信端口的类型、数量的要求[323]。

人机操作界面使用的触摸屏应综合考虑屏的大小与性能、拟组态界面的美观性以及成本因素。根据供水泵的联合编组与功率大小,选择功率匹配的变频器。核心器件应尽可能采用性能稳定、质量可靠、发展成熟的自动化产品。例如,常用的 PLC 包括德国的西门子 S7-200 SMART 系列,主机有 SR40、SR60,数字扩展模块 AE04、AE08,模拟扩展模块 DR08 触摸屏为 SMART1000IE、DOP-110CS、MCGS1570N 系列。

3.5.4.3 控制系统其他电气设计

管道分质供水控制系统中电气控制系统的功能是控制管道直饮水系统电气设备的运转,其主电路图如图 3-42 所示,PLC 输入/输出电路电气原理图如图 3-43 所示。

供水泵应有变频、工频两种工况,同一泵组有多台供水泵时,应将多台供水泵并联接到变频器的输出,同时 PLC 程序中应确保任一时间最多只能一台供水泵变频工作、同组其他供水泵工频工作或停止。控制柜内宜设置 1~3 个交流 220 V 插座用于隔离中继器、数据传输终端等的供电、临时用电等。控制柜应有轴流风扇辅助散热。

直饮水供水输出常采用变频恒压方式。变频恒压电气原理如图 3-44 所示。变频器设置为进程控制符(Process Identifier,PID)闭环控制模式,PID 给定值为恒压值电信号,PID 输入为管网压力电信号,PID 输出为变频器频率。这样就可以根据 PID 给定值与输入值之间的实际偏差控制调节变频器的输出频率,达到管网压力恒定的目的。当变频器 PID 调节达到极限,将输出"管网实时压力"信号给 PLC,从而执行相应的加减泵程序,以工频方式投入备用泵或切除别的正在工频运行的供水泵。应通过变频器数字面板正确地设置、调整变频器的各项关键参数,让变频器内部保护机制也能正常启动,方能保证变频器正常、安全工作。

3.5.4.4 控制系统编程与调试

根据管道直饮水的水处理工艺流程和客户需求,编写 PLC 的控制程序和触摸屏的 HMI。

PLC 程序主要包括产水顺序控制、供水恒压控制与水泵轮换工作控制、石英砂与活性炭冲洗控制、水箱进出水液位检测与联动控制、本地/远程自动/手动控制、模拟信号数据转换、故障检测与处理程序,以及远程监控对接通信程序。

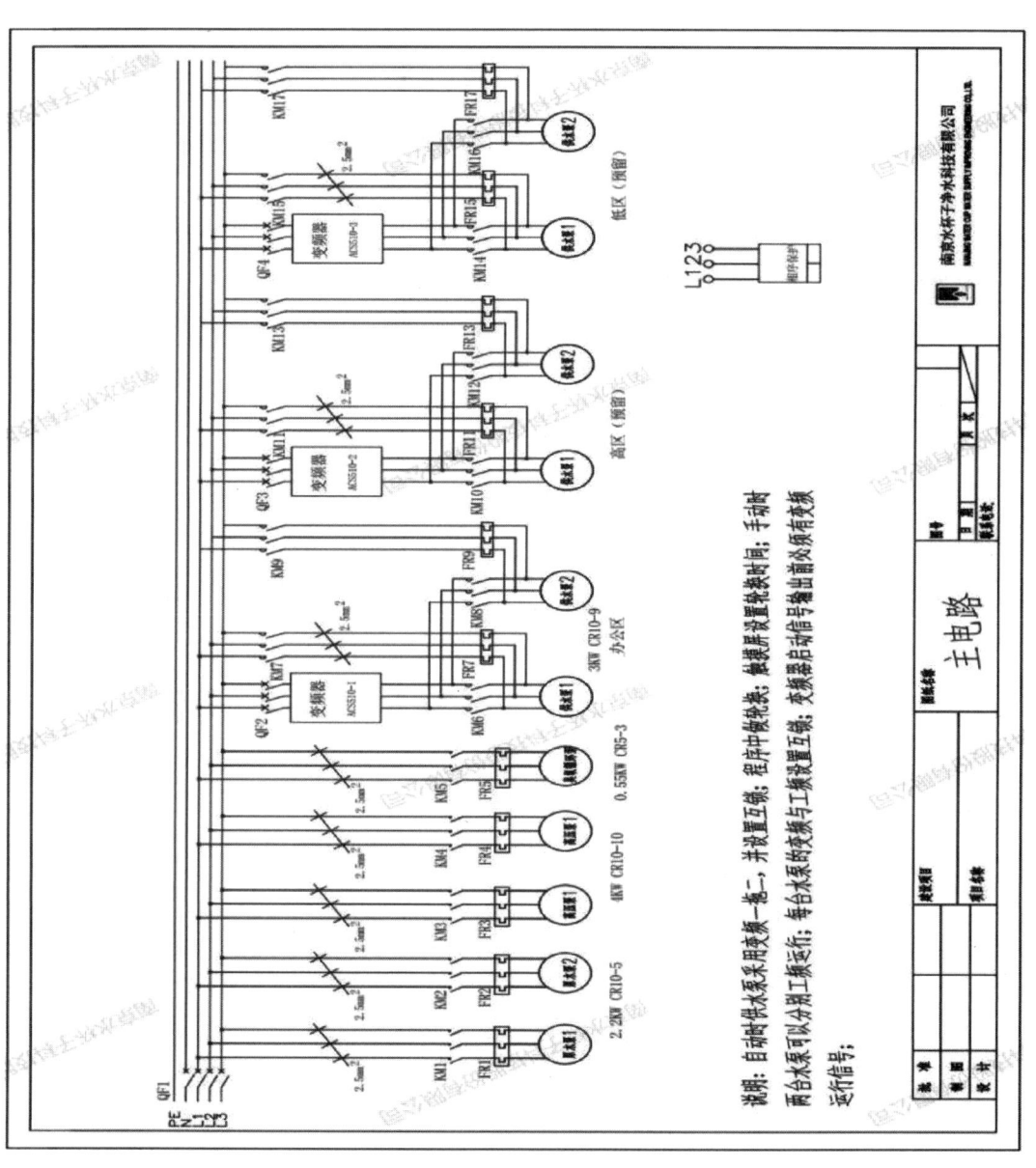

图 3-42 直饮水设备主电路示意图

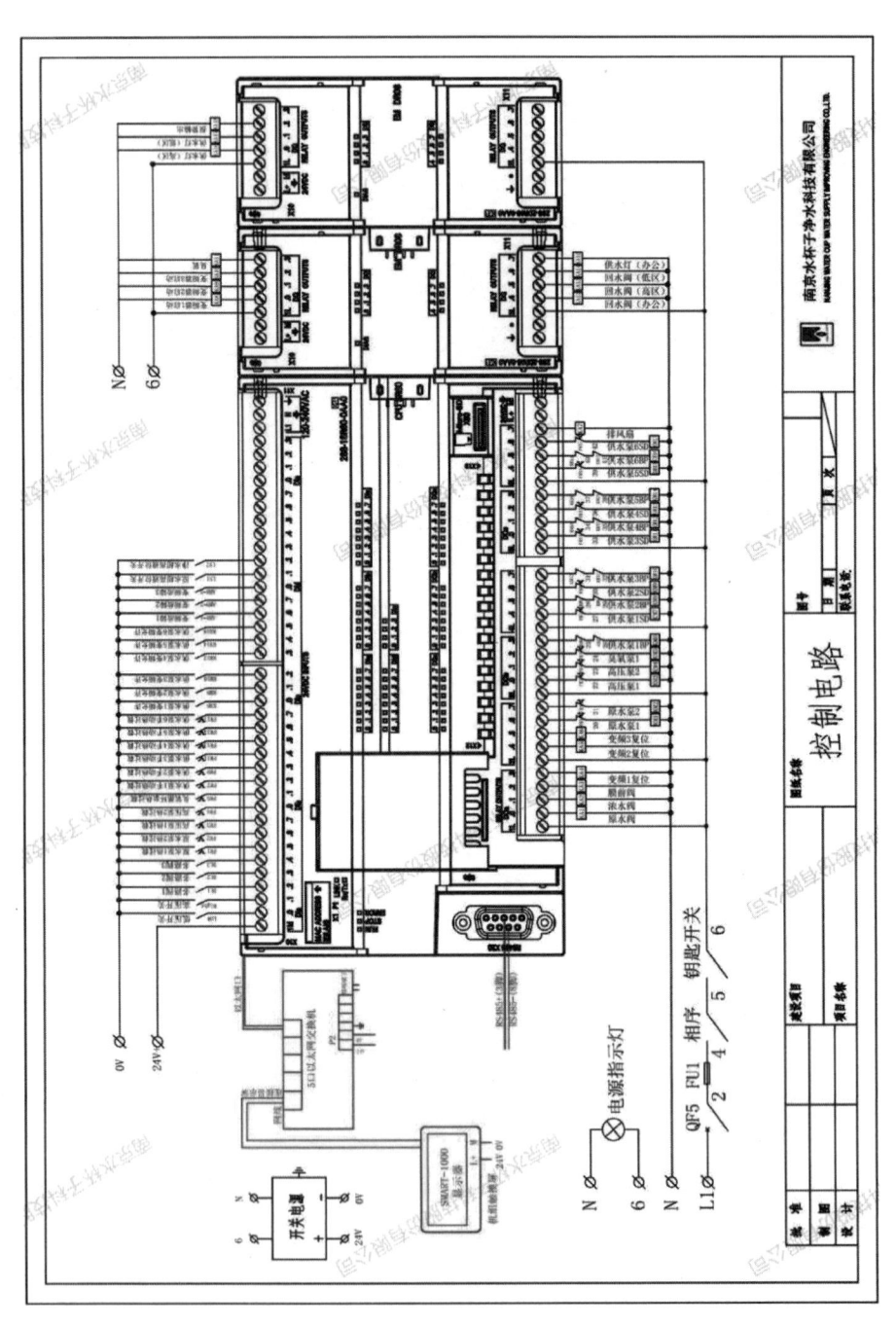

图 3-43 PLC 控制电路电气原理示意图

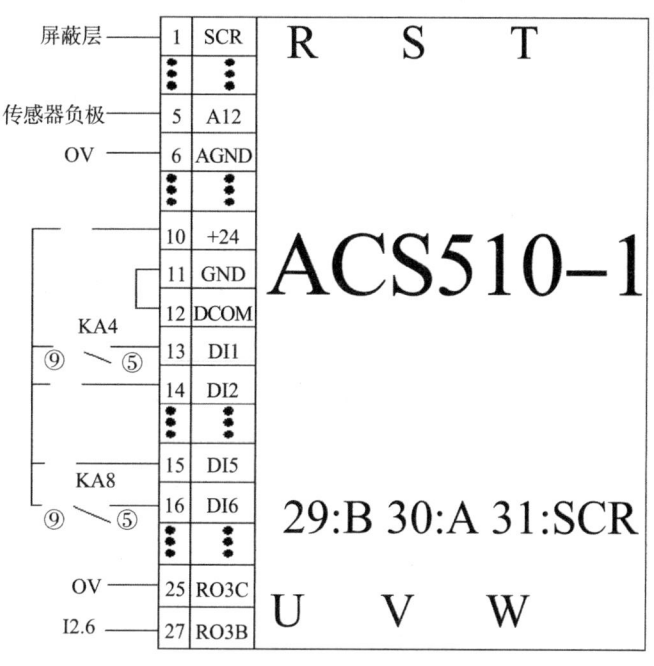

图 3-44　变频控制电气原理图

触摸屏上动画显示的工艺流程应根据水处理工艺绘制。对动画显示的各个设备操作指令元件、显示数据元件所对应的变量,应定义其与PLC的数据连接关系。触摸屏组态应美观、整齐,页面分区明确,数据显示正确、突出。触摸屏组态完成后可以先离线模拟运行测试。

完成PLC和触摸屏的编程后,可模拟直饮水站的各种工作情况,包括报警及故障的情况,用拨码开关给出高低电平信号或利用PLC的信号强制功能给出虚拟输入信号,观察PLC和触摸屏的数据,测试控制对象状态及各种中间数据状态是否正常,重复测试-修改-测试的过程直到完成初步调试。

控制柜安装接线完成后应在首次通电前进行外观、紧固性的检查,并检查接线的正确性,是否有错接漏接、短路断路。首次通电时应先测量电源电压是否正常;合闸时先断开各分路开关,仅合上总开关;稍后再逐一合上分路开关;每次合上开关都应进行观察,判断柜内声光信号和各元器件是否正常。

管道直饮水站设备安装接线完毕后,进入联机调试阶段,应对直饮水系统可能出现的各种工作情况和报警故障情况进行反复测试,观察各种输入信号是否正常,所有设备是否按预定程序工作。应尽量周全地考虑所有可能出现的情况,进行多次测试和必要的修改确保控制程序的正确性和严密性。

在远程监控上位机端也应对新增的直饮水站点进行组态编程。根据直饮水站PLC和网关的通信端口制作或采购合适的通信电缆。网关应放置在移动信号较强的方位,以利于通信正常进行[324]。

完成控制系统的调试后,管道直饮水站进入试运行阶段。

3.5.5 管道分质供水远程监控和智慧化管理

随着人工智能技术、物联网、大数据及相关技术的不断发展,我们的生活也在逐步数字化和智能化,智慧化管理已经成了各行各业的重要趋势。

人工智能技术和物联网技术的日益成熟,为智慧管道分质供水提供了更多可能性[325]。数字化智慧管道直饮水系统在管道分质供水基础上,依托于传感器技术、物联网、云计算、大数据等先进技术,实施实时水质智能监控[319]。系统通过对传感器检测到的数据进行处理,同时通过物联网通信技术发送到物联网平台,人机交互软件则对物联网平台的饮水数据进行获取和操控,从而实现管道直饮水系统的远程监控和自动调节,实现对管道直饮水供水管网的全面、精准、高效的监控,提高管道直饮水供水服务的质量和效率[326]。

水杯子管道分质供水系统利用先进的自动化监控和在线检测技术,以及物联网、云数据、移动网络等技术,实现管道分质供水系统的远传监控、智慧化管理和人工智能服务,在操作、巡检、故障处理、水质监测、应急预案等方面全自动进行,最大限度地取代人工劳力和人为介入,可轻松实现水质异常预警及设备故障自诊断,并在多种平台、终端上实现数据共享。

3.5.5.1 在线监测和远程传输技术

远程传输技术(Remote Data Transmission Technology)指的是在远程相距的地点之间把数据化信息进行传输的技术[327]。通过在线监测,并将监测数据远程传输到控制中心或云端,组成广域监控网络,就可以在远端实时监测供水管网的运行情况和水质参数,实现自动控制和处理,以保障供水质量和供水安全。随着信息时代的到来,数据的传输需求不断增长,这就要求我们使用高效、可靠的远程数据传输技术来满足这一需求[328]。

管道分质供水系统的在线监测系统用于实时在线监测供水管网中水流量、水压和水质等参数[327]。管道分质供水系统现场信号采集设备包括压力变送器、电子水表/流量计、液位传感器等。

1) 压力变送器采集压力信号

常用的压力变送器有 0~10 V 直流电压信号和 4~20 mA 直流电流信号两种模拟输出方式,可对以下压力信号进行采集:

管网压力:对管网的压力信号进行采集及闭环控制,从而达到恒压供水的目的。

精滤器压力:采集的目的是通过精滤器的压力变化来观察滤芯堵塞的状况,作为精滤器滤芯是否应该更换的判断依据。另外还用于保护高压泵,保证其在足够的水压下工作,否则将造成设备损坏。

膜前压力:采集此信号的目的是通过膜前压力的变化来观察膜受污染的状况,作为膜是否应该进行化学清洗或予以更换的判断依据。

原水压力:采集此信号的目的是通过原水压力的变化来观察原水供应量是否充足(主要用于无原水箱设备的保护)。

2) 电子水表/流量计信号采集

根据系统的功能要求,可设有电子水表信号采集点,对用水量进行自动统计。电子水表有脉冲式远传水表、串口通信远传水表、无线远传水表、预付费电子水表、插卡式电子水表等。

根据用户需求,可在原水、净水和浓水口设电子流量计,支持 485 通信和 4—20 mA 输出,可实时传送当前产水流量和累计产水流量,用于设备产水效率和膜污染情况分析。

3) 液位传感器采集信号

采用浮球式、浮杆式液位开关或精密压力变送器对水箱液位进行检测,用于控制进出水设备的启停。浮球式、浮杆式液位开关价格便宜但容易损坏;压力变送器的使用寿命较长,但成本较高。

4) 变频器故障输入

由变频器在故障时向 PLC 发出信号,用于变频器故障报警及处理。

5) 水泵过载输入

由水泵的热继电器发出,用于过载报警及故障处理。

6) 急停信号采集

用于紧急情况下或在需要时停止设备的运行。

7) 自动/手动、启动/停止、冲洗等开关指令信号采集

用于切换产水子系统和供水子系统的自动/手动状态,启动/停止水泵,控制加药装置等设备,以及控制石英砂、活性炭、主机膜的冲洗等。

3.5.5.2 远程监控系统要求和智慧化管理目标

1) 远程监控系统要求

(1) 在线监测和监控系统要求

在线监测系统应安装有电导率、水量、水压、水位、流量等实时检测仪表;根据净水工艺流程的特点,可选配多种在线检测仪器(如检测 pH,COD,TDS,浊度等的仪器)。

净水机房监控系统中应设有各设备运行状态和系统运行状态的指示或显示,方便用户和维护人员使用和维护。监控系统能显示各运行参数,可对水质实时进行监测和分析,水质出现异常时实时推送报警。

净水机房电控系统中应有对缺水、超压、过流、过热、不合格水排放等问题的保护功能,并根据反馈信号进行相应控制,协调系统的运行。

远程监控系统要利用现代网络传输技术,按照分层设计原则实现水质监控中心对多个管道分质供水点集中监控。核心技术是相关软件与各单元处理系统信息传送的连接,重点实现数据采集、数据传输、数据专家处理三个方面。

(2) 净水处理设备控制要求

净水处理设备的启、停应由水箱中预设的水位自动控制。

原水箱设有进水电磁阀和液位传感器。中水位进水电磁阀开启,高水位进水电磁阀关闭;低水位设备停止产水,待水箱补水完成后设备恢复产水。

净水箱设有液位传感器。通过水位高低控制设备待机、运行产水,恒压供水停止/启动运行。

变频供水泵出水总管设有压力变送器,根据设定的供水压力,通过变频器调节水泵频率/转速,稳定恒压供水。

回水循环的启、停由定时自动控制器按照设定的启动时间和停止时间自动控制。

2) 智慧化管理目标

管道分质供水系统智慧化管理的目标包括：

(1) 生产设备运行状态和工艺流程可视化展示

根据工艺流程图组态运行直饮水站触摸屏、上位机远程监控的主监控界面,通过大屏实时监控设备的运行状态。

(2) 生产系统实时控制与在线调节

可远程切换自动、手动状态,对各个设备单独启停,实时控制。可进行生产系统的在线调节,如可根据回流水质电导率自动调节回流到中间水箱或成品水箱；可根据水质余氯含量自动调节加药量或调节过滤器流速；可根据过滤器前后压力差,控制过滤器自动冲洗；可根据出水电导率,自动调节浓水回流比,控制浓水回流或排放等。

(3) 水质在线实时监测与数据保存,水质异常自动报警

对水质指标如电导率、COD、余氯、pH 值、浊度、温度等进行在线实时监测,并自动保存数据,数据可保存一年以上。当监测水质指标持续超过预警限值时,自动预警,最大程度保障了用水的安全性。

(4) 设备故障自动报警

电气自动控制系统中经常会发生一些意外或故障,其中有些是转瞬即逝的,这为故障的分析和排除带来很大的困难,即使故障原因或影响能延续下来,也容易受到现场人为干预的破坏。因此,利用自动化设备本身的优势,自动反馈和记录故障的原因和现象至关重要。

管道分质直饮水供水智慧管理系统通过故障数据本地存储加网络上传的方式可以做到故障实时 APP 通知,云端远程消除,同时记录故障或事件发生的时间,用来分析故障的原因,提高了中央设备控制系统的故障自诊断能力,也为产品后续优化和改善提供了数据支撑和方向。

当发生水泵过载、设备漏水或其他故障报警事件时,可以及时发出报警信号。如水泵热过载报警、无法启动水泵,系统会自动进行判断,并发出水泵热过载报警；如果膜性能下降,造成产水系统产水量降低,系统也有相应提醒。

(5) 视频集成可视,视频闯入报警

在设备机房可以安装人脸/视频监控摄像头。当设备间发生异常,如被无关人员闯入时,自动报警提醒管理人员注意。还可通过系统管理上位机、移动终端、联网电脑等进行视频监控,更强有力地保证了设备安全和人身安全。

(6) 语音、短信报警等多种报警方式

APP 平台上自动弹出报警窗口并声音提醒,同时向管理人员手机上自动发送报警信息,可在线实时处理设备故障或者手动控制设备。

(7) 故障自诊断、系统自动应急调度与自动切换,确保供水安全

系统有一定的冗余功能,在故障时能够自动切换与调度。如水泵机组中发生某台水泵过载时,可自动切换到备用泵。

系统有自诊断功能,如出水电导率持续超过限值时,系统会提示膜组可能发生破损需更换。

(8) 事件、故障记录与打印功能

发生故障报警等事件时,系统自动记录并保存,可保存一年以上。系统可设置打印机,对事件和故障信息进行打印。

(9) 数据实时查询与历史查询,图表多样化

可以对需要保存的重要运行数据进行保存与查询,可保存一年以上。数据查询的方式多种多样,如表格、曲线、柱状图、饼状图等,根据需要进行选择。

(10) 趋势分析功能

趋势分析的功能有助于观察数据的长期变化规律,如通过持续监测水质指标的变化,分析各种因素对水质指标造成的影响,从而提前采取措施防止不利情况的出现。

(11) 优化调节、节能降耗,实现设备经济运行与调度

根据供水的流量、压力目标,确定泵站的开机组合,对机组进行优化控制,找出能耗制高点,确定最优运行工况。

还可分析水质数据,计算合理的用药比例,智能控制加药装置,做到既不多加药也不少加药,以严格把控水质及节约成本。

(12) 操作权限分组安全管理

对不同人员设置不同的分组,定义不同的权限级别和密码保护。如现场维护人员只能操作、启停设备;管理人员可更改设置参数、工艺指标;而高层领导主要是浏览信息化平台,对生产安全、设备养护、绩效考核等全面管理。

(13) 网络和移动智能端在线浏览信息

采用 B/S 客户端机制,可通过接入 Internet 网络的电脑,以及平板、手机、掌上终端等便携式移动设备在线浏览所需的信息。

(14) 构建信息化数据平台

可构建功能强大的信息化数据平台,实现数据的管理和共享。如对设备养护、备件库存、资产变动等进行追踪管理并提供完善的报表;对用户信息、用水量、水费缴交信息的管理与查询等。

3.5.5.3 远程监控系统操作

水杯子远程监控系统的人机操作界面为 MCGS/西门子触摸屏,主要输出设备有原水阀、原水箱、石英砂、活性炭、膜前阀、高压泵、浓水阀、净水箱、供水泵(二台)等。控制柜面板设有电源指示灯、红色急停旋钮开关、电源钥匙开关以及 MCSG 触摸屏等。

1) 管道分质供水控制系统急停操作

按下控制面板上的红色启动急停开关"STOP",则系统进入停机状态,中央净水设备净水、供水功能全部暂停,设备断电。按下后,顺时针转动可复位急停按钮,设备恢复供电,继续运行。

2) 管道分质供水控制系统运行操作

(1) 主监控画面

主画面为设备的主操作界面,如图 3-45 所示。可通过界面上的功能卡片进入对应的操作界面,也可进行用户登录,系统会根据登录密码,分配相应的操作权限,保障设备不会

被无关人员误操作。

图 3-45　设备控制主画面

(2) 自动画面

在自动画面(图 3-46)中除了可以观察到设备的运行情况,还可以看到水箱液位、元器件运行状况。

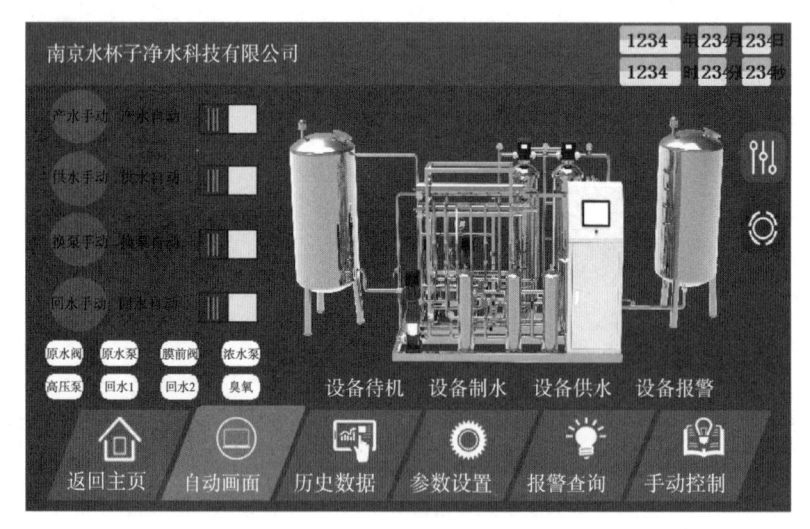

图 3-46　设备自动界面

(3) 实时报警信息

在实时报警信息画面(图 3-47)中可浏览报警发生和恢复的时间、内容。当报警发生时触摸屏会自动报警提示。

(4) 实时运行数据

在实时运行数据画面(图 3-48)可以观察水表压力、水箱液位、电导率的数值,历史数据可以查看定时存储的设备运行数据。

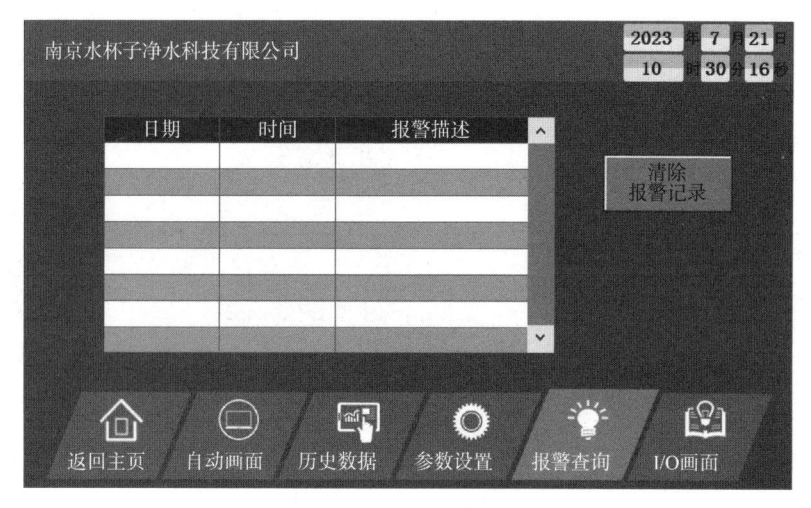

图 3-47 设备报警记录

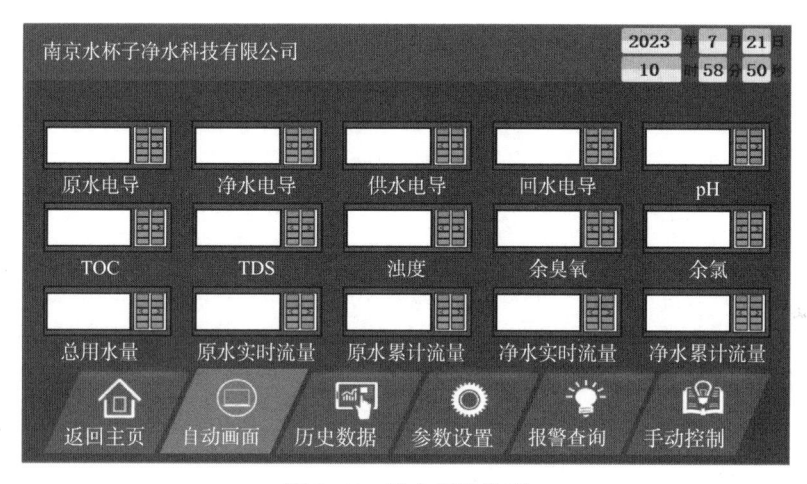

图 3-48 设备运行数据

（5）手动操作

仅在设备进入手动状态后，才能通过触摸屏对特定的设备进行开/关操作，见图 3-49。自动状态下，手动控制按钮显示禁用。手动状态下，点击按钮即可开关对应的元器件。

3.5.5.4 远程监控和智慧化管理产品架构

在不断完善管道分质供水系统本地控制的基础上，充分利用电信技术、计算机技术和现代网络技术，开发和应用管道分质供水系统远程控制和智慧化管理技术，提高管道分质供水系统控制、运行管理的自动化水平，可大幅提高管道分质供水系统的运营维护效率，节约成本，提高供水水质保证率，是管道分质供水系统发展的必然趋势[329,330]。

管道分质供水系统远程监控和智慧化管理系统的基本产品架构：物联网关＋DTU＋HMI 的智慧水务系统，见图 3-50。其特点如下：集物联网关＋DTU＋HMI 多功能为一体，节省成本及安装空间。支持语音功能，通过 USB 转音频接入麦克风和音箱，支持文字

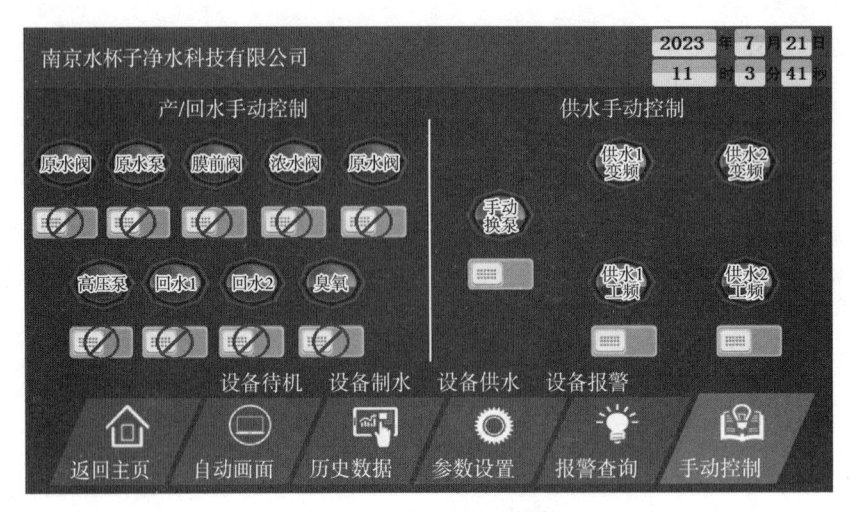

图3-49　设备手动界面

转语音、语音广播、语音对讲、云语音。内置Web API功能,通过HTTP协议可轻松安全获取设备数据和控制设备,支持互联网和局域网调用。对第三方开放设备组态画面的集成功能,通过安全易用的接口,可将设备画面集成到各种个性化场景,支持接入阿里云、Amazon、Google等第三方物联网平台。集成HMI功能,不需要二次开发远程控制界面,所有工程一次开发,所见即所得。可通过手机端/PC端代替HMI屏幕直接监控显示画面,操控既灵活又便利。创新A/B Key安全机制、多机组网、数据库、多屏互动、云摄像机远程监控等功能。支持MQTT协议,可接入数据库服务器/ERP/MES等系统,轻松实现数据采集上报。支持百万级别终端并发网络。支持边缘计算,通过在终端内置的脚本引擎、函数运算,以及与设备数据的交互,实现边缘计算支持云透传。可远程编程、上下载、固件升级、诊断、监控及调试PLC程序,随时侦测现场异常状况。支持多种第三方协议。内置多种工业设备驱动,支持目前主流PLC、变频器、仪表。

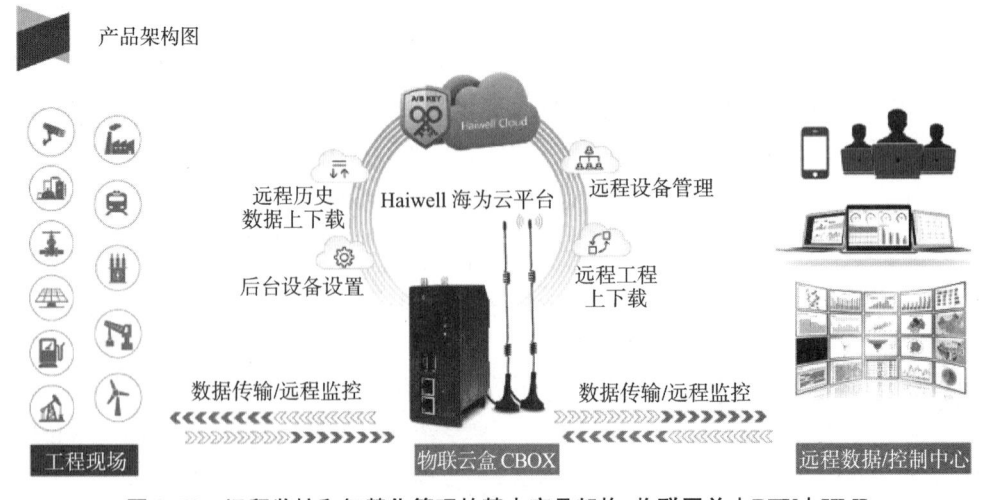

图3-50　远程监控和智慧化管理的基本产品架构:物联网关＋DTU＋HMI

3.5.5.5 远程监控和智慧化管理系统特点

管道分质供水远程监控系统可通过网关或其他设备上传的系统各处的在线水质监测仪、压力表、液位计等仪器仪表的数据,实时掌握设备的运行、产水水质、各个子系统和供回管网的状况,确保设备和生产安全高效运行[321]。

管道分质供水远程监控系统和智慧化管理平台可以将以前直饮水站、售水机等零散设备的生产管理从本地控制转向规范化、集中化的全系统管理,极大增强了直饮水水务系统的预警能力和应急处理能力。在对多个直饮水站分散自动控制的基础上,通过无线/有线网络将生产过程数据传输至上层智慧水务管理平台,统一管理、收集,以可视化的方式呈现出来,加以精细、动态的集中管理和控制[325,331]。

管道分质供水智慧化管理的内容可涵盖生产、管理和服务各个环节,在水务管控与调度、安全生产与环境保护、能源管理与优化等方面进行技术创新,有效提升了水务行业的管理水平,形成智慧水务物联网,实现信息资源多渠道共享[332]。通过将海量水务信息自动进行及时有效的分析与处理,可以对水质污染事件自动预警,可以对设备故障事件发出警报及自诊断,并可启动应急预案减轻或消除不利影响,辅助实施相关的生产调度和事后防范。有功能强大的数据实时报表和历史报表功能、图表分析结论,有助于管理层和领导层提出生产调整建议、优化改进和制定更佳决策[333]。普通居民用户可通过手机或电脑查询直饮水水质实时监测数据等,可以让公共供水服务更加完善、透明。因此,直饮水智慧水务有非常广阔的发展前景[333]。

3.5.5.6 直饮水智慧化管理平台

通过运用 4G/WIFI 移动通信技术,构建远程监控信息化数据管理平台——直饮水系统智慧化管理平台,可对多个分散的直饮水站同时进行统一、集中、实时、有效的远程监控和智慧化管理。水杯子直饮水智慧化管理平台通过项目设计生产,不断提高设备自动化和智能化程度,不断提高设备的稳定性和可靠性,可以满足不同地区、不同场景的应用需求。该平台通过对直饮水系统实时监控,采集关键数据并自动保存;若出现水质超标、设备故障等异常状况,该平台能自动报警、记录并发送报警短信到管理人员手机;并可进行异常、故障自诊断及实施自动切换应急预案。该平台主控界面如图 3-51 所示。

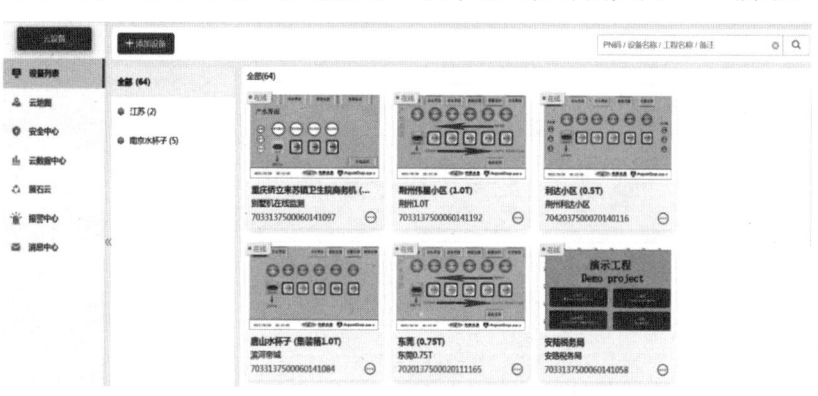

图 3-51 水杯子直饮水智慧化管理平台示意图

各直饮水站的主控制器 PLC 负责采集现场设备控制和数据等信息，将采集的数据通过网口/RS485 端口传送给智能网关。

各直饮水站需配置一个 4G/WIFI 无线传输智能网关，内置 CDMA 上网 SIM 卡，直饮水站的 PLC 通过串口和 MODBUS RTU 协议经由网关和移动通信网络上传数据或接收远程下发的指令。直饮水站还可配置触摸屏、SCADA 工控机、工程师站等，以及配置视频监控摄像头。

点击远程监控界面某个水站实时监控图标，则进入相应直饮水站点的实时数据监控界面，如图 3-52 和图 3-53 所示。

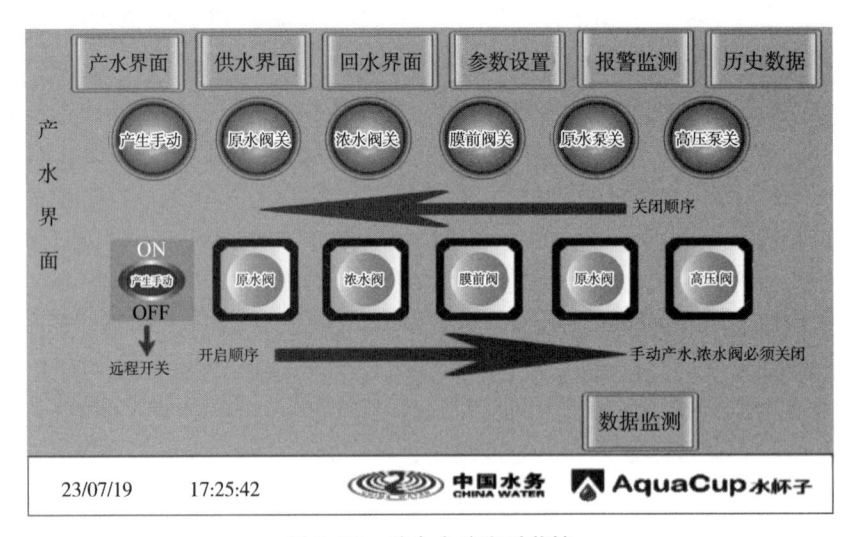

图 3-52　单个水站实时监控

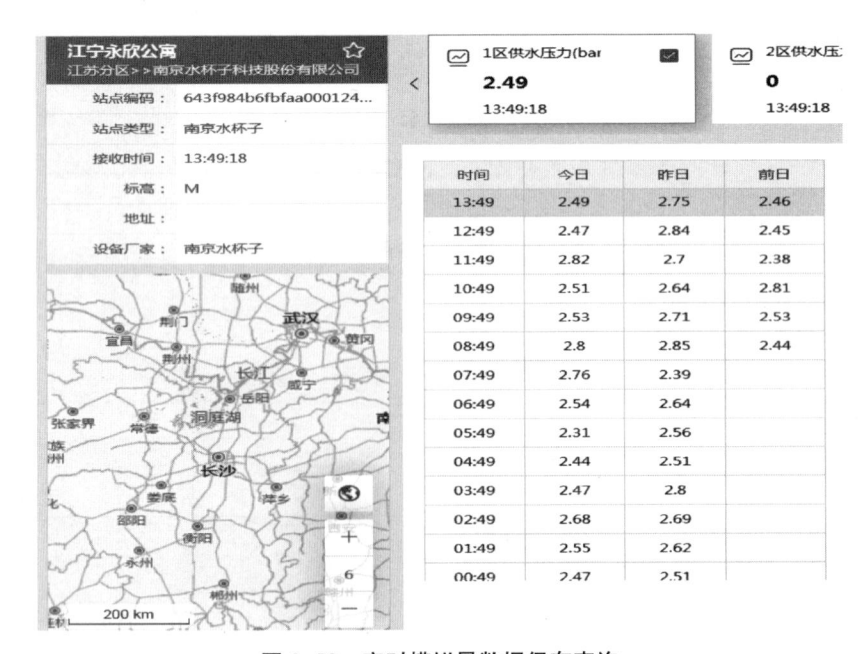

图 3-53　定时模拟量数据保存查询

4 管道分质直饮水供水工程建设

4.1 概述

管道分质直饮水供水工程建设是城市基础设施建设的重要一环,有助于促进城市的高质量发展和社会进步。规范管道分质直饮水供水工程建设的设计、施工、验收等流程,是保障直饮水供给卫生安全性的前提。目前,管道分质直饮水供水工程建设标准最为直接的是中华人民共和国行业标准《建筑与小区管道直饮水系统技术规程》(CJJ/T 110—2017),此外,管道分质直饮水供水工程建设的相关内容还应符合《中华人民共和国水法》《中华人民共和国城市供水条例》等上位法和国家强制性标准的要求。

管道分质直饮水供水工程建设是一项系统性工作,科学合理、技术经济、因地制宜和节能环保是提高管道分质直饮水供水工程项目建设质量的主要原则。管道分质直饮水供水工程建设按照先后顺序,一般分为项目规划、系统设计、施工安装及调试验收四个阶段。

管道分质直饮水供水工程规划是根据国家相关法律法规和标准及工程项目实际出发因地制宜制定科学的方案,包括:需求分析与预测、工程方案、环境保护与节能减排措施等;管道分质直饮水供水工程设计应该符合国家相关标准,核心是满足用户对高品质优质饮用水质和量的需求,包括:水处理工艺设计、系统设计及设备选型、净水机房及管网设计等;管道分质直饮水供水工程项目施工是实现工程设计意图的过程,是实现管道分质直饮水供水的核心工作,其中关键节点的施工质量把控是工程施工重要工作,主要分为施工准备、施工组织设计、设备安装、管网安装4个方面;最后,管道分质直饮水供水工程项目施工完成后,还应严格按照设计要求和相关标准进行调试和验收,确保系统的质量和安全。

4.2 管道分质直饮水供水工程规划

管道分质直饮水供水工程规划应根据项目实际出发因地制宜地制定科学方案,可以优化资源配置,实现优质优用和水资源的最大化利用;规划采用的各项工程技术成熟可靠,可以提高项目的效率和质量;科学规划可以有效降低施工和运行过程中的能耗和排放,尽量减少对环境的影响和污染,最大限度地做到节能减排;科学规划可以在平时保障重点人群饮水安全,满足人们对高品质生活饮用水的需求的同时,应急时增强城市供水系统的抗风险能力,助力城市应急供水保障体系的建设。

4.2.1 工程规划原则和内容

1)工程规划原则

管道分质直饮水供水工程项目规划主要原则包括以下几点:

(1)符合国家相关法律法规和标准:管道分质直饮水供水工程项目的规划应当符合国家相关法律法规和相应的标准。法律法规如《中华人民共和国水法》《中华人民共和国水污染防治法》等;相应的强制性标准如《生活饮用水卫生标准》(GB 5749)、《城市给水工程项目规范》(GB 55026)等。

(2) 因地制宜:应充分考虑当地的水资源状况,合理利用水资源,确保供水的安全性、持续性;根据用户的需求和实际情况,确定供水方式、供水规模等;同时,应考虑到原水水质,制定合理的分质供水方案。

(3) 技术经济:在规划管道分质直饮水供水工程项目时,采用的各项工程技术必须做到技术成熟可靠,在保证工程质量的前提下,尽量降低项目的投资成本。同时必须考虑项目的可持续性、可管理性和可维护性,在确保管道分质直饮水系统的可持续安全运行的前提下,做到管理和维护方便,最大限度地降低项目的运行维护费用。

(4) 节能减排:管道分质供水工程项目规划建设应保证采用的材料和成套工艺是环保的、节能的,项目建设应尽量减少对环境的影响和污染,最大限度地降低分质供水运行过程中的能耗,减少尾气和浓水排放。

(5) 应急供水:管道分质直饮水供水工程项目的规划应纳入城市应急供水保障体系。管道直饮水系统在平时保障重点人群饮水安全,满足人们对高品质生活饮用水需求的同时,应急时可以增强城市供水系统的抗风险能力,确保在突发事件或自然灾害等情况下,仍能保障人们的饮用水安全。

2) 工程规划内容

管道分质直饮水供水工程项目规划的内容包括以下几个方面:

(1) 需求分析与预测:对项目实施区域内的用水需求进行分析和预测,包括人口数量、公共建筑用水量、应急供水保障用水量等,为项目的设计和建设提供依据;

(2) 工程方案:根据需求分析和预测、原水水质特点,设计管道分质直饮水供水工程的方案,包括净水机房选址、水处理工艺及系统计算、管网布局、净水消毒设施采用及其他配套处理工艺等;

(3) 环境保护与节能减排:对项目实施可能对环境造成的影响进行评估,并采取相应的环境保护措施,确保项目实施与环境保护相协调。应提高产水率,最大程度地利用水资源,减少浓水排放;应采用节能型设备和材料,如高效水泵、节能电机等,有效降低能耗。

4.2.2 单项目规划

管道分质直饮水供水工程以学校、医院、居民小区等单项目为最基本的载体,整个工程建设项目从规划开始。单项目规划主要涉及项目资料的收集和现场踏勘、项目机房选址、管网敷设方案、项目系统规划及终端型式确定5个方面。

1) 项目资料收集

(1) 一般资料的收集

首先应根据拟实施项目的具体情况,根据学校、医院、居民住宅小区和厂矿、企事业单位等不同项目类型进行相应资料的收集。一般情况下,学校项目需要收集的资料见表4.1,医院项目资料调研表见表4.2,住宅小区资料收集表见表4.3,厂矿、企事业单位资料调研表见表4.4。

4 管道分质直饮水供水工程建设

表 4.1　学校资料收集表

学校名称		学校类别	
学校总人数		学校总面积	
学校教职工人数		学生人数	
教室数量及楼栋数		办公室数量	
宿舍数量		食堂数量	
现有饮水设施		机房位置选择	

表 4.2　医院资料调研表

医院名称		医院服务人数	
医院床位数		医院总面积	
科室数量		病房数量	
现有饮水设施		机房位置选择	

表 4.3　住宅小区资料收集表

小区名称		小区开发商	
设计户数		小区已使用年限	
入住户数		常住户数	
业主自住率		意愿开通户数	
物业公司		楼栋数、楼层高度	
地下室情况		能否设置机房	
电梯情况		水源	
有无售水站		入户条件	
机房位置选择			

表 4.4　厂矿、企事业单位资料调研表

企业名称		企业总人数	
总面积		厂房及办公室数量	
食堂数量		宿舍数量	
现有饮水设施		机房位置选择	

（2）文件资料的收集

① 基础文件资料：项目工程所在地的红线范围内地形图、总平面布置图，红线范围内地下管线设施、建筑内部管线布置图，红线范围内道路设施、绿化设施布置图，红线范围内各楼栋建筑图（楼层数、楼层平面图、户型图）。

上述资料如有缺失，应进行现场勘测，绘制底图或草图，予以补充完善。

② 收集现有供水条件下的水质检测报告：对于原水为自来水的，重点收集 TDS、浊

度、高锰酸盐指数、硬度等 GB 5749 标准中常规指标即可；对于原水为非自来水的，除应收集 GB 5749 中常规指标的检测报告外，还宜收集扩展指标中的毒理性指标等。

2) 项目现场踏勘

项目现场踏勘应着重踏勘以下内容：

（1）项目的基本情况：通过现场踏勘，将项目所在地地形图、总平面布置图、管线布置图、周边道路设施及主要建筑的分布位置层数等信息进行核对，将现状情况与图纸不一致之处进行标注。

（2）供水模式可行性踏勘：根据现场供水点、楼栋分布、现状允许条件，做好供水模式可行性方案的现场评估，包括直饮水直接入户、直饮水供应至楼层用水点、直饮水供应至楼栋单元等。

（3）施工条件踏勘：主要踏勘现场的环境，包括交通、供水、供电及污水的排放条件等；施工期间临时用地位置，临时项目部位置等。

3) 净水机房选址及管网布置

通过整理项目收集的资料和文件资料，结合踏勘现场的情况。通过分析项目总平面图、项目的楼栋数、有无地下室、地下室是否连通、道路和绿化带分布等基本情况，综合确定机房位置和管网布置方式。净水机房的位置应考虑周边环境、供水供电条件、交通状况等因素，一般应选择在便于设备运输、安装和维护的地方。

（1）确定机房位置

机房选址应符合以下规定：

机房位置优先选择地下室/地面（阳光机房），一般情况不建议选择屋顶。有转换层的高层建筑，也可以考虑将机房设于转换层。当机房选址不是位于地下室或地面时，还应考虑楼板承重和防水等要求。

阳光机房应尽量选择荫蔽之处，减少太阳直射暴晒时间。主要考察机房设置位置，收集与机房建设相关环境资料等。

（2）管网布置

管道分质直饮水供水系统输水管道线路的选择应通过技术经济比较综合确定，并应满足下列条件：

沿现有或规划道路敷设、缩短管线的长度，避开有毒有害物污染区以及地质断层、滑坡、泥石流等不良地质构造处；施工、维护方便，节省造价，运行安全可靠；对于已建成区，宜沿绿化带、非机动车道铺设，尽量减少对市政公共设施的影响；在规划和建有综合管廊的区域，宜优先将输配水管道纳入管廊。

管网布置主要分为建筑内部和建筑外部，在室外和室内部分应分别满足：

① 室外埋地管：埋地管道应根据当地冻土层深度按规范要求敷设。对于老旧小区改造，当需要破坏绿化、硬化路面等基础设施时，应由委托方确认。

② 室外架空管：室外架空管道，通常贴外墙或屋面敷设（应确定为可上人屋面）。

③ 建筑内部管道：

立管：立管可以考虑敷设于管道井、楼梯间、外墙或厨房等；

室内横干管：地下室横干管，通常于梁下敷设；对于办公楼、学校等公共类项目，各层横干管通常敷设于过道的吊顶或天花板下面；

入户支管：对于立管安装在管道井的住宅，入户支管的敷设通常与给水管相同，一般敷设于找平层或于吊顶内敷设，严禁敷设于结构层。

4）系统模式

对于管道分质直饮水供水系统的选择，应根据项目规模、用户分布、原水水质情况、现有设施条件等，结合直饮水设施规模、实施难易程度等，通过技术经济比较，综合分析确定。管道分质直饮水供水系统，目前主要分为单循环供水站管道分质供水系统和多循环供水站管道分质供水系统两种模式：

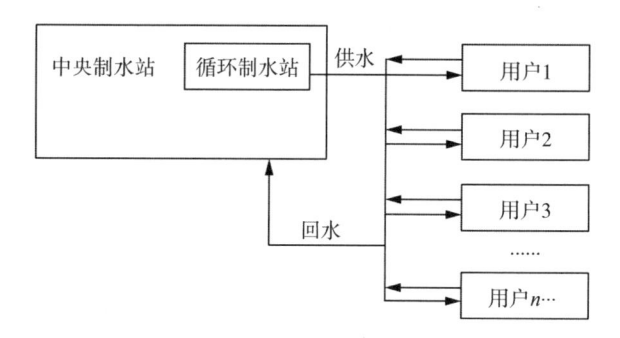

(1) 单循环供水站管道分质供水系统

单循环供水站管道分质供水系统模式是指原水通过制水站深度净化处理达到标准后，由单个循环供水站通过独立封闭的循环管道供应给用户直接饮用水的管道分质直饮水供水系统。单循环供水站管道分质供水系统示意图见图 4-1。

单循环模式主要适用于规模较小的单体居民小区、校园、办公楼等。

图 4-1 单循环供水站管道分质供水系统示意图

(2) 多循环供水站管道分质供水系统

多循环供水站管道分质供水系统模式是指水源水通过制水站处理达到标准后，经过管网输送到 2 个或 2 个以上配备有后处理单元的循环供水站，再由循环供水站通过独立封闭的循环管道供应给用户直接饮用水的管道分质直饮水供水系统。多循环供水站管道分质供水系统示意图见图 4-2。

多循环模式适用于规模大的分期小区、集中的园区、街道等。

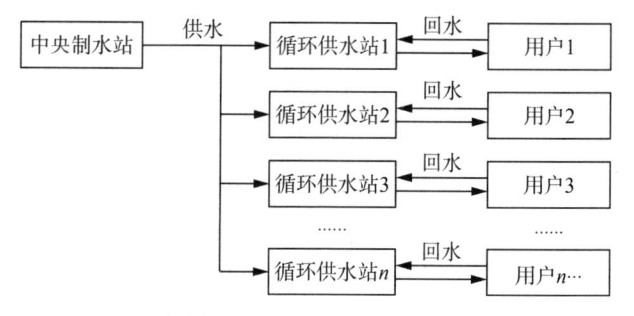

图 4-2 多循环供水站管道分质供水系统示意图

在管道分质直饮水供水系统总体规划方案的设计上,应充分结合当地的实际情况统筹考虑采用单循环供水站模式或多循环供水站模式。大型项目可以结合项目规模、区位、居民管道入户接受程度等多种因素,将管道分质直饮水供水系统供水模式进行有机组合,经技术经济比选确定。

5) 饮水点位及终端型式

应根据项目实际出发,设置饮水点位并配套终端型式。

(1) 饮水点的设置:对于住宅项目,首选入户,其次是进入楼层和楼栋;对于学校、办公楼、写字楼项目,首选是在每层设置公共饮水点,其次是在教室、办公室设单独饮水点;对于酒店项目,需要考虑每间客房均设直饮水点的必要性等。

(2) 终端配置的选择:对于住宅,一般采用鹅颈直饮水龙头,管线式饮水机;对于办公楼或酒店,建议安装壁挂式管线饮水机/立式管线饮水机/公共饮水平台/开水器等;对于学校,建议安装壁挂式饮水机或公共饮水平台。

(3) 根据不同的终端型式,配置相应的计量方案:对于住宅入户工程,一般每户安装一块直饮水专用水表,应确定水表的安装位置(是安装在管井还是安装在用户厨房);对于楼层和楼栋项目,一般采用卡码一体的终端饮水机;对于办公楼/学校/酒店,应确定是否需要计量,当需要计量时,应确定计量方式(安装水表还是采用卡码一体的终端饮水机)。

4.2.3 整城规划

1) 整城规划的意义

随着社会经济的发展,世界人口越来越向城市集中,城市化已成为当今世界各国经济社会发展的一个趋势。城市供水系统是支撑城市存在和发展的重要基础设施,城市用水量占人类总用水量的比重越来越大,城市水系统对自然水生态系统的影响也越来越突出。

长期以来,我国城市供水系统都采用统一的给水方式,即不管什么用途都按照生活饮用水标准供给。在过去的经济条件下,整个城市的用水量不大,用途种类也比较单一,该方式既能满足要求,又节省投资。而今城市用水量急剧增加,水的用途也更加多样化。统一给水将造成水资源的浪费,也造成对人力、物力与财力的浪费。"高投入、高消耗、高排放、不协调、难循环、低效率"的城市供水模式难以为继。

在新的形势下,近年来蓬勃发展的管道分质直饮水供水方案已经被纳入城市发展规划之中,催生了整城分质供水规划。正确处理好城市用水问题,对保证城市的健康、和谐发展有重要的意义。对一个城市区域来说,由于水资源的时空分布特征和水资源的局限性,水资源开发利用已经导致许多生态和环境问题。整城分质供水规划不仅能优化水资源的配置,保障饮用水安全,而且紧扣健康中国的核心计划,改善居民饮水水质,提高生活品质。整城分质供水作为城市供水体系的新形式,符合城市可持续发展需要,能够满足居民对城镇供水从"合格水"向"优质水"需求转变,是全国经济发达城市和地区在优质水、高品质城市供水方面的有益探索和实践,对城市的可持续、高质量发展有着重要的助力作用。

管道分质直饮水供水工程作为城市基础供水设施应该纳入城市应急保障体系之中,整城规划应该遵循"统一规划、重点保障、分步推进、节能环保"的原则,为城市应急供水保障体系添砖加瓦。

2）整城规划的原水、水质和水量

（1）原水

城市供水系统主要包括原水、制水和配水三部分，即"水源—水厂—管网—用户"。水源是供水的源头，主要来源于地表水和地下水。

以济南市为例，城市水源主要分布在西北部和南部，以黄河客水为水源的玉清湖、鹊山两座水库作为主要水源；南部和东部地区以锦绣川水库、卧虎山水库、狼猫山水库为本地水源；城区、东郊、西郊分布的水源为地下水。虽然济南号称泉城，但是水源受"封井保泉"的要求限制，地下水的取用需要严格的审批。随着广大市民对水质提高的要求日益强烈，"优水优用，分质供水""泉水先观后用"等逐渐形成水源供水的方向。

因此在原水的选择上，应该结合当地水源特性、水源水量、水源水质、施工难度、管线长度工程造价等五个方面进行经济技术分析，根据分析结果，选定整城分质供水工程的主要水源和备用水源。

（2）水质

原水水质应符合现行国家标准《生活饮用水卫生标准》（GB 5749）的有关规定，所以，管道分质直饮水供水工程一般直接采用自来水管网供水作为原水。如考虑采用非自来水作为原水时，应对原水进行水质全分析，如原水水质无法达标，必须先进行预处理，水质达到现行国家标准方才可作为管道分质直饮水供水系统原水。

当水源水不仅仅是自来水时，水源水的选用应根据水质特点因地制宜，经技术经济比较后综合分析确定。采用地下水作为水源水时，应优先选用符合现行国家标准《地下水质量标准》（GB/T 14848）规定的Ⅰ类水质标准的水源，但不得低于Ⅱ类。采用地表水作为水源水时，应优先选用符合现行国家标准《地表水环境质量标准》（GB 3838）规定的Ⅰ类水质标准的水源，但不得低于Ⅱ类。采用地下水或地表水作为水源，水源地必须设置卫生防护地带，应满足地下水或地表水水源卫生防护要求，同时还应遵照《中华人民共和国水污染防治法》的有关规定，以有效防止水源污染。严禁采用再生水作为管道分质直饮水供水系统的水源。

整城分质供水的产水水质除应符合《生活饮用水卫生标准》（GB 5749）的要求外，还应符合现行行业标准《饮用净水水质标准》（CJ 94）的规定。如有更加严格的地方标准或企业标准，从其标准。

（3）水量

供水量的预测需要结合当地的行政区划，并与社会经济发展水平相适应。

供水量预测前应对城市的主要情况进行调查，主要调查内容包括：城市的地理、地质、气候情况、水文条件、交通条件、供水供电条件、规划建设条件等；

城市的功能分区，如居民区、工业区、休闲区等；学校、医院等公共建筑的分布；城市的供水水厂及主要提升泵站的分布等；城市的人口数量，拟开通管道直饮水的片区和提供服务的人口数量。

从服务人口数量和总人口数量出发，参照附录7（CJJ/T 110—2017）表3.0.2最高日直饮水定额，并按照一定应急供水余量和远期供水目标，计算供水量。如有更高的供水量地方标准或企业标准,从其标准。

3) 整城分质供水建设规划原则

整城分质供水规划具有范围大、投资大和建设周期长的特点。因此在实际的规划建设过程中,应遵循"统一规划、重点保障、应急供水、节能环保"的原则,优先保障学校、医院等重点区域重点项目的实施。

(1) 统一规划:从城市整体角度出发,根据城市的功能分区及行政区划的界限,学校、医院等公共建筑的分布,城市的供水水厂及主要提升泵站的分布等,整体规划城市的分质供水工程。整城规划应结合分质供水项目建设情况和城市应急供水保障体系的要求,预留远期建设和联通条件。管道分质直饮水供水系统总体规划方案应充分结合当地的实际情况进行统筹考虑,单循环供水站系统与多循环供水站系统可以进行有机组合,经技术经济比选确定。根据近期、中期和远期供水站的分布范围结合分区内的净水站分布,确定每个净水站的辐射范围。每个净水站的管网分布应结合供水范围、直饮水在管网中的停留时间综合确定,保证独立管网的供水安全性和稳定性。

(2) 重点保障:管道分质直饮水供水系统应重点保障学校、医院等人员密集场所的安全饮水和健康饮水。青少年是祖国的未来,健康问题尤为重要,世界卫生组织和各国科学家均研究表明,就饮用水污染的影响而言,青少年是易感人群、敏感人群,污染物对青少年健康危害的危险度是成年人的数倍,能否喝上足够的、安全的饮用水直接关乎其健康水准,因此,应优先保障在校学生的饮水安全和饮水健康。

(3) 应急供水:有效利用管道分质直饮水供水系统的优势,统一规划将其纳入城市应急供水保障体系建设,实现对水质的在线监测和对产水供水设备的远程监控,对居民进行教育宣传,统一纳入政府应急平台监管,达到平时饮水安全保障和水污染事件发生时应急供水的目的。把管道直饮水系统的管理纳入城市供水保障和应急体系,平时保障重点人群的饮水健康,应急时打开公共服务端口,为更多的城市居民提供饮水安全保障,可有效缓解人民在饮水危机发生时的恐慌心理。

(4) 节能环保:根据国家相关法律法规的要求,依据国家和行业有关节能标准和规范科学规划,规划方案、设计耗能和节水目标应符合相关建设标准、技术标准的节能要求,达到节约能源、提高水资源利用效率的目的;同时,尽量减少项目实施过程中的浓水和尾气排放,提高水资源的利用率,有效保护环境,达到减排的目的。

4.3 管道分质直饮水供水工程的设计

管道分质直饮水供水工程设计核心是满足用户对高品质饮用水质和量的需求。设计应该符合国家相关标准,通过采用可靠的设备、材料和工艺,降低供水系统出现故障的概率,保证供水水质的安全健康,保证水量的稳定和可持续供给;制定出最优的设计方案,以降低工程的造价;通过优化水处理工艺等方式,减少供水过程中的能耗,提高水资源的利用率,并减少排放,降低对环境的影响;设计应适当增加供水余量,确保供水系统在应急情况下可以发挥作用,保障应急供水。

管道分质直饮水供水工程项目设计的内容主要包括:水处理工艺设计;系统设计及设

备选型;净水机房及管网设计。

4.3.1 水处理工艺设计

应根据原水水质和供水水质标准,在满足安全卫生、技术先进、经济实用、节能减排的原则下,选择合适的水处理工艺。管道分质直饮水系统饮用水深度处理工艺主要分三部分:预处理单元、膜处理单元和后处理单元。预处理单元、膜处理单元、后处理单元均可选用一种或两种以上的优化工艺组合。水处理工艺的设计应依据水源水或原水水质,深度处理后达到直接饮用的标准。

原水首先通过介质过滤器和精密过滤器等预处理单元过滤,然后进入 RO/NF 膜处理单元,膜处理出水再经过 pH 值调节、紫外线和臭氧杀菌消毒后,采用变频供水送到用户家中。如图 4-3 所示。该套管道分质直饮水系统水处理工艺经多年工程验证,可以有效去除水中病菌、有毒重金属、放射性核素、有机微污染物,处理后的直饮水水质甘甜可口,可直接生饮。

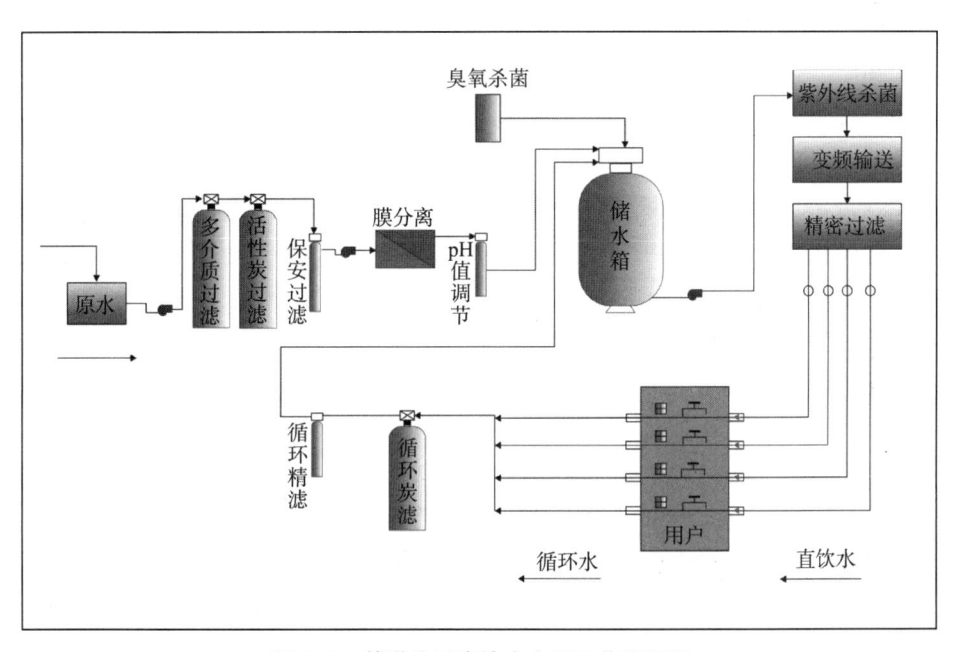

图 4-3 管道分质直饮水主要工艺流程图

4.3.1.1 预处理单元

管道分质直饮水系统预处理单元构成一般包括:多介质过滤器(机械过滤器)、活性炭过滤器、软化器(选配)、保安(精密)过滤器等。预处理系统的主要作用是降低原水的浊度、有机物浓度,消除大分子颗粒及原水中有害于膜处理单元的有机和无机物质,确保进入膜处理单元的水质满足系统的需要,尽可能改善膜单元的进水水质,起到对膜的保护作用,延长膜使用寿命。

1) 预处理工艺的选用

(1) 预处理方案的确定

预处理方案的确定要考虑如下因素：

原水水源类型及水质情况；要求的预处理出水水质；过滤形式的选择考虑有无需要附加工艺，如原水加碱、石灰处理、加氯杀菌、除铁、除硅等；根据膜处理装置具体情况，确定是否调节原水 pH 值、加氯处理、除氯处理和阻垢剂处理等。所以，确定预处理工艺方案，应进行原水水质资料的收集，原水水质、出水水质是预处理系统选择的重要依据。

(2) 常用预处理工艺

通常可采用多介质过滤、活性炭过滤和保安过滤，并可选配软化或超滤工艺。常见的工艺流程主要有以下三种：

原水→多介质过滤器或石英砂过滤器→活性炭过滤器→保安过滤器；

原水→多介质过滤器或石英砂过滤器→活性炭过滤器→软化过滤器（选配）→保安过滤器；

原水→多介质过滤器或石英砂过滤器→活性炭过滤器→保安过滤器→超滤过滤装置（选配）。

预处理工艺设计好是直饮水系统设备稳定运行的先决条件，预处理单元设备要采用优质滤料，确保水质安全。针对地下水硬度较大的原水水质可以选配软化过滤器。

2) 多介质过滤器的配置

多介质过滤是指利用两种及以上的过滤介质，在一定的压力下把浊度较高的水通过一定厚度的粒状或非粒状材料，除去悬浮杂质，从而使水澄清的过程。

(1) 多介质过滤器结构

多介质过滤器其主要结构包括过滤器体、配套管线和阀门，过滤器体又包括筒体、布水组件、支撑组件、反洗气管、滤料、排气阀等。

多介质过滤器采用压力式过滤结构，依据市政自来水水质匹配过滤流速一般为 10—15 m/h；有些厂商为了降低成本采用"小马拉大车"的方式，使用很小的多介质过滤器，导致流速很大，容易造成后续保安滤芯和膜的污堵，缩短其使用寿命，增加维护成本。

多介质过滤罐体底侧设置卸料口，顶盖设置活接口，方便设备拆卸和滤料更换。设置卸料口成本虽然有所增加，但方便滤料的更换，从长期使用角度看，卸料口的设置非常有必要。

多介质过滤罐体依据原水水质中氯离子含量配置不锈钢过滤罐体防腐方式，当氯离子含量超过 400 mg/L，采用衬胶或衬塑的防腐工艺，当氯离子含量低于 400 mg/L，可采用特氟龙或食品级环氧防腐工艺。

(2) 多介质过滤器的滤料选择

目前管道分质直饮水供水预处理单元的多介质过滤器多选用石英砂/无烟煤作为内部填充物，可除去原水中含有的泥沙以及胶体物质等在 10 μm 以上的悬浮颗粒物质。石英砂滤料主要依靠其巨大的比表面积，对污染物截留与吸附。石英砂滤料的破碎率和磨损率之和应小于 1.5%（百分率按质量计），密度应大于 2.55 g/cm，盐酸可溶率应小于 3.5%。好的石英砂滤料可以使用 3～5 年，差的滤料可能只能使用 1 年左右，同时不纯的滤料可能带来新的污染,导致直饮水系统设备容易出故障,所以石英砂滤料优选精制酸洗石英砂。无烟煤作为传统的过滤工艺中常见的滤料,具有比重低、截污效果好、颗粒相对均匀等优点,多介质过滤器应优先选择优质无烟煤滤料。

3) 活性炭过滤器的配置

活性炭过滤器作为一种较常用的水处理设备,可有效保证后级设备使用寿命,提高出水水质,防止后级反渗透膜、纳滤膜及离子交换树脂等被游离态余氯污染。

(1) 活性炭过滤器结构

活性炭过滤器是一种外壳为不锈钢或玻璃钢,内部填充活性炭的罐体过滤器。管道分质直饮水供水预处理单元活性炭过滤器主要结构包括过滤器体、配套管线和阀门,过滤器体又包括筒体、布水组件、支撑组件、反洗气管、滤料、排气阀等。

活性炭过滤采用压力式过滤结构,依据市政自来水水质匹配过滤流速一般为 10—15 m/h。

活性炭过滤器过滤罐体底侧设置卸料口,顶盖设置活接口,方便设备拆卸和滤料更换。设置卸料口方便滤料的更换,直饮水设备设计寿命是 15—20 年,为保证设备的正常使用,这中间至少需 10—15 次更换滤料,所以为了维护方便应该配置。

活性炭罐体优选不锈钢罐体及衬胶或衬塑防腐工艺,考虑设备成本也可选用玻璃钢过滤罐体,但要选择内部衬胶防腐。

(2) 活性炭过滤器的滤料选择

活性炭过滤器目前的活性炭滤料以颗粒状活性炭为主。活性炭滤料优选高活性的椰壳粒状活性炭滤料,碘值≥1 000 mg/g,亚甲基蓝脱色力≥10%,强度(球磨法)≥98%,灰分≤3%,水分≤10%,粒度 10—20 目,填充比重 0.5 g/mL。

4) 保安(精密)过滤器

保安过滤器设置在膜处理装置前,其作用是滤除前置处理过程中破碎的细小颗粒、活性炭和破碎的离子交换树脂等,保证原水水质能够达到膜装置的进水要求,避免膜元件受到损伤。

(1) 保安(精密)过滤器结构

保安过滤器(又称作精密过滤器),大都采用不锈钢做外壳,内部装有过滤滤芯,通过配备压力表显示滤芯的运行压力状态。过滤器的滤芯拥有很大的过滤面积,水流在通过滤芯时,杂质被拦截在滤芯的表面,随着杂质被拦截的越来越多,滤芯的大部分可通水面积被杂质堵死,可通水的有效过滤面积越来越小,当通水的面积小于进水口的截面积时就会明显产生压差。

保安过滤器有很多型式,包括抱箍式、法兰式、吊环式。型式不同、罐体壁厚不同对使用寿命都有影响。市面上罐体质量参差不齐,有的厂家采用 301 材质,有的厂家降低壁厚,这些都会导致使用寿命的降低。

(2) 保安过滤器滤芯选择

保安过滤器选择滤芯时,过滤精度是要考虑的重要参数。保安过滤器的过滤孔径一般在 0.01—120 μm 范围,孔径越小,过滤精度越高。根据需要去除的颗粒大小和水质的特性,选择适当的过滤精度。管道分质直饮水供水系统一般选择 5 μm 的精密(微滤)过滤滤芯。选择合适的精度可以提高过滤效率,一般来说,过滤精度越高,过滤效果越好,但也会增加过滤器运行的阻力和成本,使滤芯在使用过程中产生压差。当水压差达 0.1 MPa 时就应及时清除过滤器内的杂质,同时要清洗或更换滤芯,以避免保安过滤器滤芯污堵导致过滤效率降低而起不到"保安"的作用。

4.3.1.2 膜处理单元

管道分质直饮水供水膜处理单元主要选择反渗透(RO)膜和纳滤(NF)膜原件。膜处理单元是饮用水深度处理系统的核心部分,它包含膜组件、高压泵、膜清洗装置、监测仪表和控制系统等,其组成部件的选择是管道直饮水系统设备持续运行的关键。

1) 膜组件

膜处理装置主要起到脱盐作用,能去除水中对人体有害的重金属、有机物及其他阴阳离子等微污染物和细菌、病毒等微生物,保证饮水的卫生安全性。

膜处理装置的设计主要包括膜原件种类的选择和膜组件的设计两个部分。

(1) 膜原件种类的选择

反渗透膜的脱盐率大于 90%,一般反渗透膜原件脱盐率在 96% 以上,对水中微污染物和微生物的去除率极高,产水纯净,可以确保饮水安全。

纳滤膜的脱盐率小于 90%,一般使用在饮用水处理中的纳滤膜原件脱盐率在 80% 以上,对水中微污染物和微生物的去除率较高,而且能够保留部分钾、钠等一价离子和少量钙、镁等二价离子,产水较纯净,可以确保饮水安全和快速平衡体液(相对反渗透膜)。

超滤膜没有脱盐率,对水微污染物去除率低,不能有效去除重金属、有机物、消毒副产物和抗生素等污染物,一般在管道分质直饮水供水工艺中不单独采用。

膜原件的选择应该以能达到对原水进行深度净化处理为目的。选择纳滤还是反渗透膜原件,主要根据原水的水质进行判断。一般来说,原水微污染物含量低,可优先采用纳滤膜原件;北方地区或苦咸水地区等溶解性总固体较高的地方,原水有机和重金属离子等微污染物含量相对较高的地方,可以采用反渗透膜原件。考虑管道分质直饮水供水膜深度处理的原水是符合《生活饮用水卫生标准》的自来水,可以简单地根据原水中溶解性总固体的含量来选择膜原件种类:原水中溶解性总固体小于 500 mg/L 时,宜选用纳滤膜;原水中溶解性总固体大于 500 mg/L 时,宜选用反渗透膜。

RO/NF 卷式膜元件主要由膜片、隔网、中心管、挡板和密封圈等组成,管道分质直饮水供水系统中央净水设备采用的卷式膜原件一般有 4040 和 8040 两种型号。

(2) 膜组件的设计

膜组件是膜处理单元的核心部件,是将膜元件按照一定排列方式组合、连接而成的组合式水处理单元。膜组件主要由膜壳和膜元件组成,膜壳是膜组件的外壳,通常采用高强度、耐腐蚀的塑料或金属材料制成。膜壳内部装有膜元件,是整个膜组件的核心部件。此外,膜组件还包括一些辅助部件,如连接件、端板等。连接件用于将膜元件连接在一起,形成一个完整的水处理单元。端板是膜组件的入口和出口端,用于连接和固定膜元件。产水量较小的中央净水设备通常采用 4040 型号的膜原件组合就可以了。

膜组件的设计主要考虑以下几个方面:

① 膜的排列方式（单元件、单段、多段）应符合节能要求；

② 在保证出水水质的情况下，尽量提高产水率；

③ 膜组件处理的出水水质须符合《饮用净水水质标准》(CJ 94)的规定；

④ 膜组件处理后的浓水宜回收利用；

⑤ 膜组件应根据具体情况配置加药系统和化学清洗系统，所用化学药剂应符合现行国家标准《饮用水化学处理剂卫生安全性评价》(GB/T 17218)的有关规定；

⑥ 膜组件处理单元应在进出水管、浓水管设控制阀、压力表、流量计。

⑦ 纳滤或反渗透膜元件的承压壳体选用不锈钢 304 材质时，应采用无缝管，其最高允许压力应与所选膜元件最高允许压力一致。

RO/NF 膜处理系统的水回收率根据进水水质、预处理工艺、膜元件特性、设备投资等因素确定，应控制在 50% 以上，可以通过浓水回流再利用技术提高产水率到 75% 以上。

2) 高压泵

高压泵是在膜处理单元中为膜组件提供足够进水压力的核心设备。高压泵能够提供稳定的水压和水流，还能控制水流的方向和流量，保证水的处理效率和处理质量。高质量的高压泵设有电动慢开门装置，能够控制阀门的开启程度，防止膜元件受到高压水的冲击，可以有效地保护膜原件，延长膜组件使用寿命；同时，高压泵装有高压开关，当压力过高时，会发出报警并停泵，防止膜元件在高水压下受损。高压泵的进口装有低压开关，当压力过低时，会发出报警并停泵，以保护膜元件不受低水压的损害。

高压泵的选择，主要考虑以下两点：

流量和扬程：流量是泵的重要参数，需要根据实际需求选择合适的流量。扬程是泵将水提升的高度，需要根据实际需求选择合适的扬程。

品牌信誉：品牌信誉是评价泵质量的重要指标，需要选择品牌信誉好、质量可靠的泵。品牌方面，国外品牌主要是格兰富和威乐，国内品牌主要是南方泵业。选择一线品牌的泵能够保证质量和性能的可靠性，同时一线品牌的售后服务好，遇到问题时能够得到及时的解决。

由于膜组件工作提供驱动压力的高压泵无自吸功能，必须严格保证泵中有水流过后再启动泵，因此不能将开机与加压泵设计为同步，必须增加延时启动功能，而延时时间必须与前置的原水泵的流量和启动压力相匹配，才能保证高压泵启动的瞬间，预处理部分可供给足够的水量和压力，而不出现触发低压保护开关导致开机失败的现象。

3) 膜清洗装置

膜的清洗装置是膜处理单元的重要组成部分，主要用于清洗膜表面和去除杂质，以恢复膜的过滤性能和延长膜的使用寿命。

NF/RO 处理单元设计细节要求产水静背压不得超过规定值，浓水排放管的布置应保证系统停用时最高一层膜组件不会被排空。

NF/RO 处理单元流量调节合理，有充足的浓水流量，可以延长膜的使用寿命。

清洗装置的主要组成部分包括：

冲洗水：冲洗用水主要是利用膜组件产出的水，产出水中已经去除了水中的杂质和颗粒物，可以防止对膜造成堵塞或损害。当膜处理单元停机时，可以采用原水冲洗，防止膜元件由于浓盐水富集结垢。

冲洗水泵：用于提供冲洗水的水源和动力。冲洗水泵应具备足够的扬程和流量，以保证冲洗水的压力和流量能够满足膜的冲洗要求。

控制器：用于控制冲洗装置的运行。控制器应具备自动控制和手动控制功能，以便根据需要进行调整和控制。

连接管路和阀门：用于连接各个部件，实现冲洗水的输送和控制。

4）监测仪表和控制系统

膜处理单元制水，必须设置监测仪表和控制系统，并可以配置远程监控系统。监测仪表用于实时监测水流量、水压和水质等参数。控制系统核心控制器的选型应充分考虑工业控制的抗干扰、抗振动和高可靠性、低故障率的要求，严密的控制逻辑和完善的保护措施，再加上远程监控技术的应用，使整个电气监控系统具有极强的故障监测处理与自诊断能力，为维护人员迅速、及时地排除故障提供了有效的帮助。

膜处理单元控制系统硬件配置如下：

控制器：控制器是整个控制系统的核心，负责接收传感器信号、执行控制逻辑、发出控制指令等。常用的控制器有 PLC 和 DCS，PLC 适用于较简单的控制系统，而 DCS 适用于较复杂的控制系统。控制器应具备足够的输入输出点数、处理速度和存储容量，以满足系统的控制需求。

监测仪表或传感器：监测仪表用于检测膜处理单元的各种参数，如压力、流量、温度、液位、电导率、余氯、浊度、pH 值等。根据需要选择合适的监测仪表，如压力变送器、电子水表/流量计、液位传感器、温度传感器、电导率仪、余氯仪、浊度仪、pH 传感器等。监测仪表或传感器的精度和可靠性对控制系统的性能有着重要影响。

执行器：执行器根据控制器的指令执行相应的动作，如调节阀门、启动泵等。根据需要选择合适的执行器，如电动调节阀、气动阀、变频器等。执行器的性能和可靠性对控制系统的稳定性和可靠性有着重要影响。

人机界面（HMI）：HMI 用于显示和控制膜处理单元，是操作员与控制系统交互的界面。HMI 应具备实时数据采集、显示、历史数据记录、报警显示等功能。常用的 HMI 有触摸屏、组态软件等。

通信网络：通信网络用于将膜处理单元的各个部分连接起来，实现数据的传输和控制。常用的通信网络有 RS485、CAN、EtherNet/IP 等。

膜处理单元控制系统软件配置如下：

控制软件：控制软件是控制系统的核心软件，负责实现控制逻辑、数据处理、算法计算等功能。常用的控制软件有 PLC 编程软件、DCS 系统软件等。控制软件应根据实际需求进行编写和调试，确保控制功能的正确性和可靠性。

组态软件：组态软件是用于人机界面（HMI）的软件，用于实现实时数据采集、显示、历史数据记录等功能。常用的组态软件有 WinCC、iFix 等。组态软件应根据实际需求进行设计和配置，确保人机界面的友好性和实用性。

数据库软件：数据库软件用于存储和管理膜处理系统的历史数据和实时数据。常用的数据库软件有 SQL Server、MySQL 等。数据库软件应根据实际需求进行选择和配置，确保数据的安全性、可靠性和易用性。

4.3.1.3 后处理单元

根据 CJJ/T 110—2017 规程(详见附录 7)4.0.5 条:后处理可采用消毒灭菌或水质调整处理;4.0.6 条:水处理消毒灭菌可采用紫外线、臭氧、氯、二氧化氯、光催化氧化技术等,并应符合相关规定;4.0.7 条:深度净化处理系统排出的浓水宜回收利用。后处理单元可采用杀菌保鲜技术、pH 值调节与矿化技术等,宜采用浓水综合利用技术等。

后处理单元消毒杀菌保鲜、pH 调节和矿化和浓水综合利用技术的采用,可以根据不同的水处理工艺和产水水质要求进行选择和组合使用,同时还需要考虑建设和运行成本等因素。

1) 消毒杀菌

产品水剩余消毒剂对抵御输配水系统中的微量污染和细菌再生长是十分必要的。饮用水经杀菌消毒后,可大大降低水源性疾病暴发的风险。通过对管网和水箱内的直饮水进行消毒灭菌,不但可以抑制细菌生物膜的形成,而且还能阻止一些由于管道消毒不彻底残留下来的致病菌的繁殖,减少和避免管道直饮水被二次污染的可能,从而保持管网内的水质稳定。后处理单元通常采用紫外线或臭氧或紫外线和臭氧联合杀菌消毒的高级氧化杀菌技术(参见 3.3.2.3 节)。

2) 保鲜技术

管道分质直饮水供水后处理的消毒灭菌技术多与活性炭后处理技术连用,共同形成了后处理的杀菌保鲜技术。后处理单元保鲜技术通常采用紫外线+高质量活性炭方案;也有直接采用载银活性炭处理的,活性炭通过吸附银来破坏细菌酶活性,抑制细菌生长;同时也有采用 KDF 处理的,KDF 是一种原子化高纯度的铜锌合金颗粒,具有原电池效应和氧化还原能力,可抑制微生物生长。

3) pH 调节和矿化

通过膜处理特别是反渗透膜处理出来的水,去除了部分金属离子,水中的酸碱平衡被破坏,水溶性 CO_2 分解,水中 H^+ 部分释放,代替原有金属离子电位,膜出水水质呈酸性。虽然研究机构从未对水的 pH 值对人体健康的影响发布任何定性研究结果,但调节酸碱平衡,使偏酸性的水体恢复成中性偏碱的状态,可保证口感润喉,更适于快速平衡人体体液,符合饮用习惯,而且酸性水可能会对运输金属管道阀门造成不利影响,管道被腐蚀速率加快。因此,管道分质直饮水供水系统中多配备 pH 值调节装置。

常规调节 pH 值要加入碱性化学物质中和,这样可能会导致杂质的进入和化学污染,并且调节不易。水杯子 pH 调节和矿化装置采用物化的方式,通过优选的可释放微量 K^+、Na^+、Ca^{2+}、Mg^{2+} 离子的天然矿石,平衡水质电位,再辅以阴阳电极产生电位吸附,调节碳酸平衡,使偏酸性的水体恢复成中性偏碱的状态,与人体体液 pH 值 7.3 接近,参见 3.3.1 节。

4) 浓水综合利用

结合管道分质直饮水系统浓水的特点,根据项目实际情况对其进行综合利用,节约用水。具体措施包括:一、可以将部分浓水回收到原水箱中作为补充水循环使用。二、浓水用于中央水处理设备过滤器的反冲洗。三、浓水回收生产系统工序用水进行配料、冲洗等操作,节约自来水用量。四、浓水用于绿化、景观。五、浓水用于冲厕、冲洗地面。

在严重缺水地区,回收和利用浓水可以降低水的消耗,提高水资源的利用率,具有良好的经济效益和社会效益。但是,在浓水利用的同时,也应考虑到浓水利用可能带来的副作用和运行成本增加的问题,参见 3.3.3.3 节。

4.3.2 管道分质直饮水供水工程系统设计及设备选型

管道分质直饮水供水工程系统设计包括供水方式及水质、水量和水压的设计计算等;设备选型是根据系统设计计算结果,选用主机型号,选用水泵、阀门、计量仪表等配套设备等。

4.3.2.1 供水方式及水质、水量和水压

1) 一般要求

管道分质直饮水供水系统应独立设置,不得与不同水质的市政或建筑供水系统直接相连。作为提供优质直接饮用水的供水系统,应与现有自来水供水系统相区分,确保直饮水供水的稳定与品质。

其他应遵循的规定如下:

(1) 管道分质直饮水供水系统应遵循安全卫生、技术先进、经济实用、节能减排的原则,同时应符合工艺合理、运行安全可靠、占地面积少、智控化程度高、具备在线监测与远传系统、管理操作简便等要求。

(2) 管道分质直饮水供水系统应符合全流程绿色节水减排设计理念,膜净化单元产生的浓水宜回收利用,浓水的回收利用方式可根据项目条件通过技术经济比较后确定。常规净化单元产生的排泥水、反洗水、消毒水、冲洗水宜收集处理,达标排放。

(3) 设置于公共场所的管道分质直饮水供水系统相关设施应采取安全防护措施,且不应影响公共安全。

2) 供水方式

目前,一般采用变频调速泵供水和重力式供水两种供水方式。

(1) 变频调速泵供水

小区集中供水时,为有利于保持水质安全卫生,应优先选用无高位水罐(箱)的供水系统,并宜采用变频调速泵供水系统,系统详见图 4-4:

变频调速供水系统是取代高位水箱、水塔及气压给水的恒压供水系统,变频调速器、控制电路及泵组电机构成闭环控制系统,以满足恒压变频供水的需要,使供水管网压力保持恒定,使整个供水系统始终保持高效节能的状态。这种供水方式有利于保持供水卫生、安全、可靠,避免二次污染,且设备占地小、性能稳定、能耗低[334]。

(2) 重力式供水

重力式供水方式是将直饮水制水处理设备置于屋顶的水箱重力式供水系统,系统详见图 4-5。

早期管道分质直饮水系统的发展过程中,主要采用重力式供水,这和当时的经济形势

4 管道分质直饮水供水工程建设

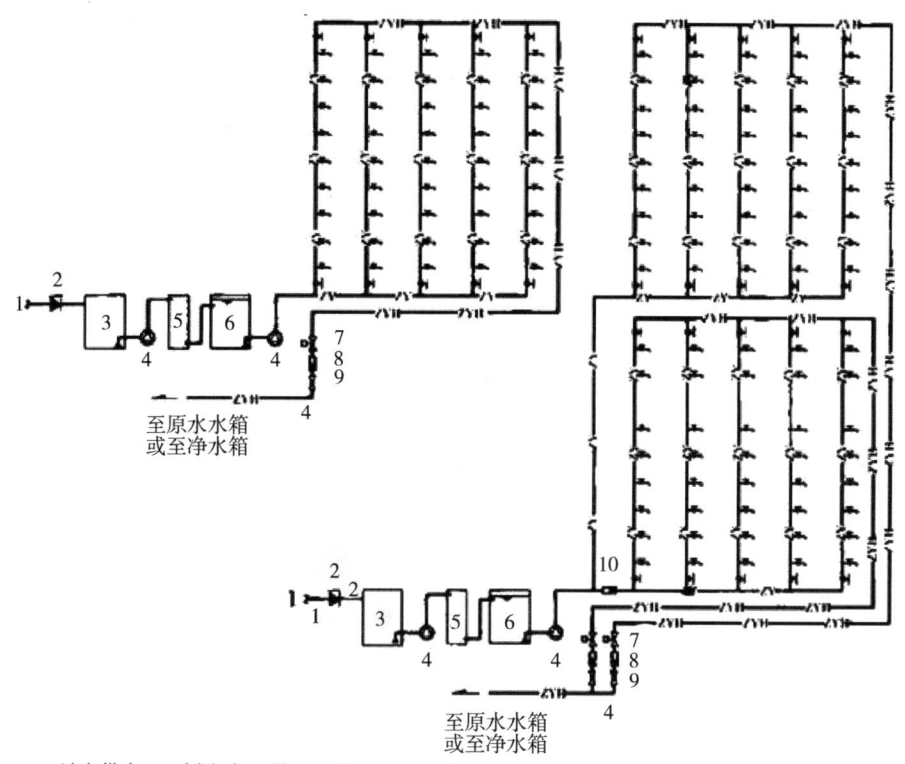

1—城市供水；2—倒流防止器；3—预处理；4—水泵；5—膜过滤；6—净水箱（消毒）；7—电磁阀；
8—可调式减压阀；9—流量调节阀（限流阀）；10—减压阀

图 4-4 变频调速供水泵系统示意图

是相适应的。当时城市供水能力不足，在居民用水高峰时供水量和供水压力时常不能满足要求，因此在屋顶设置水箱来解决有其合理性；同时该方式较为经济节能，所以，得到了一定的应用。但该种供水方式的缺点也很明显：

供水方式容易使水质受到二次污染；

供水设备增加了屋顶的荷载，对老旧小区的建筑结构安全产生威胁。

因此，在选用该方式时，应进行充分的调研和分析，确保水质与结构安全。

3）水质、水量和水压

（1）水质要求

管道分质直饮水供水系统用户端的水质除应符合《生活饮用水卫生标准》（GB 5749）的标准外，还应符合现行行业标准《饮用净水水质标准》（CJ 94）的规定，如有更加严格的地方标准或企业标准，从其标准。

（2）水量要求

管道直饮水水量应根据不同场所、人数等进行综合确定[334]。

最高日直饮水定额可按附件7中3.0.2的相关要求采用。

住宅中直饮水主要应用于人们的饮用、烹饪。笔者认为，对于住宅楼部分每人的最高建议值应该提高到 6 L/(人·d)，主要理由如下：

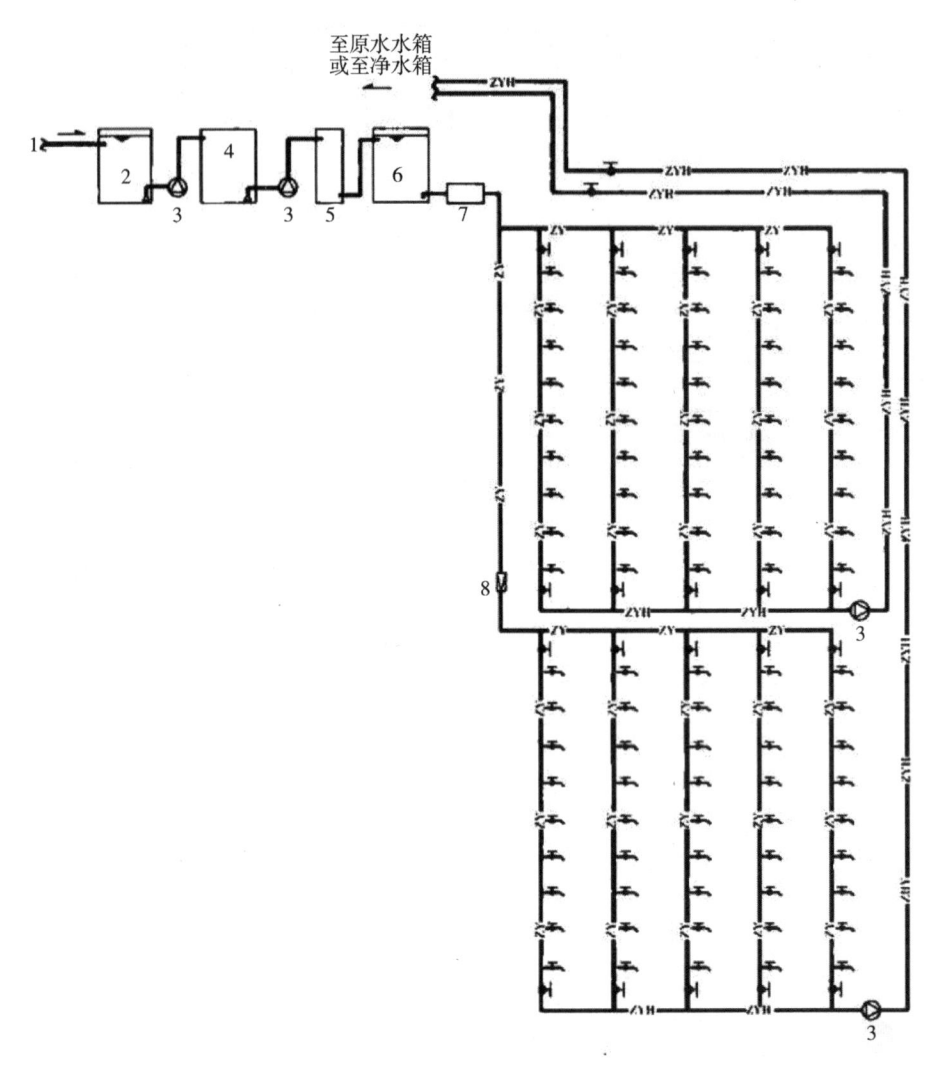

1—城市供水；2—原水水箱；3—水泵；4—预处理；5—膜过滤；6—净水水箱；7—消毒器；8—减压阀

图 4-5　屋顶水箱供水系统示意图

随着生活水平的不断提高，人们对饮水提出了更高的要求，对高品质水的需求水涨船高；

随着直饮水普及程度的提高，直饮水的用途也大大扩展，不再局限于饮用水，越来越多的人在美容、婴幼儿护理等方面使用直饮水；

直饮水可以作为城市应急供水保障体系的一部分，留有一定的富余量，能在应急情况下，扩大服务人群。

直饮水专用水嘴额定流量宜为 0.04 L/s～0.06 L/s。

（3）水压要求

直饮水专用水嘴最低工作压力不宜小于 0.03 MPa[334]。

管道分质直饮水供水工程用户端压力应满足直饮水专用水嘴出水流量达到额定流量

要求。一般来说,管道分质直饮水供水工程压力越大,专用水嘴出水流量越大。根据相关试验结果,直饮水专用水嘴的最低工作压力不宜低于 0.03 MPa,推荐采用 0.05～0.06 MPa[334]。

4.3.2.2 系统设计要求

1) 一般要求

管道分质直饮水供水系统设计应符合现行国家标准《建筑给水排水设计标准》(GB 50015)、《室外给水设计标准》(GB 50013)和现行行业标准《建筑与小区管道直饮水系统技术规程》(CJJ/T 110)的规定。

管道分质直饮水供水系统必须独立设置;管道分质直饮水供水系统设计应设循环管道,供回水管网应设计为同程式;管道分质直饮水供水系统宜采用定时循环,供配水系统中的直饮水停留时间不应超过 12 h;管网应采取防止二次污染的有效措施,并尽量减少管道长度;不循环的支管长度不宜大于 6 m。

管道分质直饮水供水系统回水宜回流至净水箱或原水水箱;回流到净水箱时,应在消毒设施前接入;采用供水泵兼作循环泵使用的系统时,循环回水管上应设置循环回水流量控制阀;管网中应设置检修阀门,在直线管段的最低端设泄水阀,管道最高处排气阀。

高层建筑管道分质直饮水供水系统供水应竖向分区,分区压力应符合下列规定:住宅各分区最低饮水嘴处的静水压力不宜大于 0.35 MPa;公共建筑各分区最低饮水嘴处的静水压力不宜大于 0.40 MPa;各分区最不利饮水嘴的水压,应满足用水水压的要求。

设置在地面以上的管道及附件应采取固定和防护措施;敷设在有冰冻危险位置的管道应采取防冻措施;管道连接应严密、无泄露,保证安全可靠。

管道与建(构)筑物及其他管线的距离、位置应保证供水安全。

2) 系统设计

系统设计应按照单循环供水站管道分质供水系统和多循环供水站管道分质供水系统设计。

(1) 单循环供水站管道分质供水系统设计

单循环供水站管道分质供水系统设计要点如下:

系统中建筑内部和外部供回水系统的形式应根据服务片区的规划和建筑物性质、规模、高度以及系统维护管理和安全运行等条件综合确定;

系统供水应优先选用无高位水罐水箱的供水系统,并宜采用变频调速泵供水;

制水站和循环供水站宜单独设置在同一直饮水站,且宜选择供水范围的中央位置;

高层建筑管道分质直饮水供水系统供水应竖向分区,分区压力应符合 CJJ/T 110 规程(详见附录 7)中 5.0.5 中相关规定;

输配水管网应设循环管道,供回水管网应设计为同程式;

供水系统应合理设置管路系统,可在直饮水站或循环供水站内设分区供水泵或设不同性质建筑物的供水泵,或在建筑物内设减压阀竖向分区供水;

建筑物内高区和低区供水管网的回水管连接至同一循环回水干管时,高区回水管上应设置减压稳压阀,使高、低区回水管的压力平衡,以保证各区管网系统的正常循环;

每幢建筑的循环回水管接至室外回水管之前宜采用安装流量平衡阀等措施；

循环配水管网循环立管上端和下端应设阀门，供水管网应设检修阀门，在管网最低处应设排水阀，管道最高处应设排气阀，排气阀处应有滤菌、防尘装置，排水阀和排气阀设置处不得有死水存留现象，排水口应有防污染措施；

循环回水必须经过消毒处理后，方可进入供水系统；

采用供水泵兼作循环泵使用的系统时，循环回水管上应设置循环回水流量控制阀；

供水末端为三个及以上水嘴串联供水时，宜采用局部环状管路，双向同程供水；

已敷设配水主管而不宜敷设入户管的管道分质直饮水供水系统，可在各楼栋或楼层安装直饮水供水系统取水设备，实行集中取水。

(2) 多循环供水站管道分质供水系统设计

多循环供水站管道分质供水系统设计除应满足单循环供水站管道分质供水系统设计要求外，还应满足如下要点：

多循环供水站管道分质供水系统如选用优质地下水（泉水、井水）、优质地表水（水库水、江河湖水）为水源水，应先对水源水进行水质分析；

水源水的取水应符合现行国家标准《城市给水工程项目规范》(GB 55026)的有关规定；

水源水水质不符合现行国家标准《生活饮用水卫生标准》(GB 5749)的要求时，应对水源水进行常规处理，常规处理工艺包含絮凝、沉淀、过滤和消毒等。可根据水源水水质，供水规模，处理后水质要求，通过技术经济比较后确定处理工艺；

制水站宜选择供水区域的中央位置，其位置及服务范围应合理确定；

制水站与循环供水站之间宜采用枝状输水或辐射式输水方式；

循环供水站宜选择服务范围内中央位置，其供水范围和人口应通过技术经济比较后综合考虑确定；

供水系统应合理设置管路系统；可在循环供水站内设分区供水泵或设不同性质建筑物的供水泵，或在建筑物内设减压阀竖向分区供水。

4.3.2.3 系统计算

水源点至制水站的原水输水管道设计流量，应按最高日平均时流量加管道的漏损水量和制水站的自用水量计算确定。采用多循环供水站管道分质供水系统供应模式时，制水站处理规模应按最高日直饮水量计算确定。多循环供水站管道分质供水系统从制水站至循环供水站的直饮水管道设计流量，应按最高日流量结合调节容积综合确定，并计入输水管的漏损水量。

无实际数据，最高日直饮水定额可按 CJJ/T 110 附录 7 中表 3.0.2 选用。

直饮水专用水嘴额定流量宜为 0.04 L/s～0.06 L/s。

直饮水专用水嘴最低工作压力不宜小于 0.03 MPa。

多循环供水站管道分质供水系统制水站至循环供水站之间的输水距离应通过技术经济比较合理确定，长度不宜大于 4.0 km。

循环供水站至终端用户的输送管道设计流量，应按管道分质直饮水供水系统最高日直饮水定额以及规划用户数量计算确定,最高日直饮水量、瞬时高峰用水量、瞬时高峰用水时水嘴使用数量、水嘴使用概率、循环流量、净水设备产水量、变频调速供水系统水泵设计流量及净水箱和原水水箱容积等相关计算公式参见附录7中第6部分:系统计算与设备选择。

直饮水配水管道的局部水头损失,宜按管道的连接方式,采用管件当量长度法计算。当直饮水配水管道的管(配)件当量长度资料不足时,可根据管件的连接状况,按管网沿程水头损失的百分数取值。不锈钢管件、阀门管段的局部水头损失按该管段的沿程水头损失的30%计取。同时计算应符合现行国家标准《建筑给水排水设计标准》(GB 50015)的有关规定。

直饮水管道系统的水流速度取值按表4.5,循环回水管道内的流速宜取上限值。

表4.5 直饮水管道水流速度取值区间表

序号	公称直径(mm)	流速(m/s)
1	≥DN80	1.5～1.8
2	DN32～DN70	1.0～1.5
3	<DN32	0.6～1.0

多循环供水站管道分质供水系统从制水站至循环供水站的直饮水管道选择管径时,在水流速度符合上述规定情况下,宜经过技术经济比较后综合确定。

7) 抗震设计

管道分质供水系统工程抗震设计应符合现行国家标准《建筑与市政工程抗震通用规范》(GB 55002)、《建筑机电工程抗震设计规范》(GB 50981)和《室外给水排水和燃气热力工程抗震设计规范》(GB 50032)的有关规定。

管道分质供水系统工程应按高于本地区抗震设防烈度一度的要求加强其抗震措施。

建筑非结构构件和建筑附属机电设备,自身与结构主体的连接的抗震设计应符合现行国家标准《建筑与市政工程抗震通用规范》(GB 55002)、《建筑抗震设计规范》(GB 50011)和《构筑物抗震设计规范》(GB 50191)的有关规定。

4.3.2.4 设备选型

在管道分质直饮水供水工程中,设备是实现水处理工艺和实现产水水质、水量等目标的硬件基础。设备的选择不仅影响到整个工程的质量和效率,还直接关系到工程的投资成本和运行维护费用。选择性能稳定、可靠的设备是保证供水质量的基础。在选择设备时,需要考虑设备的处理能力、运行效率、可靠性和使用寿命等因素,以确保设备能够满足优质供水需求;在选择设备时,还需要考虑设备的适应性,以适应不同的用水需求和原水水质条件。

总之设备选型除了依据系统设计计算来确定设备型号及性能参数之外,还需要综合考虑设备的性能、适应性、易用性、安全性和经济性等因素,以确保选择的设备能够满足工程的需求并尽量降低工程的成本。因此,在进行设备选型时,需要进行充分的市场调研和技术评估，以确保选择的设备能够达到性价比最佳的效果。

1) 设备主机

(1) 主机膜元件选型

NF膜与RO膜元件选择要求：

NF膜要求：材料采用卷式聚酰胺复合膜，孔径1～2 nm，截留分子量范围：200～1 000 Da；操作压力：0.5～0.8 MPa；产水率：≥50%。

RO膜要求：材料采用卷式聚酰胺复合膜，孔径0.1～0.7 nm，操作压力：0.5～0.8 MPa；产水率：≥50%。

膜品牌首选优秀品牌，保证出水品质。进口品牌有杜邦、海德能和东丽等，国产品牌有汇通等。

(2) 高压泵

高压泵的选择，主要考虑以下内容：

高压泵流量和扬程必须满足膜处理单元设备使用要求。NF处理单元高压泵出口压力一般0.5～0.8 MPa，RO处理单元高压泵出口压力一般0.7～2.0 MPa。高压泵过流部件及底座采用不锈钢304材质，应为立式多级离心泵。

(3) NF/RO主机设备制水量选型

为便于系统设备的选型，将住宅小区管道分质直饮水系统主机设备制水量相关计算数据制成表4.6，以供设计及相关人员参考。

表4.6 管道分质直饮水系统主机设备选型

序号	设备名称	适用住宅(户)	适用饮水人数(人)	设备制水量(T/h)
1	纳滤净水主机	200以下	301～800人	0.25
2	纳滤净水主机	201～400	801～1 600人	0.50
3	纳滤净水主机	401～600	1 601～2 400人	0.75
4	纳滤净水主机	601～800	2 401～3 200人	1.00
5	纳滤净水主机	801～1 600	3 201～6 400人	2.00
6	纳滤净水主机	1 601～2 400	6 401～9 600人	3.00
7	纳滤净水主机	2 401～4 000	9 601～16 000人	5.00
8	纳滤净水主机	4 001～8 000	16 001～32 000人	10.00
9	反渗透净水主机	201～400	801～1 600人	0.50
10	反渗透净水主机	401～800	1 601～3 200人	1.00
11	反渗透净水主机	801～1 600	3 201～6 400人	2.00
12	反渗透净水主机	1 601～2 400	6 401～9 600人	3.00
13	反渗透净水主机	2 401～4 000	9 601～16 000人	5.00

2) 水箱

水箱主要分为原水箱(罐)、中间水箱(罐)和净水箱(罐)三种类型。水箱(罐)数量不应少于两个，且容积基本相等，并能独立工作。水箱(罐)所在环境温度低于4℃时，应采取保温措施。水处理设备的启、停应由水箱中的水位通过控制系统自动控制。水箱（罐）应具备水位监测功能，监测的水位不少于4个，分别为最低水位、最低报警水位、最高报警水位、最高水位。原水箱和中间水箱可增设溢流水位。当系统回水至净水箱时，水箱容积还应增加循环水量调节容积，该容积不小于中间水箱或净水箱控制的膜处理单元前部高压泵的启、停水位之间的水容积。

(1) 原水箱配置

原水箱是储存原水的，起到缓冲原水压力的作用，防止原水压力不稳定导致直饮水设备制水过程中设备损坏，特别是在用水高峰时，原水的水压有可能不稳定。原水箱还可以防止自来水经过市政管网后带入一些杂质、泥沙等进入设备，一定程度上起到沉淀的作用。同时，具有原水箱的直饮水设备可以在自来水停水的过程中制备少量直饮水满足用户短时间内的饮水需求。因此，原水箱的配置是非常有必要的。当然，个别情况可以省略原水箱，如直饮水设备就设置在二次供水机房边上，并且原水水压及流量较稳定。

(2) 中间水箱/净水箱配置

直饮水设备生产出的直饮水需要水箱来储存，就需要储存水箱。净水箱宜采用箱体不锈钢 06Cr19Ni10（S30408）材质，水箱附件当然最好也采用不锈钢 06Cr19Ni10（S30408）材质，净水箱内外需要镜面抛光处理，这样不易导致细菌滋生。

为避免水质二次污染，净水箱还需要配置空气呼吸器、入孔需要≥600 mm 以上；配置清洗球，用于定期清洗净水箱；不设置溢流口，不与大气直接接触。

3) 供水水泵

(1) 水泵的一般规定

化学清洗水泵材质应选用 S31608 不锈钢，其他水泵材质宜选用 S30408 不锈钢或 S31608 不锈钢；

供水泵应能连续工作，不应少于 2 台，互为备用，备用泵应每隔 4 h 运行不小于 5 min；

供水泵可兼做循环水泵，也可根据需要另行设置循环泵；

供水泵应具备小流量保压功能；

操作压力低于 2.0 MPa 的水泵宜选用多级离心泵；原水增压泵的流量不能满足反洗水量要求时，应配置反洗泵；

水泵的选择应满足 Q—H 特性曲线无驼峰，比转数 n_s 适中（100~200）的要求；

水泵应在高效区运行，当采用变频调速控制时，水泵额定转速时的工作点应位于水泵高效区的末端；

水泵应采用自灌式安装。当因条件所限不能自灌吸水时应采取可靠的引水措施。自灌式吸水的水泵吸水管上应装设阀门，并宜装设管道过滤器；

每台水泵应设置单独的吸水管，水泵吸水管设计流速宜为 1.0 m/s~1.2 m/s；

循环水泵应由定时自动控制器控制启、停，或通过控制系统设定的时间控制启、停，实现直饮水在用户管网内的定时循环功能。定时控制器可通过 PLC 设置自动校时功能；

水泵配套电机需要达到防护等级 IP55，绝缘等级 F 级；

(2) 恒压变频供水泵组的选用

供水流量扬程需满足直饮水管网供水使用要求,流量根据用水人数、用水场所、用水定额、用水点位置确定,扬程为最不利点与水箱落差＋管道的总管损＋最不利点水压;

供水泵组材质:过流部件及底座需不锈钢304,立式多级离心泵;

泵组:一备一用;变频控制,一拖二或一拖一控制,变频器采用国际一线品牌ABB,选配丹佛斯,三菱等;

压力罐:压力罐采用食品级内胆,接头采用不锈钢304材质,用水少时,降低水泵的启动次数,起到节能的作用;

压力变送器:不锈钢304材质,4~20 mA模拟量,品牌采用国际一线品牌丹佛斯等。

在直饮水设备中采用全自动恒压变频供水装置直接供水,封闭循环,水质卫生、安全、可靠,用户随时都能饮用新鲜水,避免二次污染,且设备占地小、性能稳定、能耗低。

4) 计量设备

住宅或楼宇需要分户计量时应设直饮水专用水表。水表宜采用具有数据集抄、远传、远控等功能的智能水表。管道分质直饮水供水系统水表应能将瞬时流量、累计流量数据远传至控制系统。

水表前后均宜装设检修阀门,水表与表后阀门间宜装设泄水装置。水表应安装在入户管上,或集中安装在公共区域的管道井或水表箱内。直饮水水表安装位置必须保证前后直管段距离要求,在安装使用前应经法定计量检定机构或计量行政部门授权的检定机构检定合格,并贴有强检合格证标志。多层建筑无水表井时,应采用水表箱。水表箱采用壁挂式时,应做好防晒、防淹及防冻措施。壁挂式水表箱应预留智能型水表控制系统安装的空间。远程抄表系统应遵循"一户一表、集中抄表到户"的原则,抄表装置宜设在建筑物内,计量水表应安装在相应楼层的管道井内。

智能水表系统宜满足下列要求:

同一种通讯方式下,不同厂家的同类智能水表可实现互换;

同一种通讯方式下,不同厂家的同类采集器和集中器可实现互换;

统一通讯协议下,数据平台可接收多个厂家水表数据;

系统应具有接收和储存数据、分析数据、远程控制、预付费、报警等功能。

管道分质直饮水供水系统进水总表应具有流量输出远传功能;智能水表应具有抗抖动、防倒流的性能;如采用脉冲采集数据,其磁性元器件应具备抗磁干扰、抗抖动的性能;电池在正常使用状态下应保证使用6年以上;当电池欠压时应将欠压状态上报系统;防水等级应达到IP65,恶劣环境应达到IP68。

智能水表可采用有线、无线通讯方式实现流量、电池电量等数据远传;应留有本地通信接口,便于产品后期维护;应能保存不小于90组采集数据;具有报警功能;异常事件记录的功能,当发生影响产品计量性能的异常事件时智能水表应主动上报异常事件至系统。异常事件包括但不限于:电池欠压、影响计量准确度的干扰(如磁干扰)等。

4.3.3 管道分质直饮水供水净水机房及管网设计

管道分质直饮水供水净水机房是管道分质直饮水供水系统工程的水处理中心,也称直饮水站或净水站。净水机房的设计和布局需要与整个供水工程的生产工艺流程相结合,净水机房内设备的布置应按照工艺流程的先后顺序进行排列,以避免管道的往返重复,设备布置应合理、紧凑,提高空间利用率。净水机房应有良好的通风换气措施,以降低设备运行温度和排出室内异味,同时,应设置合理的排水系统。净水机房内应有足够的照明设施,以满足设备运行和维护的要求。净水机房需要采取一系列的安防措施,确保净水机房和设备的稳定、安全、高效运行。

管网是管道分质直饮水供水系统的重要组成部分,是将直饮水输送到客户终端通道。管网设计包括管网布局和水力计算,管材选择、管径的选择和供水流速的设计等。在管道分质直饮水供水工程设计阶段,管网设计是十分重要的环节,需要按现场实际情况设计不同的供水方式和供排水管网。

4.3.3.1 净水机房设计

1) 一般要求

净水机房均应独立设置,严禁兼作它用。

净水机房用地应满足水处理系统要求并预留远期规划的需要,应在总体规划布局和分期建设安排的基础上,合理确定近期水处理系统的安装规模。

净水机房的选址应符合城镇总体规划、相关专项规划和分期建设安排,通过技术经济比较综合确定。制水站供电系统宜采用一级负荷。循环供水站宜采用二级负荷。当不能满足时,应设置备用动力设施。净水机房应设置间接排水设施。地面应使用防水、防滑、无毒材料铺砌或涂敷,并应有一定坡度,方便排水。净水机房应有保温防冻和防淹没的措施。

在一般情况下,净水机房通常毗邻的污染源主要为化粪池、污水处理设施和垃圾站等,应保证二者之间的水平距离不小于 10 m。

净水机房的设计及选址除满足附录 7 中 CJJ/T 110 的相关规定外,涉及结构安全、基础设计、水电暖、防火、防震等内容,应严格执行现行国家标准。

净水机房的面积应根据供水规模、场址的实际情况确定,居民小区净水机房面积大小建议值可参考表 4.7:

表 4.7 净水机房建议面积

序号	设备产水量(m³/h)	居民用户数(户)	建议机房面积(m²)
1	0.25	<200	15
2	0.50	200~400	18
3	0.75	200~400	21
4	1	400~600	32.5
5	2	800~1 600	40
6	3	1 600~2 400	46
7	5	2 400~4 000	66
8	10	4 000~8 000	100

净水机房应保证通风良好。尤其是在开启臭氧消毒的情况下,一方面要做好臭氧尾气净化,另一方面就是要保证净水机房通风良好。

为防止交叉污染,净水机房不宜与其他功能的房间串行,并需有空气消毒设施。空气消毒现多用紫外线灯。紫外线消毒与照射距离有关,根据经验,紫外线灯距地面 2 m 吊装比较适宜,过高过低会影响操作和消毒效果。紫外灯数量和功率按净水机房面积进行计算,一般情况下,每 10 m² ~15 m² 应设置一盏不低于 30 W 的紫外线灭菌灯。

考虑到直饮水生产和运营的特殊性,净水机房应设置安全防范系统。安防系统的设置一方面是保证财产安全,另一方面是保证饮用水生产不受外部不安全因素影响,如人为投毒等。

2) 站点环境要求

净水机房站点环境要求参见附录 7 中第 7 部分:净水机房的相关规定。

3) 安防系统

净水机房应设置安全防范系统,并应符合下列规定:

应设置视频监控系统,包含安防视频监控和生产管理视频监控;机房周界、主要出入口应设置入侵报警系统;重要区域应设置出入口控制(门禁)系统;根据运行管理需要宜设置电子巡检系统或人员定位系统。

循环供水站的安防系统可参照净水机房的要求设置。净水机房应设置不间断电源(UPS),以保障安全防范相关设备的集中统一供电,并应能满足后备电源不低于 2 h 的要求。

净水机房安全防范系统应设置独立的配电箱,设置智能照明控制装置、感烟火灾探测报警器、入侵探测器、紧急报警装置,并且各装置间应建立联动报警机制,紧急报警装置应设置在便于操作的部位,且应采取误触发措施。视频安防系统应在机房内主通道、净水设备、消毒设备、控制柜等必要位置安装网络摄像机。

4.3.3.2　管网设计

管网设计包括管网布局和水力计算,管材的选择、管径的选择和供水流速的设计。

1) 一般要求

在各种设计工况下运行时,管道不应出现负压。

原水输送应选用管道输送,管道直饮水输送应采用压力管道。

原水采用管道输送时,可采用重力式、加压式或两种并用方式,并应通过技术经济比较后确定。采用加压输送时,应在取水点附近设置原水加压泵站。当地势高差大时,宜分区输送,并保证各区域压力合理。

管道分质直饮水供水管网采用同程循环设计,通过净水机房内的饮用水深度处理系统集中进行水处理,再将处理后的水通过主干网输送至各栋各层终端,栋内采取上行下给/下行上给的供水方式敷设同程循环管网,同时尽可能保证末端不循环支管≤6 m。系统采用定时循环和条件循环,供配水系统中的直饮水停留时间最高不超过 12 h。在正常情况下,水在管网系统中(包括管、水箱等)停留的时间越长,水质下降越大;反之,水质下降越小。也就是说,循环次数越多,水在独立管网中停留时间越短,则用水点的水质越接近水处理装置出口水质,即水质越好。但循环次数增加一方面使循环运转费用增大,另一方面将不可避免的增加在白天时段的循环次数,可能会对正常饮水产生一定影响。

管道直饮水供水系统运行使用时,各楼层饮水嘴的流量差异越小越好,所以直饮水系统的分区压力宜小于建筑给水系统的取值。高层楼栋需考虑减压,保证各分区最低饮水嘴处的静水压力不超过 0.4 MPa,且各饮水嘴水压满足最低用水压力(0.03 MPa)的要求。

2) 管网布置

(1) 管网布置要求

输配水管道线路位置布置应近远期结合,分期建设时预留位置应确保远期实施过程中不影响已建管道的正常运行。

输配水管道走向与布置应与现状及规划的地下铁道、地下通道、人防工程等地下隐蔽工程协调和配合。

室外地下管道的埋设要求参见附录 7 中 10.2.1 的规定。

架空或露天管道应设置空气阀、调节管道伸缩设施、保证管道整体稳定的措施和防止攀爬(包括警示标识)等安全措施,并应根据需要采取防结露、防冻隔热保温措施。

直饮水输配水管道如穿越铁路、重要公路和重要道路等重要公共设施,应采取措施保障重要公共设施安全。

管道与建筑物外墙平行敷设的净距不宜小于 1.0 m,且不得影响建筑物基础。直饮水管与污水管、合流管的水平净距不应小于 1.0 m,交叉时供水管应在污水管、合流管上方,且接口不应重叠,垂直净距不应小于 0.4 m。

设有地下室的建筑,直饮水管道应沿地下室梁底或板底敷设,不宜埋地敷设,以便于维修。

新建小区直饮水管道立管宜沿管道井铺设;老旧小区直饮水管道立管宜沿管道井或建筑外壁铺设。

管道不应靠近热源敷设。室内直饮水管道与热水管上下平行敷设时应在热水管下方。

建筑物内埋地敷设的直饮水管道埋深不宜小于 300 mm。

室外埋地管道沟槽开挖与支护、地基处理、沟槽回填应符合现行国家标准《给水排水管道工程施工及验收规范》(GB 50268)的有关规定。

直饮水管道不得敷设在烟道、风道、电梯井、排水沟、卫生间内。不得穿越橱窗、壁柜。不得浇注在钢筋混凝土结构层内;不宜穿越建筑物的基础、建筑物的沉降缝、伸缩缝和变形缝。

室外非整体连接的管道在垂直和水平方向转弯处、分叉处、管道端部堵头处和管径截面变化处应设支墩。支墩的设置应根据管径、工作压力、设计内水压力、管道覆土埋深、转弯角度和管道埋设处土体的物理力学指标等因素计算确定。

管道沿线应设置管道标志,城区外的地下管道应在地面上设置标志桩,城区内管道应在顶部上方 300 mm 处设警示带。

(2) 管网布置方式

直饮水管网的布置形式应采用环状管网,可整个小区采用一套供水系统,也可根据建筑的分布、高差、用途等划分为几个相对独立的供水分区。单个供水分区直饮水循环管网布置见图4-6,多个供水分区直饮水循环管网布置见图4-7。居住小区分质供水系统可在净水机房内设分区供水泵或设不同性质建筑物的供水泵,或在建筑物内设减压阀竖向分区供水。供水分区中单元之间、栋与栋之间应采用同程设计。建筑物内高区和低区供水管网的回水管连接至同一循环回水干管时,高区回水管上应设置减压稳压阀,并应保证各区管网的循环。

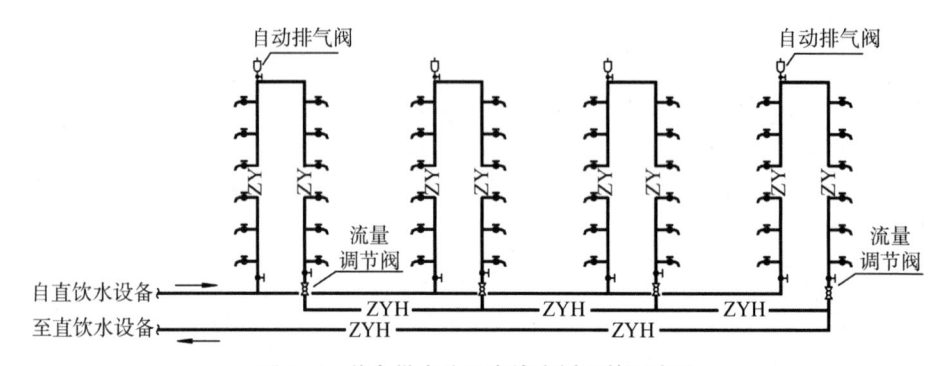

图4-6 单个供水分区直饮水循环管网布置

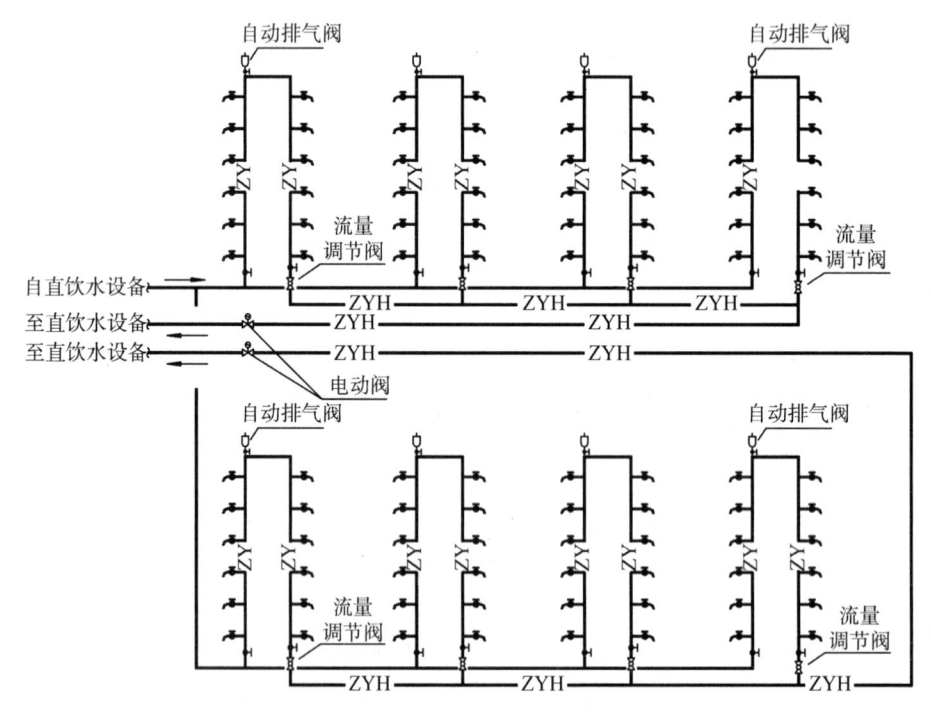

图4-7 多个供水分区直饮水循环管网布置

小区内或建筑物内可设一个集中供水系统,亦可分系统供应,或根据建筑物高度分区供应。除应满足分区压力要求外,设计中应采取可靠的减压措施,可设可调式减压阀以保证回水管的压力平衡。管网布置方式一般分为以下4种,见图4-8,其中:(a)适用于高度<50 m、立管数较少的建筑物(低区亦可用支管可调试减压阀);(b) 适用于高度>50 m、立管数较多的高层建筑;(c) 适用于多幢多层的小区建筑;(d) 适用于高层、多层的群体建筑。

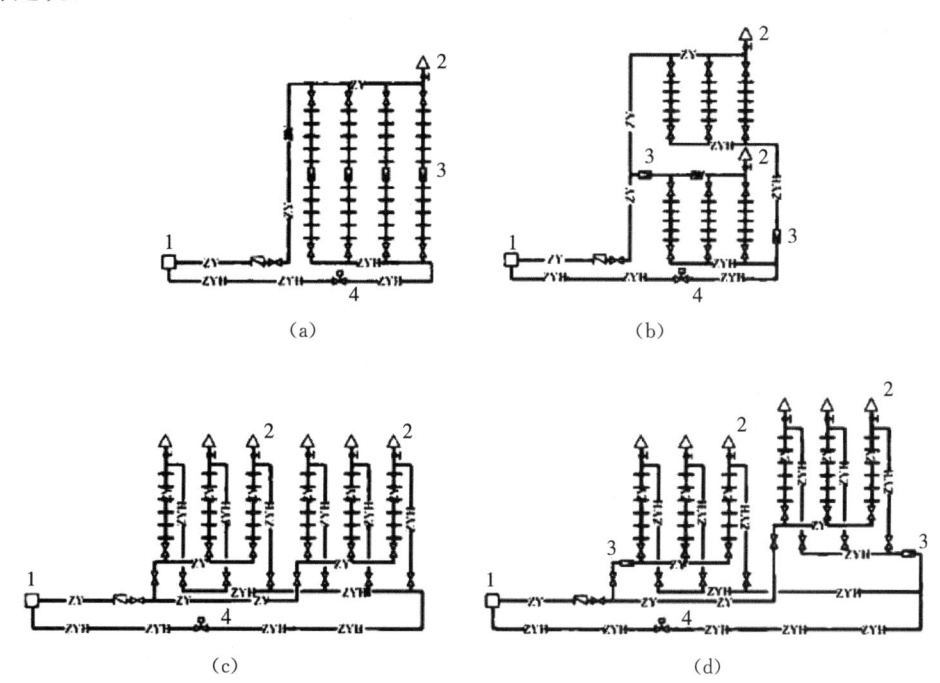

1—水箱;2—自动排气阀;3—可调式减压阀;4—电磁阀或控制回流装置

图 4-8 建筑与小区管道直饮水管网布置的四种方案图

为确保实际的循环效果,尽量不存在滞水现象,对管网设计采用同程布置,确保水力平衡。

针对小区建筑物较多,供水范围大以及单体建筑内立管多的特点,规定了室内外供水管网采用"全循环同程系统"(见下图 4-9)。这种循环方式能使室内外管网中各个进出水管的阻力损失之和基本保持相当,便于室内外管网的供水平衡,达到全循环要求。所以对同一小区的不同楼栋而言(即不同供水单元),无论建筑单元的多少,其室内阻力基本达到平衡,室外管网保持同程,整个循环系统实现水力平衡,基本上不会出现死水现象。

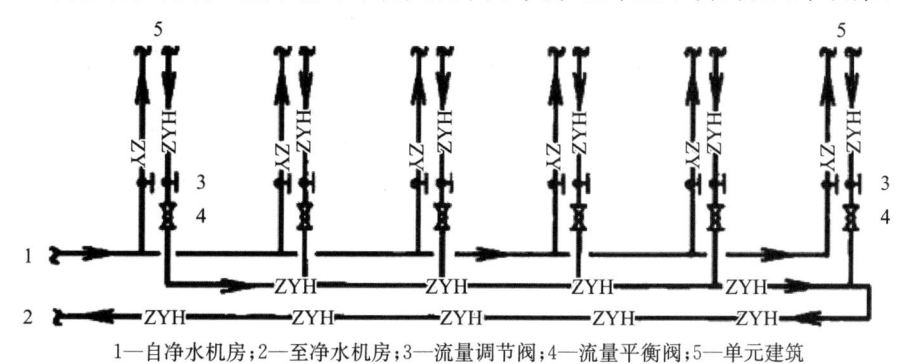

1—自净水机房;2—至净水机房;3—流量调节阀;4—流量平衡阀;5—单元建筑

图 4-9 全循环同程系统示意图

对于管网复杂、庞大的系统,如因建筑的高差不等、管道的长度不同等原因,难于通过调节阀门平衡的,应进行人为的分区,设置多个供水分区。对这些分区进行分时段单独循环,则可避免水力不均衡带来的不利点水质超标的现象。

在循环时每个支管均能获得 0.5 m/s 以上的流速,破坏细菌的生存环境,水质稳定性更高。

在技术规程中建议循环流量为 4 h 内流量应大于管网中存水量,在连续循环系统中可按此流量设计循环流量。对定时循环系统中,循环流量宜进行放大,可按该供水分区内所有立管获得一定循环流速时(0.5 m/s)所需流量的总和。如此设计,可确保循环效果,与小流速下循环相比,在控制管网终端微生物指标方面具有更佳的成效。

配水管网循环立管上端和下端应设阀门,供水管网应设检修阀门。在管网最低端应设排水阀,管道最高处应设排气阀。排气阀处应有滤菌、防尘装置。排水阀和排气阀设置处不得有死水存留现象,排水口应有防污染措施。

循环水宜回至净水水箱。从实际来看,循环水具有比自来水更好的水质,其较大的污染可能为微生物的滋生,再经膜处理没有必要且不经济,故循环水宜回至净水箱,但在进水箱前必须进行微滤(精滤)和杀菌。

供水方式宜采用变频恒压供水,对于单栋建筑,也可采用机房设置在建筑最高层,由净水箱直接重力供水。

供水泵组设置,宜将供水泵兼做循环泵,如供水流量或循环流量大于 3 m³/h,宜并联 2~3 台小流量供水泵,在压力变送器设定的恒定压力下,通过变频器和程序控制器根据管网供水(循环)流量需求,自行调节泵的运转数量。

对于高层建筑,为降低低层用水点的工作压力,11 层以下建筑,可采用低层住户安装分户减压阀的方式,11~30 层建筑,宜采用上行下给的供水方式,在回水立管安装减压稳压阀进行分段减压。特别注意的是 30 层以上的建筑,由于供水立管垂直距离长,管道承受的压力大,目前主要选用薄壁不锈钢管,连接方式为卡压式连接和焊接,这两种方式在施工空间受到限制时,容易出现卡压不到位和漏焊的现象,导致连接处在高压状态下,容易渗水、脱落,一旦漏水,不仅带来水资源浪费,而且容易导致二次污染,甚至还会破坏建筑装修,造成更大的经济损失。针对这种实际存在的问题,建议采用分段加压的供水方式,而尽可能避免分段减压的方式。另外因受季节变化温差影响,立管过长,在管道热胀冷缩过程中,也容易造成接头脱落、损坏,分段加压可同时避免这个缺陷。超高层建筑分段加压管网布置见图 4-10。

3) 管道选材

要把直饮水安全、可靠地输送到用户,且最大限度地减小二次污染的影响,管材的选择就显得尤为重要。在管道分质直饮水供水系统中,影响管网末梢水水质的因素很多,但最为关键的是管材质量[335]。因此,给水管道管材会直接影响直饮水系统的正常运转,同时也对水质有着非常重要的影响[289,334-340]。

(1) 选材要求

原水输水管道材质的选择应根据管径、内压、外部荷载和管道敷设区的地形、地质、管材供应,遵循运行安全、持久耐用、减少漏损、施工和维护方便、经济合理及防止二次污染

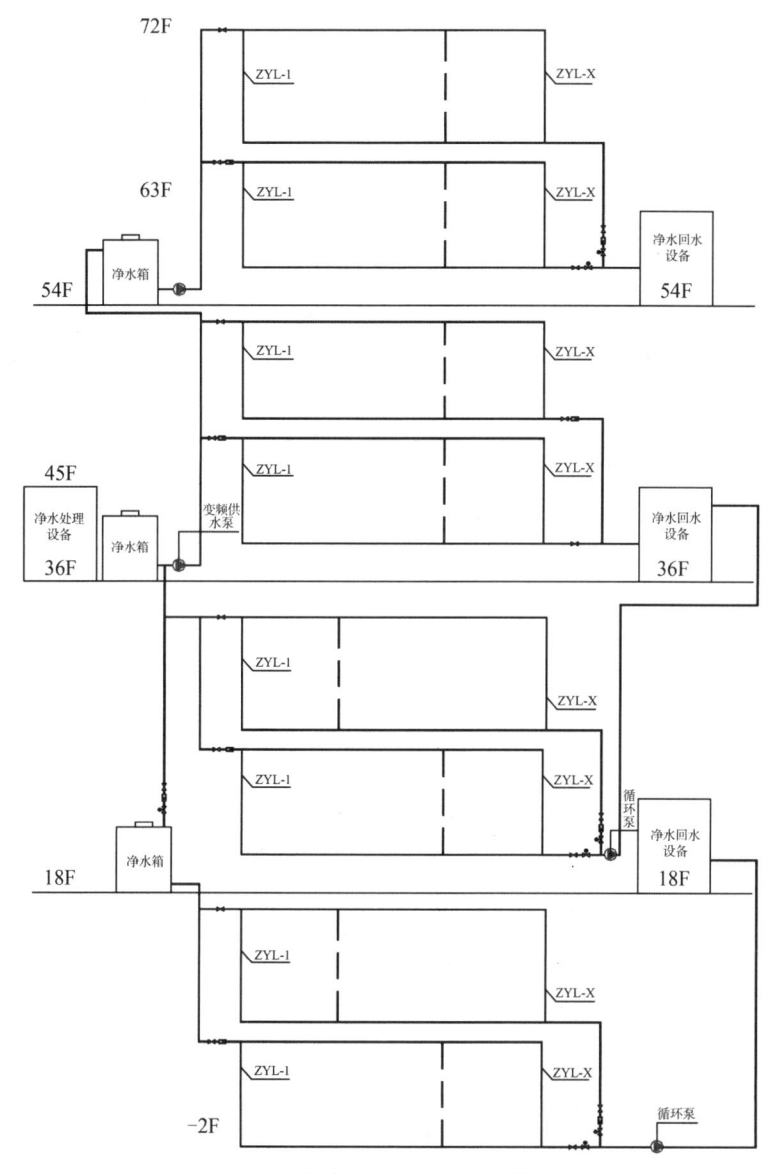

图 4-10 超高层建筑分段加压管网图

的原则,经技术、经济、安全等综合分析确定,可采用不锈钢管、铜管、塑料给水管、金属塑料复合管等。

直饮水管道的卫生性能应符合现行国家标准《生活饮用水输配水设备及防护材料的安全性评价标准》(GB/T 17219)的有关规定,还应具有耐腐蚀、能承载等能力,应根据工程地质条件、承受压力等级及安装环境选用优质管材及配套管件。

埋地直饮水配水管道,宜采用 S31608 薄壁不锈钢管。

建筑室内直饮水管道应选用耐腐蚀、内表面光滑,符合食品级卫生、温度要求的 S30408 及以上材质薄壁不锈钢管或符合国家现行卫生标准的其他优质管材;管槽内暗敷宜为 S31608 材质,室内架空时可为 S30408 材质。

已建成建筑的直饮水设施改造,当立管和表后管道于户外明设时,应做好防结露和保温隔热措施。

为克服管网带来的二次污染,在直饮水管道设计中,应选用卫生要求高、不易腐蚀、难于降解和水解的食品级管材,并尽量采用 S30408 薄壁不锈钢管道或进口原料的 PP-R 管,所有管材和配件均要达到同等品质。

(2) 常用管材简介

① 304 食品级不锈钢管

304 不锈钢是不锈钢中常见的一种材质,密度为 7.93 g/cm³;业内也叫作 18/8 不锈钢,意思为含有 18%以上的铬和 8%以上的镍;耐高温 800℃,具有加工性能好,韧性高的特点,广泛使用于工业和家具装饰行业和食品医疗行业。但是需要注意的是,食品级 304 不锈钢跟普通的 304 不锈钢相比,它的含量指标更加严格。其主要优点如下:

卫生性能:不锈钢管的卫生性能优越,杜绝了"红水、蓝绿水和隐患水"问题,无异味、不结垢、无有害物质析出,保持水质纯净,对人体无害。

使用寿命:不锈钢的老化寿命可以达到 80 年以上,且不需要更换,而铜管最多只能使用 50 年。

强度高:不锈钢管的抗压强度大于 520 MPa,而铜管的抗压程度不足不锈钢管的 40%,受外力影响更容易漏水。

保温性能优良:不锈钢管导热率是铜管的 1/23,不锈钢管的保温性能好。

耐腐蚀性好:不锈钢管可以与氧化剂发生钝化作用,在表面上形成一层保护膜,有效阻止氧化。

② PP-R 管

PP-R(Polypropylene Random)管,又称三丙聚丙烯管、无规共聚聚丙烯管或 PPR 管,是一种采用无规共聚聚丙烯为原料的管材。PP-R 管除了具有一般塑料管重量轻、耐腐蚀、不结垢、使用寿命长等特点外,还具有以下主要特点:

无毒、卫生。PP-R 的原料分子只有碳、氢元素,没有有害有毒的元素存在,卫生可靠,可用作管道分质直饮水供水管道。

保温节能。PP-R 管导热系数为 0.21 W/(m·K),仅为钢管的 1/200。

较好的耐热性。PP-R 管的维卡软化点 131.5℃。最高工作温度可达 95℃,可满足建筑给排水规范中热水系统的使用要求。

使用寿命长。PP-R 管在工作温度 70℃,工作压力(P.N)1.0 MPa 条件下,使用寿命可达 50 年以上(前提是管材必须是 S3.2 和 S2.5 系列以上);常温下(20℃)使用寿命可达 100 年以上。

安装方便,连接可靠。PP-R 具有良好的焊接性能,管材、管件可采用热熔和电熔连接,安装方便,接头可靠,其连接部位的强度大于管材本身的强度。

物料可回收利用。PP-R 废料经清洁、破碎后可回收利用于管材、管件生产。

4) 管道选型对照表

为便于设计人员进行薄壁不锈钢管道管径选型,将相关水力计算数据制成表 4.8,以供设计及相关人员参考。

表4.8　小区管道直饮水系统不锈钢管道选型对照表

DN15-DN32 薄壁不锈钢管选取原则

公称通径 (mm)	外径 (mm)	壁厚 (mm)	内径 (mm)	截面积 (mm²)	0.6 m/s时流量 (m³/s)	1 m/s时流量 (m³/s)	水嘴数目 (个)
DN15	16	0.80	14.4	163	0.000 097 8	0.000 163	1~8
DN20	20	1.00	18	254	0.000 152 4	0.000 254	9~40
DN25	25.4	1.00	23.4	430	0.000 258	0.000 43	41~125
DN32	32	1.20	29.6	688	0.000 412 8	0.000 688	126~250

DN40-DN100 薄壁不锈钢管选型

公称通径 (mm)	外径 (mm)	壁厚 (mm)	内径 (mm)	截面积 (mm²)	1 m/s时流量 (m³/s)	1.5 m/s时流量 (m³/s)	水嘴数目 (个)
DN40	40	1.20	37.6	1110	0.001 11	0.001 665	251~800
DN50	50.8	1.20	48.4	1 839	0.001 839	0.002 758 5	801~1 600
DN60	63.5	1.50	60.5	2 873	0.002 873	0.004 309 5	1 601~2 700
DN65	76.1	2.00	72.1	4 081	0.004 081	0.006 121 5	2 701~4 000
DN80	88.9	2.00	84.9	5 658	0.005 658	0.008 487	4 001~5 800
DN100	101.6	2.00	97.6	7 478	0.007 478	0.011 217	5 801~8 000

5）阀门及阀门井

阀门选用的材质应符合现行国家标准《生活饮用水输配水设备及防护材料的安全性评价标准》(GB/T 17219)的有关规定，并与所选用的管材、管件相匹配。

（1）阀门的设置应符合现行国家标准《建筑给水排水设计标准》(GB 50015)的有关规定。住宅建筑配水管道循环立管及公共功能的阀门，不应设置在住宅内。

（2）每台水泵的出水管上应设止回阀和阀门，符合多功能阀安装条件的出水管，可用多功能阀取代止回阀和阀门，必要时应设置水锤消除装置，在条件允许的情况下宜分别设置泄水阀。供水管道上使用的阀门，应根据使用要求按下列原则选型，要求具有调节流量、水压的功能，宜采用调节阀、截止阀；设置在水流阻力小的部位，宜采用闸板阀、球阀、半球阀；安装空间小的场所，宜采用蝶阀、球阀；在水流双向流动的管段上，不得使用截止阀；出水口径大于或等于DN150的水泵，出水管上可采用多功能水泵控制阀。

（3）控制阀门应设在下列位置：给水干管上接出的支管起端或接户管起端；入户管、水表前、后端和各分支立管；室内给水管道向住户接出的配水管起端；水池（箱）、加压泵房、减压阀、倒流防止器等处应按安装要求配置。

（4）供水管网的压力高于标准规定的压力时，应设置减压阀，减压阀的配置应符合现行国家标准《建筑给水排水设计标准》(GB 50015)的有关规定。

（5）减压阀的设置应符合下列规定：减压阀的公称直径宜与其相连管道管径一致；减压阀前应设阀门和过滤器，需拆卸阀体才能检修的减压阀，应设管道伸缩器或软接头；支管减压阀可设置管道或接头；检修时阀后水会倒流时，阀后应设阀门；干管减压阀节点处的前后应设压力表,支管减压阀节点后应装压力表;比例式减压阀、立式可调式减压阀宜垂直安装,其他可调式减压阀应水平安装;设置减压阀的部位,应便于管道过滤器的排污和减压阀的检修,地面宜有排水设施。

(6) 对于定时循环系统,循环流量控制装置应设置在直饮水站内循环回水管的末端;对于非定时循环系统,该装置应设置在回水管的起端,并在直饮水站内循环回水管的末端设置持压装置。

(7) 水泵出水管道宜设置泄压阀。当供水管网存在短时超压工况,且短时超压会引起使用不安全时,应设置持压泄压阀。持压泄压阀的设置应符合下列规定:持压泄压阀前应设置阀门;持压泄压阀的泄水口应连接管道间接排水,其出流口应保证空气间隙不小于300 mm。

(8) 管道分质直饮水供水系统输配水管网的排气装置设置应符合下列规定:输配水管网有明显起伏的管段,宜在该段的峰点设自动排气阀;采用水泵加压供水时,其输配水管网的最高点和局部高点应设自动排气阀;减压阀后管网最高处宜设置自动排气阀。

(9) 管道分质直饮水供水系统输配水管网的下列管段上应设置止回阀,装有倒流防止器的管段处,可不再设置止回阀:多循环供水站管道分质供水系统制水站的原水引入管;水表的出水管上;多路回水管汇集前的回水支管上。

(10) 止回阀选型应根据止回阀的安装部位、阀前水压、关闭后的密闭性能要求和关闭时引发的水锤大小等因素确定,应符合现行国家标准《建筑给水排水设计标准》(GB 50015—2019)的有关规定和以下规定:设置在阀前水压小的部位,宜选用阻力低的球式和梭式止回阀;关闭后密闭性能要求严密时,宜选用有关闭弹簧的软密封止回阀;要求削弱关闭水锤时,宜选用弹簧复位的速闭止回阀或后阶段有缓闭功能的止回阀;止回阀安装方向和位置,应能保证阀瓣在重力或弹簧力作用下自行关闭;止回阀进水端的最小水压应满足止回阀开启的最低水压。

(11) 承压设备、容器应设置安全阀,当设备中工作压力超过规定数值时,安全阀应能自动打开,安全阀前不得装设阀门。

(12) 倒流防止器设置部位应符合现行国家标准《建筑给水排水设计标准》(GB 50015)相关规定。

(13) 倒流防止器前应设过滤器,倒流防止器的选用应符合现行国家标准《减压型倒流防止器》(GB/T 25178)、现行行业标准《低阻力倒流防止器》(JB/T 11151)、《双止回阀倒流防止器》(CJ/T 160)的有关规定。

(14) 输送原水的管道配备的阀门材质可采用球墨铸铁或铸钢;输送直饮水管道配备的阀门材质应采用 S30408 及以上等级的不锈钢材质。输送直饮水管道配备的阀门、伸缩器、阀杆、浮球阀的浮球及连接杆应采用 S30408 及以上等级的不锈钢材质。

(15) 室外阀门井应满足阀门操作和安装拆卸各种附件所需的最小尺寸要求,井的深度由管道埋深及阀门尺寸确定;位置应便于定期检查、清洁和疏通管道,防止管道堵塞;宜采用成品井或混凝土井,应保证其密封性。

(16) 供水管道与阀门井的连接方式应可靠,能够适应一定程度的振动和沉降,且不渗水。

（17）室外阀门井井筒与井体、井盖的连接方式要严密可靠不渗水。

（18）人行道上室外阀门井盖应采用球墨铸铁井盖，行车道上的阀门井盖应采用重型球墨铸铁井盖，且应符合现行国家标准《检查井盖》(GB/T 23858)的有关规定。

4.4 管道分质直饮水供水工程施工

管道分质直饮水供水工程项目施工是实现工程设计意图的过程，是实现管道分质直饮水供水的基础工作，其中关键节点的施工质量把控是工程施工重要工作。施工质量直接影响到管道分质直饮水供水工程的质量，只有规范的施工过程，才能确保工程质量符合设计要求和使用要求，保障供水系统的安全性和可靠性。在施工现场应配备专职安全员，负责监督和管理施工现场的安全工作，施工单位必须为施工人员提供安全保障。

科学的施工组织和现场管理，严格按照设计要求选材，采用成熟的施工工艺和装备，确保工程质量、进度和安全。优化施工方案，加强施工现场管理，合理安排材料采购和劳动力资源，提高施工效率，有效控制工程造价。项目施工过程主要分为施工准备、施工组织设计、设备安装、管网安装 4 个方面。

4.4.1 施工准备

工程施工前的准备，主要工作是选择施工单位。选定有资质的施工单位，进行现场勘查，了解现场情况，编制施工组织方案，进行图纸会审和技术交底，施工设备和材料进场。

1）施工单位选择

（1）施工单位资质审查

施工单位的选择，最重要的是要进行资质审查。可以从以下四个方面来进行考察：

① 施工单位资质与经验：在选择施工单位时，要考察其是否具有相关的施工资质，并了解其在管道分质直饮水供水工程施工方面的经验和案例。一个有经验的施工单位更能理解工程的需求，并提供更专业、更贴心的服务。

② 施工团队与技术实力：考察施工单位的团队组成，包括项目经理、技术负责人等关键岗位的人员配置。同时，了解施工单位的技术实力，如是否拥有先进的施工设备和技术，能否应对各种复杂的施工环境。

③ 价格与售后服务：在选择施工单位时，价格是一个重要的考虑因素，但要注意，价格过低可能意味着施工单位在某些方面存在缩水。同时，要了解施工单位的售后服务政策，包括保修期限、维修响应时间等。

④ 信誉与口碑：通过查看施工单位的业绩、客户评价等信息，了解其信誉和口碑。一个有良好信誉和口碑的施工单位更能保证工程的顺利进行和质量。

综上所述，施工单位必须是具有独立法人资格、持有营业执照并具有与施工项目相应的施工资质和施工能力的施工企业。施工单位招标前应进行资质预审，未通过预审的单位不能参与投标。

(2) 施工单位的确定和合同签订

经资质审查合格的施工单位方有资格参与管道分质直饮水供水工程的竞标。在竞标过程中，应对施工单位进行严格审核。审核的内容是：公司规模、施工资质、施工机械装备、操作人员工种、上岗持证数量、施工业绩等情况。

施工单位的确定，遵循以下原则：面向社会、公开公平、择优选用；同等条件下有良好合作经历的优先选用；以价格合理，进度计划完善，质量、安全有保证的单位优先选用。经技术经济指标的综合评审，优先选用价格合理，施工经验丰富，技术响应合理的施工单位作为中标单位。

经招投标工作确定的施工单位，必须签订相应的《工程施工合同》和《安全协议书》。工程施工合同应按照《中华人民共和国民法典》的规定，明确双方的权利及义务。合同内容应包括但不限于明确施工范围和内容、质量标准和技术要求，约定付款方式和时间，保修和维护条款，违约责任和解决争议方式及工程变更和签证等。

2）前期准备

工程施工前的准备工作非常多，不仅涉及企业内部的方方面面，而且要与甲方和社会诸多部门保持密切联系。作为施工方既要派出得力人员对施工前期进行协调、规划，又要尽快与甲方和相关的协作单位建立密切的联系，以消除施工障碍，疏通施工渠道，提高工作效率，为施工创造一个和谐、融洽的内外部环境，同时也为工程的顺利开工和后续施工顺利进行打下良好的基础。施工前准备事项如下：

(1) 场地调研及准备

对施工区域进行实地考察，了解建筑物分布、周边水电等情况。安排人员对施工现场进行清理，确保场地干净整洁，对施工现场进行合理的布置，划分办公区和工作区，并划定范围用以摆放施工工具和设备等。要做好施工现场周围环境的调查研究工作，掌握真实情况，增强工作的预见性、针对性和及时性，尽可能减少自然或人为的不利因素对施工的影响，为施工的顺利进行创造条件。

(2) 建立通畅的沟通机制

管道分质直饮水供水工程的施工工作，除了需要和建设单位进行沟通之外，还涉及供水公司、物业公司和建设场地相邻的群众等，因此需要建立通畅的沟通机制。项目经理要向建设单位及时通报工作情况，并协商工作事项、商定议事规则及程序，并提前告知相关方施工的计划和可能造成的影响；建设单位应协助施工单位协调施工场地，确认施工条件。

(3) 落实施工用电、用水

应在施工前落实施工现场的水电接入，水电接入后应严格按照现场用电、用水规定。

3）人、材、机准备

(1) 人员准备

施工单位应在中标后组建专业的施工团队。

根据项目规模和复杂程度，组建一支包括项目经理、工程师、技术员、安装工人等在内的专业施工团队。确保团队成员具备相关经验和技能，能够胜任工程的施工任务。根据施工任务和人员特长，合理分工，明确每个人的职责和任务，促进团队协作，确保施工过程的顺利进行。

(2) 材料准备

材料采购：根据工程的设计要求，采购符合规格和质量要求的管道、阀门等材料，确保材料及时供应并满足项目需求。

材料检验与验收：在材料到达施工现场后，进行严格的检验和验收。检查材料的规格、型号、质量等是否符合设计要求。主要涉水材料须有涉水卫生批件或材质检测报告和产品合格证。在材料验收中发现短缺、残次、损坏、变质及无合格证的材料，不得接收。同时要及时通知厂家或供应商妥善处理。

材料储存与管理：在施工现场设立专门的材料储存区域，分类存放各类材料。建立材料管理制度，明确材料的领用、保管、回收等流程，确保材料的安全和有效使用。进场必须履行交接验收手续，以到货资料为依据进行材料的验收。要求复检的材料要有取样送检证明报告。新型材料未试验鉴定，不得用于工程。

(3) 机械准备

根据项目规模和复杂程度，配置相应的施工机械和工具，并放置在规定位置。

4) 技术准备

项目经理在项目施工前，应组建专业的施工技术团队，明确职责和分工，确保施工过程的顺利进行。根据施工图和规范，项目部应制定详细的施工计划，包括施工时间、进度、预算等；制定应急预案，应对可能出现的意外情况；同时对施工计划进行风险评估，确保施工过程的安全性和稳定性。技术准备的主要内容包括以下三个方面：

(1) 图纸会审

项目经理组织项目部有关技术人员，认真学习施工图纸和相关的规范、标准，特别是建筑规范和环保法律法规，确保施工过程符合相关标准，做好图纸会审工作。

① 完整性：审查图纸是否完整，包括设计说明、系统图、平面图、施工详图等。确保图纸涵盖了管道分质直饮水供水系统的细节和要求。

② 规范性：检查图纸是否符合国家及地方的相关设计规范和标准。

③ 合理性：审查图纸的设计是否合理，是否符合实际施工条件和用户需求。主要包括管道布局是否合理等。

④ 可操作性：检查图纸是否具有可操作性，即图纸中的设计细节是否能够被施工团队在实际的施工场地上实施，包括管道的连接方式、设备的安装位置等。

⑤ 校核与修正：对图纸进行详细的校核和修正，确保图纸的准确性和完整性。同时，要与设计单位和建设单位进行充分的沟通和协商，确保设计方案能够被准确实施。

图纸会审结束后，应形成《图纸会审纪要》，参加单位共同会签、盖章，作为与设计文件同时使用的技术文件和指导施工的依据。

(2) 技术文件编制

项目经理在图纸会审结束后，应根据《图纸会审纪要》结合管道分质直饮水供水项目施工图，编制本项目的施工组织设计。

① 明确编制目的和范围：在开始编制技术文件之前，需要明确编制的目的和范围，包括需要解决的技术问题、涉及的施工环节、使用的材料和设备等。

② 收集相关资料：收集与本项目施工相关的技术资料，包括设计图纸、施工规范、质量标准等，以便为编制技术文件提供依据。

③ 制定施工方案：根据收集到的资料，结合项目的实际情况，制定合理的施工方案，包括施工流程、施工方法、施工顺序等。

④ 确定材料和设备：根据施工方案，确定所需材料和设备的种类、规格、数量等，并明确其质量要求和使用方法。

⑤ 编写技术文件：根据以上收集到的资料和制定的施工方案，编写管道分质直饮水供水工程施工技术文件。文件应包括施工组织设计、材料和设备清单、施工工艺流程图、安全措施和注意事项。

⑥ 审核和修改：在编写完技术文件后，需要进行审核和修改，确保文件的准确性和完整性。可以邀请相关专家或技术人员进行审核，提出修改意见和建议。

⑦ 发布和使用：经过审核和修改后，可以将技术文件发布给施工人员使用。

(3) 技术交底

项目施工前应向施工人员作好技术交底工作。

① 交底准备：在交底前，需要准备好相关的技术文件、图纸和资料，以便向施工人员详细介绍工程的设计要求、施工工艺和注意事项。

② 交底内容：

a. 施工设计图纸和其他技术文件，包括系统图、平面图、施工详图等，以便施工人员了解设计意图和施工要求。

b. 施工方案或施工组织设计，包括施工流程、施工方法、施工顺序等，以便施工人员明确施工任务和要求。

c. 施工现场的用水、用电和材料贮放场地条件，包括用水来源、用电设施、材料存放地点等，以便施工人员了解现场条件和要求。

d. 安全措施和注意事项，包括安全培训、设备检查、现场安全警示等，以便施工人员了解施工过程中需要注意的安全问题。

③ 交底方式：可以采用书面交底或口头交底的方式，具体方式可以根据实际情况选择。在交底过程中，需要向施工人员详细解释每个环节的施工要求和注意事项，确保施工人员能够准确理解并按照要求进行施工。

④ 交底记录：在交底过程中，需要做好交底记录，包括交底时间、交底内容、交底人员等信息。同时，需要向施工人员提供相关的技术文件和图纸资料，以便他们在施工过程中参考和使用。

4.4.2 施工组织设计

施工组织设计是用以指导施工组织与管理、施工准备与实施、施工控制与协调、资源的配置与使用等全面性的技术、经济文件，是对施工活动的全过程进行科学管理的重要手段。通过编制施工组织设计文件，可以针对工程的特点，根据施工环境的各种具体条件，按照客观的规律施工。

4.4.2.1 组织机构

1) 成立项目指挥部

项目施工前应成立项目指挥部。在项目实施期间,项目指挥部在项目当地办公,每天负责协调各方关系、督促施工进度、检查施工质量。

2) 项目组织机构

(1) 项目经理

应选用经验丰富的项目经理,负责对机械、材料、劳动力、管理人员进行调配,对工程进度质量、安全工作进行现场管理。

(2) 项目部机构

工程施工管理项目部机构设置参见图 4-11。

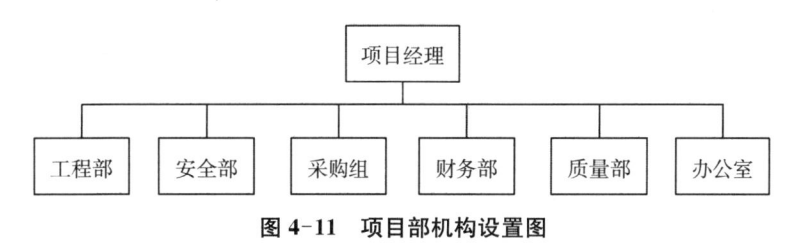

图 4-11　项目部机构设置图

4.4.2.2 施工管理制度

项目实行项目经理责任制。

1) 项目经理的职责

项目经理是企业法人在项目上的代表人;项目经理在项目上是最高的管理者。项目经理承担施工项目管理任务,按照承包人与业主签订的工程施工合同,内部签订《项目管理责任书》,并以此实行项目经理责任制。项目经理责任制应本着"项目经理负责、标价分离、指标承包、单独核算、严格考核"的精神。并执行以下原则:确定责任目标,做到实事求是,合理稳妥,具有可行性;责、权、利、效相结合,激励机制与约束机制并存;进行科学管理、严格考核,效益优先,奖罚严明。

项目经理责任目标内容包括:工期目标、质量标准、成本指标、安全要求、文明施工及主要材料指标。

项目经理实施项目责任制中的各项职责主要包括:贯彻执行有关项目管理的法律、法规、部门规章、政策、技术规范、标准和企业的各项管理制度;履行《工程施工合同》中由项目经理履行的各项条款;进行项目管理规划,对项目的进度、质量、成本和安全目标进行有效控制,对项目的人力、材料、机械设备、资金、技术、信息等各生产要素进行优化配置和动态管理;正确处理项目内部各方的利益关系,合理进行经济分配;处理好与业主、监理、总包及有关各协作单位之间的关系。

2) 项目管理阶段及主要工作

项目管理阶段及主要工作见表 4.9。

表 4.9 项目管理阶段及主要工作

管理阶段	管理目标	主要工作
施工准备阶段	组织人力、物力,协调施工条件等,确保项目具备开工和连续作业的基本条件	组建项目经理部,配备人员 编制项目管理规则 进行施工准备
施工阶段	完成合同规定的全部施工任务	按施工组织设计进行施工 做好动态控制管理,保证质量、进度、成本、安全等目标的实现,确保实现优质目标 管理好施工现场,文明施工 严格履行工程承包合同,协调好业主方及相关单位关系 作好记录、检查、分析和改进工作
调试验收交工与结算阶段	对竣工工程进行调试、验收交工,总结评价 依据承诺、合同结束交易关系,移交管道直饮水系统	工程收尾进行系统调试运行和竣工验收工作 整理移交竣工文件 进行结算工作 编制竣工报告 办理工程交接手续

3)项目管理内容与要求

项目管理内容与要求参见表 4.10。

表 4.10 项目管理内容与要求

内容	要求
制定管理制度	符合国家政策法规和企业规章制度 适应施工管理需要
制定项目规划:项目规划是项目的内容、方法、步骤重点及具体安排的纲领性文件 进行项目分解、制定阶段控制目标	进行项目分解,绘制分解体系图表 制定各阶段各部分控制目标 形成施工生产和项目管理总体网络系统
建立项目管理体系	绘制项目管理工作体系图 绘制项目管理信息网络图
编制项目管理规划	确定管理重点 编制重点分部或分项施工方案
目标控制计划:通过预测控制目标和实施计划,保证预期目标实现	
进度目标控制 质量目标控制 成本目标控制 安全目标控制	均衡合理施工,保证合同工期 建立质量体系,确保施工质量 采取有效措施,降低成本,提高效益 创造安全的施工条件和环境,保证施工顺利进行
劳动管理	优化劳动组合,提高劳动生产率
材料管理	合理节约使用材料,降低成本
机械设备管理	合理选择配备机械设备 提高建筑施工机械化水平和效率
技术管理	积极采用"四新"实现施工技术管理现代化
建立项目管理信息系统	对项目进度、成本、质量、安全及生产要素进行管理

4)施工技术管理

(1)建立健全施工项目技术管理制度

技术管理制度主要有:技术责任制度、图纸会审制度、施工组织设计管理制度、技术交底制度、材料设备检验制度、工程质量检查验收制度、技术组织措施计划制度、工程施工技术资料管理制度以及工程测量、计量管理办法、环境保护工作办法、工程质量奖罚办法、技术革新和合理化建议管理办法等。

(2) 技术责任制度

首先建立以项目技术负责人为首的技术业务统一领导和分级管理的技术管理工作系统，并配备相应的职能人员，然后按技术职责和业务范围建立各级技术人员的责任制。

(3) 贯彻技术标准和技术规程

项目经理部在施工过程中，严格贯彻执行国家和上级颁布的技术标准和技术规程及各种建筑材料、半成品、成品的技术标准及相应的检验标准。

(4) 建立施工技术日志

施工技术日志是施工中有关技术方面的原始记录。内容有设计变更或施工图修改记录；质量、安全、机械事故的分析和处理记录；紧急情况下采取的措施；有关领导部门对工程所做的技术方面的建议或决定等。

(5) 建立工程技术档案

施工项目技术档案是施工活动中积累形成的、具有保存价值并按照一定的立卷归档制度集中保管的技术文件和资料，如图纸、照片、报表、文件等。工程技术档案是工程交工验收的必备技术资料；同时也是评定工程质量、交工后对工程进行维护的技术依据之一；还能在发生工程索赔时提供重要的技术证据资料。

(6) 做好技术信息工作

项目经理部在施工中应注意收集、索取技术信息、情报资料，通过学习、交流，采用先进技术、设备，采用新工艺、新材料，不断提高施工技术水平。

(7) 做好施工人员技术教育与培训

通过对施工人员的技术教育、技术培训，提高施工人员的技术素质，使施工人员自觉遵守技术规程，执行技术标准，开展群众性的技术改造、技术革新活动。

4.4.2.3 施工进度控制

施工项目进度控制是指在既定的工期内，编制出最优的施工进度计划，在执行该计划的施工中，经常检查施工实际进度情况，并将其与计划进度相比较，若出现偏差，便分析产生的原因和对工期的影响程度，找出必要的调整措施，修改原计划，不断地如此循环，直至工程竣工验收。

1) 总进度安排

施工进度计划首先应遵循合同；然后，根据类似工程经验，对照预算工程量清单，合理预测实际工期；再依据合同工期结合预测工期，对各分部分项进行细化控制，确保工期目标兑现；最后，还要依据工程实际进度，进行相应调整，保障项目总工期目标实现。

2) 施工流程图

项目施工流程包括施工准备、施工和交工验收3个阶段，管道分质直饮水供水工程施工流程图见图4-12。

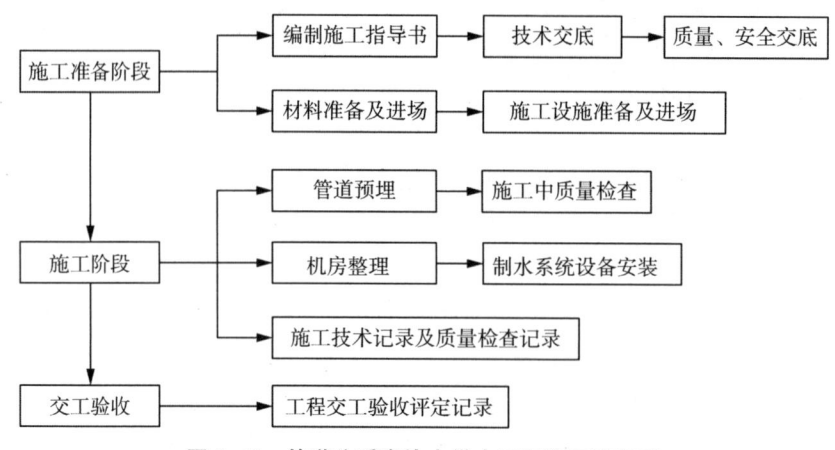

```
施工准备阶段 ──┬── 编制施工指导书 ── 技术交底 ── 质量、安全交底
              └── 材料准备及进场 ── 施工设施准备及进场

施工阶段 ──┬── 管道预埋 ── 施工中质量检查
          ├── 机房整理 ── 制水系统设备安装
          └── 施工技术记录及质量检查记录

交工验收 ── 工程交工验收评定记录
```

图 4-12　管道分质直饮水供水工程施工流程图

3) 施工进度控制

工程进度控制的目的是更好地完成预定的工期。进度控制将有限的投资合理使用，在保证工程质量的前提下按时完成工程任务，以质量、效益为中心搞好工期控制。

(1) 施工进度的前期控制：根据合同对工期的要求、设计计算出的工程量，结合施工现场的实际情况、总体工程的要求、施工工程的顺序和特点制定出工程总进度计划。根据工程施工的总进度计划要求和施工现场的特殊情况制定月、周、日进度计划，制定设备的采、供计划。做好施工现场的勘测，做好施工前的一切准备工作，包括人员、机具、材料、施工图纸等，为施工创造必要的施工条件。

(2) 施工进度的中间控制：在施工过程中进行进度检查、动态控制和调整，及时进行工程计量，掌握进度情况，按合同要求及时联系进行工程量的验收。对影响进度的诸因素建立相应的管理方法，进行动态控制和调整，及时发现及时处理。按合同要求及时协调有关各方面的进度，以确保工程符合进度的要求。每周、月要检查计划与实际进度的差异、形象进度、实物工程量与工作量指标完成情况的一致性，提交工程进度报告。

施工过程的进度控制是施工期间的重点。为了确保项目按时完成，需按以下步骤执行：每天详细记录施工过程，及时发现问题并及时处理；每周进行一次工程进度会议，分析施工过程中遇到的困难和问题，及时调整施工进度；对工期延误应进行整体控制，制定计划延期时的措施和方法，及时对各种可能的影响因素进行分析，制定出有效的整改措施；建立施工工艺控制，进行过程审核，确保施工过程严格按照要求执行。

(3) 施工进度的后期控制：进度的后期是控制进度的关键时期，当进度不能按计划完成时，分析原因采取措施，加强调度，增加人员，增加工作面，实行流水立体交叉作业。工期要突破时，制定工期突破后的补救措施，调整施工计划，调整资金供应计划和设备材料供应进度等。

(4) 多方沟通和紧密配合：各方的配合是指材料、设备、供应、人员、机具的科学调配。使互相制约的工程变为步调一致，减少工时，节约成本，达到按需求时间完成工程的目的。多方及时沟通；准时参加工程例会，发现问题主动积极与有关单位协作解决，不推卸责任,不回避问题。及早发现,及时解决。以用户为主,根据合同要求,合理安排施工工期。

4) 施工进度保证措施

施工进度保证,需要项目经理部高效率的配置项目管理人员,做好以下工作措施:一、认真细致地做好施工准备工作,提前了解现场施工条件,对施工过程中可能遇到的问题做到心中有数;二、按照施工进度计划要求及时进货,做到既满足施工要求,避免停工待料现象,又要使现场无太多的积压;三、安排熟练工人完成本工程管网和设备安装的施工,根据需要安排加班。并可在此基础上,根据工程进展,及时进行公司内部不同项目部之间的劳动力调配;四、调动工人积极性,对各个工序制定严格的奖罚制度,对工期有重大影响的工序实行重奖重罚;五、加强施工过程中与建设单位、监理单位、总承包单位的协调、配合,为设备施工顺利进行创造条件;六、严抓工程质量,施工过程加强自检力度,确保中间验收、最后验收一次通过,坚决避免返工修理现象。

4.4.2.4 安全文明施工和质量保证措施

管道分质直饮水供水工程项目施工是除了实现工程设计意图和完成施工任务外,还应该做到安全施工和文明施工,采取必要的质量保证措施。

1) 安全文明施工措施

建立健全安全文明施工保证体系,制定安全岗位责任制,成立安全领导小组,将安全措施目标分解到人。明确各级管理人员的安全岗位责任制,包括项目经理、技术人员、施工员、工长、专职安全员等,明确其应承担的安全责任和应做的工作,并打印成册,人手一册,互相监督。项目经理为项目安全生产、文明施工第一责任人,安全员统一抓各项安全生产、文明施工管理措施的落实工作。

明确规章制度,加强安全教育。严格执行国家、总包单位以及公司的安全生产规章制度,积极宣传安全生产的有关方针、政策、措施,强化职工的安全意识。加强对全体施工人员进行安全教育,强化安全意识,先培训后上岗,进入施工现场必须戴安全帽,高空作业必须系好安全带。

建立安全教育制度。对所有进场的作业人员进行一次入场安全教育及针对本工种安全操作规程的教育,并建立个人安全教育卡片。需持证上岗的特殊工种作业人员(如机械设备操作工、电焊工、电工等)必须持证上岗。

坚持安全检查制度。每月由项目经理牵头对工地进行两次安全检查,质安组要不定期地组织人员进行检查,专职安全员必须天天检查。对检查出的问题、隐患要做好文字记录,并落实到人限期整改完毕。对危及人身安全的险情,必须立即整改。对每项要整改的问题,在整改完毕后都要由安全员进行验证。

坚持安全交底制度。施工技术人员在编制施工作业方案时,必须编制详细的、有针对性的安全措施,并向操作人员进行书面交底,双方签字认可。

安全事故处理制度。现场发生安全事故,都要本着"三不放过"的原则进行处理,查明原因,教育大家,并落实整改措施。重大安全事故必须及时地向上级部门及地方有关部门汇报,积极配合和接受有关部门的调查和处理。

2) 质量保证措施

以工程质量作为项目经理部的主要考核指标,公司根据考核情况对项目经理部有关人员进行奖惩。在公司技术质量部门的指导下,建立以项目经理为首的项目质量管理小组,确保质量目标的实现。主要工作内容如下:一、加强技术管理,认真贯彻学习国家标准规范及各项质量管理制度,建立岗位责任制,熟悉施工图纸,组织各班组进行交底,对施工难点和重点进行讲解;二、将质量目标分解,责任层层落实。对班组实行优质重奖,劣质重罚的方法,最大限度地调动工人的积极性;三、加强对进场原材料的检验和对施工过程的检查,不合格的材料不准在工程中使用,上道工序不合格不得继续进行下道工序作业。

3) 环境保护、文明施工措施

遵守总承包单位有关市容、场容及环境保护等方面的管理制度,加强现场施工垃圾的管理,搞好现场清洁卫生。

进入施工现场的各种机具、原材料等,均须按指定位置堆放整齐,不得随意乱丢乱放。

对施工人员进行文明施工教育,做到谁做谁清,工完料清,场地干净。

4.4.3 管道分质直饮水供水工程设备安装

设备安装主要包括净水设备主机的安装、终端饮水机或水龙头的安装和配套的水泵、阀门、计量仪表、在线监测仪表等设备安装。

管道分质直饮水供水工程项目的设备安装应严格按照设备说明书和设计要求进行安装,确保安装质量和安全性。在安装设备前,需要做好准备工作,包括熟悉设备说明书、了解设备性能参数、准备安装工具和材料等。将设备搬运到安装位置,注意保护设备不受损坏。按照设备说明书的要求,进行设备的安装工作,包括设备的布置、固定、连接、调试等环节。

4.4.3.1 一般要求

设备安装应符合下列要求:

水处理设备的安装应符合现行行业标准 CJJ/T 110 的要求,并应符合其他相关国家标准;

电控装置的安装应符合现行国家标准《建筑电气工程施工质量验收规范》(GB 50303)的有关规定;

净水设备的电气安全应符合现行国家标准《电气装置安装工程 低压电器施工及验收规范》(GB 50254)和《建筑电气工程施工质量验收规范》(GB 50303)的有关规定;

水表安装应符合现行国家标准《饮用冷水水表和热水水表 第 5 部分:安装要求》(GB/T 778.5)的有关规定,外壳距墙壁净距不宜小于 10 mm,距上方障碍物不宜小于 150 mm;

安装的主机及终端饮水机应具有涉水产品卫生安全许可批件,终端饮水机应具有电气安全性认证;

水泵安装应符合现行国家标准《风机、压缩机、泵安装工程施工及验收规范》(GB 50275)的有关规定;

使用电动切割工具连接管道时应符合现行行业标准《施工现场临时用电安全技术规范》(JGJ 46)的有关规定。

4.4.3.2 净水设备安装准备

设备安装前需要做好以下准备工作：一、熟悉净水机房图纸。详细了解机房位置、面积、楼层高度和水电排水位置等内容；二、收集净水设备相关资料，并熟悉净水设备的配置以及其调试方法等；三、依据净水机房进水口口径位置，电源配电箱位置，排水沟或地漏位置准确配置安装材料（减少材料浪费）；四、应认真填写净水设备安装条件确认表（表4.11）。

表4.11 净水设备安装条件确认表

项　　目	现场情况
自来水管路到位	是□　　否□
管径DN	内丝□　　外丝□
回水管路到位	是□　　否□
管径DN	内丝□　　外丝□
有口路回水	是□　　否□　冲洗、保压
机房内配电柜到位	是□　　否□　功率：　　kW
漏保空开	有□　无□
供电	是□　　否□
设备间内给水流量	m³/h　　水压　　MPa
管径DN	内丝□　　外丝□
设备进场时客户有人接收	是□　　否□
设备进场卸货人员由客户负责提供	是□　　否□
是否需要水样送检	是□　　否□
排水沟位置，与图纸相符合	是□　　否□
照明灯、杀菌紫外灯到位	是□　　否□
机房门锁、门窗具备防盗	是□　　否□
设备进场道路过道畅通	是□　　否□
机房已清理干净	是□　　否□
货车卸货地点离设备房	米
机房门宽	米
可否用装卸车搬运设备	是□　　否□
常用设备	撬棒□　羊角锤□　手套□　叉车□
人员	人（不少于2人）

4.4.3.3 净水处理设备安装

1) 主机设备安装要点

水处理设备的安装必须按照工艺要求进行,在线监测仪表、筒体、水箱、过滤器及膜的安装方向应正确,位置应合理,并应满足正常运行、换料、清洗和维修要求。

设备与管道的连接及可能需要拆换的部分应采用活接头连接方式;安装位置应满足安全运行、清洁消毒、维护检修要求;安装前应按照工艺要求进行拆检和做好清洁;排水应采取间接排水方式,不得与排水管道连接,出口处应设防护网罩;设备、仪表等应采取可靠的减振措施;阀门、取样口等应排列整齐、间隔均匀、不得渗漏;系统控制阀门应安装在易于操作的明显部位,不得安装在住户内。

2) 主机设备安装流程

设备进场前,确认机房各通道的畅通及水源、电源到位;设备进场后,按机房摆放图纸定位;定位确定后,开始水箱及各过滤单元的固定;固定完成连接管道及电气桥架、布线;管道及电气安装完成后,开始初步调试,并进行各过滤单元的冲洗;填装滤芯滤料、冲洗砂、炭滤料;填装膜单元,进行膜冲洗、填装 pH 调节与矿化、回水保鲜装置的滤芯;各单元冲洗完成后,开始制水,进行管网初次冲洗,开始管网消毒,用净水再次冲洗管网,各终端放水冲洗;机房调试自动功能,待正常后,管网正常供水;机房取样送检、移交、验收。

3) 主机设备间管道安装

(1) 内部管道连接:包括原水箱、主机部分、前置部分、供水泵部分、净水箱之间管道连接。

(2) 外部管道连接:主要包括原水管道、供水管道、回水管道、排水管道之间的连接。

(3) 设备房排水管道安装。如有相应的排水口可以分别排放;无水沟只有地漏的情况,根据实际情况可将主机排水、原水箱排水和净水箱排水三路连接在一起汇总排放到排水沟或地漏里面。

4) 膜组件安装

膜组件的安装应符合下列规定:

膜组件安装必须严格按照组件的水流方向,不得反向安装;进出口应安装压力表;应注意保持场地、环境清洁,防止灰尘、杂质进入膜组件;连接膜组件的管道应稳固固定,不得使膜组件承担管道及附件的重量和固定作用;应便于拆卸检修和维护,所有管道连接处不得使用影响水质卫生的材料。

通用膜组件的装配如图 4-13 所示。

按图 4-13 所示位置和方向,将膜装入膜壳内,然后用端盖压紧。膜、滤芯都装好后就可以进入正常制水环节。

5) 紫外线消毒设备安装

紫外线消毒设备的安装应符合下列规定:

不应将紫外线消毒设备安装在紧靠水泵的出水管上,防止停泵水锤损坏石英玻璃管和灯管。应将紫外线发生器安装在过滤设备之后;应严格按照进出水方向安装,应保证水流方向与灯管长度方向平行;应有高出建筑地面的基础,基础高出地面不应小于

图 4-13 膜组件的装配

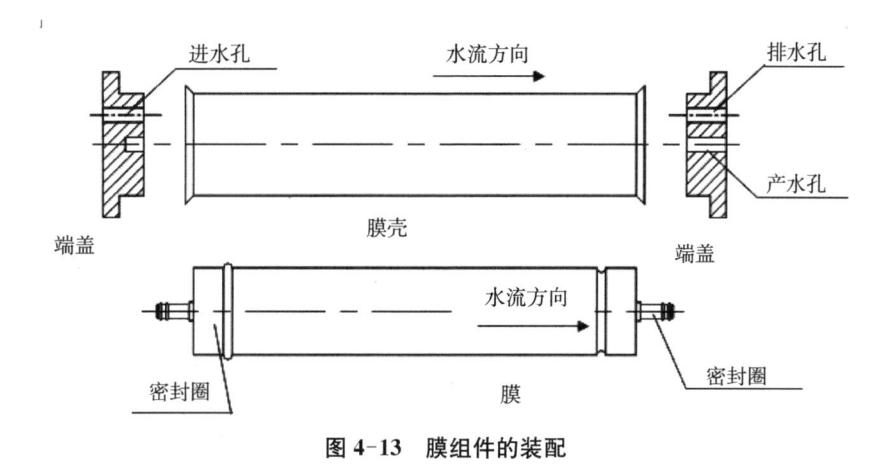

100 mm;其连接管道和阀门应稳固固定,不得使紫外线发生器承担管道及附件的重量;安装应便于拆卸检修和维护,所有管道连接处不得使用影响水质卫生的材料。

6) 电气部分安装

电气部分安装主要要求如下:

电气施工人员应认真读图,在全面了解图纸要求的基础上确定有关施工方案,并严格按图施工;接地体(线)的连接应采用搭接焊,其焊接长度为扁钢宽度的 2 倍,且三面围焊,圆钢落地线搭接长度为圆钢直径的 6 倍,且应双面焊接,焊接处不应有夹渣,咬边及虚焊;接地导线用黄绿双色线,火线与零线颜色要分开,接头均需搪锡处理。凡穿管敷设的线路,导线不得露于管外;穿线管采用 PVC 管,室内管壁厚度不小于 1.5 mm,室外管壁厚度不小于 2.5 mm,钢管弯曲处无明显折皱、折扁和裂缝,切断管口应刮光无毛刺;线路在经过物体的伸缩缝及沉降缝时,在跨接处的两侧应将导线固定,并留有余量,对导线设保护措施;管内穿线,应先将管中杂物、水等清除干净,可用压缩空气吹扫或用钢丝绑扎破布来回拖拉予以清除。导线在管内不得有接头和扭曲现象,其接头应在接线盒内连接,应套护口然后再穿线;管与管之间的连接应使用管接头或接线盒,不得使用蛇皮管代替。线路末端连接可用蛇皮管,应使用蛇皮管专业接头使其紧固在钢管及设备上,禁止随意将蛇皮管直接塞入钢管或设备内,蛇皮管端口应套有护口,并做好防水措施;钢管进入配电箱、接线盒、开关盒时,必须顺直进入箱(盒)内,露出的长度应小于 5 mm,且要整齐美观;配电箱、控制柜的安装符合箱、柜的安装规范。位置应正确,部件齐全,箱(柜)体开孔正确,切口整齐,严禁气、电焊切割。箱(柜)体油漆完好;配电箱、控制柜、设备金属基座、桥架、钢管、蛇皮管、灯具(包括基础)金属部件及所有安装的金属部件均应按设计和施工规范要求与接地系统做可靠的连接;现场各电气设备,如:电动阀、泵、变送器等必须接地,并有防水措施;现场桥架敷设水平度不超过相应的安装规范,安装高度根据现场情况而定,线管敷设的水平度和垂直度也要满足配管配线的安装规范;各用电设备在安装和接线时考虑防水措施。

配电箱、控制柜内电气设备、元件布局合理,摆放整齐,布线工整;箱(柜)内分别设置零线(N)和保护地线(PE)汇流排,零线和保护地线应经汇流排配出;二次接线及端子排接线端应有明显的接线标志和清晰、耐久的编号;线缆的芯线连接金具规格应与芯线的规格适配;箱内线路的线间和线对地间绝缘电阻值一次回路必须大于 0.5 MΩ,二次回路必须大于 1 MΩ;配电箱、控制柜面板上的电器与可动部位的电线应采用多股铜芯软线,敷设长度留有适当余量;与电器连接时端部绞紧,不松散、断股,可转动部位的两端用卡子固定。

成套设备的电气外围需要接线的电线,在出厂时都有做标识,现场安装人员只需要将相对应标识的电线和相对应的元器件一一对应连接即可。外围电气需要连接的有:原水阀、原水箱液位、原水泵、多路阀、回水阀、净水箱液位、压力传感器、供水泵、供水紫外灯、臭氧发生器、原水电导率探头等。电气柜内只需要连接主电源线即可。

电气施工及验收应严格执行《电气装置安装工程　电缆线路施工及验收标准》(GB 50168)和《建筑电气工程施工质量验收规范》(GB 50303)。

7) 水箱水罐的安装

水箱水罐在运抵安装现场前应是进行过全面检验的合格品。水箱水罐在运至现场安装前应备齐以下资料以备查验:设备合格证、检验或实验报告、卫生批件和其他必要资料。

在就位前,现场施工人员应根据施工设计图纸准确测量,划定安装时的基准线。检查底座基础是否符合要求,否则要通知土建单位实施改进,检验合格后方可继续施工。就位完成后,水箱水罐之间、水箱和墙面之间的净距,均不宜小于 0.7 m;四周应有不小于 0.7 m 的检修通道。水箱旁连接管道时,以上规定的距离应从管道外表面算起。

完成罐体开孔、接管,完成安装。安装完毕,将铭牌贴附于水箱表面便于观看的位置,并应及时对水箱内部和表面进行清洁,必要时还要采取防护措施以避免污染。最后,封闭开口,以防杂物进入。

8) 水泵的安装

水泵安装步骤如下:

(1) 安装准备

按照设计图纸尺寸放出纵向和横向安装基准线;由基础的几何尺寸定出基础中心线;比较安装基准线与基础中心线的偏差,确定最后的安装基准线;若安装基准线与基础中心线的偏差很少,则按基础中心线作安装基准线安装;若偏差较大,则修改设备基础以达到安装基准线;安装基准线确定后,对设备底座位置定位,定出地脚螺栓(或底座垫板)的位置;地脚螺栓(或底座垫板)处打麻面,要求尽可能平整;用水准仪测出地脚螺栓位(或底座垫板位)的标高,确定安装的标高基准。

(2) 安装

就位→安装橡胶减震垫→精调安装水平度和垂直度→用加减薄钢片的方法进行调整,薄钢片每组不超过 3 块,调平后用点焊固定。

(3) 成品保护

泵进出口堵盖在配管前不应拆除,以防杂物进入泵体;泵配管时,管子及阀门内部和管端应清洗洁净,清除杂物,管子重量不得直接承受在泵体上,相互连接的法兰端面应平行。管道与泵连接后,应复检泵的原找正精度,当发现管道连接引起偏差时,应调整管道;管道与泵连接后,不应在泵上进行焊接和气割,当确实需要时,应拆下管道或采取必要的措施,并应防止焊渣进入泵内。

4.4.3.4 终端壁挂机安装

终端壁挂式管线饮水机即壁挂机安装高度应充分考虑使用人群身高水平,不宜太高或太矮。壁挂机安装位置附近需配备三孔插座一个。其安装流程如下:

按照设计图纸和施工要求定位后打孔,用塑料膨胀管及自攻丝固定挂板支架;固定挂板后,微调保证水平,挂上壁挂饮水机;主管网消毒时,连接饮水机,将消毒水放入饮水机,进行饮水机消毒;饮水机初次插电源时,为避免干烧,必须要热水口有水流出,才可打开加热开关;等主管网消毒完成后,再用直饮水对饮水机进行冲洗(冲洗排空5次),直至放水无氯气味后,冲洗完成,可从饮水机取样检测;粘贴饮水警示标签,等水质检测合格后,方可正常饮用。

因终端安装的重要性,应该要求施工单位进场施工做样板间、样板件,项目经理组织甲方、设计单位、施工单位共同验收签字,形成《样板间安装确认表》,并以此作为施工验收标准。

4.4.4 管道分质直饮水供水工程管网安装

管道分质直饮水供水工程项目的管网安装应严格按照设计要求进行,在安装之前,应该组织施工人员认真熟悉图纸,核对各种管道的坐标、标高,了解管道的布置、走向、埋深等情况。根据图纸要求,开展测量定位,进行沟槽开挖,确保沟槽的尺寸和深度符合设计要求,确保管道的位置、标高、坡度等参数符合设计要求。

在管网安装过程中需要严格遵守施工规范和操作规程。准备好施工工具和材料,如起重机械、手动工具、管材、阀门等。根据设计要求,进行管网和阀门的安装工作,确保管网和阀门的型号、规格、位置等参数符合设计要求。

4.4.4.1 管道安装施工

1) 管道施工要求

管道安装应符合下列要求:

管网敷设应符合相应的施工技术标准规范的规定;

当管道或设备质量有异常时,应在安装前进行技术鉴定或复检;

管道安装前,管内外和接头处应清洁,受污染的管件和管材应清理干净,安装过程中严防杂物及施工碎屑落入管内,施工中断和结束后应对敞口部位采取临时封堵措施;

管道安装应在沟槽和管道基础验收合格后进行;下管前应对管材、管件进行检查和修补,禁止使用不合格的管材、管件,严禁使用受污染的管材、管件;

管道安装时应按不同管径和要求设置管卡或吊架,位置应准确,埋设应平整,管卡与管道接触应紧密,且不得损伤管道表面;

同一工程应安装同类型的设施或管道配件,除有特殊要求外,应采用相同的安装方法;

同一工程中同层的管卡安装高度应在同一平面;

设备与管道的连接及可能需要拆换的部分应采用活接头连接方式；

不同的管材、管件或阀门连接时应使用专用的转换连接件；

薄壁不锈钢管施工应符合现行国家标准《薄壁不锈钢管道技术规范》（GB/T 29038）和现行行业标准《建筑给水金属管道工程技术标准》（CJJ/T 154）的施工要求；

丝扣连接时，宜采用聚四氟乙烯生料带等材料，不得使用厚白漆、麻丝等可能对水质产生污染的材料；

架空管道绝热保温应采用橡塑泡棉、离心玻璃棉、硬聚氨酯、复合硅酸镁等材料；

使用电动切割工具连接管道时应符合现行行业标准《施工现场临时用电安全技术规范》（JGJ 46）的有关规定；

直埋暗管封闭后，应在墙面或地面标明暗管的位置和走向；

已安装的管道不得作为拉攀、吊架等使用。

2) 管道安装间距要求

管中心及装饰墙面、顶板、底板的最小安装间距，或水管与水管之间安装间距，无保温时和有保温时管道安装间距如表4.12所示：

表4.12 管道安装间距

公称尺寸 DN	无保温管道 最小安装间距（单位 mm）			有保温管道 最小安装间距（单位 mm）		
	距墙	距管	距顶（底）	距墙	距管	距顶（底）
10	40	70	110	60	110	150
15	45	75	115	65	115	155
20	50	80	125	70	125	165
25	60	90	130	80	130	170
32	65	100	135	85	140	175
40	75	110	145	100	160	190
50	85	140	155	110	190	205
60	100	160	170	125	210	220

3) 管道支、吊架的安装

管道支、吊架的安装应符合现行国家标准《薄壁不锈钢管道技术规范》（GB/T 29038）和现行行业标准《建筑给水金属管道工程技术标准》（CJJ/T 154）的相关规定；

管道安装时应按不同管径和要求设置管卡或吊架，位置应准确，埋设应平整，管卡与管道接触应紧密，且不得损伤管道表面；

同一工程中同层的管卡安装高度应在同一平面；

立管和横管支、吊架或管卡的间距，PP-R不得大于表4.13和表4.14的规定，不锈钢管不得大于表4.15的规定。

表 4.13　PP‑R 冷水管支、吊架最大间距

公称外径 De(mm)	20	25	32	40	50	63	75	90	110
横管(mm)	600	700	800	900	1 000	1 200	1 300	1 500	1 600
立管(mm)	700	800	900	1 200	1 400	1 600	1 800	2 000	2 200

表 4.14　PP‑R 热水管支、吊架最大间距

公称外径 De(mm)	20	25	32	40	50	63	75	90	110
横管(mm)	300	400	500	650	700	800	1 000	1 100	1 200
立管(mm)	600	700	800	900	1 100	1 200	1 400	1 600	1 800

表 4.15　不锈钢管支架的最大间距

公称直径 DN(mm)	10～15	20～25	32～40	50～65
水平管(mm)	1 000	1 500	2 000	2 500
立管(mm)	1 500	2 000	2 500	3 000

注：公称直径不大于 25 mm 的管道安装时，可采用塑料管卡。采用金属管卡或吊架时，金属管卡或吊架与管道之间应采用塑料带或橡胶等软物隔垫。

4）管道连接

管道连接方式和要求如下：

不同的管材、管件或阀门连接时应使用专用的转换连接件。

设备与管道的连接及可能需要拆换的部分应采用活接头连接方式。

在建筑引入管、折角进户管件、支管接出和仪表接口处，不锈钢管应采用螺纹转换接头或法兰连接。

不锈钢管公称直径小于等于 100 mm 应采用卡压式连接，公称直径大于 100 mm 宜采用沟槽或焊接连接方式。不锈钢管与给水机组、给水设备连接处，应采用螺纹连接或法兰连接。

当不锈钢管埋地时，应采用焊接或者卡压式连接方式。

丝扣连接时，宜采用聚四氟乙烯生料带等材料，不得使用厚白漆、麻丝等可能对水质产生污染的材料。

直饮水系统用的密封圈材料应采用三元乙丙（EPDM）橡胶，其材料物理性能应满足现行国家标准《橡胶密封件　给、排水管及污水管道用接口密封圈材料规范》（GB/T 21873）的性能要求。

薄壁不锈钢管与阀门、水表、水嘴等的连接应采用转换接头，不得在薄壁不锈钢管上套丝。

安装完毕的干管，不得有明显的起伏、弯曲等现象，管外壁应无损伤。

铜管连接方式应符合现行国家标准《铜管接头》（GB/T 11618.1）和现行行业标准《建筑用承插式金属管管件》（CJ/T 117）等有关规定。

5）管道安装

管道安装主要流程如下：

安装准备→预制加工→干管安装→立管安装→支管安装→室外管道安装。

(1) 安装准备

认真熟悉图纸,参看工艺流程图和平面布置图,核对各种管道的坐标、标高是否有交叉,管道排列所用空间是否合理。有问题及时与设计和有关人员研究解决,办好变更洽商记录。

(2) 预制加工

按设计图纸画出管道分路、管径、变径、预留管口,阀门位置等施工草图,在实际安装的结构位置做上标记,按标记分段量出实际安装的准确尺寸,记录在施工草图上,然后按草图测得的尺寸预制加工,按管段分组编号。所有阀门必须经过试压合格才能使用。

(3) 干管安装

首先确定干管的位置、标高、管径、坡度、坡向,正确地按图示位置、间距和标高确定管卡的安装位置,在安装管卡的部位中心画出十字线,然后将管卡固定在预埋件上。

水平管卡位置的确定分配应先按图纸要求测出一端的标高,并根据管段长度和坡度定出另一端的标高,两端标高确定后,再用拉线的方法确定出管道中心线(或管底线)位置,然后按规定来确定和分配管道管卡。

干管安装一般在管卡安装完毕后进行。先在主管中心线上确定出各分支主管的位置,标出主管的中心线,然后将各主管间的管段长度测量记录并在地面进行预制和预组装(组装长度应以方便吊装为宜),预制时同一方向的主管头子应保证在同一直线上,且管道的变径应在分出支管之后进行。组装好的管子,应在地面进行检查,若有歪斜曲扭,则应进行调直。

上管时,应将管道滚落在支架上,随即用预先准备好的"U"形卡子固定,防止管道滚落伤人。干管安装后,还应进行最后的校正调直,保证整根管子水平和垂直面都在同一直线上并最后固定牢。

(4) 立管安装

首先根据图纸要求的种类确定支管的高度,在墙面上画出横线,再用线垂吊在立管的位置上,墙上弹出或画出垂直线,并根据立管管卡的高度在垂直线上确定出立管管卡的位置并画好横线,然后根据所画横线和垂直线的交点打洞装卡(或用膨胀螺丝、射钉枪)。

管卡安装好后,再根据干管和支管横线,测出各立管的实际尺寸进行编号记录,在地面统一进行预制和组装,并应检查和调直后再进行组装。上立管时应两人配合,一人在下端托管,一人在上端上管,上到一定程度时,要注意下面支管头方向,以防支管头偏差或过头。上好的立管要按规定进行检查垂直度,使其正面和侧面都在同一垂直线上。最后把管卡收紧。

(5) 支管安装

安装支管道前,先按立管上预留下的管口在墙面上画出(或弹出)水平支管安装位置的横线,并在横线上按图纸要求画出各分支线或给水配线的位置中心线,再根据横线中心线测出各支管的实际尺寸进行编号记录,根据记录尺寸进行预制和组装(组装长度以方便上管为宜),检查调直后方可安装。

明装的支管支架宜采用管卡作支架,为保证美观,其支架宜设置在管段的中间位置

（即管件之间的中心位置）。

(6) 室外管道安装

依照图纸中管道走向敷设，没有沟槽的需要开挖敷设，埋深不小于 0.7 m。土方部分埋地敷设的室外管道均须套上相应管径大两级的 PVC 套管，如遇道路，需要开挖混凝土路面，混凝土路面埋地敷设的室外管道均须套上相应管径大两级的钢套管起一定的防护作用。

4.4.4.2 管道隔热保温

保温主要是减少保温对象向外传递热量而使用的工艺措施。使用保温管道的主要目的，是减少热损失，以防止水体凝固或冻结在管内，造成管道冻胀破坏，使管道的使用寿命和运营年限延长。

1) 管道保温层施工步骤

(1) 确定下料长度：用钢皮尺或铁皮条在保温管道外面多量几个部位，按保温层外圆周长加上 45 mm 接缝尺寸（搭接），确定下料数值。

(2) 加工接缝：在手动折边机上做好接缝（大头 12 mm，小头 15 mm），并在大头端做好记号。

(3) 加工卷圆：将加工好接缝的板放在预先调节好圆周的卷圆机上加工，注意直径不能卷得太小。

(4) 筒体摇线：放在手动或电动起线机上加工圆线凸筋，加工圆线应放在大头 12 mm 一端，圆线的直径根据保温外径确定。

(5) 现场安装：把金属保护层紧贴在管道保温层外面，把两边接缝搭接在一起，用手提电钻钻孔，抽芯拉铆钉固定，拉铆钉间距约为 200 mm。对于保温外径较大的保护层，轴向搭接也应加工圆线凸筋，拉铆钉间距可为 250 mm。钻头直径为 Φ5.1 mm，禁止用冲孔或其他方式打孔。接缝应严密、平整、并处于隐蔽位置。环向套接一般为 50 mm。

(6) 质量检查和验收：需要检查保温层的外观质量、厚度、密度、保温效果等方面是否符合要求。同时需要进行隐蔽工程验收，确保保温层的安装质量和安全性。

2) 管道保温层施工注意事项

(1) 材料选择：应根据管道的介质、温度等要求选择适当的保温材料，并确保材料符合相关标准和规范要求。

(2) 施工前准备：在施工前，应对现场进行清理、平整处理，并确保管道表面无油污、锈蚀等物质，否则会影响保温层的附着力和密封性。

(3) 保温层施工：在保温层施工过程中，应确保保温材料与管道表面紧密贴合，并注意保温层的密封性和强度，避免出现管道保温层开裂、渗漏等质量问题。

(4) 防火安全：在管道保温工程中，防火安全是至关重要的。保温材料应具备一定的防火性能，并按照相关防火标准进行施工。此外，还需注意保温层与其他设备、建筑物之间的安全距离，以防止火灾事故的发生。

(5) 施工验收：保温施工完成后，应进行质量验收，确保施工质量符合要求，并及时处理发现的问题。

（6）维护管理：管道保温工程完成后，需要进行维护管理，定期检查和修复保温层。特别是在受到机械损坏、腐蚀或老化等情况时，应及时进行修复或更换，以确保保温效果。

4.4.5 管道分质直饮水供水工程施工安全

施工安全的重要性不言而喻，必须高度重视并采取必要的措施保障。在施工过程中，应该严格遵守相关的安全规定和操作规程，确保施工安全和工程质量。在施工前，应该制定一套完善的安全管理制度，明确安全责任和安全措施，并严格执行。

在施工现场，应该设置明显的安全标志和安全设施，并保持现场的整洁和有序。同时，应该对现场进行定期的安全检查，及时发现并消除安全隐患。在施工过程中，应该确保使用的设备和工具都符合安全要求，并进行必要的维护和保养。在施工前，应该制定应急预案，包括应对安全突发事件的措施和方案，以便在紧急情况下能够迅速采取行动。

对施工过程中相应的安全规定如下：安装工具应专物专用，不得随意更改用途及使用属性；人字梯使用时应确保四脚着地平稳，确保两边梯面的安全连接稳固，梯子顶部不可放置任何物品以免掉落；在梯上作业（特别是打墙洞时），人字梯应与受力方向成直线摆放，以免梯子倒伏造成人员或物品的损伤；一字梯使用时应确保梯子各部位的刚性及完整性，梯子底部应附着橡胶或其他防滑防电材料；作业时梯子与墙面角度不得小于15°，不得大于35°；在湿滑地面作业时，应做好防滑措施；在进行电焊、氩弧焊、气割或搬运有锋利边缘、毛刺、尖角的物品等容易造成手部伤害的作业时，应穿戴相应的劳保手套；在使用大锤或砂轮机等各种高速旋转电动工具时，应尽量避免使用帆布、棉纱手套，以免工具脱手或手套缠绕造成损伤；冲击钻、电锤在打洞过程中不慎造成钻头卡死时，不可强行开机粗暴的用蛮力强拉硬扭，否则极易造成人员的受伤及工具的损坏，应将钻头和钻体分离，用大力钳配合锤子将钻头取出；使用电动切割工具连接管道时应符合现行行业标准《施工现场临时用电安全技术规范》（JGJ 46）的有关规定；已安装的管道不得作为拉攀、吊架等使用；净水设备的电气安全应符合现行国家标准《电气装置安装工程 低压电器施工及验收规范》（GB 50254）和《建筑电气工程施工质量验收规范》（GB 50303）的规定；塑料管严禁明火烘弯。

4.5 管道分质直饮水供水工程调试验收

管道分质直饮水供水工程项目应严格按照设计要求和相关标准进行调试和验收，确保项目的质量和运行效果符合要求。管道分质直饮水供水系统调试前要做好充分的准备工作，调试过程中要认真观察和检查系统设备和管网的运行状况，要严格把关，确保系统的质量和安全。系统调试主要是指在设备安装完成后，按照设备安装图纸、设备生产厂家的要求和设计要求进行设备的调试和检测，以确保设备能够正常工作，达到在设计和运行过程中所规定的技术指标，保证设备的安全性、可靠性、稳定性等，从而为后续可持续运行奠定基础。管道分质直饮水供水工程项目的竣工验收，是保证合同任务完成、把关工程质量的最后一道程序，需要对工程的施工过程、质量、安全等方面进行全面的检查和评估。

通过对系统工程质量的整体检查和测试,可以发现是否存在安全隐患并及时纠正,从而保证系统供水的安全性和可靠性。

4.5.1 工程调试

4.5.1.1 调试准备

系统调试应在施工全部完成,并对相应的设备检测合格之后进行。在调试前,应对管道进行水压试验和清洗消毒。

1) 水压试验

管网安装完成后,应分别对室内及室外管段进行水压试验。系统各种承压管道安装完毕之后均应对管道进行强度试验和严密性试验;非承压管道和设备应做闭水试验。

(1) 管道水压试验准备

检查管道规格、材质、位置、标高、阀门、仪表及支承件数量和形式、管道连接处洁净度应符合设计文件要求;应关闭所有设备、配套设施与管道系统连接的隔断阀门和封堵管道的出口,同时应打开试压管道系统上的阀门;试压用水水质应符合现行国家标准《生活饮用水卫生标准》(GB 5749)的有关规定。

(2) 管道水压试验要求

应分别对室内及室外管段进行水压试验。水压试验必须符合设计要求。不得用气压试验代替水压试验;室外管道水压试验应符合现行国家标准《给水排水管道工程施工及验收规范》(GB 50268)的要求,室内管道水压试验应符合现行国家标准《建筑给水排水及采暖工程施工质量验收规范》(GB 50242)的要求;当设计未注明时,各种材质的管道系统试验压力应为管道工作压力的1.5倍。室外管道不低于0.9 MPa,室内管道不低于0.6 MPa;暗装管道应在隐蔽前进行试压及验收;金属管道系统在试验压力下观察10 min,压力降不应大于0.02 MPa。降到工作压力后进行检查,管道及各连接处不得渗漏。

(3) 水压试验流程

① 连接试压泵:试压泵通过连接软管接入给水管道系统。

② 向管道注水:向给水管道系统注水,同时打开试压泵卸压开关,待管道内注满水后,立即关闭试压泵卸压开关。

③ 向管道加压:按动试压泵手柄向给水管道系统加压,试压泵压力表指示压力达到试验压力(管道工作压力的1.5倍且≥0.6 MPa)时停止加压。

④ 排出管道空气:缓慢拧松各出水口堵头,待听到空气排出或有水喷出时立即拧紧堵头。

⑤ 继续向管道加压:再次按动试压泵手柄向给水管道系统加压,试压泵压力表指示压力达到试验压力(管道工作压力的1.5倍且≥0.6 MPa)时停止加压。

⑥ 检验:金属管道系统在试验压力下观察10 min,压力降不应大于0.02 MPa。降到工作压力后进行检查,管道及各连接处不得渗漏。然后在工作压力下稳压2小时,压力降不得大于0.02 MPa,同时检查各连接处不得渗漏。

⑦ 检验合格后,打开试压泵卸压开关卸去管道内压力。

2) 管道清洗和消毒

采用的消毒液应安全卫生,易于冲洗干净。水中残留量不应对设备、管道和使用者造成潜在危险。管道分质直饮水供水管网采用消毒液对管网灌洗消毒,应该明确消毒液的选择与配比要求,消毒液可采用含 20 mg/L～30 mg/L 的游离氯溶液,或其他合适的消毒液。

采用臭氧消毒时,管网末梢水中臭氧残留浓度不应小于 0.01 mg/L;采用二氧化氯消毒时,管网末梢水中二氧化氯残留浓度不应小于 0.01 mg/L;采用氯消毒时,管网末梢水中氯残留浓度不应小于 0.01 mg/L。消毒液在管网中应滞留 24 小时以上,臭氧浸泡消毒时,消毒时间为 15 min。

终端饮水设备的消毒剂可采用臭氧、二氧化氯、含氯泡腾片等,其中使用臭氧消毒后水中不得产生溴酸盐超标的情况。采用紫外线消毒的水处理设备,所产生的紫外线有效剂量应符合《城镇给排水紫外线消毒设备》(GB/T 19837)规定要求。

管道清洗消毒要求如下:

(1) 管道分质直饮水供水系统试压合格后,正式投入运行前应对整个系统进行清洗和消毒,并应符合现行行业标准《建筑与小区管道直饮水系统技术规程》(CJJ/T 110)的有关规定。

(2) 系统冲洗前,应对系统内的仪表、水嘴等加以保护,并应将有碍冲洗工作的减压阀等部件拆除,用临时短管代替,待冲洗后复位。

(3) 系统较大时,应利用管网中设置的阀门分区、分幢、分单元进行冲洗。

(4) 用户支管部分的管道使用前应再进行冲洗。

(5) 原水输水管道在交付使用前必须冲洗和消毒,水质经取样检验,应符合现行国家标准《生活饮用水卫生标准》(GB 5749)的有关规定。

(6) 薄壁不锈钢管道和铜管在试压合格后应采用 0.03% 高锰酸钾消毒液灌满管道进行消毒。消毒液在管道中应静置 24 h,排空后,再用自来水冲洗。自来水的水质应符合现行国家标准《生活饮用水卫生标准》(GB 5749)的要求。

(7) 系统采用自来水冲洗时,冲洗水流速宜大于 2 m/s,应保证系统中每个环节均能被冲洗到。系统最低点应设排水口,以保证系统中的冲洗水能完全排出。清洗后,冲洗出口处(循环管出口)的水质应与进水水质相同。

(8) 管网消毒并利用自来水冲洗后,应再使用直饮水进行冲洗,直至各用水点出水水质与进水口相同为止。

(9) 在系统冲洗的过程中,可同时根据水质情况进行系统的调试。

3) 其他配件清洗

(1) 前置过滤器滤料填装及清洗

设备安装完成后,开始填装石英砂过滤器和活性炭过滤器的滤料。填装好滤料后,开启原水阀,原水箱进水至中液位后,启动原水泵对石英砂过滤器进行正反冲洗,直至冲洗出水清澈无浑浊。石英砂过滤器冲洗完成后,把多路阀开至运行状态后,再进行活性炭过滤器的冲洗,方法和石英砂过滤器一致,以出水清澈无黑色为冲洗完成。

(2) 精密过滤器的填装及清洗

把多路阀调节至运行状态,打开活性炭过滤器和精密过滤器之间的阀门,对精密过滤器进行清洗,清洗完成后,填装 PP 滤芯。

(3) 膜元件的填装及管路清洗

打开高压泵后的膜进水阀,对膜壳及管道进行冲洗,冲洗完成后,打开膜端头,检查膜壳容器内是否清洁,如果清洗不彻底,还需要用干净抹布擦拭后,开始填装膜元件。填装膜元件时注意膜元件上的水流标志箭头应该和膜容器的水流方向一致。填装完膜元件后装好膜壳两边端头,装好卡箍,拧紧螺栓。

4) 设备检测

(1) 水泵检测

水泵单机检测试验的内容、要求和方法应符合现行国家标准《机械设备安装工程施工及验收通用规范》(GB 50231)和《风机、压缩机、泵安装工程施工及验收规范》(GB 50275)的有关规定。

系统中的压力容器、配套设施及控制仪器仪表应提供质量合格证。

(2) 水箱检测

水箱(罐)应进行满水试验及密封耐压的检测检验,并符合现行国家标准《给水排水构筑物工程施工及验收规范》(GB 50141)和《建筑给水排水及采暖工程施工质量验收规范》(GB 50242)的有关规定。

(3) 电气设备检测

控制柜内电子元器件均应有 3C 产品认证。

电源、电流、电压、频率、水泵启停状态、水泵空载压力与实际压力和流量等应符合设计文件要求。

(4) 检测仪器仪表检测

测试温度、湿度、pH 值、电导率、浑浊度、电工仪表等仪表的精度级别不应低于被测对象在线仪表的级别。

4.5.1.2 系统调试

系统调试是指在设备安装完成后,按照设备安装图纸、设备生产厂家的要求和设计要求进行设备的调试和检验,以确保设备正常运行并满足技术规格要求。设备调试过程中,需要检查设备各部件之间的连接是否紧固、电气系统是否接线正确以及电气元件是否正常,机械部件是否灵活可靠,气、液压系统的管道连接和防护措施是否符合要求等。

1) 系统调试要求

编制的调试方案、记录表格、参加人员等已经业主及相关部门认可;净水机房排水、供电、通风等均已接通并具备正式使用条件,现场环境无污染;水处理系统的设备安装和单机试运转的参数已调整到允许范围,并符合设计要求;水处理系统的全部阀门、附配件和仪表水质监测系统、控制系统等均已处于工作状态位置;消毒及水处理化学药品符合设计文件要求,溶液浓度、剂量等均已配置完成;不同用途设备应分别进行调试;应在设备满负荷工况下进行;调试运行应持续 72 h 不间断运行。

2) 系统调试步骤

系统调试应按以下步骤执行:

（1）调试之前应确保设备间管道连接工作已经完成,电线、信号线敷设完成,自来水水源符合设备进水要求。

（2）装入滤料、滤芯、膜元件。

（3）确保设备阀门均处于"冲洗"状态,膜元件浓水阀完全打开,排气阀全部打开,设备处于"手动"控制状态。

（4）启动原水供水泵将设备内空气排尽,关闭排气阀,按工艺流程的顺序依次对罐体进行冲洗;砂过滤器,初始处于反冲洗状态,直至没有砂子粉末或杂质,然后阀门切换至"正冲洗"状态,冲洗至没有肉眼可见物,重复以上操作三次,可进入下一单元;膜元件初始应处于浓水阀门完全打开的状态,对膜表面进行 20~30 min 的冲洗,直至没有残留药剂;其他滤罐,正冲洗 15~20 min,至无肉眼可见物。

（5）冲洗完成后,启动高压泵,待泵稳定工作后,逐渐缓慢关闭浓水阀,同时注意观察膜产水流量,当产水达设计值时,停止浓水阀的关闭并保持阀门的开启度。然后检查各压力表的压力是否在合理的范围内(主要是膜系统的进水压力应在 50~65 kg 范围内),产水流量与工作压力都符合设计要求,表明产水系统调试完成。

（6）增压泵关闭,高压泵关闭。

（7）关闭原水泵,然后测试冲洗程序。

（8）水质检查验证:检查膜进水与产水 TDS 是否与膜脱盐率相符;检查设备杀菌用紫外灯是否完全正常工作;用 pH 测试检查产水 pH 值是否在正常范围之间;通过手动 SDI 仪检测膜进水水质 SS 是否在膜进水 SS 范围内。

（9）自动控制系统验证:制水系统切换到"自动"状态,检查设备是否根据自控设计原理要求工作,包括:检查原水箱中位,原水潜水泵是否开启补水;原水箱低位,增压泵停止,再停止高压泵,最后原水泵停止;原水箱高位,原水潜水泵是否关闭;检查原水箱中位,浓水电动阀打开,原水泵是否启动,1 min(1~5 min)后,浓水电动阀缓慢关闭,然后高压泵启动,启动 1 min 后,能量回收增压泵(如有)启动;原水箱高位,能量回收增压泵(如有)停止,然后高压泵停止,再然后原水泵停止;原水箱低位,外送泵组停机;检查电气元件本身的自我保护功能。

（10）完毕后,试运行 2~4 d,均无异常,表示安装调试工作完成,可安排联系实验室进行水样送检,并与甲方进行交接及日常维护培训。

3）系统调试运行内容

（1）主机调试内容

产水能力:设备产水量符合设计要求;

出水水质:设备出水水质达到《饮用净水水质标准》(CJ 94)的要求;

膜处理设备应进行完整性检测,膜组件压力降应不大于设计值;耐压性能符合设计使用要求,膜组件产水量到达额定产水量,出水水质达到设定要求;

臭氧发生器工作参数:电流、电压、频率、空气进气量、臭氧产量和浓度、可调产量幅度等应与设计文件和设备铭牌数值的对比检测;

其他设备参数应与设计文件及产品铭牌进行对比检测。

(2) 水泵调试内容

水泵自动或手动开启至水泵正常运行不应超过 1 min,自动切换备用泵及备用泵正常运行不应超过 2 min;

各种水泵运行工况,泵组吸水管与出水管压力变化、电动机电流和电压等与产品检测报告和泵组铭牌的对比无偏差;

供水量、供水扬程:同时开启瞬时高峰用水量时的相同数目的配水点,最不利用水点的水量和水压符合设计要求;

循环时间、循环量:循环启停时间与设备设置一致,循环水应顺利回至机房水箱内,并应达到设计循环流量;当循环泵兼做供水泵时,循环启动时不影响正常供水。

(3) 介质过滤器和活性炭过滤器

石英砂过滤器:进水浑浊度、出水浑浊度及进水与出水的压力变化;

活性炭过滤器:进水口臭氧含量、出水口臭氧含量。

(4) 控制柜调试验证内容

电压、电流、故障、报警和显示功能等调试验证;

对循环水泵的切换以及与消毒设备的联锁等控制程序的调试验证。

(5) 监测设备调试验证

消毒剂投加量;混凝剂(如有)投加量;各种在线仪表读数与设定值偏离值,设备内水质在线和离线检测数值的偏差;各种探测器、控制器与加药计量泵的工作状态及联锁控制;臭氧—水接触反应罐进水管和出水管的臭氧浓度。

4.5.2 工程验收

管道分质直饮水供水系统工程竣工后,建设单位应组织设计、设备生产、施工、监理等单位及时进行工程竣工验收。项目的竣工验收,是保证合同任务完成、确保工程质量的最后一道程序。只有经过验收合格的工程才能正式投入使用,验收结果是工程交接的重要依据之一。项目验收标志着项目的结束,项目顺利通过验收,可以让管道分质直饮水供水工程项目及时投入生产和交付使用,发挥其效益。

4.5.2.1 验收标准

管道分质直饮水供水系统安装及调试完成后,应按照附录 7 中 CJJ/T 110 的 11.3.1 的标准进行验收。

4.5.2.2 验收内容

管道分质直饮水供水验收主要内容是文件资料验收、现场验收、工艺验收、净水机房验收和管网验收。

1) 文件验收

主要是对管道分质直饮水供水工程建设过程中的有关文档进行验收,主要验收的文件资料包括以下内容:

(1) 图纸等设计资料,包括工程施工图、工程竣工图、工程设计变更资料、隐蔽工程验收资料和中间试验资料。

(2) 设备技术文件、随机资料及专用工具,设备出厂合格证、技术检验证书、操作手册等资料应齐全。

(3) 产品材料资料,包括水泵、管材、管件及阀门等产品质量检测报告、相关证书,机房装修、装饰材料的有关资料。

(4) 调试资料,包括管道试压的有关资料、系统清洗消毒的有关资料。

(5) 相关的检测报告,包括管道分质直饮水供水系统原水的水质检测报告、管道分质供水系统出水的水质检测报告,机房环境噪声的检测报告(如有)等。

2) 现场验收

现场验收主要包括设备验收、现场设计内容验收等。

(1) 设备验收:主要包括水处理系统设备、供水系统设备、消毒设备验收。所有现场设备外观应完整无变形、无损坏、无锈蚀;设备附近无污染物;设备排水及地漏顺畅,无溢水现象;

(2) 设计内容验收:主要包括净水机房、公共饮水点的设置、水质采样口的设置等验收;

(3) 安装质量检验:设备布置、设备管道安装、电线电缆安装符合要求;

(4) 电气控制检验:电气控制、操作、远程通信系统符合设计要求;

(5) 系统各类阀门的启闭应灵活,仪表指示应灵敏;

(6) 控制设备中各按钮的灵活性,显示屏显示字符清晰度。

3) 工艺的验收

设计工艺验收主要指的是设计工艺在设备上展示出来的相关工艺参数的验收,主要包括以下内容:

(1) 产水能力验收:设备产水量符合设计要求;

(2) 出水水质验收:设备出水水质达到《饮用净水水质标准》(CJ 94)的要求;

(3) 供水量、供水扬程验收:同时开启瞬时高峰用水量时的相同数目的配水点,最不利用水点的水量和水压符合设计要求;

(4) 循环时间、循环量验收:循环启停时间与设备设置一致,循环水应顺利回至机房水箱内,并应达到设计循环流量;当循环泵兼做供水泵时,循环启动时不影响正常供水;

(5) 供水系统验收:主要包括供水压力、流量、系统防回流措施等;

(6) 系统的通水能力验收:设计要求同时开放的最大数量的配水点应全部达到额定流量。

4) 净水机房竣工验收内容

(1) 设备设置验收:设备按照设备和工艺顺序摆放到位,基础稳固,符合设计要求;

(2) 净水机房建设、装修,机房通风、照明、排水、保温、减振减噪装置的设置、机房内外供水管道的布置、机房内更衣室的设置、机房内水质检测设备的设置、消毒设备设置等符合设计要求;

(3) 净水机房空气质量验收:当采用臭氧消毒时,直饮水站内空气的臭氧浓度应符合现行国家标准《室内空气质量标准》(GB/T 18883)的有关规定。

5）管网验收要求

独立循环管网验收时，根据项目的实际情况，可分区或分段验收。排水管道竣工验收时，须提供管道竣工测量资料，并对竣工管道状况进行记录，记录结果作为判断管道工程质量优劣的重要依据。管道验收基本要求如下：

管道埋设深度、轴线位置应符合设计要求，管道严禁倒坡；管道无结构贯通裂缝和明显缺损情况；管道铺设安装必须稳固；管道支、吊架安装位置应正确和牢固；连接点或接口应整洁、牢固和密封性好。

4.5.2.3 资料归档

验收合格后应将有关设计、施工及验收的文件立卷归档。系统竣工验收合格后施工单位应将以下文件资料进行归档，并按照设计资料、产品材料资料、调试资料和相关的检测报告文件进行分类。

系统竣工验收合格后，管道分质直饮水供水系统的管理单位应把涉水产品卫生安全许可批件、3C认证（或相关部件的第三方检测报告）、第三方检测机构净水水质检测合格证明等资料复印件张贴在净水机房设备间内公示，并把相关设备操作规程和产品说明书交给用户。

管道分质直饮水供水系统竣工验收合格后，方可投入使用。

5

管道分质直饮水供水工程
的运营维护

5.1 概述

管道分质直饮水供水工程的运营维护是指管理单位为保证管道分质直饮水供水系统正常运行和水质合格而进行的一系列活动过程及其结果,主要包括水质检验、日常维护、故障维修、应急保障等的计划、组织、实施和控制,是与管道分质直饮水生产过程和服务过程密切相关的各项工作的总称。优良的水质是管道分质直饮水供水工程的核心要求,在管道分质直饮水供水工程安全运营管理和维护工作过程中,必须要明确运营管理和维护的要点,从而提升管道分质直饮水供水工程安全运营的效果,避免出现各种不必要的问题影响优质直饮水的供给。

本章节基于管道分质直饮水供水的特点,明确了运营维护的内容、运营维护要求和运营维护的质量评价。主要参照国家标准2部,行业标准4部,团体标准2部,地方标准14部,其他相关标准、规程和要求3部,详见表5.1。除此之外,本章节所述运行维护内容还均应符合上位法的要求,包括但不限于《中华人民共和国水法》《中华人民共和国传染病防治法》《中华人民共和国水污染防治法》等。从检索到的标准来看,主要包括管道分质直饮水供水卫生规范和技术规程,以及其他饮用水(市政自来水、二次供水等)供水服务相关的国家、行业和地方标准。与管道分质直饮水系统运营维护直接相关的规范只检索到一部团体标准,但管道分质直饮水供水卫生规范和技术规程中的一些运行维护内容、从业人员规定以及其他饮用水供水的服务,都可以为本章节的撰写提供支撑。但总的来说管道分质直饮水供水相较市政自来水来说水质更优、建设标准更高,传统的自来水运营维护工作难以满足管道分质直饮水客户的实际需要,因此配套的运营维护工作相较于自来水供水系统要有所差异且更为严格。

管道分质直饮水供水工程的运营维护工作要控制的主要目标是质量、成本、时间和柔性,这是构成企业竞争力的根本源泉和重要保证。一方面,运营维护工作的实施有助于提升管道分质直饮水供水安全卫生,确保供水系统持续达到水质优良、技术先进、经济实用要求。另一方面,运营维护工作是长期服务的过程,要让老客户体会到售后有保障,确保老客户的长期用水量;要让新客户感受到公司有实力,带动意向客户的新增,不断形成良好的品牌效应,提升管理单位在行业和市场的竞争力、影响力。最终以点带面,由稳向快,以运营维护工作取得的良好口碑推动整个管道分质直饮水供水系统工程的持续、健康、快速发展。

表 5.1 运行维护主要参照标准

类 型	名 称	标准号
国家标准	城市给水工程项目规范	GB 55026—2022
	城镇供水服务	GB/T 32063—2015
行业标准	城镇供水服务	CJ/T 316—2009
	建筑与小区管道直饮水系统技术规程	CJJ/T 110—2017
	二次供水工程技术规程	CJJ 140—2010
	城镇供水管网运行、维护及安全技术规程	CJJ 207—2013

续表

类型	名称	标准号
团体标准	管道直饮水系统服务规范	T/CAQI 71—2019
	管道直饮水系统安装验收要求	T/CAQI 70—2019
地方标准	生活饮用水管道分质直饮水卫生规范(江苏省)	DB 32/T 761—2022
	居民住宅二次供水工程技术规程(江苏省)	DB 32/T 4284—2022
	直饮水工程技术标准(山东省)	DB 37/T 5243—2022
	天津市管道直饮水工程技术标准(天津市)	DB 29—104—2010
	管道直饮水供水系统卫生规范(辽宁省)	DB 21/T 1726—2009
	湖南省城市管道直饮水系统技术标准(湖南省)	DBJ 43/T 382—2021
	城镇供水服务标准(安徽省)	DB 34/T 5025—2015
	生活饮用水二次供水服务规范(河北省)	DB 13/T 2577—2017
	山东省城市公共供水服务规范(山东省)	DB 37/T 940—2020
	供水行业服务规范(深圳市)	DB 4403/T 61—2020
	供水行业服务规范(广州市)	DB 4401/T 13—2018
	城镇供水服务(杭州市)	DB 3301/T 0164—2019
	城市供水服务规范(台州市)	DB 3310/T 22—2018
	城镇再生水供水服务管理规范(天津市)	DB 12/T 470—2020
其他	江苏省城市供水服务质量标准(江苏省)	DGJ 32/TC 03—2015
	优质饮用水工程技术规程(深圳市)	SJG 16—2023
	上海市中小学校校园直饮水工程建设和维护基本要求	

5.1.1 影响运行维护效果的主要因素

笔者认为,影响运行维护效果的主要因素包括以下3个方面:

1) 团队专业化程度

高素质的工作队伍是做好运营维护工作的前提条件,但从目前管道分质直饮水供水的运营维护工作队伍来看,现有的管理和维修人员在专业性上还有一定的欠缺,对于一些疑难复杂的供水管网、机房、设备等的维护和检修不能在规定时间内有效解决,制约了管道分质直饮水供水设施管理工作的开展。《二次供水工程技术规程》(CJJ 140—2010)[341]、《天津市管道直饮水工程技术标准》(DB 29-104—2010)[342]均对管理人员的素质作出了一定的要求,管理人员应具有一定的专业技能,熟悉直饮水系统的水处理工艺和设施、设备的技术参数和运行要求。团体标准《管道直饮水系统安装验收要求》(T/CAQI 70—2019)中也对相关人员作出规定:经专业培训,掌握专业知识和安装技能,熟悉公司工程项目施工安装规范,并经考试合格,取得净水行业安装的相关证书或上岗证方可上岗[343]。可见,在管道分质直饮水供水系统的运营维护工作管理过程中,应对管理和维修人员的专业素质和工作能力引起足够的重视,力求一专多能,并根据实际需要合理构建管理和维修人员专业队伍,避免机构臃肿,人浮于事,保证运维管理相关工作达到预期目标。

2）应急处置能力

部分管道分质直饮水供水管理单位在处置管道分质直饮水供水系统突发事件过程中存在临场混乱、无法应对或措施不当等问题，给客户的饮水安全和饮水保障造成了不良影响，甚至抹黑了直饮水供水管理单位形象，引发了客户对管理单位的信任危机，总的来说是管理单位应急处置能力欠缺的突出表现。河北省地方标准《生活饮用水二次供水服务规范》(DB 13/T 2577—2017)中指出：应结合本单位设施特点，制定应急预案，建立健全重大事项报告制度，并定期进行演练[344]。《江苏省城市供水服务质量标准》(DGJ 32/TC 03—2015)也对管理单位应急处置能力作出规范，指出应制定并适时修订突发事件应急保供预案，定期组织演练[345]。因此，在实际工作中有必要提前做好应急预案，防患于未然，同时管理单位还应当加强对日常应急演练的计划制定和统筹指导工作。

3）管理制度完善

江苏省《居民住宅二次供水工程技术规程》(DB 32/T 4284—2022)中规定管理单位应制定设备运行操作规程[346]，宜包括操作要求、操作程序、故障处理、安全生产和日常保养维护要求等。但管道分质直饮水供水在我国的发展刚刚起步，行业管理体制也不完善。部分供水管理单位存在没有制度、制度不健全或制度流于形式而没有真正实行的情况，这就导致了部分单位用人无标准和无规则，决策随意性强[347]。加之每个城市、每个地区分质供水的发展状况都不一样，遇到的实际问题也不尽相同，包括水处理工艺、供水方式以及行政管理体制等方面，都可能存在着较大的差异。因此，在制定管道分质直饮水供水运营维护管理制度时不可以盲目照搬，在选择具体的管理体制和管理方法时也要因地制宜，建立自己的地方特色。当然，适当的借鉴和参考也是必要的。

5.1.2 运行维护工作原则

管道分质直饮水供水工程的运营维护工作应重点关注客户需求、紧密结合产业发展、充分考虑服务特性，有效保证管道分质直饮水的高质量供应和各项运营维护工作的高标准实施。总的来说，应符合以下四点原则：一是合法性，除了文中列出的参照标准及《中华人民共和国水法》《中华人民共和国传染病防治法》《中华人民共和国水污染防治法》等上位法外，管理单位在实际进行运营维护工作的过程中，还应当严格执行国家相关法律法规以及双方签订的协议、合同等规范性文件，确保做到有法可依。二是安全性，管理单位应采取有效的安全措施，规范运营，确保水质安全达标，确保客户的人身安全、财产安全、信息安全不受损害。三是科学性，管理单位所进行的一切运营维护工作均应具有明确的科学依据和参照标准，确保向客户提供专业的服务。四是可操作性，本章节所规定的运营维护内容和相关要求易转化成具体的行为规范而不超越运营维护人员的能力范围，确保所有人员都能在能力范围之内达到。此外，管道分质直饮水供水系统较大范围的普及还需经历一个漫长的过程，管理单位应该遵照"统一规划、分期实施"的原则，做到"近远期结合"。分区域制定可行的运营维护模式，采用技术先进、经济合理的实施方案，使其符合我国的具体国情，在各地区因地制宜。

5.1.3 与自来水运行维护的对比与改进

目前,市政自来水公司关注的重点大都在出厂水的水质,对于管线和水龙头处的管理较少或没有,也极少有用户要求检测家中水龙头出水水质,例如《城市给水工程项目规范》(GB 55026—2022)中仅规定了水源取水口和水厂出水口应设置水质在线监测仪表[348]。而管道分质直饮水供水系统多数设备(包括终端机)均设置了在线监测指标,每天对重要指标自动进行监测,每天24 h在线显示结果,自动提示耗材更换时间和水质指标,保障制水系统无故障,确保水质完全达标,实现了运营维护智能化、水质检测智能化和可视化;每个项目会在净水机房和末端设置监测点等[349]。山东省《直饮水工程技术标准》(DB 37/T 5243—2022)中规定:直饮水净化工程宜设自动化监控系统,应运行可靠,易于管理实行无人值守,大型的直饮水净化工程宜设水质实时检测网络分析系统[350]。

对于市政自来水公司来说,水质监测的采样点选择、水质检验项目和频率以及水质检验项目的合格率一般按照《城市供水水质标准》(CJ/T 206—2005)要求执行,比如《城镇供水服务》(GB/T 32063—2015)、《城镇供水服务》(CJ/T 316—2009)、安徽省《城镇供水服务标准》(DB 34/T 5025—2015)和河北省《生活饮用水二次供水服务规范》(DB 13/T 2577—2017)[344,351-354]均参照了上述标准,认为采样点设置为水源取水口、水厂出水口和居民经常用水点及管网末梢,规定出厂水水质9项各单项合格率和管网水水质7项各单项合格率均不低于95%[353,354],而管道分质直饮水是以符合生活饮用水卫生标准的市政供水或自建供水为原水,进行一系列的深度净化处理后得到的,水质合格率宜设定为100%。此外根据建设行业标准《建筑与小区管道直饮水系统技术规程》(CJJ/T 110—2017)和湖南省《湖南省城市管道直饮水系统技术标准》(DBJ 43/T 382—2021)的规定:水样采集点规定设置在管道分质直饮水供水系统的原水入口处、处理后的管道分质直饮水总出水点、最远客户端(最不利点)和净水机房内的循环回水点处[355],每个独立供水循环回路系统,应设不少于1个采样点[356],可以看出管道分质直饮水供水系统的水质合格率标准更高,水样采集点的位置设置体现多重保障,也更加贴近客户。

市政自来水公司一般每年会对管网干线进行一次清洗,主要针对管网底部的淤泥、泵房内的集水坑及排水沟[357]。而管道分质直饮水的清洗消毒规定较自来水要规范得多,如辽宁省《管道直饮水供水系统卫生规范》(DB 21/T 1726—2009)规定供水单位应根据水质和设计要求及时更换或清洗消毒水处理材料,定期对贮水设备供水管线进行清洗消毒;江苏省《生活饮用水管道分质直饮水卫生规范》(DB 32/T 761—2022)规定:应对管道分质直饮水制水设施、供水终端至少每月检查一次,至少每半年清洗消毒一次,清洗消毒后水质检测应符合月检验要求,并根据水质情况和制水量及时更换过滤、吸附等水处理材料,公众场合使用的管道分质直饮水的出水水嘴表面,应每日进行清洗消毒[349];团体标准《管道直饮水系统服务规范》(T/CAQI 71—2019)中也规定管网和终端的清洗消毒,至少每年进行1次[358]。本文参考以上标准,认为管网消毒后按照月检验或年检验的相关要求进行水质检验,公共场所终端清洗消毒后按照日检验的相关要求进行水质检验。

此外,与市政自来水的运营维护工作不同的是,管道分质直饮水管网设计有自动回水保鲜功能,管网里的水每天都在循环处理循环输送,不会出现"死水",江苏省《生活饮用水管道分质直饮水卫生规范》(DB 32/T 761—2022)规定:管道分质直饮水供水过程中,应保证管网水不少于每 12 h 循环 1 次[349];贵州省《管道直饮水系统建设及卫生管理规范》(T/GZSX 084—2022)中规定:管道直饮水系统宜采用定时循环,供配水系统中的直饮水停留时间不应超过 12 h,管道直饮水系统回水宜回流至净水箱或原水水箱,回流到净水箱时,应在消毒设施前接入[359]。《建筑与小区管道直饮水系统技术规程》(CJJ/T 110—2017)对建筑和小区的管道直饮水系统也做出细致规定,认为直饮水系统宜采用定时循环,供配水系统中的直饮水停留时间不应超过 12 h,回水宜回流至净水箱或原水水箱。回流到净水箱时,应在消毒设施前接入[355]。

5.2 运营维护内容

5.2.1 水质检验

加强管道分质直饮水从原水到客户端的全系统、全流程、全生命周期的水质安全管理是供水服务的核心质量要求。管理单位应建立供水全过程的水质检验制度[348,360],设置专门的检验室,配备相应检验设备、仪器,建立健全水质检验质量保证体系,定期开展常规水质检验工作,做好水质检验记录和评估。此外,还应建立水质检验档案并将检验结果定期公示。当检测结果超出水质限值时,应予立即重复测定,并停止供水,查明原因,采取有效措施进行整改,保证水质安全后再行供水。

5.2.1.1 检验类型及检验项目

检验项目和检验频率的选择,原则上应能判断是否影响水质安全、能洞察设备运行情况,而又便于操作,不过分增加产品水的成本。水质检验类型及检验项目可参照表 5.2 执行,必要时应结合水源地实际情况确定,如高铁锰、高氟等水源地,应增加相关的检验项目,并确定相应的检测频率。

表 5.2 水质检验类型及检验项目

检验类型	检验项目
日检验	浑浊度、电导率
月检验	色度、臭和味、肉眼可见物、溶解性总固体、高锰酸盐指数(以 O_2 计)、总大肠菌群、大肠埃希氏菌
年检验	1. 微生物指标:总大肠菌群、大肠埃希氏菌; 2. 毒理指标:砷、汞、镉、铬(六价)、铅、氟化物、硝酸盐(以 N 计)、三氯甲烷*、溴酸盐*、银#、甲醛#、四氯化碳#; 3. 感官性状和一般化学指标:色度、浑浊度、臭和味、肉眼可见物、pH、总硬度(以 $CaCO_3$ 计)、铁、锰、铝、硫酸盐、氯化物、溶解性总固体、高锰酸盐指数(以 O_2 计)、挥发酚类(以苯酚计)#。

说明:1. 当水样检出总大肠菌群时,应进一步检验大肠埃希氏菌;水样未检出总大肠菌群,不必检验大肠埃希氏菌
2. "*"表示制水或供水过程中有可能带入或产生,在下列情况下测定:
——采用液氯、次氯酸钠、次氯酸钙、二氧化氯及氯胺时,应测定三氯甲烷;
——采用臭氧时,应测定溴酸盐
3. "#"代表四项扩展指标,在下列情况下测定:
——采用载银活性炭或采用管件含银时,应测定银;
——采用臭氧时,应测定甲醛;
——原水中含有四氯化碳时,应测定四氯化碳;
——采用活性炭过滤装置时,应测定挥发酚

表 5.2 中列出的水质指标的限值应符合或严于《生活饮用水水质标准》(GB 5749—2022)[361]和《饮用净水水质标准》(CJ 94—2005)[362]的要求。

实现水质净化和输配过程的自动化监测与控制,建立供水信息网络安装精密的水质在线检测仪表,采用先进的自动监测和控制技术来代替传统人工定期水质抽检和工艺过程是保证直饮水供水水质的必要手段。因此,日检验项目可使用在线监测和远传信息系统进行监测与分析,有利于实时掌握水质变化趋势,解决月检验和年检验的检测结果滞后性。在首次使用前或故障维修后均应进行校准,以确保检测结果准确且能够正常传输。其中,浑浊度检测方法为散射比浊法,电导率检测方法为电极法,自动温度补偿,具体应当符合《管道直饮水系统水质水量在线监测技术规范》(T/CIECCPA 007—2022)的规定[363]。月检验和年检验项目的检验方法按照《生活饮用水标准检验方法》(GB/T 5750—2023)执行[364],对于月、年检验,特别是年检验,存在水质检验项目多、检验频率低、操作复杂、技术要求高、所需仪器设备昂贵,导致检验成本较高的情况。如管理单位没有条件开展,应委托具备相关法定资质的检测机构进行检验并出具水质检验报告。此外,针对学校的管道分质直饮水供水工程可以设置学期检,即半年检验一次,一般安排在寒、暑假期间,按照年检验的指标进行水质检验。

当遇到下列情况之一时,也应当按年检项目进行水质检验:一、新建、扩建、改建的工程;二、原水水质发生变化;三、改变水处理工艺;四、连续停产 7 d 后,重新恢复生产前;五、膜组件更换后;六、可能造成水质污染的事件发生后。在正常使用情况下,直饮水管网的循环方式一般采取 24 h 不间断循环或定时循环,在一段时间内管道直饮水使用频率低或不使用的情况下(主要针对学校寒、暑假的期间),可以将定时循环周期设置成 7 d,既节约了能耗,又保证直饮水不停产,避免一旦连续停机超过 7 d 需要年检验的情况发生。

5.2.1.2 采样点的设置

为保证直饮水水质,对每个独立的管道分质直饮水供水系统都应当设置水样采集点。管道分质供水系统环节诸多,水质较易受到污染,水源条件、处理膜的状况、在线消毒装置是否正常使用、管网的布置、管道的材质卫生,以及人员的操作等都会影响水质[365],故采集点的设置要具有代表性。较为理想的水样采集点一般设置在管道分质直饮水供水系统原水入口处、处理后的管道分质直饮水总出水点、最远客户端(最不利点)和净水机房内的循环回水点处[355,356]。为节省人工成本,可以在以上四处采集点设置在线监测和远传信息系统,尽量在线实现水质指标的日检验。根据《建筑与小区管道直饮水系统技术规程》(CJJ/T 110—2017)的规定:系统总水嘴数不大于 500 个时应设 2 个采样点;系统总水嘴数为 500 个~2 000 个时,每 500 个水嘴应增加 1 个采样点;系统总水嘴数大于 2 000 个时,每增加 1 000 个水嘴应增加 1 个采样点[355]。不过,对于规模较大的社区,在实际运行维护过程中实现这一要求是有一定难度的,至少系统最远客户端必须有一个采样点。当水嘴数量大于 1 000 个时,管理单位可以根据客户要求和实际情况增加采样点数量。

5.2.1.3 水样的采集与保存

水样采集的代表性、有效性和完整性将直接影响检验结果的准确度,因此必须对样品的采集、流转、贮存、处置以及样品的识别等各个环节实施有效的质量控制。采样人员应经过相关培训,并严格按照采样的标准要求,使用符合要求的采样器具进行采样。采样时佩戴工作牌,宜穿戴白大褂、口罩、手套等防护用品。采样前对采样区域消毒杀菌,防止采样点所在环境中的污染物对检验结果的影响。采样时需先排水 1 min 左右再进行取样,准确粘贴标签。同时,做好采样点的现场记录,现场记录包括采样日期、点位、生产工况、采样人、复核人及其他需要说明的有关事项等,有助于后续水质检验结果评定和水质超标原因分析。采样后将水样置于恒温箱中运输与保存:恒温箱内温度不超过 5℃,水样在恒温箱内不宜超过 24 h,在常温下不宜超过 6 h。

5.2.2 日常维护

5.2.2.1 日常巡检

日常巡检是确保管道分质直饮水供水系统安全运行必不可少的环节。巡检过程中需确认的内容包括但不限于以下内容:一、机房是否干净整洁,是否配有灭火设施。二、设备是否存在安全隐患、设备外观是否有损伤和开裂、各种仪表显示、消毒设施是否正常。三、管网、阀门及终端机是否有漏水现象、室外埋地管网及架空管网沿线有无异常情况。四、外部供水供电及排水是否正常。五、检查阀门井,查看井盖有无缺失。六、在线监测和远传信息系统参数是否异常。七、有无偷盗水、人为故意损坏和埋压供水管道及设施的行为等。其中,针对管网的渗漏的巡检可以通过对比机房设置的直饮水总表与分户表之间的数值来核对是否有渗漏,同时也可在非用水高峰时段,进行保压,观察管网是否渗漏,发现异常,应及时进行排查。此外,巡检时还要注意管网的安全保护距离内不应有根深植物、正在建造的建筑物或构筑物、开沟挖渠、挖坑取土、堆压重物、顶进作业、打桩、爆破、排放生活污水和工业废水、排放或堆放有毒有害物质等。第六项所述的在线监测和远传信息系统可实时反馈各设备、设施、工艺流程的现场数据和运行状态,对实现智慧调度并为管理层决策提供数据支撑,当班人员应及时密切关注。

《天津市管道直饮水工程技术标准》(DB 29—104—2010)、山东省《直饮水工程技术标准》(DB 37/T 5243—2022)中规定管理单位应定期安排专业人员进行日常巡检[342,350]。一般情况下,每个月至少进行一次全面的巡检。遇到下列情况时,应增加巡检次数或根据实际情况随时巡检:巡检中发现运行设备过负荷,或负荷有显著增加时;原水及出水水质出现异常时;设备经过检修、改造或长期停用后,重新投入运行时;新安装的设备投入系统运行;恶劣天气,事故跳闸和设备运行中有可疑的现象时;附近有火灾等自然灾害时;法定节假日及有重要供水任务情况发生时等。巡检中发现的问题越早,处理得越及时,越有助于将威胁管道分质直饮水供水水质的影响因素及时清除,越有利于系统的安全运行和维护检修费用的降低。若问题严重超出巡检人员能力范围时需第一时间报告管理单位,由管理单位协调专业处理。维修人员针对巡检过程中发现的异常情况要结合供水设施材质及使用情况,对漏水多发区、陈旧管道有计划地进行更新改造,对设备设施进行常态化的维护保养工作。

5.2.2.2 清洗消毒

在线清洗消毒是管道分质直饮水处理工艺中的后处理阶段,在抑制水中微生物等污染物的生长繁殖,保证直饮水水质方面起着重要的作用。由于不能保证管网内和饮水终端储存的所有净水在第一时间使用完,必然有一部分净水在系统内要停留一段甚至相当长的时间,因而除了系统本身自带的在线杀菌消毒装置外,定期对系统管网和饮水终端进行离线的清洗消毒也是十分必要的。

1) 清洗消毒时间

管道分质直饮水供水系统自带在线清洗消毒装置,可以24 h开启或根据水质情况定时开启。根据江苏省现行标准《生活饮用水管道分质直饮水卫生规范》(DB 32/T 761—2022)中的规定:设施新建、改建、扩建后或停止运行30 d以上,应进行全管网的清洗消毒,水质检验合格后方可供水[349]。但是停水7 d以上,膜可能就会存在细菌滋生的安全隐患,因此本文在江苏省《生活饮用水管道分质直饮水卫生规范》(DB 32/T 761—2022)[349]的基础上,参照辽宁省《管道直饮水供水系统卫生规范》(DB 21/T 1726—2009)[366]的规定,认为新建、改建、扩建后或连续停止运行7 d以上的供水管道及相关设施,在投入使用前,必须进行离线清洗消毒,消毒后经水质检验(按照年检验的相关要求进行)合格方可供水。当然,针对一段时间内停水时间较长的项目,比如学校的寒、暑假期间,可以设置7 d为一个时间节点,将水质循环回流实现保鲜,避免管网内形成"死水"。

行业标准《建筑与小区管道直饮水系统技术规程》(CJJ/T 110—2017)[355]、江苏省地方标准《生活饮用水管道分质直饮水卫生规范》(DB 32/T 761—2022)[349]、山东省地方标准《山东省城市公共供水服务规范》(DB 37/T 940—2020)[357]、《天津市管道直饮水工程技术标准》(DB 29—104—2010)[342]中均规定:管道直饮水供水单位的储水设施、供水设施、管网应每半年进行一次清洗消毒。而团体标准《管道直饮水系统服务规范》(T/CAQI 71—2019)规定:管道直饮水系统的管网系统和终端供水系统应定期进行清洗消毒,每年不得少于一次[358]。本文参照团体标准,认为管道分质直饮水供水系统自带在线清洗消毒装置,已安装运行的管道分质直饮水供水系统其原水、净水供、储水设施和管网每年至少进行一次的离线清洗消毒(学校利用寒、暑假开学前进行)即可。水质异常不合格时,不得供水,根据实际情况随时进行离线清洗消毒,经具有相应资质的水质检测机构检验合格后方可供水,并将结果予以公示。公众场合使用的管道分质直饮水供水的出水水嘴应每日进行清洗消毒。

2) 清洗消毒方式

选择理想的消毒剂或消毒方法的一般原则是:一、对人体无毒,无不良味道,不给水质以不良的影响,处理后水质口感好;二、能迅速溶于水中,并释放出杀菌的有效成分;三、能在较短的时间内杀灭水中的致病细菌和微生物;四、对所有种类的肠道致病微生物和各种天然水体内病菌具有较强杀菌效果;五、不与水中含有的有机物或无机物发生化学反应而降低消毒剂杀菌效果,或是产生对人体有毒有害的物质;六、使用方便,制备简单,价格合理[367]。

基于以上原则,管道分质直饮水供水系统的清洗消毒可采用紫外线、臭氧、二氧化氯、氯或光催化氧化等技术。具体应符合下列规定：一、采用紫外线消毒的水处理设备，所产生的紫外线有效剂量应符合《城市给排水紫外线消毒设备》(GB/T 19837—2005)中有关饮用水消毒的规定要求，即不应低于 40 mJ/cm^2 [368]。紫外线消毒设备应提供有资质的第三方用同类设备在类似水质中所做紫外线有效剂量的检验报告。二、采用臭氧消毒时，管网末梢水中臭氧残留浓度不应小于 0.01 mg/L，不应高于 0.3 mg/L。三、采用二氧化氯消毒时，管网末梢水中二氧化氯残留浓度不应小于 0.01 mg/L，不应大于 0.8 mg/L。四、采用氯消毒时，管网末梢水中氯残留浓度不应小于 0.01 mg/L，不应大于 3 mg/L[349,360]。五、采用光催化氧化技术时，应能产生羟基自由基。其中，常用的四种消毒方式比较可参照表 5.3，管理单位可以根据建设运行实际情况选择合适的消毒方式。

表 5.3 常用消毒方式的比较

作用	消毒方式			
	紫外线	臭氧	二氧化氯	氯
消毒效果	极好	极好	较好	好
杀毒持久性	差	差	极好	较好
氧化能力	无	极好	较好	较好
除臭味	好	较好	好	无
三氯甲烷	无	无	无	明显
致变、致毒	无	不明显	不明显	明显
除铁锰能力	无	较好	好	不明显
去氨作用	无	无	无	极好
pH适应能力	较好	极好	好	一般

其中，最常见的消毒方式为紫外线消毒和臭氧消毒，可根据水质要求与其他消毒方式有选择性地组合使用[369]。紫外线在线消毒装置可设置 24 h 连续灭菌，用紫外线法进行消毒须使出水的色度、浑浊度、铁等降至符合国家生活饮用水卫生标准的要求。臭氧在线消毒装置可以设置间隔数小时开启一次，臭氧氧化可能会导致水中醛、酮等有机物大量增加，容易引起细菌繁殖，使出厂水生物稳定性下降，臭氧消毒一般不用于末端消毒，而是与其他的方式联合使用。此外，在保证出水水质细菌学指标的前提下，应降低消毒液浓度并减少静置时间，以降低消毒副产物的产生风险，在实际管网运行过程中，应设置一定数量的水质监测点实时监测消毒液质量浓度，有条件的地区增加消毒副产物的测试，进而反映实际管网水质服务水平[370]。无论何种消毒方式都应保证安全可靠、投加量精确，并应具有报警功能，并根据原水水质、环境温度、湿度等实际情况对其参数进行经常性调整。

3) 管网的清洗消毒

(1) 管网的在线清洗消毒

虽然经过膜深度处理后的管道分质直饮水水质与市政自来水水质相比有较大提高，但是管道分质直饮水供水要做到"打开龙头即能生饮"却依旧是分质供水工程的难点之一。从管道分质直饮水系统的运行情况可知，管网二次污染问题仍然存在。为此，有必要在管网上设置管网水定时循环消毒装置。管网的在线消毒装置不仅要有很强的瞬间杀菌能力,而且要有持续杀菌作用,在供水管网中维持一定量的消毒液以持续抑制管网中细菌和微生物等有毒有害物质的产生。采用消毒液消毒时,选择的消毒液应安全卫生,易于冲洗,其投加量还要注意严格限制在规定值内,不应影响直饮水口感,对管网、设备和客户造成潜在危险。

(2) 管网的离线清洗消毒

根据《建筑与小区管道直饮水系统技术规程》(CJJ/T 110—2017)的相关规定[355],管网的离线清洗消毒步骤一般包括:冲洗、消毒、再冲洗、管网调试、水质检验。管网消毒前,应首先进行管网冲洗,管道冲洗的水流流速、流量不应小于系统设计的水流流速、流量,冲洗的水流速度宜大于 2 m/s。应保证系统中每个部分均被冲洗到。系统冲洗前,应对系统内的部件加以保护,并将有碍系统冲洗的部件拆除,用临时短管代替,冲洗完毕后复位。管网消毒时,循环管出水口处的消毒液浓度应与进水口相同,静置时间根据消毒液种类和浓度确定[347]。管网清洗消毒后,根据《优质饮用水工程技术规程》(SJG 16—2023)和山东省《直饮水工程技术标准》(DB37/T 5243—2022)的规定[350,371],应采用管道分质直饮水对管网再次进行冲洗并进行管网调试:一是调试供水压力是否能恒压在设计值;二是检验各个分区内的单元立管是否水力平衡,可通过超声波流量计等工具一一检测,确保每个单元立管的循环效果;三是检验每个分区是否能按设计要求的时间分别依次循环,且每个分区的循环流量是否为设计值。最后,对最不利点的水样按照月检验或年检验的要求进行水质检验,水质检验合格后方可供水。管道分质直饮水供水系统规模较大时,应利用管网中设置的阀门分区、分栋、分单元进行清洗消毒。

4) 饮水终端的清洗消毒

饮水终端是管道分质直饮水供水的最后一个环节,是贴近客户的"最后一米",直接影响客户的饮水体验。需要清洗消毒的饮水终端包括:各类饮水机、开水器、水(池)箱、水龙头等,还应包括配套设备,如计量水表、阀门等。终端机可采用臭氧、二氧化氯或含氯泡腾片进行清洗消毒,静置适当时间后将消毒液排放干净,再用直饮水对终端进行冲洗,直到排出的水无杂质、无气泡、无气味时停止冲洗,最后按照日检验的相关要求对水质进行检验,合格后方可供水。对有加热功能的饮水终端,清洗消毒步骤完成后,应将终端机外部进行擦拭和清洁,使用万用表进行绝缘性检验,要符合电气绝缘标准。同时,还应检查饮水终端内部有无渗、漏水,特别要注意所有线路板、控制器的干燥整洁,不能有水或被水溅到,防止因短路而引发火灾。

参考《上海市中小学校校园直饮水工程建设和维护基本要求》[372],公众场合使用的管道分质直饮水供水的出水水嘴清洗消毒步骤一般为:首先,使用浓度为 75% 的医用酒精,对水龙头出水嘴的内外壁进行擦拭清洗,直至内外壁干净、无脏物为止。或者用棉签蘸取酒精点燃,点燃的火焰在水嘴处灼烧。其次,把出水开关打开,冲洗数秒即可。在对开水及温开水的出水水嘴进行清洗消毒时,把调温阀调至最高温度,打开开关放水冲洗。最后把饮水设备温开水调温阀调至平时客户使用温度。公共场所出水水嘴的清洗消毒可由管理单位、产权所有人或其他第三方进行。

5.2.2.3 耗材更换

1) 耗材质量要求

管道分质直饮水供水工程使用的耗材大多属于涉水产品,由于耗材卫生质量参差不齐,导致耗材使用过程中与水接触有可能溶出有害物质,直接关系到直饮水出水水质安全,进而关系到客户的身体健康和饮水安全。因此,所有更换的耗材质量应当与原耗材一致或优于原耗材,并应符合现行国家卫生部颁布的《生活饮用水输配水设备及防护材料的安全性评价标准》(GB/T 17219—1998)的规定,具有有效期内涉水产品卫生许可批件或检验报告,不得造成水质的二次污染[371,373]。

2) 耗材更换原则

本文参照山东省《直饮水工程技术标准》(DB 37/T 5243—2022)中系统维护管理相关规定,认为耗材更换一般采取强制性更换和条件性更换相结合的方式进行更换[350]。耗材的更换原则上按照设备厂家设置的更换周期进行定期更换,即强制性更换。因为耗材本身有一定的使用周期和使用寿命,例如,活性炭的吸附达到饱和后就不再有吸附效果,甚至会污染水质;离子交换树脂经过一定的再生次数后也会性能衰退。耗材的更换周期可参照表5.4,具体应以厂家标注的使用年限为准。除此之外,耗材的更换周期长短还与进水水质情况和处理水量的多少有关:进水水质越好,滤料、滤芯使用寿命越长;进水水质差,滤芯、膜元件容易堵塞;进水硬度高,RO、NF、UF 膜元件容易结垢;每天使用的水量越多,滤料、滤芯的更换周期越短。因此,还需要在确保水质合格的基础上根据水质的检测情况、主机设备运行中的相关参数等指标来确定耗材的更换,即条件性更换。例如在重大水污染事件发生后或耗材的产水水质不达标时进行及时更换。为保证设备正常运行和系统不间断供水,易损耗材应配备齐全并有适量的库存。

表 5.4 耗材的更换周期

序号	耗材名称	更换周期
1	PP 棉滤芯	建议 3—6 个月
2	介质过滤器滤料	建议 1—2 年
3	活性炭过滤器滤料	建议 6—12 个月
4	精密过滤器滤芯	建议 6 个月
5	纳滤/反渗透膜	建议 1—3 年
6	紫外灯管	建议 8 000~9 000 小时
7	回水保鲜器滤芯	建议 1 年
8	回水微滤器滤芯	建议 1 年
9	不锈钢水箱呼吸器	建议半年更换或半年清洗消毒一次

3) 耗材维护

在耗材使用过程中,维护人员应当做好耗材的维护保养工作,以延长耗材的使用周期。介质过滤器和活性炭过滤器要经常反洗(大型石英砂过滤器反洗时还要通入压缩空气)。UF膜有快冲、反洗、药洗,要严格按说明书操作。RO、NF装置开机时要先开低压泵,冲洗几分钟后再开高压泵;关机时要先关高压泵,冲洗几分钟(冲去浓缩水)后再关低压泵;并要根据情况经常用专用洗膜药液清洗膜元件,一般建议6~10个月清洗一次。离子交换树脂必须经常再生。陶瓷滤芯必须经常清洗、擦洗、乃至刮去表层污垢、用稀盐酸浸泡除铁锈等。

4) 更换后的废耗材处理

耗材更换产生的废料宜运至废料回收处理站进行统一处理。耗材更换后,应当进行水质检验。其中,膜组件更换后一般按照年检验规定的检验项目和检验要求进行水质检验,预处理耗材更换后一般按照月检验规定的检验项目和检验要求进行水质检验。

5.2.2.4 设施的保养

在管道分质直饮水供水系统运行过程中,需要定期对机房和设备进行保养,以达到保障出水水质、延长设备使用寿命的效果。机房和设备的保养内容包括:主机系统参数设置检查、主机零部件检查、主机外观清洁、水泵运行状况检查、杀菌消毒设施检查、水质检验、机房卫生清洁、机房设施是否正常、电路是否松动老化、开关是否正常等。此外,管道分质直饮水供水管网和计量水表应定期检查管网是否有漏水,预埋或暗敷的管网是否漏水,对计量水表要检定或定期轮检等。

1) 机房的保养

管道分质直饮水供水工程的净水机房是生产直饮水的重要场所,也是设备运行的主要工作环境,要保证管道分质直饮水设施安全、运行安全和水质安全就一定要保证净水机房的安全和整洁。因此,管道分质直饮水的净水机房需要独立设置和使用,严格禁止兼做其他用途使用,保持干燥、洁净,严禁摆放杂物,尤其严禁存放易燃、易爆、易腐蚀及可能造成环境污染的物品。日常要做好机房的安全防范措施,注意通风散热,一般净水机房的通风换气次数不小于8次/h[374],在没有消防系统的机房须配备干粉灭火器防止意外发生;当采用臭氧消毒时,日常还需要检查机房内臭氧尾气处理装置的运行状况,确保净水机房内空气的臭氧浓度应符合现行国家标准《室内空气质量标准》(GB/T 18883—2002)的规定[375]。

机房为重点卫生安全场所,为避免带入污染物,任何人员进入机房时应更换工作鞋服、佩戴工作帽和一次性手套或进行全身消毒。同时可以通过在机房门口设置警示牌、安装视频安防监控系统和出入口控制(门禁)系统相结合的方式避免闲杂人员擅自入内,以保证机房设备长期稳定运行,延长使用寿命,确保管道分质直饮水的水质安全。面对有参观需求的客户,可以实行定期开放日。

2) 设备的保养

设备的保养采用日常保养与计划保养相结合的方式进行。工作人员进行保养时应详细了解设备系统参数设置,对设备的运行状况、零部件的完整性、外观的清洁程度、电路的安全性等进行检查,并做好运行状态记录。其中,设备的日常保养包括日保养和周保养。日保养每天由当班人员进行保养,主要是接班前和交班前进行保养,接班前要求当班人员对设备各部位进行检查、增开设备前按照设备操作规程,确认正常后才能使用,交班前要求对设备进行清洁、填写设备运行记录。周保养要求当班人员和维修人员每周根据设备运行状况,对设备外观和内部系统进行维护和保养。设备的计划保养是指当班人员和维修人员按照年度计划进行设备保养,试机运行,做好设备保养记录,存档备查。

除此之外,工作人员还应当密切关注设备的使用环境。一方面,要做好设备的日常防尘保护,强化现场管理,根据设备运转环境条件,配置自动扫拖一体机,窗户加装过滤装置,减少粉尘污染,降低设备故障率。另一方面,既要保证设备运行环境的干燥,以免内部元件受潮,又要尽量避开热源和阳光直射,避免长期高温烘烤,确保设备在一个符合规定湿度和温度范围的良好环境中运行,延长设备使用寿命。

3) 管网的保养

管网是管道分质直饮水供水系统的重要组成部分之一,是保证管道分质直饮水安全到达客户端的桥梁[375]。根据《城镇供水管网运行、维护及安全技术规程》(CJJ 207—2013)中的要求,管理单位应建立管网信息管理系统,包括但不限于:一、管网工程规划、设计、施工和竣工验收的纸质档案及数字化档案;二、资产管理信息;三、各管段及附属设施的基础信息;四、流量、流速、压力和水质检测等运行信息;五、爆管及各类事故发生后处理的信息;六、运行维护管理的相关信息等[376]。

管道分质直饮水供水管网由于流量小、使用时间集中,易导致管网中水的滞留,对末梢水水质造成影响。为避免形成"死水",供水管网应同程敷设回水管路,并将管道中的水定期循环,不循环的支管长度不宜大于 6 m。采用压力传感器或电磁阀来调节循环流量,主干管内多余的水回流至净水机房,保持水质。

近年来,极端天气现象时有发生,给管网的维护工作带来一定的困难,在极寒或极热现象发生之前应对管网采取必要的保温措施。根据《建筑给水排水设计规范》(GB 50015—2003)第 3.5.25 条规定:敷设在有可能结冻的房间、地下室及管井、管沟等处的给水管道应有防冻措施[378]。因此,当环境温度过低,短时有管网结冻风险时,管理单位应当对管道分质供水工程的管网(主要针对室外管网外露及局部埋深不足 1.65 m 的管网)采取防冻措施,例,温水加热、保温材料保温、缩短循环时间增加循环次数等方式。保温材料可选择棉、麻织物、聚氨酯泡沫塑料保温、高级橡塑保温、酚醛泡沫塑料保温、聚苯乙烯泡沫塑料保温等,保温层一般 50~80 mm,外作聚乙烯板或玻璃钢保护层。当环境温度过高时,可以通过加装隔热板、包覆遮阳材料等措施确保管网避免阳光直射。

4) 水表的保养

管理单位根据客户的需求选择管道分质直饮水用水量的计量和收费方式。直饮水计量和收费方式包括以下几种:一、预存水费式:高精度远传直饮水水表,可彻底杜绝滴漏带来的水量流失问题,将累计流量信号传输至电脑计费系统进行计费,免除入户登记给客户带来的不便,但缺点是价格较贵;二、用多少缴多少:采用普通水表,用户用水,然后运维人员每个季度上门抄表,根据抄表数缴纳水费,购买水表费用便宜,但缺点是需在固定时间段进行入户登记抄表,给客户带来不便,公司也需要安排固定的工作人员上门抄表;三、畅饮式:公司制定饮水费用标准,如 2 元/人/d,客户根据需要选择包月或包年制,优点是不需要安装水表,也不需要工作人员入户登记,但缺点是公司和客户都不确定各自用水量,也易造成客户端的用水浪费。管道分质直饮水供水工程的管理单位应当根据客户的需求推荐其选择合适的直饮水计量计费方式,避免不合理的浪费。此外,管理单位还要将客户实际采用的直饮水计量计费方式详细记录在客户档案中并在客户用水计量计费方式发生改变时及时更新,方便运行维护工作的正常开展。

水表属于强制检定的计量器具,供水单位为确保水表计量准确性,要按照规定对水表实施首次检定和定期轮检[深圳市《供水行业服务规范》(DB 4403/T 61—2020)][379]。在管理单位没有获得法定计量检定机构授权资质时,应向当地质监部门申请水表首次检定[广州市《供水行业服务规范》(DB 4401/T 13—2018)],由其出具水表检定合格证书后方可安装[380];如管理单位已获得当地质监部门的计量检定授权,检定的过程必须符合《饮用冷水水表》(JJG 162—2019)的要求[381]。如图5-1所示,首次检定不合格的水表,注明不合格项,通知采购部门退返厂家;检定合格的水表登记入库。日常要加强水表的巡查,对于水表污损影响计量、计量过快或过慢的情况,应及时检定或轮换,被置换的水表经过翻新不影响再次使用的,经检定后可再次入库备用。同时还应当建立水表台账、制定水表的检定或轮换计划并组织实施。

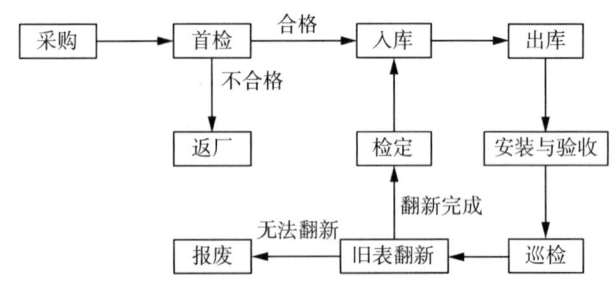

图 5-1 水表的全生命周期流程图

5.2.3 故障诊断与维修

5.2.3.1 维修时间

维修应做到快速有效,确保系统不停水或少停水。对于客户的报修,宜在1 h内回复,4 h内响应,24 h内解决。由于客观条件限制无法在规定时间内解决的,应当及时向客户说明并告知维修时限。

不同项目的维修上门时间应根据实际情况综合考虑。小区项目的主机设备、管网维修宜安排在非集中供水时间进行,特殊情况应和物业沟通好,并提前在客户群发布维修信息,安排维修,水表和终端设备维修的时间应提前和客户约定。学校项目的维修宜安排在非上课时间进行,特殊情况应和学校提前沟通好,尽量不影响学校正常教学。

5.2.3.2 设备故障诊断与维修

维修人员在到达故障现场前应提前调取维修记录卡历史记录以了解故障机情况,并根据客户描述初步研判故障原因,准备好相应配件,并按约定好的时间到达现场。到达现场后应认真调查故障原因,确定维修方案。对拆修过的电气线路必须做牢固性和安全性检查,对维修时变动过的阀门必须先复位原状态后再运行设备。维修恢复正常后,在维修记录卡上如实填写维修维护原因、调试结果、维修人员等信息,以便于在后续再次出现故障时第一时间及时分析故障原因,及时解决问题。维修完毕的设备或终端要达到完好的标准,即正常使用、无异响、无阻滞、不漏水、不漏电。

在设备和终端的维修过程中,维修人员还应当主动与客户沟通,一方面可以通过询问客户使用体验,征求客户对管道分质直饮水供水运营维护的意见和建议。另一方面可以向客户普及使用管道分质直饮水的注意事项,如因出差等原因长时间没有使用,宜关闭入户的直饮水阀门,关闭饮水机电源,重新启用时,宜将末端管道内的存水及饮水机内部水箱内的存水放空后再饮用。一些小区由于循环回水管道只能平行铺设至立管,入户管道无法做到循环回流,因此客户应养成在每天首次饮用直饮水前,先放掉一段管道内宿水的习惯。

详细的设备故障监测与诊断主要通过触摸屏画面的报警信息及设备状态数据、PLC的IO指示灯控制柜内元器件的状态并结合设备的实际运行情况来进行。

1) 判断原水电磁阀、浓水阀和多路阀的工况

(1) 原水电磁阀

在正常产水状态下,原水电磁阀应在打开状态,可以用万用表或电工笔检查电磁阀是否通电。如显示通电,电磁阀不打开,说明线圈损坏,解决方法为更换电磁阀线圈;检查电柜中控制电磁阀的继电器的常开是否通电,线圈是否损坏,解决方法为更换继电器线圈;检查PLC是否有输出电源。

(2) 浓水阀

浓水阀不能打开或关闭时,检查电箱中浓水阀继电器的线圈,检查电动球阀的执行器是否动作。解决方法为更换线圈或电动阀执行器。

(3) 多路阀

多路阀常见故障及解决方法见表5.5。

表5.5 多路阀常见故障及解决方法

显 示	问题原因	解决办法
1. 显示屏所有符号、图形全部亮起	A. 显示板与控制板连接线故障 B. 主控板损坏 C. 电源适配器受潮或损坏 D. 电压不稳 E. 显示板损坏	A. 更换连接线 B. 更换主控板 C. 检查或更换电源适配器 D. 检查电源并调整 E. 更换显示板
2. 显示屏无显示	A. 显示与控制板连接线损坏 B. 显示板损坏 C. 主控板损坏 D. 电源适配器损坏	A. 更换连接线 B. 更换显示板 C. 更换主控板 D. 更换电源适配器
3. 显示屏显示E1并闪烁	A. 定位板与主控板连接线故障 B. 定位板损坏 C. 机械传动装置损坏 D. 主控板损坏 E. 电机与主板连线故障 F. 电机损坏	A. 更换连接线 B. 更换定位板 C. 检查机械传动装置 D. 更换主控板 E. 更换电机与主板连接线 F. 更换电机

续表

显　示	问题原因	解决办法
4. 显示屏显示 E2 并闪烁	A. 定位板与主控板连接线故障 B. 定位板损坏 C. 主控板损坏	A. 更换连接线 B. 更换定位板 C. 更换主控板
5. 显示 E3 或 E4 并闪烁	A. 主控板损坏	A. 更换主控板
6. 485 无法通信	A. 485 连接线接错 B. PLC 等设备阀地址设置不对	A. 正确重新连接 485 连接线 B. PLC 等设备阀地址重新设置与阀上地址一样

2) 原水泵、高压泵

(1) 原水泵

原水泵不工作时检查电箱中控制原水泵的交流接触器的热保护是否断开,检测方法为用万用表测量 NC 的 95 或 96,如果测量带电而交流接触器不吸合,可以确认热保护过载。解决方法为按一下热保护的复位按钮。

高压泵不工作,泵前压力过低,达不到低压保护设定压力时,检查前置原水压力,检查电箱中控制高压泵的交流接触器热保护是否受热断开,按上述原水泵的检查方式进行检查。

原水泵工作但无压力时,检查原水的水源是否过低,导致水泵进入空气。解决方法为拧开水泵的排气螺母,排出泵体空气。

(2) 高压泵

高压泵常见故障及解决方法见表5.6。

表 5.6　高压泵常见故障及解决方法

故障原因	排除方法
高压泵失灵	测量水泵出水压力或更换
进水电磁阀无法进水(纯水废水比均无)	更换进水电磁阀
前置滤芯堵塞	观察其纯水与废水,更换前置滤芯
逆止阀堵塞	更换逆止阀
RO 膜堵塞	清洗或更换 RO 膜

3) 原水箱、净水箱

(1) 原水箱无水

检查原水电磁阀是否损坏;检查原水箱中液位微型浮球开关是否损坏;检查原水箱是否有水源。

(2) 原水箱溢水

检查原水箱的高液位开关是否断开;检查原水电动阀是否损坏。

(3) 净水箱无水

检查原水箱是否有水;检查净水箱中液位微型浮球开关是否损坏;检查原水泵,高压泵是否工作；检查管路是否损坏。

(4) 净水箱溢水

检查净水箱的高液位开关是否断开，如断开更换液位开关；检查 PLC 的高液位输入是否断开。

4) 变频供水泵不工作、管网供水压力不够

(1) 变频供水泵不工作

检查电箱中的变频器是否报警，解决方法为按一下复位键(STOP 键)，或重启电源。

检查压力变送器是否损坏；查看变频器参数，看压力变送器输入电流是否正常。解决方法为更换压力变送器。

升至中位后，再把设备开至自动状态。注意，此时由于水箱水位过低，可能导致空气进入泵体，水泵工作后要拧开排气口，排出泵体空气。

设备接入电源后无反应时，检查急停开关和钥匙开关是否正确闭合；检查输入电源三相电电压是否平衡。

(2) 管网供水压力不够

管网内有大量气体，导致水泵扬程受限。解决方法为把设备开至手动状态，分区打开回水阀，工频打开循环泵。进行管网分区循环，等每个区都循环后，再把设备开至自动状态，观察供水压力状况。

5) 臭氧发生器故障

臭氧发生器常见故障原因分析及检查修复方法参见表 5.7。

表 5.7 臭氧发生器常见故障

设备状态	原因分析	检查修复	备注
机器不通电	1. 电源插头是否插好 2. 插座是否有 220V 交流电	接入 220V/50Hz 电源	
臭氧输出口无气体输出	1. 机器内部线路接头是否脱落 2. 管路是否弯折 3. 气泵开关可能未开	1. 断电情况下，打开机箱后盖，检查管路 2. 检查空压机到臭氧出口的管路	箱内有高压，如需要打开背板请在断电情况下操作
臭氧输出口有气体输出但无臭氧	1. 臭氧开关未打开 2. 浓度调节归零 3. 电控失灵 4. 臭氧放电模块损坏 5. 臭氧电源损坏	1. 打开臭氧开关 2. 调节浓度旋钮 3. 检查电器线路是否正常 4. 更换臭氧放电模块 5. 检查臭氧电源	尽可能断电检查
机箱上有电	1. 电源未接地 2. 空气太潮湿	1. 电源进接地 2. 将臭氧机移到干燥通风处	
臭氧发生器打开引起保险烧坏或跳闸	1. 电器线路短路 2. 臭氧放电模块损坏	1. 检修电器线路 2. 更换臭氧放电模块	
机器内部有水	1. 水处理过程中水回流到臭氧放电管内 2. 空气潮湿 3. 气源未处理	1. 将放电管内的水吹干 2. 将机箱内部的水分吹干 3. 对气源进行干燥处理	出现此种情况请立即停机，处理完成后再使用

6) 紫外消毒器常见故障

(1) 紫外杀菌灯发出杂色

这种情况可能是整流器与紫外线杀菌灯启动电压不太匹配造成的。这需要检查镇流器的实际参数和杀菌灯的参数进行比对。

(2) 紫外消毒器跳闸

用电器跳闸不外乎漏电短路。此时需要检测两个位置,第一个是控制柜内部有没有线头脱落造成短路,第二个检查灯管与灯座连接部分有没有进水,造成短路。

(3) 紫外消毒器端部有漏水情况

漏水情况分两种:第一种,漏水情况严重,水流较急。一般出现这种情况主要是因为对应的石英管碎裂。第二种,漏水情况不严重,呈慢流状态或滴水现象。这是由于密封不严造成的。针对第一种情况只能是更换灯管,第二种情况需要拧紧固定螺帽,或调整内部密封圈位置归位。

(4) 石英套管外壁上结垢

如果带有自动清洗装置则进行清洗;如果没有的话,需要先停止供水,然后放空消毒腔体,下一步小心取出石英管,用沾有酒精的干净毛巾擦拭石英管外壁,这样可以轻松地擦去污垢。不过对于灯管数较多的设备,也是比较麻烦的一项工作。

7) 设备控制面板、控制器、高低压报警

检查空开是否全部推到位;检查熔断器是否烧毁;检查三相电相电压和零线电压是否正常;检查相序保护器是否报警。

低压报警:高压泵前方水源过低或无水源。

高压报警:过滤膜堵住导致出水不畅。

5.2.3.3 管网的维修

在管道分质直饮水供水工程的日常运行过程中应安排专业人员对管网及其附属设施进行周期性巡查和定期维护保养,做好巡查和维护保养记录,发现故障立即进行维修处理,不能当场解决的应及时上报管理单位。管理单位应当根据供水管网材质、使用情况,对陈旧、破损的供水管网制定更新改造计划并组织实施,管网更新改造的类型包括:一、改善管网服务压力,提高输水能力;二、改善管网水质;三、提高供水安全,降低管网漏损。

供水立管、上下环管出现管网爆管、漏水或渗水现象应及时关闭相应楼栋的供、回水阀门,从相应管道泄水口将管网水排空,预估修复时间,并告知客户,停水施工。埋地管网爆管时,管网中会进入泥砂等杂质,污染管网水质,应迅速采取抢修措施,立即停止供水并关闭所有楼栋供、回水阀门,避免杂质进入室内管网影响供水安全,进而损坏水表。在爆管处挖好检修坑,用水泵将泥水排掉,在保证泥水不会流入管网的情况下,从室外管网泄水口将管网排空,然后进行维修。维修过程中应注意管网维修、抢修施工方式不得影响管道整体质量和管网水质,维修所用材料与原材料一致或优于原材料。针对管网爆管的维修,应对引起爆管的外因进行分析判断;针对因基础沉降、温度或外部负荷变化造成的管网损坏,在进行维修的同时还应当及时采取有效措施,消除各种隐患。维修完成后,应对管道进行试压、冲洗、消毒和水质检验,水质检验结果合格后恢复供水,告知客户在恢复用水前先将管网水排放一段时间,直至水质合格的直饮水流出。

5.3 运营维护要求

5.3.1 机构设置

管理单位应设置统一的客户服务部门,建立统一完善的客户咨询平台,统一受理并处理供水范围内的工作,包括水费查询、水质投诉、维修报漏等服务。区别于市政自来水供水服务,管道分质直饮水供水系统的客户服务部门可能未设置网点和窗口接待,主要通过电话和网络等途径受理客户诉求,为客户提供各项查询服务,因此,电话服务系统和网络应答系统宜保证 24 h 畅通。

5.3.2 人员要求

5.3.2.1 客服要求

1) 人员形象

客服人员形象是管理单位提高运营维护质量不可或缺的组成部分,直接影响客户的感受。客服人员必须经过培训、考核合格后上岗,掌握服务标准和服务流程,熟悉管道分质直饮水供水系统相关的专业知识和技能,以便能熟练地向客户解答常见问题。客服人员日常要注意仪容仪表的规范,工作时应穿着企业工作服,并佩戴或在服务前台规定位置放置企业统一编号工作牌。在与客户交流过程中,确保服务态度热情,坦诚对待客户,使用文明礼貌用语,杜绝服务禁语,神色坦荡、不卑不亢,音调自然清晰、音量适中。在受理客户咨询业务时,应耐心细致答复,无法第一时间答复的应向客户致歉,留下联系方式,积极查阅相关资料或向上级请示,并按规定期限尽快答复。在原则性、敏感的问题上,态度要明确,切忌使用质问怀疑、命令的说话方式,杜绝蔑视、嘲笑等语言。

2) 客户回访

规范客户回访工作要求,促进客户回访工作顺利有序开展,是进一步提高客户服务质量,进而提高客户满意度和公司美誉度的有效方式。回访的内容包括:客户对管道分质直饮水供水的意见和建议、直饮水使用过程遇到的问题及满意度调查。

客户服务部门应在管道分质直饮水供水系统交付后的 10 天内进行一次客户回访,以获得客户使用初体验。在客户使用期间,每年至少进行一次客户回访,以持续获得客户的使用意见和建议,以便更好地完善服务。回访可采用电话、手机短信、微信、电子邮件、邮政信件、上门回访等多种形式相结合的方式进行。

3) 投诉处理

投诉处理是针对运营维护不当之处的补救机会,发生投诉应迅速按照《投诉处理指南》(GB/T 17242—1998)的规定[382]或双方合同、协议、承诺的约定安排处理,对于一时无法处理的,客服人员应耐心向客户解释以减少客户的误解并及时记录上报相关部门处理。投诉处理一般实行首问责任制度,即全程由投诉接待人员在规定时限内处理客户投诉,投诉接待人员对接待的投诉应负责到底，无法直接处理的转派其他部门处理，并及时了解此投诉的处理过程进度及结果，督促相关人员在时限内给出处理结果[383]。

5.3.2.2 维护人员要求

维护人员包括直接从事管道分质直饮水供水工程的日常维护、水质检验、故障维修等工作的有关人员。一支优秀的运营维护工作团队其维护人员的健康状况、技能要求、个人卫生应符合以下要求：

1) 健康状况

维护人员正式上岗前应进行一次健康检查，上岗后需每年进行一次健康检查，取得健康检查合格证明后方能上岗。患有传染性疾病，如痢疾、伤寒、病毒性肝炎（甲肝、戊肝）、活动性肺结核、化脓性或渗出性皮肤病及其他有碍管道分质直饮水供水系统卫生的疾病或病原携带者，不得从事直接供、管水工作。

2) 技能培训

管道分质直饮水供水工程运营维护工作的实施效率与维护人员具备的专业技能息息相关。在维护人员正式上岗前，应当进行操作技能培训，具备相应的上岗资格证。在维护人员正式上岗后，管理单位应当每年组织不少于一次的操作技能培训，未经培训或培训考核不合格的人员不得上岗。在实际工作过程中，随着科技水平和社会经济的发展，管道分质直饮水供水工程的设备和工艺也会随之更新或更换，所以在系统引入新的设备或工艺后，及时组织相关维护人员进行针对性的技能培训也是十分必要的。

3) 个人卫生

维护人员在工作时应保持良好的个人卫生，进入机房前应穿戴整洁的工作服、帽、鞋，洗净双手，不得携带与制水无关的物品和饰物，不得进行有碍管道分质直饮水供水系统卫生安全的活动。管理单位还应通过培训不断提高维护人员的个人卫生素养，卫生知识培训一般与操作技能培训同时进行。

5.3.3 应急保障

5.3.3.1 应急预案

1) 应急预案的编制

应急预案是管理单位针对特定范围可能发生的（特定）事故事件，为迅速、有序、有效地开展应急行动、最大限度地减轻损失而预先制定的行动方案。管道分质直饮水供水工程的应急预案应包括但不限于以下类型：一、供水突发事件应急预案；水源、供水设施防投毒应急预案；水质事故处理应急预案；供水管网抢修应急预案；断电事故应急预案；自然灾害等引起供水设施设备事故应急预案；反恐怖、反暴力应急预案等。依据国务院《国家突发性公共事件总体应急预案》的规定，水质突发事件应急预案应当包括以下内容：一、突发事件的应急管理工作机制；二、突发事件的监测与预警；三、突发事件信息的收集、分析、报告、通报制度；四、突发事件应急处理技术和监测机构及其任务；五、突发事件的分级和应急处理工作方案；六、突发事件预防与处理措施；七、应急供水设施、设备及其他物资和技术的储备与调度;八、突发事件应急处理专业队伍的建设和培训。

为提高突发事件的处置能力,管理单位应成立应急预案编制工作组,编制工作组由单位中各层次、各专业有经验的人员组成。在全面分析本单位或本地区范围内影响管道分质直饮水供水安全因素、可能发生的事故类型及事故的危害程度的基础上,制定水源和供水突发事件应急预案并适时修订。一旦发生严重影响供水安全的紧急情况,应及时采取应急措施,尽力将可能产生的危害减少到最小程度。

2) 应急预案的修订

根据中华人民共和国应急指挥部《生产安全事故应急预案管理办法》第三十五条的规定:应急预案编制单位应当建立应急预案定期评估制度,对预案内容的针对性和实用性进行分析,并对应急预案是否需要修订作出结论。一般,应急预案至少三年修订一次,遇到以下特殊情况应随时进行修订和更新:一、依据的法律、法规、规章、标准及上位预案中的有关规定发生重大变化的;二、应急指挥机构及其职责发生调整的;三、安全生产面临的风险发生重大变化的;四、重要应急资源发生重大变化的;五、在应急演练应急处置过程中发现需要修订预案的重大问题的;六、应急预案定期评审提出修订要求时。

5.3.3.2 应急演练

应急演练的目的是考察应急预案的完善性和可操作性、确保应急设施的可靠性、锻炼应急人员的应急能力。可以说,应急演练的过程是一个发现问题、解决问题的过程,管理单位及其相关从业人员应当予以高度重视。台州市《城市供水服务规范》(DB 3310/T 22—2018)中规定:管理单位应配备专门的应急处置设施和抢险队伍,进行必要的物资储备[384]。

天津市地方标准《城镇再生水供水服务管理规范》(DB 12/T 470—2020)中规定应急演练每年不少于1次[385]。本文参照杭州市地方标准《城镇供水服务》(DB 3301/T 0164—2019)中更为严格的规定[386],认为管理单位应参照应急预案的要求进行每年组织不少于两次的应急演练。应急演练时可以选择有代表性的楼栋或小区进行,同时应该积极参与行业主管部门组织的应急演练,并尽可能与政府应急管理部门共同开展,以扩大影响力,达到更好的宣传效果。在应急演练结束后,还要结合应急演练情况,对应急能力进行总结评价,查找问题、整改提升。针对演练过程中暴露的安全问题和存在的不足之处,应及时处理,并提出修订和完善应急预案的措施,完善联动机制,保证应急预案的动态适应性和持续可靠性,进而不断增强应急准备的针对性、有效性。

5.3.3.3 应急处置

管道分质直饮水供水工程的机房、设备、管网、终端宜设置在线监测系统和远传信息系统,并统一接入供排水运营调度管理平台,利用发达的供水信息网络24 h在线监控系统运行情况,实现全周期动态管理,及时发现问题、整理数据和传递指令,做到准确识变、实时预警、及时补救,遇突发事件应立即启动应急预案。

1) 水质污染处置

自身水质恶化的情况通常可以通过消毒、清洁等常规操作来保证水质的安全,而突发污染由于具有随机性、极难预见性等特点,通过常规手段预防非常困难。在供水管网中建立水质预警系统,对管网水质进行实时在线监控,当水质超出一定标准后给出警报,并迅速采取相应的解决措施,能够有效地保障供水管网的水质安全[387-389]。

当发生突发性水质污染事故时,应迅速启动应急预案,组织抢险、救护等各项工作:工作人员应迅速采取关阀分隔的方式,将出现水质问题的管道、滤料滤芯或设备从运行系统中隔离开,隔断污染源,防止污染面扩大,与此同时立即停止供水并送检,通过现场调查和水质检验结果,综合判断污染来源、污染程度和可能污染的范围,填写事故报告并及时报送上级管理单位。在管道分质直饮水供水系统中可能的水质污染来源包括:使用材料和设备、管网渗漏、处理工艺中带来的二次污染、滤料、滤芯的二次污染等。水质污染事故的处理步骤一般包括:排放污染水、冲洗、清洗消毒、二次冲洗。当清洗消毒无效时,应果断采取更换相关涉水耗材等措施。事故处理后,应按照年检验的检验指标进行水质检验,在排除污染且水质达标后,方可恢复供水。在水源水质突发事件应急处理期间,应根据实际情况调整水质检验项目,并增加检验频率[356]。

2)设备故障处置

设备发生故障,需对设备进行全面检查,确定故障原因。需要更换配件的,启用备用件更换配件。48 h内无法保障设备正常使用情况下,可以先开启备用机而后停止故障机,利用备用机将故障机整机更换,确保客户用水需求,制定方案进行维修。

3)其他

管道分质直饮水供水系统正常情况应保持不间断供水。在供水设施、设备因清洗消毒或例行维修而需要计划性降压停水时应至少提前 24 h 通知客户。通知内容包括停水原因、停水时间和恢复供水时间,当停水或降压超时应再次通知。计划性降压停水宜错开用水高峰以降低对客户的影响。在原水(自来水)停水或停电而导致 48 h 不能正常供水时,应及时向客户告知原因,并尽快恢复供水。当管道分质直饮水供水系统 48 h 无法恢复饮用水供水时,应尽可能提供替代直饮水供水方案。可适时向客户提供备用饮用净水,如包装饮用水、售水机现制水、应急直饮水车供水服务等,全力做好用水保障工作。

5.3.3.4 突发事件评估报告

管道分质直饮水供水系统在重大突发事件发生后应对事件的发生原因和处置情况进行评估,并应提出评估和整改报告。报告应包括但不限于以下内容:突发事件发生的原因;过程处置是否妥当;执行应急处置预案是否及时和正确;宣传报道是否及时、客观和全面;善后处置是否及时;受突发事件影响的人员和单位对善后处置是否满意;整个处置过程的技术经济分析和损失的报告;应吸取的教训等。

5.4 运营维护质量评价

管道分质直饮水供水行业长期缺乏一套科学合理的运营维护质量评价体系,阻碍了行业整体服务效率的提升。如何更好地识别管道分质直饮水供水服务质量,促进管道分质直饮水供水行业的良性发展,对于管道分质直饮水供水行业的未来意义重大。

5.4.1 评价方式

根据《服务标准化工作指南》(GB/T 15624—2011)[390],管理单位应建立并执行运营维护质量评价制度,实行企业内部评价和客户评价相结合的方式,每年不宜少于一次;制定供水运营维护人员的奖惩管理制度,建立内部运营维护质量评价体系,定期开展企业内部运营维护质量评价。同时,将客户回访过程中的客户的评价记录保存,作为衡量运营维护质量的重要标准。

第三方服务评价作为一种独立、公正的外部评价机制,通过舆论监测、投诉举报分析、开展消费体验、组织评估等方式组织,具有较强的评价方面的专业能力,可以有效地弥补管理单位自我评价存在的认识不足的风险。因此,有条件的管理单位,还应建立第三方评价体系,对运营维护工作进行全方位的评价。评价结果应在一定范围内公开发布。国家标准《城镇供水服务》(GB/T 32063—2015)[352]和河北省地方标准《生活饮用水二次供水服务规范》(DB 13/T 2577—2017)[344]中也有相关规定指出:可委托开展第三方客户满意度测评,并持续改进。

5.4.2 评价指标

本文选取以下四个评价指标并给出相应的目标值,用以评估管道分质直饮水供水运营维护的质量。

1) 供水水质合格率,反映直饮水水质指标限值达到水质标准规定的合格程度,是客户饮用直饮水卫生安全的基础。《城镇供水服务》(CJ/T 316—2009)[354]、安徽省《城镇供水服务标准》(DB 34/T 5025—2015)[351]、天津市《城镇再生水供水服务管理规范》(DB 12/T 470—2020)[385]均将供水水质综合合格率规定为95%,但管道分质直饮水是由市政自来水经过深度处理净化得到的更为优质的饮用水,相对城镇、市政供水来说水质标准更高,因此,将管道分质直饮水的目标值定为100%是较为合适的,具体按照下式计算:

$$供水水质合格率 = \frac{检验合格次数}{检验总次数} \times 100\%$$

2) 诉求接通率,用于衡量客户诉求(包括网络和电话诉求)的接通程度,诉求接通率代表着管理单位的服务效率。《城镇供水服务》(GB/T 32063—2015)中将呼叫中心接通率目标值设置为85%[352],本文参照更为严格的天津市《城镇再生水供水服务管理规范》(DB 12/T 470—2020)[385]和《城镇供水服务》(CJ/T 316—2009)的管理规定[354],将诉求接通率的目标值设置为95%,具体按照下式计算:

$$诉求接通率 = \frac{评价年度内及时接通的诉求数量}{评价年度内诉求总数量} \times 100\%$$

3) 满意度,反映客户对管道分质直饮水供水系统使用体验以及办理各项诉求的满意程度。满意度按照综合满意度项计算,综合满意度包括供水水质、供水水压、抄表缴费、网络服务、电话服务、工程安装六个子项。以调查函或问卷的形式取数,评价选择项分别为满意、基本满意、不满意三项。满意度调查可由企业自行组织或委托第三方机构实施。满

意度目标值为90%,具体按照下式计算:

$$满意度 = 1 - \frac{整体不满意的项数}{调查总项数} \times 100\%$$

4) 投诉处结率,用于衡量客户投诉的处理办结程度,关系到对于客户不满的服务进行补救。参照安徽省《城镇供水服务标准》(DB 34/T 5025—2015)[351],将目标值设置为100%(由于客户原因或客观因素无法办结的除外),具体按照下式计算:

$$投诉处结率 = \frac{评价年度内办结的客户投诉次数}{评价年度内接到的客户投诉总次数} \times 100\%$$

5.4.3 工作改进

运营维护的改进是指为了适应客户日益发展的需求,与时俱进,对管道分质直饮水供水工程运营维护的目标、方式以及品质进行改善和优化。以下给出三种改进方式:一、管理单位定期组织专业人员对内部评价、客户评价、第三方评价服务评价的结果进行分析研判,针对暴露和发现的问题提出改进意见,制订改进时间表;二、管理单位应进一步吸纳业主、业委会、居委会以及物业管理单位参与到管道分质直饮水供水的日常管理和监督中来,探索将管道分质直饮水供水纳入小区综合管理,营造全社会共同参与的良好氛围,保障客户饮水卫生安全;三、管道分质直饮水行业目前尚未成立具有国家级影响力的行业协会,建议由专业供水企业牵头,区域性的组成行业协会,一方面可以引导各地区的管道分质直饮水供水行业建设,另一方面可以促进各地区管道分质直饮水供水运营维护工作之间的技术交流,通过行业间工作交流的方式进行查缺补漏,探索不同经营单位间合作共赢的发展之路,壮大经营规模,降低运行成本,更专业、更规范地推动管道分质直饮水供水运营维护工作的整体开展。

6

管道分质直饮水供水工程行业实践

水杯子科技股份有限公司是由中国科学院和南京大学专家、教授发起成立的国内最早从事饮用水深度处理的高新技术企业之一，公司紧密依托中科院和南京大学的学科优势，承担科技部中小企业创新基金，入选南京市高端人才团队引进计划、苏南国家自创区重点研发计划，获得江苏省科技成果转化专项资金的支持，参加国家重点研发计划项目"重大自然灾害监测预警与防范"专项项目。

水杯子公司主持编制了国内第一部管道分质直饮水卫生标准——《生活饮用水管道分质直饮水卫生规范》(DB 32/T 761—2005)，参与起草了中华人民共和国卫生行业强制性标准《学校及托幼机构饮水设施卫生规范》(WS 10014—2023)，参加中华人民共和国城建建设标准《建筑与小区管道直饮水系统技术规程》(CJJ/T 110—2017)的编制工作，参加制定了《家用和类似用途中央净水设备》(QB/T 4990—2016)和《优质饮用净水水质标准》(T/WPIA 001—2017)等管道分质直饮水供水相关标准。水杯子公司所建管道分质直饮水供水工程荣获中科院知识创新工程、国家绿色生态住宅配套项目、国家康居示范工程配套项目、全国青少年健康饮水工程示范项目等称号。公司被授予中国净水行业公共饮水领军品牌、全国净水行业十大影响力品牌、全国青少年健康饮水工程突出贡献奖，在管道直饮水行业处于领军地位。

本章以水杯子公司实施的管道分质直饮水供水工程典型项目为例，介绍了管道分质直饮水供水工程在住宅小区、学校、医院、酒店宾馆、办公楼、监狱、看守所等不同应用场景的实践，可以为管道分质直饮水供水行业的管理者和从业者提供参考。

6.1 住宅小区管道分质直饮水供水工程

6.1.1 广州白云高尔夫花园管道分质直饮水供水工程

广州白云高尔夫花园是黄石东路大型小区之一，也是最高档楼盘之一，小区内配套完善，管道直饮水直接入户，住户拧开水龙头就可以喝上放心的优质饮用水。白云高尔夫花园规划总占地20万平方米，共分四个区：西区、东区、南区、荷塘月色。每个区分开独立封闭管理，小区约住2万人，主力户型是86～92平方米的三房、76平方米的两房和120多平方米的六房，10～14层小高层，1梯6户。

2000年，广州白云高尔夫花园小区率先实施管道分质直饮水供水工程，作为广东省计委批准立项的第一个分质供水示范工程，在当时引发了轰动效应，分质供水成为这个楼盘的一大卖点。健康、环保、高技术的管道直饮水概念对白云高尔夫花园的销售起了很大的促进作用。

6.1.1.1 系统设计

系统工艺流程及技术框架见图6-1。它主要包括以下几个部分：预处理单元、组合膜处理单元、口感及pH调节装置、杀菌保鲜装置、循环系统和变频恒压供水系统。

广州白云高尔夫花园小区采用了水杯子公司自主开发的自动控制技术与M2000实时远程监控技术，使得该系统硬件与软件构成一个有机的整体。优点体现在如下几个方

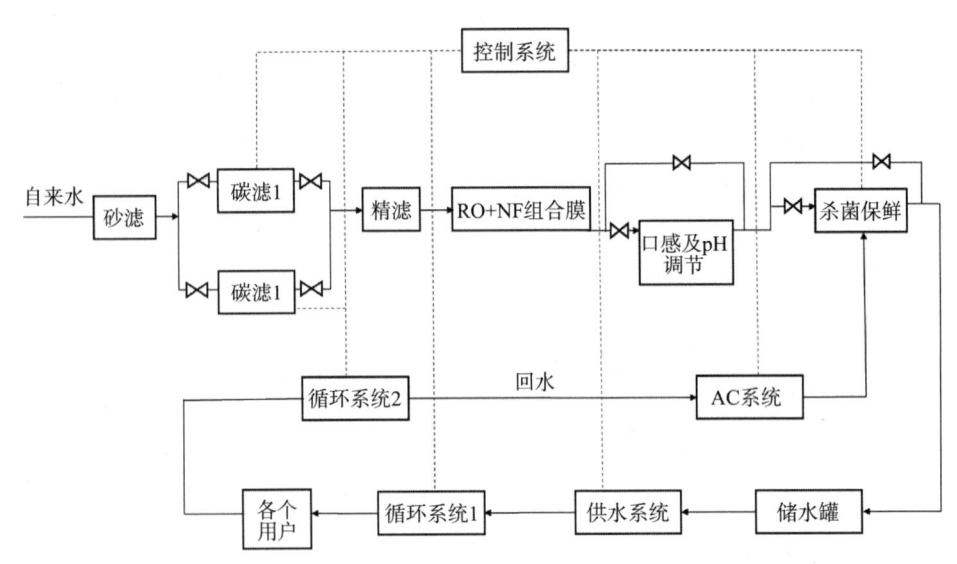

图 6-1 广州白云高尔夫花园南区管道分质供水系统工艺流程及技术框架

面：一、系统的整体性，做到了系统的控制集成。二、采用了先进的水处理工艺与消毒保鲜技术。投资小，运行成本较低，系统运行稳定，使用寿命长。三、实行全自动控制，无需专人管理。

该系统与管网设计有效的配合，能有效循环，无死水端，用户末梢水可随时保持新鲜。实现了实时远程监测，能通过计算机实时监测系统运行与水质状况。

项目主要单元技术特点如下：

1) 组合膜处理单元

从健康角度讲，因为反渗透处理工艺对离子的去除率过高，在去除对人体有害物质的同时，也去除了人体所需的 Na、K、Ca 等微量元素，产水接近纯水标准，长期饮用无益于人体健康。

为了兼顾卫生与健康，将反渗透膜和纳滤膜结合使用，在去除有害物质的同时，保持水中 TDS（溶解性总固体）值保持在 50～100 之间，更符合健康要求。同时通过两种膜组合的合理排列与优化，使系统净水回收率能够达到 80%，膜单元产水率可达到 85%。

本项目研发的膜组合技术主要由介质过滤器、精滤器、纳滤膜、反渗透膜、高压泵等组成。其中由纳滤膜和反渗透膜组成的膜主机是整个净化工艺中的核心部分。精滤器用于去除 1 μm 以上的细小杂质，进一步改善膜进水的水质，高压泵为纳滤膜及反渗透膜提供工作压力，在 0.7～1.1 MPa 的工作压力下，组合膜可将水中的重金属、细菌、微生物、有机物及绝大部分的金属离子去除，并保留适量 K、Na 等一价离子。

2) 后处理单元

主要由口感及 pH 值调节装置、杀菌保鲜装置组成。口感调节装置主要是为了将膜出水的 pH 值从 5.5～6.5 调节到 7.5 左右，由此使口感得到改善，且更适合健康饮用。杀菌保鲜装置采用本项目研发的新型杀菌保鲜技术（参见 3.3.2 节），使用浸没式紫外杀菌器瞬间杀灭水中细菌，并通过添加一定浓度的 ClO_2 确保在水箱和管道中不会形成二次污染。

3) 自动控制单元

本示范工程要求全自动控制，实现无人操作，同时设计多组保安与报警系统。自动控制单元由压力传感器、PLC程序控制器、水质检测仪表、流量仪表、远传输出等仪表及仪器组成。这一单元能实现净水设备根据用水量自行生产和停机，通过控制泵的运转进行变频恒压供水，控制设备进行定时反冲洗，对管网存水进行定时循环再处理，及实现部分参数的远程监控等。

本项目自动控制设计要点如下：

（1）膜主机液位控制

包括高低压保护装置；液位控制装置；漏水保护控制；自动清洗装置；故障报警系统。

（2）杀菌保鲜系统自动控制

要求对ClO_2或UV进行控制，其控制要点是当系统内有水流过时，消毒装置起动，当无水流过时，消毒装置关闭。

（3）循环控制

本示范工程设计了两种循环方式。

① 定时循环：水在系统中靠供水泵循环，循环时间的设置有两种方法：

(a) 水量：循环水量是管网内存水量的3～5倍。

(b) 有效氯含量：当回水与供水有效氯含量比达60%以上时即循环时间足够。

② 降低水头循环：因户外立管进用户端有一定长度死水端，如用户长时间不用水，会造成水质发生变化。因此在循环时，设计降低水头循环，保证用水终端水的新鲜。

循环控制设计要点如下：管网设计成同程布管，有循环功能；最低压力点为最低楼层用户与设备房高差；自动排气功能，因水管排空再加压注水时需排气，减少水中气泡；循环时间确定由压力控制；供水系统自动控制；采用变频供水系统，其功能满足本小区分质供水的需要。

（4）系统自动控制框图

按项目工艺流程和工作原理，整个系统控制主要由四个单元组成：预处理单元控制系统、膜主机控制系统、变频恒压供水控制系统和杀菌保鲜控制系统。系统框图见图6-2。

（5）自动控制设备选型

① 可编程控制器（PLC）选型

系统控制采用日本松下电工公司的FP1-C16可编程控制器，本PLC的软件功能主要包括：PLC接受水位信号，完成原水箱低水位停泵报警、中水位开启进水阀和高水位关闭进水阀门。PLC接受美国阿图祖180控制头的砂反洗、正洗信号及碳反洗、正洗信号，经内部程序分析、扫描后自动停止膜处理系统的运行，自动启动原水泵执行砂、碳滤器反洗所需要的各个动作。PLC接受控制柜启动、停止按钮信号，完成对原水箱液位及原水泵的开启和停止控制。两台原水泵随着制水、正洗、逆洗情况循环互换起动，以达到有效延长原水泵使用的寿命。

② 过滤器控制头

砂、碳滤过滤器采用美国阿图祖180全自动控制器。阿图祖180控制头是由机械—

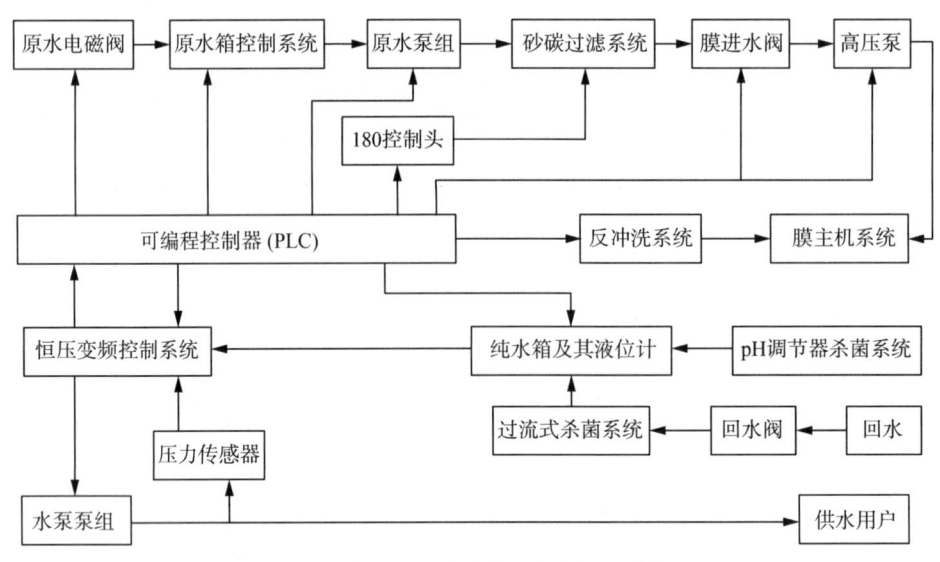

图 6-2 管道分质直饮水供水自控系统框图

电子集成的全自动控制器,包括时间定时器和多路控制阀两部分。时间控制器根据预先设定的程序,向多路阀发出指令,多路阀自动完成各个阀门开关,能定期将与过滤器连接的管系切换,并配合 FP1-C16 的 PLC 程序控制器,实现过滤器的自动或手动的正洗、反洗功能。该设备具有自动化程度高,运行费用低,占地面积小,运行稳定可靠等特点。

③ 变频器

变频恒压供水系统的核心元件是变频器。本工程采用 ABB 变频器的 ACS 400 系列。ACS 400 的功率在 2.2～37 kW 范围内,特点是控制准确,节约能源,安全可靠。它将 PID 调节器以及简易可编程控制器的功能都综合进变频器内,形成了带有多达九种应用的新型变频器。由于 PID 运算在变频器内部,这就省去了对可编程控制器存储容量的要求和对 PID 算法的编程,而且 PID 参数的在线调试非常容易,这不仅降低了生产成本,而且大大提高了生产效率。由于变频器内部自带的 PID 调节器采用了优化算法,所以使水压的调节十分平滑稳定,为了保证水压反馈信号值的准确不失真,可对该信号设置滤波时间常数,同时还可对反馈信号进行换算,使系统的调试非常简单、方便。

6.1.1.2 远程实时监控系统

1) 设备仪表选型

本工程远程实时监控系统采用 M2000 监测系统。主要元件选型如下:

(1) 上位控制计算机

考虑到降低控制成本和提高计算机综合利用率,上位控制计算机选用工业级 PC,它同时也可作为售水管理系统用计算机。

(2) 监控仪表

所用仪表包括:压力变送器(近、远供水端压力测量);电导变送器(处理后水电导率测量);有效氯含量变送器(处理后水二氧化氯含量测量);电量变送器(电耗测量后作经济运行方案和成本计算);流量变送器;控制阀门(制水、供水工艺过程完成执行控制);调节阀(进水量调节控制);上位机检测、控制软件(根据详细的工艺要求而编制);售水管理系统(根据管理和销售的要求而编制);供水分析系统(水质、水压、水量分析等)。

压力传感器将管网的压力变化转换成 4~20 mA 标准电流输出信号,并输入到 ACS 400 变频器信号接线端子,ACS 400 变频器根据信号的变化来控制变频泵的输出频率。本系统选用 CY-DB11 系列压力变送器。CY-DB11 系列利用半导体扩散硅压力传感器及专用放大线路组成本项目所用 CRMO1A 型游离氯连续检测仪是基于游离氯在电极上的化学反应会产生一个与水中游离氯浓度相关的电信号,经过二次仪表的放大、转换和标定,会显示出对应的游离氯浓度。

2) 功能与特点

该系统具有以下功能:

(1) 远程主动报警功能:当水质指标超标、设备故障,监控中心都能即时收到报警信号。

(2) 强大的报表功能:水质指标及设备运行的日报、月报、年报等功能。

(3) 群发群收功能:经授权的多个用户,可以同时向多个净水站发送命令、接收数据。

(4) 可靠的现场数据备份功能:现场数据可靠地存储在外接大容量数据采集器中,可以保证多次重复调用。

该系统具有以下特点:

(1) 数据采集控制器可以实时采集饮水深度处理系统的设备运行情况,如压力、工作状况等;实时采集水质指标包括 pH、余氯、电导率等;并对异常情况进行实时处理,所有数据按优先等级发送到监控中心。

(2) 监控中心可以随时向净水站发送命令,进行回水控制、消毒控制等。

(3) 卫生监督部门或用户可以通过互联网或其他通信方式随时调用相关数据,监测水质指标。

(4) 公众也可以通过互联网查看及时发布的水质指标。

6.1.1.3 系统评价

1) 水处理系统性能评价

广州白云高尔夫花园南区管道分质直饮水供水工程投入使用以来,水处理系统一直稳定运行,故障率极低。

开始投入运行时,前置预处理单元主要参数为:进水运行流量:3.7 m³/h,砂滤进水压力 0.36 MPa;碳滤进水压力 0.33 MPa;膜系统主要参数为:进水压力 0.72 MPa;浓水压力 0.55 MPa;净水流量 42 L/min,浓水流量 10 L/min,回水流量 6 L/min,系统回收率 80%。

使用半年后,前置预处理系统主要参数为:进水运行流量 3.7 m³/h,砂滤进水压力 0.36 MPa,碳滤进水压力 0.32 MPa;膜系统主要参数为:进水压力 0.75 MPa,浓水压力 0.58 MPa,产水流量 42 L/min,浓水流量 10 L/min,回水流量 6 L/min,系统回收率 80%。

经多次抽样检验及水质跟踪监测,水质稳定,均能达到国家相关标准,口感好,可直饮。

2) 供水系统可靠性、节能性评价

本系统采用变频调速运行方式,精心合理选择各电气元器件,结合PLC的程序控制,实现了根据实际水压自动调节水泵电机的转速或加减泵,使供水系统管网中的压力保持在给定值,最大限度地节能、节水、节资,并使系统处于可靠的运行状态。

根据变频器节约能耗的计算方法得知:42 m^3/h 的变频供水设备投入运行时节能 $(503-403)/503=19.88\%$,节能效果非常明显。

3) 自动控制系统整体性评价

本系统控制系统高度集成,场地无特殊要求,设备全密闭运行,所需设备房面积较小,设备结构紧凑,外观美观大方。成套设备技术先进,运行费用极低,具有很高的性价比。PLC的自动化系统所具备的功能在水处理工程项目中得到完美的表现,为国内管道分质供水自动控制技术提供了成功典范。

自控系统对稳定水质起到了关键的作用,整个控制过程无需专人看管,便捷可靠,大大节约了人力资源。自控系统相关设备使用至今,未进行过修理,设备运行状态很好。

4) 远程实时监控系统评价

本系统工程共获取了示范工程前63天跟踪监测数据,其中滤前压力远程监测与实测值对比及两者拟合度见图6-3,泵前压力远程监测与实测值对比及两者拟合度见图6-4,泵后压力远程监测与实测值对比及两者拟合度见图6-5,浓水压力远程监测与实测值对比及两者拟合度见图6-6,供水压力远程监测与实测值对比及两者拟合度见图6-7,回水压力远程监测与实测值对比及两者拟合度见图6-8,滤前电导率远程监测与实测值对比及两者拟合度见图6-9,供水电导率远程监测与实测值对比及两者拟合度见图6-10,供水有效氯远程监测与实测值对比及两者拟合度见图6-11。

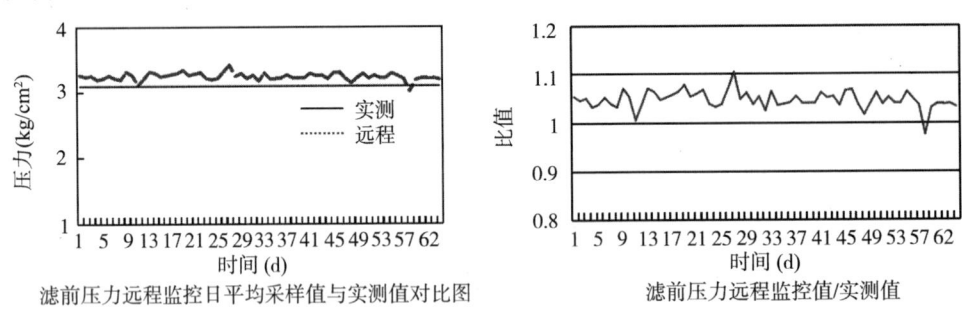

图 6-3 滤前压力远程监测与实测值对比及两者拟合度

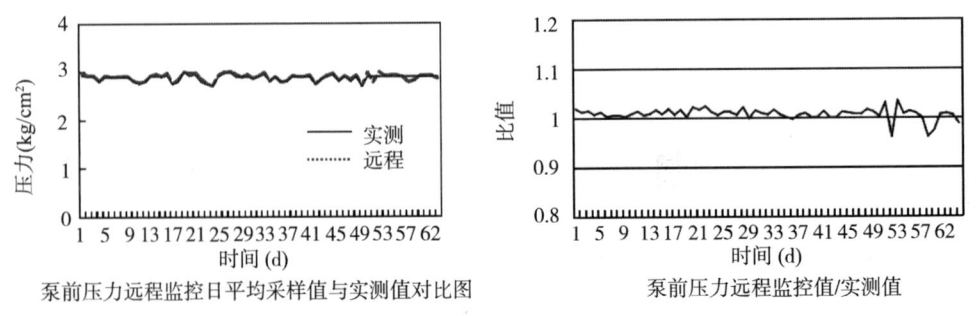

图 6-4 泵前压力远程监测与实测值对比及两者拟合度

泵后压力远程监控日平均采样值与实测值对比图　　泵后压力远程监控值/实测值

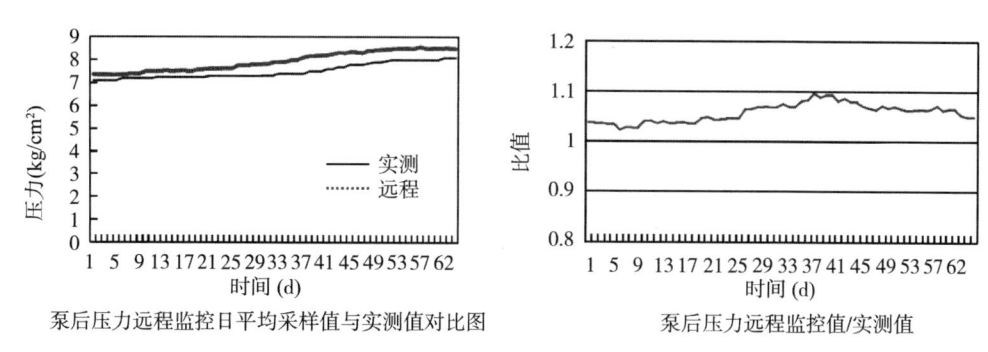

图 6-5　泵后压力远程监测与实测值对比及两者拟合度

浓水压力远程监控日平均采样值与实测值对比图　　浓水压力远程监控值/实测值

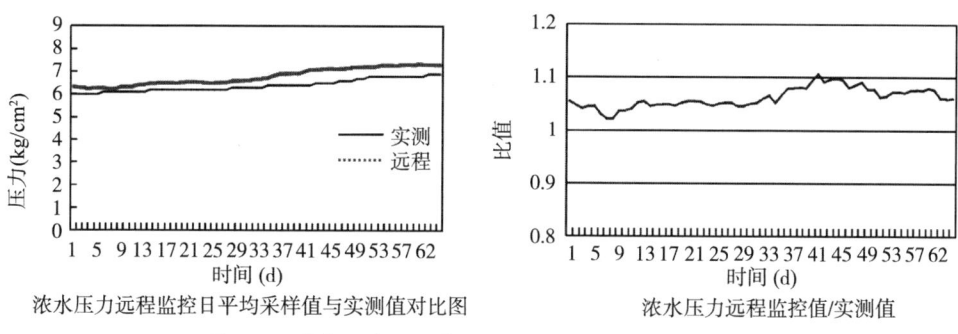

图 6-6　浓水压力远程监测与实测值对比及两者拟合度

供水压力远程监控日平均采样值与实测值对比图　　供水压力远程监控值/实测值

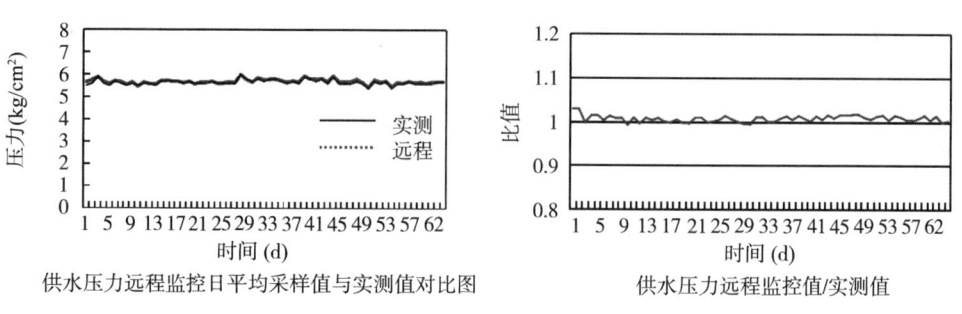

图 6-7　供水压力远程监测与实测值对比及两者拟合度

回水压力远程监控日平均采样值与实测值对比图　　回水压力远程监控值/实测值

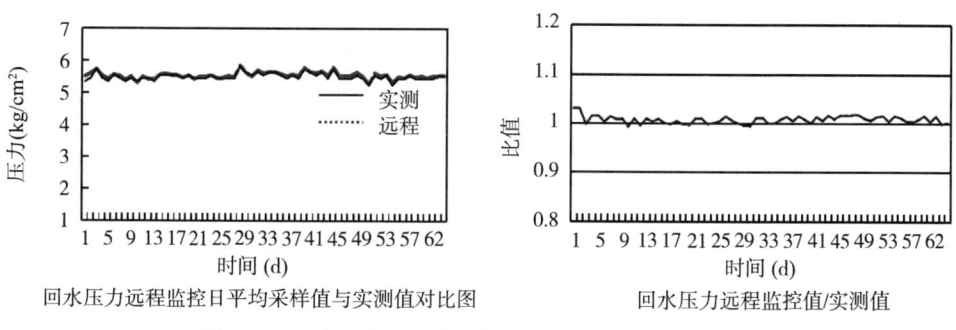

图 6-8　回水压力远程监测与实测值对比及两者拟合度

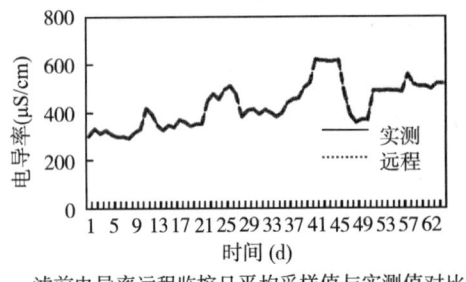

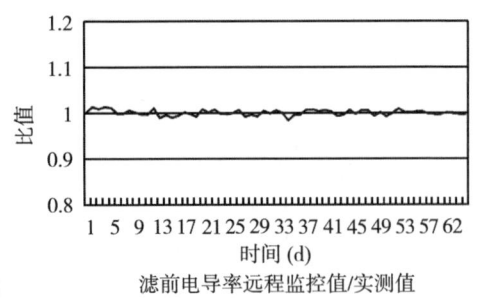

图 6-9 滤前电导率远程监测与实测值对比及两者拟合度

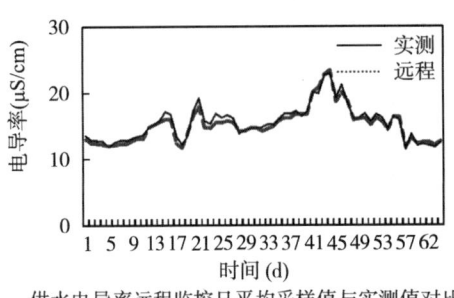

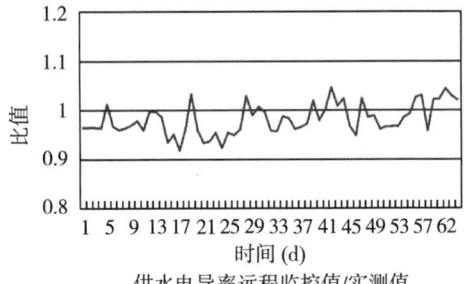

图 6-10 供水电导率远程监测与实测值对比及两者拟合度

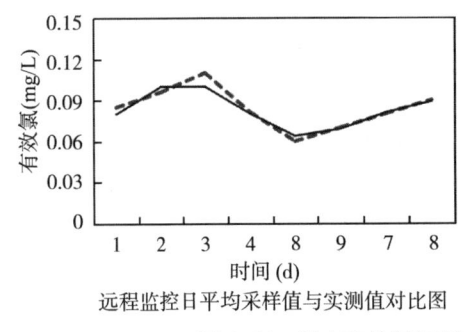

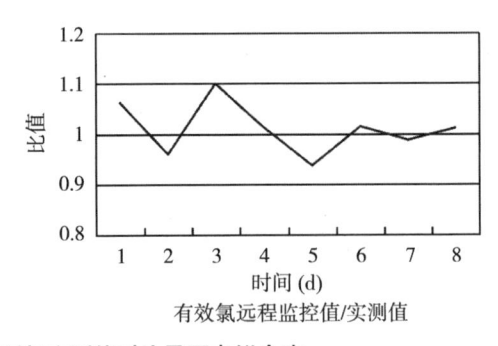

图 6-11 供水有效氯远程监测与实测值对比及两者拟合度

从图 6-3～6-11 可见：

本远程监测系统性能较高，尚未出现异常。

远传压力数据基本上能吻合实测数据，两者拟合度一般大于 95% 以上，完全满足监测系统运行状态的要求。

水质监测数据与实测值拟合度也很高，一般在 90% 以上。只有有效氯指标有时出现较大的波动，主要是因为测量误差与检测精度所致。但绝对误差都在 0.01 mg/L 范围内，完全满足对水质的评价。

6.1.1.4 水质评价

1) 水源水水质特征

广州白云高尔夫花园南区水源为市政自来水。在开通前,按要求进行了水质检测,结果见表 6.1,其水质基本符合国家生活饮用水卫生标准,其特点如下:

表 6.1 广州白云高尔夫花园小区管道分质供水水源水水质分析结果

项 目	指标(GB 5749—85)	结 果
色度	≤15 度	5
浑浊度	≤5 度	1
臭和味	不得有异臭、异味	无
肉眼可见物	不得含有	无
pH	6.5~8.5	7.1
总硬度(以 $CaCO_3$ 计)	≤450 mg/L	84
铁	≤0.3 mg/L	0.28
锰	≤0.1 mg/L	0.083
铜	≤1.0 mg/L	0.005
锌	≤1.0 mg/L	0.76
挥发酚类(以苯酚计)	≤0.002 mg/L	<0.002
阴离子合成洗涤剂	≤0.3 mg/L	<0.1
硫酸盐	≤250 mg/L	18
氯化物	≤250 mg/L	49
溶解性总固体	≤1 000 mg/L	210
氟化物	≤1.0 mg/L	0.34
氰化物	≤0.05 mg/L	<0.002
砷	≤0.05 mg/L	0.000 9
硒	≤0.01 mg/L	0.003
汞	≤0.001 mg/L	<0.000 2
镉	≤0.01 mg/L	0.000 08
铬(六价)	≤0.05 mg/L	<0.005
铅	≤0.05 mg/L	0.001 0
银	≤0.05 mg/L	<0.000 2
硝酸盐(以氮计)	≤20 mg/L	12.4
氯仿	≤60 μg/L	41
四氯化碳	≤3 μg/L	2.4
苯并(a)芘	≤0.01 μg/L	<0.002 5
滴滴涕	≤1 μg/L	<0.001
六六六	≤5 μg/L	<0.001

续表

项 目	指标(GB 5749—85)	结 果
细菌总数	≤100 个/mL	未测
总大肠菌群	≤3 个/L	未测
游离余氯	≥0.05 mg/L	0.05
TOC(mg/L)		3.1

水源水 TDS 较高,平均达 210 mg/L;TOC 较高,一般为 2.30—2.50 mg/L;金属污染物有:Al,U,Cr,Pb,但含量不高;Fe 与 Mn 含量较高,分别高达 0.28 mg/L 与 0.083 mg/L;含有一定量的有机微污染物,如四氯化碳、三氯甲烷等;Ames 试验呈阳性,TA98MA 值高达 3.5。

由此可见,该水源水受到较严重有机微污染,在珠江三角洲地区有一定代表性,该自来水需进行深度处理才能达到较高品质。

2) 管道直饮水水质特征

本工程完工后,经有关部门检测,水质符合国家建设部颁布的饮用净水水质标准(CJ 94—1999),见表 6.2。水质具有以下特征:

表 6.2 广州白云高尔夫花园小区管道直供饮用净水检验报告

项目		《饮用净水水质标准》(CJ 94—1999)指标	检测结果
感官性状	色	≤5 度	<5
	浑浊度	≤1 NTU	0.20
	臭和味	无	无
	肉眼可见物	无	无
一般化学指标	pH 值	6.0~8.0	7.37
	硬度(以碳酸钙计)	≤300 mg/L	<1.0
	铁	≤0.20 mg/L	0.07
	锰	≤0.05 mg/L	<0.05
	铜	≤1.0 mg/L	0.03
	锌	≤1.0 mg/L	<0.05
	铝	≤0.2 mg/L	—
	挥发酚类(以苯酚计)	≤0.002 mg/L	<0.002
	阴离子合成洗涤剂	≤0.20 mg/L	<0.1
	硫酸盐	≤100 mg/L	3.41
	氯化物	≤100 mg/L	6.56
	溶解性总固体	≤500 mg/L	27
	高锰酸钾消耗量(COD_{Mn},以氧计)	≤2 mg/L	0.45
	总有机碳(TOC)	≤4 mg/L	<0.5

续表

项目		《饮用净水水质标准》(CJ 94—1999)指标	检测结果
理化指标	氟化物	≤1.0 mg/L	<0.2
	氰化物	≤0.05 mg/L	<0.002
	硝酸盐(以氮计)	≤10 mg/L	1.49
	砷	≤0.01 mg/L	<0.001
	硒	≤0.01 mg/L	<0.001
	汞	≤0.001 mg/L	<0.000 2
	镉	≤0.01 mg/L	<0.005
	铬(六价)	≤0.05 mg/L	<0.005
	铅	≤0.01 mg/L	0.000 4
	银	≤0.05 mg/L	<0.005
	氯仿	≤30 μg/L	<5
	四氯化碳	≤2 μg/L	<0.5
	滴滴涕(DDT)	≤0.5 μg/L	—
	六六六	≤2.5 μg/L	—
	苯并(a)芘	≤0.01 μg/L	—
微生物指标	细菌总数	≤50 CFU/mL	<20
	总大肠菌群	0 cfu/100 mL	0
	粪大肠菌群	0 cfu/100 mL	—
	游离余氯(管网末梢水)	≥0.05 mg/L	0.06
放射性指标	总α放射性	≤0.1 Bq/L	<0.01
	总β放射性	≤1 Bq/L	<0.1

感官上水质清澈、透明，经品尝甘甜可口、回味较好；

从理化指标看，去除了影响人体健康的有毒有害物质和元素，有害成分的去除率高达90%以上；同时还保留了水中适量的矿物质和微量元素，如 K、Na、Ca、Mg、Zn 等；TDS 控制在 20~30 mg/L；

从微生物指标看，出厂水与末梢水中不含有大肠菌群、霉菌、酵母菌及其他致病菌，细菌总数指标一般不到 20 CFU/mL，达到直饮要求；

消毒副产物控制在很低水平，总量一般不到 7 ppb，去除率达 90%以上；

净化水 TOC 一般可控制在 0.03~0.04 mg/L，只是自来水的 2%~3%左右，可与世界优质瓶装饮用水相比。

3) 消毒副产物

本项目对消毒副产物进行了专门取样分析，分析结果见表 6.3。从中可见：与自来水相比，消毒副产物大幅度减少，消毒副产物总量去除率达 90%，且 VOC_s 主要是一些毒性较低的与管材材料有关的溶出物。

表 6.3 本工程直饮水消毒副产物与自来水对比

指标(ppb)	结果				
	RO+NF 净水	用户水	回水	供水	自来水
氯仿	1.20	1.70	1.90	2.20	29.51
四氯化碳	0.01	0	0.01	0.01	3.50
苯	0.18	0.24	0.38	0.34	1.31
甲苯	0.90	0.98	0.90	0.94	2.41
乙基苯	0.41	0.43	0.40	0.0	4.32
邻二甲苯	0.30	0.30	0.34	0.0	1.60
间二甲苯	0.41	0.43	0.44	0.0	0.70
甲基乙烯基苯	0.0	0.11	0.0	0.0	0.0
四氯乙烯	0.01	0.97	1.48	0.04	0.02
三氯乙烯	0.0	0.32	0.40	0.10	0.24
甲基环己烷	0.17	0.17	0.12	0.11	3.12
总 VOC_s	7.46	8.45	9.74	5.32	72.14

4) 微生物安全性评价

(1) 管道分质直饮水微生物安全性评价的重要性

管道分质供水要求直接饮用,因此对微生物指标要求严格。同时,对于管道分质供水,因其水源水一般就是自来水,其后又经膜过滤处理与消毒,致病菌存在的机会少得多。因此,评价其卫生安全应有一套经济、有效的方法。国家建设部或地方出台的有关管道分质直饮水供水卫生标准中,采用的微生物指标一般都沿用了生活饮用水卫生标准,只是在限定值方面有更高的要求(表 6.4):

表 6.4 管道分质直饮水微生物指标

指标	《饮用净水水质标准》(CJ 94—1999)	管道分质供水卫生要求		《江苏省生活饮用水管道分质直饮水卫生规范》(DB 32/T 761—2005)
		净水限值	纯水限值	
细菌总数 CFU/ml	50	50	20	50
总大肠菌群 CFU/100ml	0	0	0	0
粪大肠菌群 CFU/100ml	0	0	0	0
霉菌及酵母菌数 CFU/100ml	/	0	0	0

大量分析结果表明,管道分质直饮水供水在一般情况下,病毒及其他致病菌都不会有,有的可能是细菌。根据工程运行结果,细菌指标可反映管道分质直饮水供水微生物安全性。然而,细菌指标与水中杀菌剂含量相关。根据大量试验结果,应用紫外+ClO_2 组合工艺消毒技术,当管网末梢水中余氯含量在 0.01 mg/L 以下时,细菌指标可能会超过

标准限定值；当余氯含量在0.01~0.03 mg/L时，细菌指标不稳定，有时有超标现象；当余氯含量在>0.03 mg/L时，细菌指标均在标准限定值范围内。因饮用水中细菌指标测定不仅成本较高，而且需培养48 h才有结果，对于管道分质供水微生物安全性评价带来不便。因此在线检测余氯则成为一种评价其微生物安全性的有效方法。本项目具体指标与方法如下：

① 余氯

限量值0.03~0.10 mg/L。当余氯含量低于0.01 mg/L时，应停止供水，进行循环消毒处理，恢复余氯含量后供水；当余氯含量在0.01~0.03 mg/L时，要采取供水循环消毒的方式，恢复余氯含量。

② 每天日检指标

细菌总数，限量值50 CFU/mL；周检指标：总大肠菌群，粪大肠菌群，限量值0 CFU/100 mL。

(2) 微生物安全性情况评价

对本示范工程完工后进行了两次两方面跟踪监测：一是进行了长达10 d的水质监测，每天取样一次，观测有效余氯在一段时间内的变化特征。二是进行了48 h水质监测，每2~3 h取样一次，观测水质变化特征。下面介绍一下实验结果。

① 10 d水质监测结果

监测指标有：余氯、菌落总数及口感。

取样点为：净水箱内水、循环回水及用户终端水。

监测结果见图6-12。

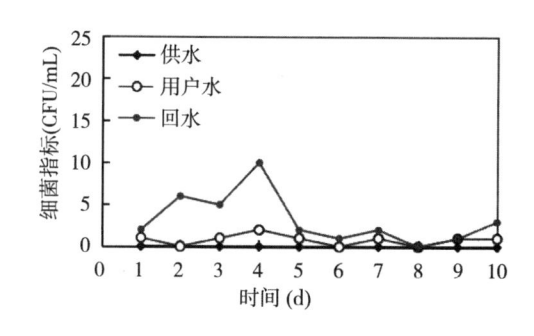

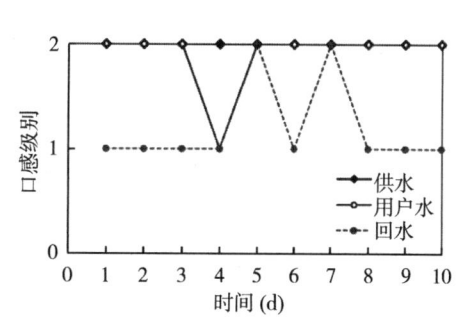

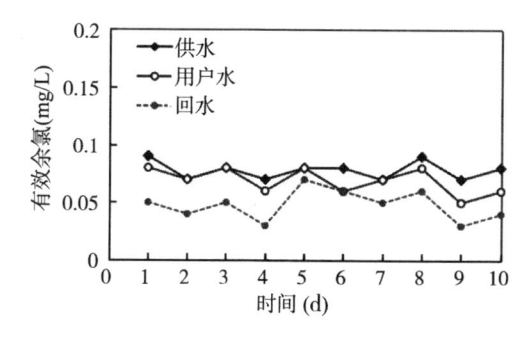

图6-12 管道分质供水系统的水质指标10 d监测结果

无论是回水、供水、用户终端水,水的口感一直较好,一般在 1～2,主要是 2。一般来讲,回水口感略差,在监测时间内有 1 天指标为 0。

从细菌指标变化看,一般的情况是:细菌极少,一般为 0,用户终端由于存在空气交换,有时能检测到几个细菌,回水细菌相对较高,但均远低于国家相关标准。

水口感的细微变化主要取决于水中的余氯含量及水在管网中停留的时间。通过循环,尽量降低余氯含量,并能控制水中的细菌。

② 48 h 水质监测

监测项目主要包括余氯、细菌、口感指标。结果见图 6-13。从中可见:

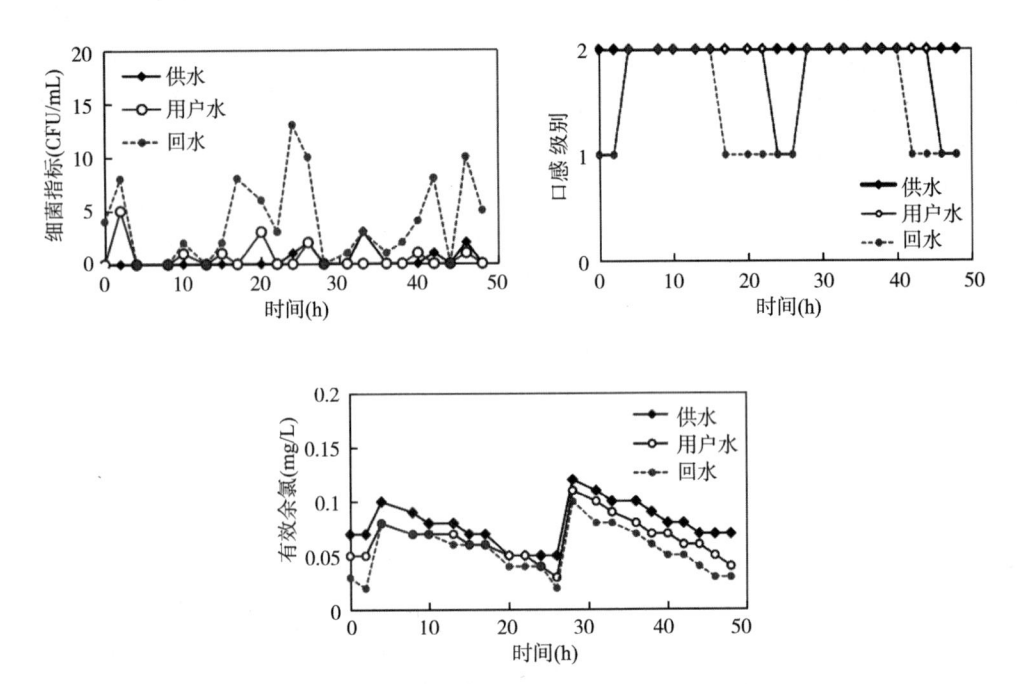

图 6-13 管道分质供水系统的水质指标 48 h 监测结果

在 48 h 内,供水与管网末梢水细菌含量稳定,一般在 0～10 CFU/mL 范围内,而循环回水细菌指标有一定变化,变化范围在 30～0 CFU/mL。通过循环,细菌含量迅速得到控制。

水中余氯含量变化在 0.02～0.10 mg/L,一般供水余氯含量最高,回水最低,管网末梢水介于两者之间。循环在一定程度上提高余氯含量。

从水的口感变化曲线看,还是比较稳定。一般均维持在 1.5～2 的较好水平,口感略差时出现在早上 3:00～5:00,这时基本上没有人用水。

从上述监测结果看,本工程水质是相当稳定的,不仅与饮水深度处理系统有关,而且与本研究开发的自动控制技术及远程监测技术有关。这些单元技术的完美结合是保障管道分质供水质量的关键。

6.1.2 南京仁恒国际公寓管道分质直饮水供水工程

6.1.2.1 工程概况

仁恒置地为新加坡上市公司,被视为高端房地产的引领者。南京仁恒国际项目位于南京河西新城区,由 2 栋塔楼组成:A 栋为五星级仁恒辉盛阁酒店,总高 30 层,有客房 219 间;B 栋为仁恒国际公寓,总高 45 层,有公寓 254 套。

配套建设管道直饮水系统,一直是仁恒高端房产高品质的标准配置之一。2007 年,南京水杯子公司成为南京仁恒的管道直饮水合作伙伴,为仁恒辉盛阁酒店和国际公寓建设了高水平管道直饮水系统。中心机房设在公寓的 31 层,以自来水为原水,管网全部为食品级不锈钢管道。该套管道直饮水系统设计产水能力为 2 t/h,完全可以满足酒店和公寓近 500 间(套)房客和住户的健康饮水需求。2008 年开通投入使用,运行了超过 15 年,一直由南京水杯子公司精心维护,深受酒店、公寓的管理方和客人、住户好评。

6.1.2.2 工艺设计

水杯子管道分质直饮水供水系统以制取优质饮用水为目标,在深度水处理工艺设计中,采取分阶段任务的形式逐步达到最终要求,通过合理循环确保水的品质在管网中能够保持不变。整个系统包括前置系统、中置系统、后置系统、变频泵组、循环管网以及控制整个流程的自动控制系统,系统工艺流程示意图参见图 6-14。

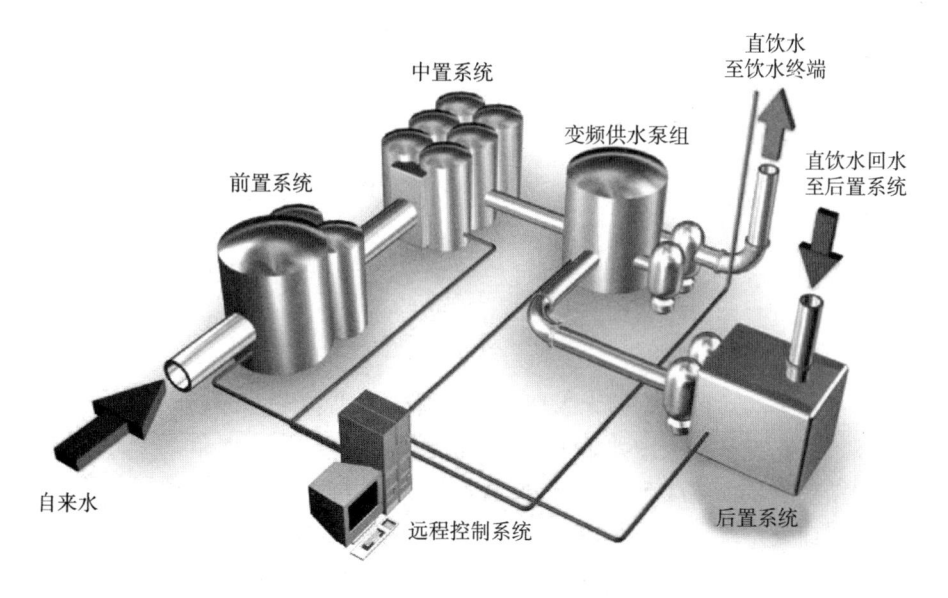

图 6-14 水杯子管道分质直饮水供水系统工艺流程示意图

1) 前置系统:前置系统由原水箱、多介质过滤器、活性炭过滤器和精密过滤器组成。
2) 中置系统:中置系统由 RO 膜组件、保安过滤器、高级氧化杀菌器、紫外杀菌器和净水箱组成。

3）后置系统：后置系统由矿化及 pH 调节器、管网回水、后置保鲜器、后置保安过滤器、后置紫外杀菌器、后置高级氧化杀菌器和净水箱组成。

4）变频泵组：变频泵组由多台小泵并联而成，采用变频恒压供水，最大限度地进行节能。

5）循环管网：循环管网由供水管和回水管组成，保证无死水段，真正做到 24 小时新鲜用水。

6）自动控制系统：自动控制系统采用智能化设计，保障净水的自动生产、自动循环、自动反冲、在线监测以及自动报警控制等。

6.1.2.3　出水水质

成套系统经工程验证，对水中病菌、有毒重金属、放射性核素、有机微污染物去除率分别高达 99.99％、95％、99％及 95％，水质甘甜可口，可直接生饮。其工程技术特点如下：

原水中有毒有害物质，多项毒理性指标，如三卤甲烷、四氯化碳、苯系物、多环芳烃、农药、酚类以及铅、汞、铍、铬、镉、铀、铊等其他放射性核素均在检测限以下。

针对管道直饮水的特点，采用最新科研成果—高级氧化杀菌，去除了饮用水中消毒副产物，改善了水的口感。

直饮水 pH 值在 7.0～7.5，呈中性—弱碱性，更有益于人体健康，口感好。

该系统与管网设计优化配合，能有效循环，不存在死水端，用户末梢水可永久保持新鲜。

已实现系统整体控制集成，实行生产、杀菌、循环、供水的全自动控制，无需专人管理。同时设计了在线监测等多套安全保障体系，保障了系统的安全性。

6.1.2.4　自动控制

本项目采用西门子可编程控制器，根据工艺流程编制程序进行运行管理，其物理单元主要由 CPU 单元和 I/O 单元构成。从功能上划分，主要控制单元为：净水生产控制单元、变频恒压供水控制单元、定时回水再处理控制单元、设备自动反冲洗控制单元、设备人机界面及报警控制单元等。

1）净水生产控制单元

系统自动和手动运行状态的无级切换；原水阀根据原水箱水位自动开启和关闭，保证原水供应；膜处理单元参照净水箱水位自动制水、停机；膜处理单元开机前自动冲洗 5 min，产水结束后自动冲洗 5 min；杀菌系统根据膜处理单元产水自动运行杀菌；源水箱安全液位时对前置系统水泵的互锁；成品水箱安全液位时对供水泵组和循环泵组的互锁；膜前高压对制水系统的保护；泵前低压对于泵的保护；整套系统实现自动化控制运行，管理简单方便，完全实现了无人值守。

2）变频恒压供水控制单元

供水泵组根据外部管网的压力自动调节频率恒压供水；泵运行频率在线显示；供水泵组根据净水水箱低位自锁。

3) 定时回水再处理控制单元

以西门子的时间可编程控制器为核心,定时开启回水电动阀;在夜间 1:00～4:00 对管网进行循环再处理;可对管网进行按序循环,并分别控制循环时间;自动根据循环流量的大小,控制杀菌系统的抑菌剂投加量。

4) 设备自动反冲洗控制单元

自动监控多介质过滤器、活性炭过滤器进出口压力值;自动监控净水水箱液位;当前后压力值超过 0.05 MPa,且水箱处于高水位,自动进入预处理单元反冲洗状态;自动关闭产水阀门,开启反冲洗阀门,对多介质过滤器进行反冲洗、正冲洗 3 次,然后再对活性炭过滤器进行反冲洗、正冲洗各 3 次。

5) 设备人机界面及报警控制单元

设备水质水量采用在线显示仪表控制,装配有电导仪、pH 仪、余氯、压力表、流量计等;设备配有日本三菱触摸屏,对系统流程进行全模拟显示,对于阀门、泵开关运行状态监视控制,对系统各设备的故障进行显示报警;自控系统设有远程通信接口,可实现远程控制;在线电导仪、pH 仪、余氯监测仪设有限值,当产水水质超标,系统自动进行显示报警;系统设缺相、短路、过载等情况的保护和停机;系统具有紫外灯失灵报警停机功能。

6.2 学校管道分质直饮水供水工程

6.2.1 全国青少年健康饮水工程简介

全国青少年儿童食品安全行动领导小组是由中国宋庆龄基金会牵头,教育部、科技部、卫生部等十二部委组成的全国青少年儿童食品安全行动的组织机构。全国青少年健康饮水工程是由全国青少年儿童食品安全行动领导小组办公室为解决我国青少年学生的饮水安全问题,缓解我国水资源现存的卫生安全隐患,让青少年学生喝上放心、健康水,于 2011 年 3 月 19 日,在南京大学启动的一项爱心工程。

随着工业和城市建设的迅猛发展,饮用水源受到越来越多的城市污水和工业废水的污染,给水源带来了难以或不能生物降解的有机污染物。自来水中存在对人体健康潜在危害的有机污染物,已不能单靠煮沸成开水就能去除了。

水是生命之源,缺水影响身体机能的方方面面。青少年是祖国的未来,健康问题尤为重要。但事实上,我们对青少年饮水普遍重视不够,加之缺少安全、便捷的饮水渠道,导致青少年特别容易缺水。研究表明:缺水 2% 会降低 20% 的算术、记忆、视觉跟踪能力,对青少年的学习能力产生严重影响。目前,我国在校学生饮水供水方式主要有自来水加开水器、桶装水饮水机和学生自带三种。自来水加开水器没有去除水中的污染物;桶装水饮水机存在饮水安全和校园安全隐患;学生自带饮水增加了书包的重量,这三种方式都存在明显不足。因此,很有必要探索新的方式解决学生饮水问题。

管道分质供水以自来水为原水,把自来水中生活用水和直接饮用水分开,另设管网,直通住户,实现饮用水和生活用水分质、分流,达到直饮的目的,并满足优质优用的要求。

在全球水质日益令人担忧的环境下,在校园,将部分自来水进行深度净化处理,去除有毒有害物质,使其达到优质饮用水的标准,再用专门的管道直接输送给学校师生饮用,也可根据需要配置管线机,24小时提供热水,受到广大师生的普遍欢迎。

2010年5月,南京水杯子分质供水工程有限公司被全国青少年儿童食品安全领导小组办公室选为"全国青少年儿童食品安全行动"战略合作伙伴(见图6-15),共同推进青少年儿童健康饮水工程。

图6-15 "全国青少年儿童食品安全行动"战略合作伙伴证书

2011年3月19日,全国青少年健康饮水工程启动仪式在南京大学举行,傅家谟院士出席启动仪式并讲话(见图6-16),全国青少年儿童食品安全行动领导小组以及教育部、国家工商总局、南京大学等单位领导出席了会议,中央电视台、《光明日报》等对此进行了报道,在全国产生了广泛影响。

到2020年为止,仅南京水杯子公司就已在全国26个省、市、自治区的3 000多所学校建设了直饮水系统,多个项目被评为全国青少年健康饮水工程示范项目,受益青少年人群超过五百万人。中央电视台、《中国教育报》、《光明日报》等主流媒体多次进行了正面报道。水杯子公司也被授予"全国青少年健康饮水工程突出贡献奖"(见图6-17)。

6.2.2 南京大学仙林校区管道分质直饮水工程

南京大学仙林新校区是南京大学为创建世界一流大学而建设的国际化新校区,位于南京三大副城之一的仙林大学城。校区建设按照"一次规划,分步实施"原则进行,批复规划用地4 910亩,总建筑规模约120万 m^2,2009年9月投入使用,2012年成为南京大学主校区。

图 6-16　傅家谟院士在全国青少年健康饮水工程启动仪式上讲话

图 6-17　全国青少年健康饮水工程突出贡献奖

南京大学仙林新校区人文与自然环境得天独厚,是南京大学一个多世纪以来规模最大的基本建设项目,也是中国建设标准最高、现代化和智能化程度最高的大学新校区之一。校区综合设施全面,拥有一流的教学、生活等设施,餐饮、娱乐、休闲、购物等综合服务功能完善。

在仙林校区建设的同时,南京大学校领导关心学生饮水健康,考察比较了学生安全饮水的各种解决方案,最终采用了南京水杯子公司利用产学研相结合开发的管道分质直饮水供水系统。

6.2.2.1 项目方案

1) 整体方案

南京大学仙林校区管道分质直饮水系统以符合当时国家标准《生活饮用水卫生标准》(GB 5749)的市政自来水为供水源,利用过滤、吸附、消毒等深度净化处理工艺,通过独立封闭的循环管道输送优质健康饮用水到每个学生宿舍,学生只需轻轻按一下安装在宿舍壁挂式饮水机上一个按键,就能全天 24 小时喝到冷水或热水,既方便又健康。管道直饮水的整体方案示意图参见图 6-18。

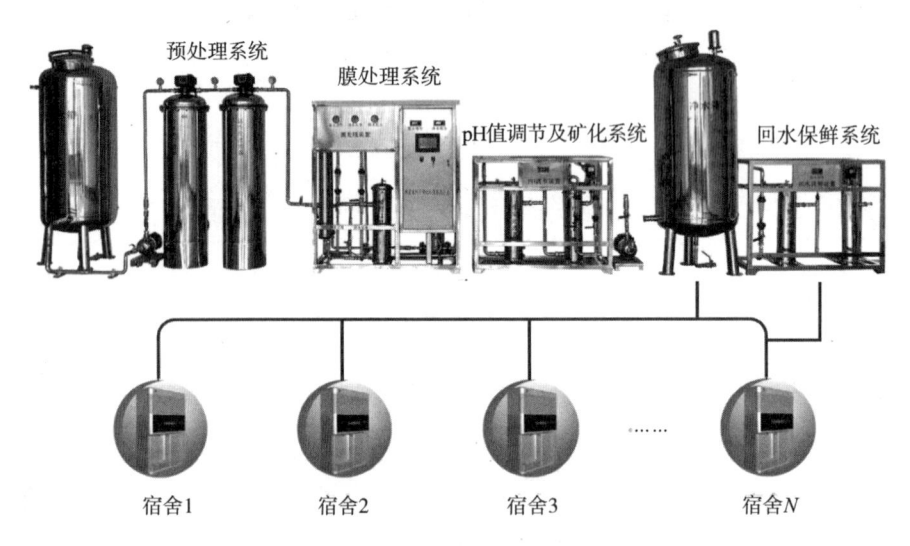

图 6-18 管道直饮水系统的整体方案示意图

本方案的目的是为师生提供去除了各种有机物、重金属、细菌、病毒等有害物质的直饮水,出水水质符合《饮用净水水质标准》(CJ 94—2005)。

2) 工艺方案

以制取优质饮用水为目标,在深度水处理工艺设计中,采取分阶段任务的形式逐步达到最终要求,即先把水处理到安全水,然后再处理成健康饮水,通过合理循环确保水的品质在管网中能够保持不变。整个系统包括前置系统、中置系统、后置系统、变频泵组、循环管网以及控制整个流程的自动控制系统。

(1) 前置系统

前置系统由原水箱、石英砂过滤器、活性炭过滤器和精密过滤器组成。

(2) 中置系统

中置系统由 NF+RO 组合膜装置、保安过滤器、高级氧化杀菌器、紫外杀菌器和净水箱组成。

(3) 后置系统

后置系统由矿化及 pH 调节装置、管网回水、后置保鲜器、后置保安过滤器、后置紫外杀菌器、后置高级氧化杀菌器和净水箱组成。

3) 核心技术剖析

(1) 组合膜处理工艺

从卫生角度讲，选用设备需能够去除自来水传统工艺中不能去除的重金属、农药、氨氮、病菌及有机微污染物。要彻底去除这类物质，只有采用纳滤和反渗透膜技术，它们对有害物质均有较高的去除率。从健康角度讲，因为反渗透处理工艺对离子的去除率过高，在去除对人体有害物质的同时，也去除了人体所需的 Na、K、Ca 等微量元素，产水接近纯水标准。

为了兼顾卫生与健康，通过独特的水力设计，本项目系统将脱盐率分别为 99.8%、80% 的反渗透膜与纳滤膜结合使用，在去除有害物质的同时，保持水的 TDS 值保持在 30~150 之间，更符合健康要求。

(2) pH 值调节工艺

本项目 pH 值调节器是采用物化的方式（参见 3.3.1），通过优选的可释放微量 K^+、Na^+、Ca^{2+}、Mg^{2+} 离子的天然矿石，平衡水质电位，再辅以阴阳电极产生电位吸附，调节碳酸平衡，使偏酸性的水体回复成中性偏碱的状态，与人体体液 pH 值接近。保证口感润喉，pH 值适于人体环境。

(3) 高级氧化杀菌技术

从安全角度讲，设备产水在一定的时间内需有较高的水质稳定性，这就要求工艺中采用的杀菌工艺既对细菌有很高的灭活性，同时要保证产水在管网中保持一定的抑菌作用。

本项目高级氧化杀菌技术（参见 3.3.2.3）先利用臭氧的强氧化性杀灭细菌，然后通过微电解技术将臭氧与水发生反应，产生羟基自由基，羟基自由基可以抑止细菌的生长，存留时间超过 24 小时，且没有异味，不会破坏水的口感，不会产生消毒副产物，最终变成水和氧气。

6.2.2.2 系统设计

根据学校实际情况，学生宿舍管道直饮水系统前后分 3 期建设，覆盖宿舍楼 15 栋，采用管道直饮水和终端直饮机相结合的方式供水，供水总人数约 16 000 人。

1) 系统制水能力

本项目日人均饮水定额取 3 L。

$$Q_d = Nq_d = N \times 3 = 16\,000 \times 3 = 48\,000 \tag{6.1}$$

式中：Q_d，系统最高日直饮水量，L；N，系统服务人数；q_d，每人最高日直饮水定额，L。

考虑学校高峰取水量大等特点，制水量选用：

$$Q_j = 1.2Q_d/T_2 = 1.2 \times 48\,000/9 = 6\,400 \tag{6.2}$$

式中：Q_j，净水设备产水能力，L/h；T_2，最高日设计净水设备累计工作时间，h，本项目取 9 h。

根据以上计算原则，本项目选用 7 m³/h 的管道直饮水制水设备即可以满足全校师生的饮水需求。

2) 设备选型

第一期设备机房建设在 3 号宿舍楼，设计处理量 3 m³/h 的中央净水处理设备 1 套，覆盖 1~5 栋 2 530 间宿舍，为 10 000 余名本科生提供直饮水；第二期中央水处理设备机房建设在 8 号宿舍楼，系统处理量为 3 m³/h，覆盖 6~11 栋 506 间本科生、研究生宿舍，直饮水用水人数约 4 000 人；第三期中央水处理设备机房建设在 14 号宿舍楼，设有处理量为 1 m³/h 的中央净水处理设备 1 套，为 12~15 栋 954 间 2 000 余名研究生、博士生供给直饮水。

其中，3 m³/h 的中央净水处理设备配置清单见表 6.5。

表 6.5　3 m³/h 中央净水设备清单

序号	名称	规格	单位	数量
1	原水电动阀	DN50,220 V,304 不锈钢	台	1
2	原水增压泵	$Q=8\text{m}^3/\text{h}$,$H=34$ m,不锈钢 304 材质	台	1
3	石英砂过滤器	滤层 1 000 mm,滤速 14 m/h	套	1
	不锈钢罐体	Φ800×2 200 mm,不锈钢 304 材质,衬胶防腐	只	1
	电动阀	DN50,UPVC	个	5
	石英砂滤料	粒度 0.5~8 mm	KG	450
4	活性炭过滤器	滤速 14 m/h	套	1
	不锈钢罐体	Φ800×2 200 mm,不锈钢 304 材质,衬胶防腐	台	1
	电动阀	DN50,UPVC	个	5
	活性炭滤料	椰壳炭,10~20 目,碘值>1 000	KG	100
5	膜前阀	DN50,220 V,304 不锈钢	只	1
6	精滤器(5u)	$Q=8$ m³/h,Φ200×1 000 mm 5 芯,40 寸聚丙烯 PP 滤芯精度 5 μm,规格 40 英寸	套	1

续表

序号	名称	规格	单位	数量
7	NF+RO 膜系统	$Q=3.0$ m^3/h,回收率50%~60%	套	1
	高压泵	$Q=6$ m^3/h,$H=110$ m,不锈钢304材质	台	1
	低压保护器	AC220~230 V,寿命不低于5万次	只	1
	高压保护器	AC220~230 V,寿命不低于5万次	只	1
	不锈钢膜壳	4040-2,不锈钢304材质	只	6
	NF 膜	ESNA1-4040,产水率 0.25 t/h	支	4
	RO 膜	ESPA1-4040,产水率 0.25 t/h	支	8
	TDS 仪	CM230 量程 0~2 000,0~200 精度 0.01,4~20 mA,不锈钢探头	套	2
	转子流量计	LZS 系列量程 20 GMP,30 GMP	套	4
	浓水阀	DN32,不锈钢304	只	1
	压力表	量程 0~1.0 MPa,0~1.6 MPa	只	6
8	pH 口感调节系统	304 不锈钢壳体,pH6.0~7.8 可调5~30	套	1
	精密过滤器	304 不锈钢壳体 5~30,折叠滤芯,1 μm	套	1
	紫外杀菌系统	304 不锈钢壳体,$Q=6$ m^3/h,108*900,飞利浦灯管	套	1
9	后置回水保鲜系统	304 不锈钢壳体,$Q=9$ m^3/h,9 芯,40 寸,椰壳活性炭	套	1
	后置保安器	304 不锈钢壳体,$Q=9$ m^3/h,9~40,40 寸,折叠 PP 滤芯,1 μm	套	1
	紫外杀菌系统	304 不锈钢壳体,$Q=12$ m^3/h,158*900,飞利浦灯管	套	1
	高级氧化杀菌装置	304 不锈钢壳体,余氯+臭氧	套	1
10	净水箱	$V=5.0$ t,无菌水箱内外抛光,不锈钢304材质	只	1
	浸没式紫外杀菌器	75 W,莱邵斯灯管	套	4
11	1 区变频恒压供水泵组	5 t,40 m,不锈钢304材质	台	2
	压力变送器	0~1.0 MPa,4~20 ma	只	1
	压力罐	24 L,气囊式,不锈钢304材质	只	1
	不锈钢压力表	Y60,2.5 MPa,不锈钢304材质	只	1
12	2 区变频恒压供水泵组	5 t,40 m,不锈钢304材质	台	2
	压力变送器	0~1.0 MPa,4~20 ma	只	1
	压力罐	24 L,气囊式,不锈钢304材质	只	1
	不锈钢压力表	Y100,1.0 MPa,不锈钢304材质	只	1

续表

序号	名称	规格	单位	数量
13	3区变频恒压供水泵组	5 t,40 m,不锈钢304材质	台	2
	压力变送器	0～1.0 MPa,4～20 mA	只	1
	压力罐	24 L,气囊式,不锈钢304材质	只	1
	不锈钢压力表	Y100,1.0 MPa,不锈钢304材质	只	1
14	自动控制系统	SBZ-KZ-3.0	套	1
	PLC编程器	FX1N,配套模拟量3A模块	套	1
	触摸屏	10′,真彩屏	只	1
	变频器	M440系列	只	3
	液位变送器	YLCC,开关量液位	只	6
	控制柜	700*400*1800,碳钢喷塑	只	1
	电气元件仪表	交流接触器,相序保护器,热保护继电器等	批	1
15	设备间管道及管件	不锈钢304,卡压件DN20～50	批	1
	回水电动阀	DN32～50,304不锈钢	只	6
16	设备不锈钢基础	不锈钢型材75*45*1.0,38*25*1.0	批	1
17	设备电缆	主电源线,水泵,电磁阀,仪表线等	批	1
18	机房化验室	日检项目,恒温箱,培养箱,台式电导率仪,pH仪,浊度仪等	间	1

教学楼采用水杯子1开3温热交换节能型4龙头直饮水台,温水温度在40度左右。宿舍楼选用壁挂式饮水机,1开1常温,使得师生能够喝上热水。

南京大学管道直饮水系统共有中央水处理设备3套,壁挂式饮水机3 990台,电热直饮水机22台,直饮水台7台,覆盖南大仙林校区内宿舍及教学楼。

3) 管网设计

管道直饮水工程的设计依据,当时主要参照国家建设部《管道直饮水系统技术规程》(CJJ 110—2006),应确保用水点之前的水为循环布置,且应采取同程设计。管道直饮水管网布置示意图见图6-19,主管管径需根据该供水区域服务人数及用水量进行确定,干管管径主要依据供水时某一时间段内最大龙头使用数量所需求的流量及循环时该管段所服务的支管数量,该项目管网设计中要求循环时每根支管均能获得0.5 m/s的流速,而主干管流速应尽可能减小管道沿程损失。

本系统分为3个供水区域,均采用变频恒压供水,各供水区域管道采用同程循环给水形式,中央净水设备的主机房设置于底层,通过直饮水机房集中进行水处理,将处理后的水通过管网输送至每个饮水点或终端饮水机。

户内管网系统采用上供下给的供水方式,每层楼走廊敷设横干管循环。立管管径主要依据供水时某一时间段内最大龙头使用数量所需求的流量及循环时该管段所服务的横干管管数量,该项目中为了确保循环时每根横管均能获得0.5 m/s的流速,立管各段主管的流量应等于其服务横管流量的总和,而立管流速考虑到尽可能减小管道沿程损失,流速

图 6-19　管道直饮水管网布置示意图

设定在 1 m/s 以内。

（1）管网材料的选择

对于自来水而言，其水质的不稳定主要一个因素是管网带来的"二次污染"，为克服这个问题，在直饮水管道设计中，应选用卫生要求高、不易腐蚀、难于降解和水解的管材。本项目选用了进口原料的食品使用级 PP-R 管，所有管材和配件均要达到同等品质。

（2）管网布置形式

流水不腐，水质保持新鲜就要保证管网内的水能够循环，但循环不能简单地理解为布置成环状管网就可以了。为确保实际的循环效果，任何一点都不能存在滞水现象，应采用同程布置，确保水力平衡。由于本项目管网规模较大，所以，进行了人为分区，设置多个供水分区，对这些分区进行分时段单独循环，则可避免水力不均衡带来的不利点水质超标的现象。

（3）循环回水管及循环流速的确定

直饮水的设计规范如参考过去的热水系统，则存在干管过小，循环时支管几乎没有流量的现象，容易造成细菌的滞留、繁殖。因此，应考虑把回水干管管径放大，在循环时每个支管均能获得 0.5 m/s 以上的流速，破坏细菌的生存环境，提高水质稳定性。

6.2.2.3　运营维护

项目的运营保养采用定期保养和巡回保养相结合的方式。直饮水机房内设备由运营服务人员负责监管，每学期定期对直饮水设备进行常规保养，每周进行一次巡回检查。

本项目管道分质供水系统为全自动化运行，机房必须保持干燥、整洁，严禁摆放杂物；做好安全防范措施，注意通风、散热，门和主机须上锁，防止意外事件发生。服务人员需详细了解系统的设备性能，掌握参数设置，并做好运行状态记录和管道直饮水系统设备维护记录。

本项目现场有 2 名专职人员负责直饮水系统运维工作，人员实行轮休制，保障每天有人驻场满足维护工作需求。维护人员通过维护技能培训,取得健康证后上岗,每日根据工作规范要求巡检直饮水系统、检测直饮水水质、完成报修宿舍的设备维护并按规定做好各类参数记录及维护登记。

设备运行记录:每周在设备正常产水时查看各仪表参数及设备房水电表度数,将数值填写在《设备运行参数记录表》中;

耗材更换记录:根据耗材更换周期表更换净水设备滤芯和耗材,准确如实地填写《耗材更换记录表》,同时将滤芯标签、涉水卫生许可批件、拆装维护过程图片等凭证整理成维护报告,在设备房中上墙备查;

清洗消毒记录:寒暑假期间需对直饮水系统进行清洗消毒,记录消毒剂名称(含卫生许可证号)、浸泡时间、循环冲洗时间等;

日检记录:掌握实验仪器的基本操作,每日检测如实填写《日检记录表》(日检项目:pH/TDS/浊度/臭和味/肉眼可见物/色度等);

维修记录:根据日常报修内容做好维修登记,记录报修日期、维修日期、寝室号、故障原因、解决方法;

卫生记录:每周保洁一次,包括设备擦拭、墙面掸尘、地面拖扫。

壁挂机清洗消毒方式:南京大学共有3 000多台壁挂式饮水机(无水箱),寒暑假开学前夕采用便携式小型臭氧发生器结合75%酒精对宿舍终端进行消毒。操作流程如下:a. 排空饮水机内管路及加热罐中存水,将便携式小型臭氧发生器硅胶管分别与饮水机进、出水口连接,调制数码计时器,选择消毒时间3～5 min,点击开始。b. 用洁净的棉布擦拭饮水机外部,用镊子捏取75%酒精棉球擦拭出水水嘴及水嘴内壁。c. 待臭氧机停止工作消毒完毕后,拔掉电源和硅胶接口。d. 连接净水软管,从龙头放出约300 mL水后即可饮用。

本项目运营一年以后和竣工验收时的水质报告对比表见表6.6。

表6.6 江苏省疾病控制中心检验报告

测定项目	单位	2009年检测结果			2010年检测结果		
		标准值	仙林南京大学Ⅰ期	仙林南京大学Ⅱ期	标准值	仙林南京大学Ⅰ期	仙林南京大学Ⅱ期
色度	度	不超过15度	<5	<5	≤5	<5	<5
浑浊度	NTU	不超过1	0.06	0.06	≤0.5	0.06	无
臭和味		无异臭、异味	无	无	无	无	无
肉眼可见物		无	无	无			
pH值		不小于6.5且不大于8.5	7.73	7.75	6.0～8.5	8.15	8.10
总硬度(以碳酸钙计)	mg/L	≤450	38.5		≤300	34.6	31.8

续表

测定项目	单位	2009年检测结果			2010年检测结果		
		标准值	仙林南京大学Ⅰ期	仙林南京大学Ⅱ期	标准值	仙林南京大学Ⅰ期	仙林南京大学Ⅱ期
铁	mg/L	≤0.3	<0.03	<0.03	≤0.20	<0.03	<0.03
锰	mg/L	≤0.1	<0.001	<0.001	≤0.05	<0.001	<0.001
铜	mg/L	≤1.0	<0.001	<0.001	≤1.0	<0.001	<0.001
锌	mg/L	≤1.0	<0.005	<0.005	≤1.0	<0.005	<0.005
铝	mg/L	≤0.2	<0.01	<0.01	≤0.2	<0.01	<0.01
挥发酚类（以苯酚计）	mg/L	≤0.002	<0.002	<0.002	≤0.002	<0.002	<0.002
阴离子合成洗涤剂	mg/L	≤0.3	<0.05	<0.05	≤0.20	<0.05	<0.05
硫酸盐	mg/L	≤250	8.8	7.9	≤100	5.9	5.6
氧化物	mg/L				≤100	2.6	2.6
三氯甲烷	mg/L	≤0.06	<0.003	0.003			
溶解性总固体	mg/L	≤1 000	84	78	≤500	103	107
耗氧量（以O_2计）	mg/L	≤3	0.22	0.24	≤2.0	0.56	0.32
氰化物	mg/L	≤0.05	<0.002	4.8			
氟化物	mg/L	≤1.0	0.1	0.1	≤1.0	<0.1	≤0.1
溴酸盐	mg/L	≤0.01	<0.005	<0.005			
亚氯酸盐	mg/L	≤0.7	0.16	0.05			
氯酸盐	mg/L	≤0.7	0.099	0.042			
甲醛	mg/L	≤0.9	<0.05	<0.05			
硝酸盐（以氮计）	mg/L	≤10	0.6	0.6	≤10	0.5	0.5
砷	mg/L	≤0.01	<0.001	<0.001	≤0.01	<0.001	<0.001
镉	mg/L	≤0.005	<0.000 1	<0.000 1			
硒	mg/L	≤0.01	<0.005	<0.005	≤0.01	<0.005	<0.005
汞	mg/L	≤0.001	<0.000 2	<0.000 2	≤0.001	<0.000 2	<0.000 2

续表

测定项目	单位	2009年检测结果			2010年检测结果		
		标准值	仙林南京大学Ⅰ期	仙林南京大学Ⅱ期	标准值	仙林南京大学Ⅰ期	仙林南京大学Ⅱ期
锡	mg/L				≤0.01	<0.0001	<0.000
铬(六价)	mg/L	≤0.05	<0.004	≤0.004	≤0.05	<0.004	<0.004
铅	mg/L	≤0.01	<0.001	<0.001	≤0.01	<0.001	<0.001
氯仿	μg/L				≤30	<3	<3
四氯化碳	mg/L	≤0.002	<0.0001	<0.0001	≤0.002	<0.0001	<0.0001
细菌总数	CFU/ml	≤100	未检出	未检出	≤50	未检出	未检出
总大肠菌群	MPN/100 mL	不得检出	未检出	未检出	不得检出	未检出	未检出
粪大肠菌群	MPN/100 mL				不得检出	未检出	未检出
耐热大肠菌群	MPN/100 mL	不得检出	未检出	未检出			
大肠埃希氏菌	MPN/100 mL	不得检出	未检出	未检出			

表6.6表明,本项目管道直饮水去除了源水中有毒有害物质,多项毒理性指标,如三氯甲烷、四氯化碳、阴离子合成洗涤剂、酚类以及铅、汞、铬、镉等均在检测限以下。直饮水pH值在7.0~8.5之间,呈中性—弱碱性,更有益于人体健康。本项目间隔1年的两期检测报告各项水质检测指标均满足规范要求,且没有明显变化,运营维护效果好。

6.2.3 中国矿业大学管道分质直饮水供水工程

中国矿业大学位于江苏省徐州市,是教育部直属的全国重点大学,国家"世界一流学科建设高校",国家"211工程""985工程优势学科创新平台"建设高校。

中国矿业大学南湖校区作为本科生基地,是一个集信息化、园林化、生态化的现代化大学校园。它位于徐州市南郊,北临三环南路,与小南湖隔路相邻,东临新茶路,与云龙湖公园、泉山风景区相接,西至拉犁山脚下。南湖校区总占地面积2 858亩,南北长约1 700 m,东西宽约1 200 m,呈不规则长方形。学生生活区位于南湖校区西面,西达拉犁山麓,与教学区隔水相望,共有22栋宿舍楼,其中包括梅苑3栋、兰苑3栋、竹苑4栋、杏苑3栋、桃苑5栋和松苑4栋,宿舍共7 300个,可容纳学生28 000名。

中国矿业大学南湖校区学生宿舍原来供应的是桶装纯净水。由于桶装水的桶消毒要求高,桶装水搬运不方便,且到学生宿舍的桶装水质量难以保证等问题,学生满意度较低。2017年,经反复论证比选,学校领导研究决定,选择管道分质直饮水工程覆盖该校22栋学生宿舍楼7 300个宿舍,采用管道直饮水和终端壁挂式饮水机相结合的方式供水。

6.2.3.1 项目方案

1) 整体方案

采用中央水处理设备集中对部分自来水进行深度净化处理,去除有毒有害物质,使其达到优质饮用水的标准,再用专门的管道直接输送给学校师生终端用户,用户可以直接取水直饮,同时配置终端饮水机,提供热水和温水。

根据学校实际情况,在学生宿舍相对居中位置设置直饮水主机房,通过敷设专门的管道将直饮水输送至学生宿舍楼,为了保证饮用水的新鲜与健康,需敷设另一路同程、循环管网,定时自动启动循环处理,将管道中的余水回收至设备进行再处理,确保师生喝到的水都是新鲜健康的。饮水终端采用壁挂式饮水机,在学生宿舍有洗手间或宿舍空间容许的情况下,饮水机安装在学生宿舍,否则,饮水机就安装在宿舍外的公共区域。管道直饮水的整体方案示意图参见图6-20。

图 6-20 管道直饮水的整体方案示意图

2) 工艺流程

本项目工艺流程如下:

原水—原水泵—多介质过滤器—活性炭过滤器—精密过滤器—高压泵—NF膜主机—pH矿化调节—保安过滤器—紫外杀菌器—净水箱(浸没式紫外灯)—供水泵组—供水管网—保鲜过滤器—保安过滤器—紫外杀菌器—回净水箱。

6.2.3.2 设备选型与管网设计

根据学校实际情况,该管道分质直饮水系统覆盖该校 22 栋宿舍楼 7 300 个宿舍,服务在校师生 28 000 余名。

1) 设备选型

(1) 中央水处理设备

根据宿舍区域分布,本项目选用 1.5 m^3/h 和 2.5 m^3/h 两套管道直饮水制水设备。其中桃苑机房设置 2.5 m^3/h 中央水处理设备(现场照片见图 6-21),设计在桃苑 4 号楼(A4),覆盖 9 栋楼,包括桃苑 1—5(A1—A5)号楼和松苑 1—4(B1—B4)号楼;梅苑机房设置 1.5 m^3/h 中央水处理设备,设计在梅苑 1 号楼(E1),覆盖 13 栋楼,包括梅苑 1—3(E1—E3)号楼、兰苑 1—3(Y1—Y3)号楼、竹苑 1—4(D1—D4)号楼和杏苑 1—3(C1—C3)号楼。学校需为每套设备提供一间 20~35 m^2 左右的净水机房,并提供功率不小于 15 kW 的三相电源。

图 6-21 南湖校区桃苑机房中央水处理设备现场照片

(2) 壁挂机技术要求

本项目通过 7 300 个温热型壁挂管线饮水机供应直饮水。学生不用出门即可饮用常温或经过加热的直饮水,既方便,又健康。

壁挂式饮水机性能必须稳定,设计寿命 10 年以上。整机具备防爆、防触电、防渗漏、防干烧、防缺水、防超温、防火等安全功能。整机具有省级以上涉水产品安全许可批件;整机具有国家强制认证 3C 证书;防水等级报告;加热管、电线、温控器检验报告及 CQC 或 3C 证书。整机所用电器元件(如温控器、翘板开关、电磁阀、电线、线束接头等)必须采用一线知名品牌。

壁挂式饮水机技术要求如下:

安装方式:壁挂式饮水机安装大样图参见图 6-22;

电源:220 V,50 Hz;

功率:450 W~600 W;

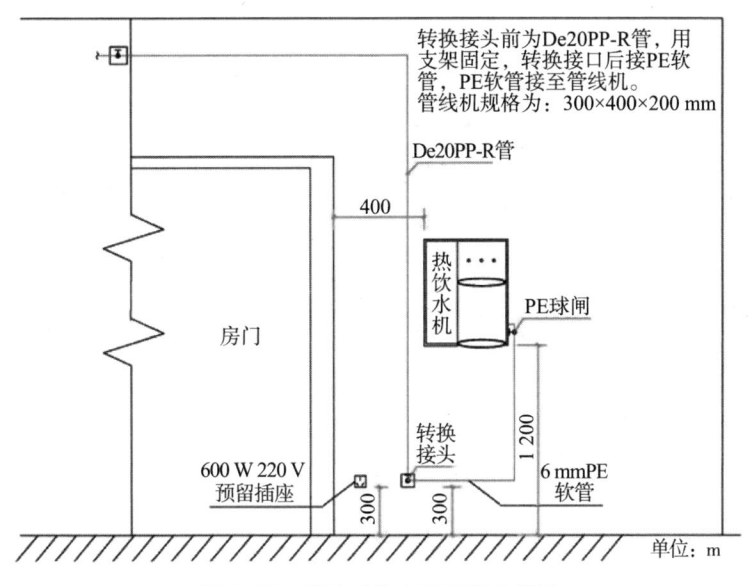

图 6-22　壁挂式饮水机安装大样图

加热管:304 不锈钢或以上材质;

加热水胆:304 不锈钢材质,采用先进的焊接工艺,10 年以上使用寿命,提供相关质量证明文件;

外壳材质:防老化、脆化、阻燃、防水、防撞等。

(3) 直饮水水表技术要求

直饮水水表用于记录直饮水管道饮用冷水总量,应计量准确、精度高(0.1 L),具有防止水表停转、自转或倒转、防磁、防振等功能。直饮水水表技术要求应符合国家 GB/T 778.1—2007 的规定;采用不锈钢或者塑料壳体(要提供卫生许可批件);计数器与水隔开,示值清楚,所用的材料均符合饮用水表卫生标准,具有始动流量小,计量精度高,卫生安全,读数方便的特点;配套气密性高的止回阀,防止直饮水表倒转;具有防止微小颗粒导致水表停转功能。

2) 管网设计

管道直饮水的设计依据,主要参照国家建设部《管道直饮水系统技术规程》(CJJ 110—2006)。应确保用水点之前的水为循环布置,且应采取同程设计。

主管管径须根据该供水区域服务人数及用水量进行确定。本项目一期直饮水室外管总平面图见图 6-23。

户内管网系统采用上供下给的供水方式,每层楼走廊敷设横干管循环。立管管径主要依据供水时某一时间段内最大龙头使用数量所需求的流量及循环时该管段所服务的横干管数量,该项目中为了确保循环时每根横管均能获得 0.5 m/s 的流速,立管各段主管的流量应等于其服务横管流量的总和,而立管流速考虑到尽可能减小管道沿程损失,流速设定在 1 m/s 以内。本项目一期学生宿舍 B1 栋直饮水管网系统图见图 6-24。

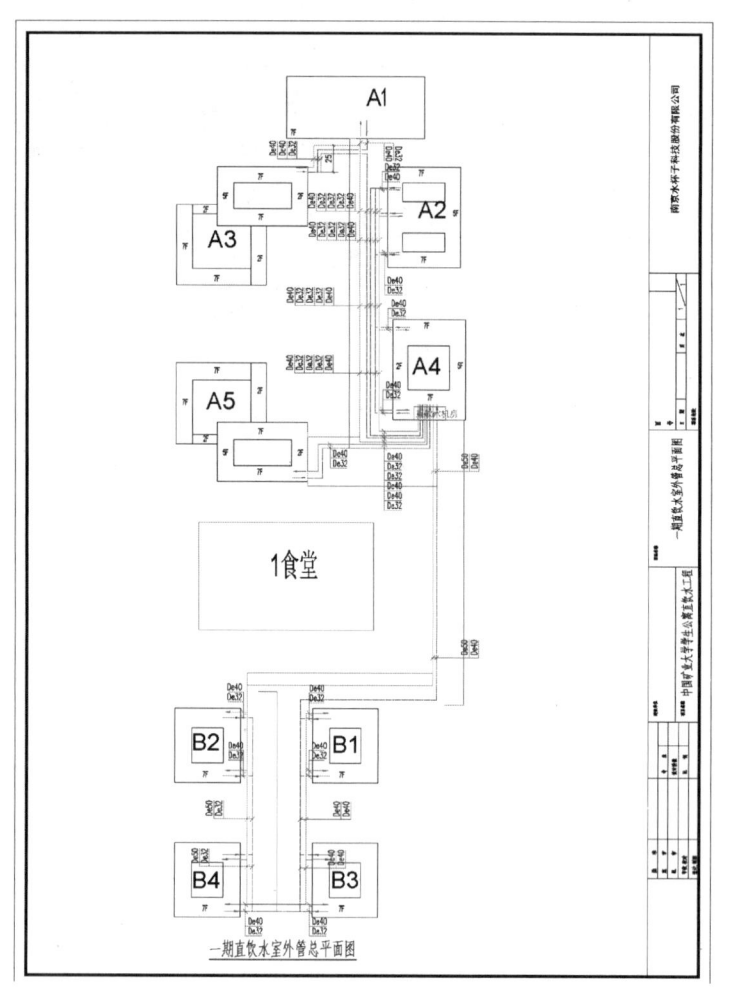

图 6-23　一期直饮水室外管总平面图

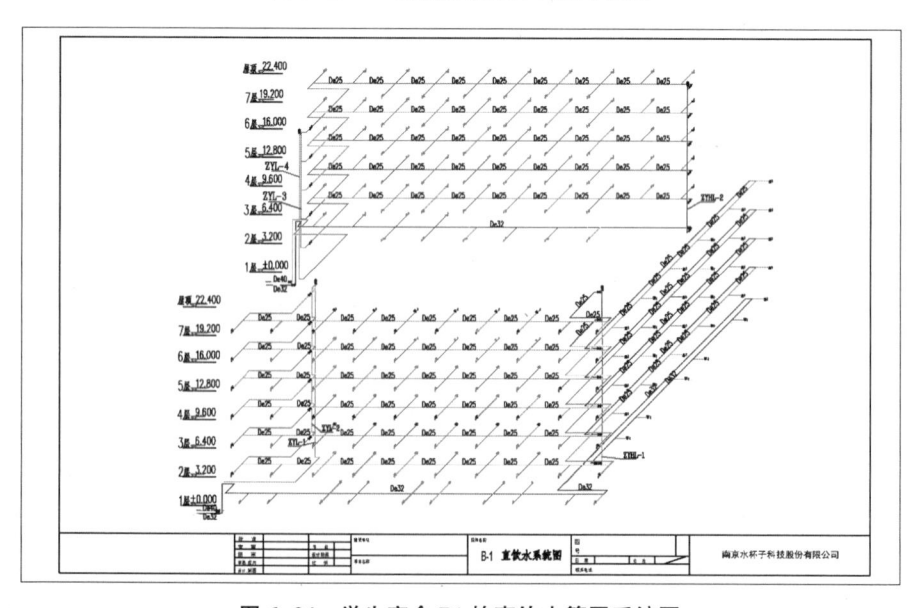

图 6-24　学生宿舍 B1 栋直饮水管网系统图

6.2.3.3 运营维护

中国矿业大学项目现场有3名专职人员负责直饮水系统运维工作,维护人员通过维护技能培训,取得健康证后上岗。每日根据工作规范要求巡检直饮水系统,每日检测直饮水水质,每周保洁一次,根据日常报修内容做好维修登记;寒暑假期间需对直饮水系统进行清洗消毒;根据耗材更换周期表更换净水设备滤芯。

中国矿业大学有直饮水终端约8 000台(有水箱),备用100台,采取逐栋置换的方式进行清洗消毒,约3个月完成一次循环,操作流程如下:一、打开饮水机后盖拆卸储水箱,将水箱浸入10~20 mg/L浓度的次氯酸钠消毒液中浸泡10 min。二、用镊子夹取洁净的医用纱布或棉球等柔软布料,沾取消毒液对浮球及连接软管进行擦洗。三、将储水箱从消毒液中取出,用直饮水洗涤3次后,组装复位。四、饮水机注满水,插上电源进行加热,水开后打开饮水机水龙头和排污口排空饮水机内的存水,重复以上操作直至出水无氯味。五、用酒精棉球清洗水龙头、积水托盘等部位,用抹布擦拭机身表面,沥干水分。六、前往宿舍用清洗消毒后的饮水机置换宿舍饮水机,将未消毒设备带回清洗消毒后循环使用。

该项目运行6年后水质检测报告,见表6.7:

表6.7 中国矿业大学管道直饮水水质检测报告

序号	检测项目	单位	检测结果	限值	检测方法
1	色度	度	<5	≤5	GB/T 5750.4—2006
2	浑浊度	NTU	0.36	≤0.5	GB/T 5750.4—2006
3	臭和味	/	0	无异臭、异味	GB/T 5750.4—2006
4	肉眼可见物		无	无	GB/T 5750.4—2006
5	pH		7.1	6.0~8.5	GB/T 5750.4—2006
6	总硬度(以 $CaCO_3$ 计)	mg/L	15	≤30	GB/T 5750.4—2006
7	氧化物	mg/L	1.64	≤10	GB/T 5750.5—2006
8	溶解性总固体	mg/L	130	≤500	GB/T 5750.4—2006
9	耗氧量(COD_{Mn},以 O_2 计)	mg/L	0.28	≤2.0	GB/T 5750.7—2006
10	硝酸盐氮(以 N 计)	mg/L	0.28	≤10	GB/T 5750.5—2006
11	砷	mg/L	≤0.001	≤0.0	GB/T 5750.6—2006
12	汞	mg/L	<0.000 1	≤0.00	GB/T 5750.6—2006
13	溴酸盐	mg/L	<0.005	≤0.0	GB/T 5750.10—2006
14	甲醛	mg/L	<0.05	≤0.90	GB/T 5750.10—2006
15	总大肠菌群	CFU/100 mL	未检出	不得检出	GB/T 5750.12—2006
16	细菌总数	CFU/mL	<1	≤50	GB/T 5750.12—2006

6.3 酒店宾馆管道分质直饮水供水工程

6.3.1 酒店宾馆管道分质直饮水供水项目特点

安全、舒适是顾客入住酒店的前提条件,酒店配套管道直饮水能为顾客提供更安全、更舒适的饮用水。管道直饮水系统已成为国际酒店以及国内高星级酒店必备设施,是衡量酒店档次水准的标志之一。酒店配套管道分质供水工程提供管道直饮水可以提高宾客饮水品质,满足宾客对健康的要求,同时也可以提供高品质的洗漱用水,满足客人更高品位的需求,树立良好口碑,吸引更多高端消费人群入住酒店。

酒店配套管道直饮水核心价值包括:可以为酒店的评星加分;酒店直饮水经济效益显著,制水成本远低于桶装水和瓶装水;与国际接轨,提升酒店档次;注重服务细节,满足客人高品位需求;提高酒店服务质量,满足宾客对健康的要求。

6.3.2 华西龙希国际大酒店管道分质直饮水供水工程

6.3.2.1 工程概况

华西龙希国际大酒店(Long Wish Hotel International),原名"华西增地空中新农村大楼",坐落于拥有"天下第一村"之美誉的华西村,是一座以超五星级酒店标准定位的大型现代化酒店。酒店于2007年8月8日开工建设,于2011年10月8日正式启用。华西龙希国际大酒店是展现社会主义新农村典范的标志性建筑,建筑采用"塔""竹"相结合的造型设计,总建筑面积达21万 m^2,地上72层,地下两层,总高度328 m,占地面积30亩,总投资超过30亿元。将传统合院模式"空中立体化"并增添自然景观形成"空中花园",是集医疗、教育、文化、休闲、服务于一体的超高层居住综合体。该酒店为与国际接轨,提升酒店档次,吸引更多高端消费人群入住酒店,邀请南京水杯子公司同步设计、建设了高标准管道分质直饮水供水系统。

华西龙希国际大酒店管道分质直饮水供水系统是超高层酒店配套直饮水的代表。主机设备设置在36层,地下三层设置回水系统,通过回水系统实现36层以下的回水。直饮水系统智能管理,同时配置水质监测系统及运营管理平台,同时直饮水系统接入楼宇控制系统,实现智能化远程监控。机房设置监控、门禁、浸水、烟感信息化系统。

6.3.2.2 系统设计

2008年,管道直饮水的设计施工建设依据,主要参照国家建设部《管道直饮水系统技术规程》(CJJ 110—2006)。系统设计主要考虑水处理工艺确保水质安全;考虑设备智能化程度,确保项目运营维护的便利性;匹配用水量的制水能力,满足用户对高品质水的需求。

本项目整个系统包括前置系统、中置系统、后置系统、变频泵组、循环管网以及控制整个流程的自动控制系统。

1) 水处理工艺设计及设备配置

(1) 前置处理单元

前置处理单元的主要作用是降低原水的浊度、有机物浓度,消除大分子颗粒,及原水中有害于膜处理单元的有机和无机物质,确保进入膜处理单元的水质满足于膜处理的需要,尽可能改善膜处理单元的进水水质。

(2) 中置处理单元

本项目NF+RO组合膜处理装置是整个中置处理单元的核心部分,它包含NF+RO膜组件、膜清洗装置、高压泵和电控及仪器仪表等。它起到对水的脱盐作用,能脱除水中对人体有害的重金属、有机物及其他阴、阳离子和细菌、病毒等微生物。

(3) 后置处理单元

本项目后置处理单元中,采用pH调节装置将NF+RO组合膜处理装置出水的pH值调节至人体饮用最适点,采用杀菌保鲜装置对管网回水进行再处理与杀菌作用。管网回水经保鲜器、后置保安过滤器和回水杀菌系统,再进入成品水箱,这样可去除管网中可能产生的二次污染物,改善水的口感,保证回水水质新鲜、纯净、无菌、卫生和安全。

(4) 供水泵组系统

机房设一套供水循环系统,由8台水泵(四用四备)组成供回水系统,与电动阀门、微电脑时空器等构成一个闭环系统,充分考虑了直饮水用水的小流量特点,既满足管网安全要求,同时又降低设备运行期间的能耗。

2) 设备智能化设计

因直饮水整套处理设备工艺相对复杂,设备技术含量高,非专业人员维护难度较高,故设备本身的智能化要求需相应提高来减少人为维护的工作量并降低难度。本项目设备智能化设计,能根据用水需求自动产水(停止);能对各工艺段自动进行反冲洗、清洁;设置了相应的在线监测仪,对水质的主要参数进行全程监测,确保水质;能对故障进行自动报警,自动切断电源、停机,对处理设备进行保护;能对管网存水进行自动循环再处理,同时直饮水系统接入楼宇控制系统,实现智能化远程监控。

3) 直饮水机房设计

直饮水机房的设计严格按照江苏省《生活饮用水管道分质直饮水卫生规范》(DB 32/T 761—2005)执行,主要要求如下:一、配置更衣室,室内应有衣帽柜、鞋柜等更衣设施,并配置流动水洗手设施。二、地面、墙壁、天花板应使用防水、防腐、防霉、易消毒、易清洗的材料铺设。地面应有一定坡度,有废水排放系统。门窗应采用不变形、耐腐蚀材料制成,并有上锁装置。三、独立设置的封闭间应配备机械通风设备和空气消毒装置。采用紫外线空气消毒,紫外线灯按30W/10～15 m^{2}设置,离地2 m吊装。四、直饮水机房设置监控、门禁、浸水、烟感信息化系统。

6.3.3 杭州国际博览中心北辰大酒店管道分质直饮水工程

6.3.3.1 工程概况

杭州国际博览中心北辰大酒店坐落于钱塘江南岸,矗立于钱江世纪城核心区,俯瞰钱塘江之壮观美景,一览钱江世纪城之新风,是杭州国际博览中心的配套酒店,共19层,室内外均有连廊直通展厅和各会议室,两百余间时尚雅致的豪华客房中包括二十余间套房。

经对杭州国际博览中心北辰大酒店的调查了解,酒店装修精美,硬件设施高档,入住人员多为国际友人、高级商务人员以及领导干部,对饮水环境及质量要求较高,尤其是国外客人都要求客房配套有直饮水供应。酒店1～7层为餐厅等公共区域,8～19层共有252间客房。

由于酒店内装修及设施高档,盥洗台面为整体大理石台面,如果采用每个房间放置单台过滤净水设备,盥洗台下空间较小,设备较难放置且施工钻孔较为困难。经过专业技术对比,建议采用管道直饮水,即在负一层热水泵房内设置一套 $1.0~m^3/h$ 的中央净水主机,通过食品级不锈钢管道将深度净化后的优质饮用水输送到餐厅及客房,保证用水健康。由于客房盥洗台背面即为管道井,只需在墙面打孔即可引入直饮水管道。终端直饮水龙头可以采用悬挂式,挂在盥洗台墙面。整套系统施工安装较为方便,基本不影响酒店的正常营业。

此前酒店给顾客免费提供两瓶350 mL瓶装水,对于大部分宾客来说是远远不够的,且价格较贵,两瓶约4元钱。采用水杯子公司管道直饮水设备,1 000 mL直饮水运行成本仅需0.10元左右,成本比瓶装水降低95%以上,且宾客可以足量获取饮用水。

6.3.3.2 水处理工艺

根据项目实际情况,本项目净水工艺流程设计见图6-25。

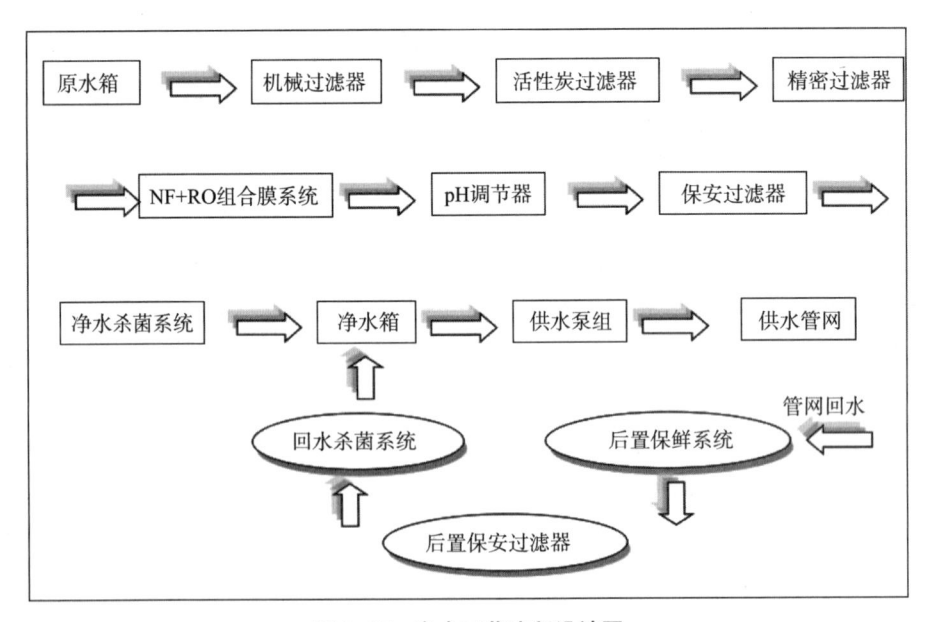

图6-25 净水工艺流程设计图

各净水工艺段功能见表6.8。

表 6.8 净水工艺段功能说明表

名　称	功　能
机械过滤器	去除悬浮物,降低浊度
活性炭过滤器	除臭、色、氯,部分有机物和重金属
精密过滤器	分别滤除 20 u 及 5 u 以上微粒
组合膜(RO+NF)	截留病毒、小分子有机物、细菌等有害物质的同时,保留钙、镁、钾等对人体有益的微量元素
pH 值调节单元	调节水质口感略呈甘甜,控制 pH 值在 6.8～8.5 之间
保安过滤器	滤除 5 u 以上的微粒杂质
净水杀菌系统	氧化杀菌,抑菌能力 48 h,无副作用
供水泵组	变频供水,充分节能。
后置保鲜器	调节回水水质口感新鲜、润喉
后置保安过滤器	滤除回水中 5 u 以上微粒
回水杀菌系统	对回水进行理化杀菌,抑菌能力 48 h,无副作用

6.4　办公楼管道分质直饮水供水工程

6.4.1　办公楼管道分质直饮水供水项目特点

现行的办公楼饮用水,大多采用灌装的桶装水,单位配备饮水机,后勤部门联系水站上门服务。这种方式存在几个问题:桶装水因为桶的消毒不彻底可能造成二次污染,饮水健康受到威胁;换水送水,耗费人力精力,影响办公室员工工作效率;桶装水短期貌似价格低廉,但是累积计算后成本较高。

办公楼安装管道直饮水设备供应直饮水,安全方便,现制现饮,不但保障了员工的饮水健康,而且经济实惠,一次投资长期受益,其核心价值可以概括为:一、卫生:优于日常生活饮用水卫生标准;二、新鲜:自动循环流动,自动监控水质,杜绝二次污染;三、健康:多重净化工艺,有效去除水中细菌和有害物质,保证饮水质量;四、安全:完全避免水源和输水管路污染而影响饮水水质;五、经济:相对瓶装或桶装饮用水而言,其生产成本和市场售价大大降低;六、放心:根据水质检测情况,及时提醒办公室更换滤芯耗材,可放心饮用。

6.4.2　中国建筑设计研究院管道分质直饮水供水工程

中国建筑设计研究院创新科研示范楼位于北京市西城区车公庄大街 19 号院内,总建筑面积 41 444 m²,地上 14 层,地下 4 层,建筑高度 60 m,地上各层为科研办公区域,地下一层为厨房、餐厅和机房,地下二至地下四层为机动车库和部分机房,地下三层机动车库战时为人防物资库,地下四层机动车库战时为一等人员隐蔽所。南京水杯子公司承担了本项目管道分质直饮水供水工程项目的方案设计、设备选型、工艺设计、生产及安装调试工作,参加了直饮水机房设计、直饮水系统管网设计等工作。

本项目原水为当地市政自来水,原水水质达到《生活饮用水卫生标准》(GB 5749—2006),产水水质目标达到国家建设行业标准《饮用净水水质标准》(CJ 94—2005)。

6.4.2.1 整体方案及设备选型

1) 整体方案

直饮水机房设置在地上二层,通过管网把直饮水送到每个楼层,每个开水间安装一台开水器,参见项目整体方案示意图 6-26。

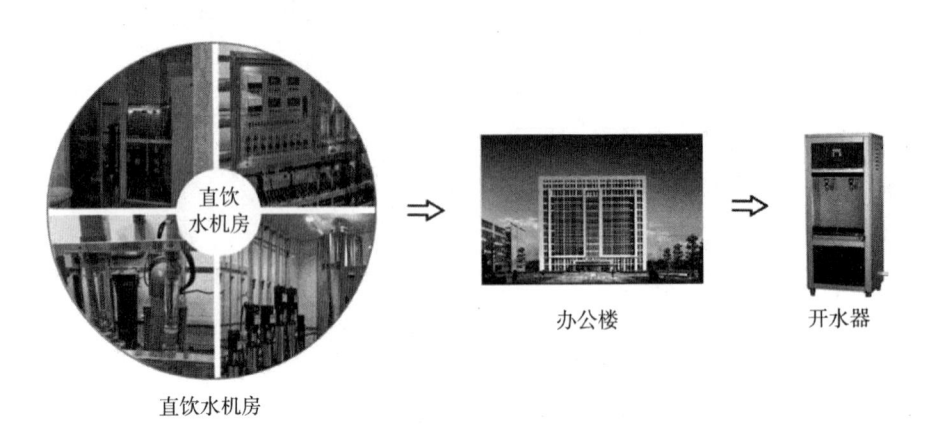

图 6-26 项目整体方案示意图

2) 用水量设计及设备选型

(1) 日最高用水量

本工程共计用户约 1 100 人,根据《管道直饮水系统技术规程》(CJJ 110—2006)相关要求,每人每天饮水定额取 3 L,日最高用水量为:$Q_d = N * q_0 = 1\,100 \times 3 = 3\,300$ L/d,即 3.3 t/d。

(2) 设备选型

规范要求最高日净水设备工作时间,一般按 8~16 h 计,本项目取 8 h,设备产水量按 $Q_i = 1.2Q_d/t$,计算得平均每小时产水约 0.495 t,故选择一套设备产水能力为 0.5 t/h 的反渗透中央净水设备。

6.4.2.2 水处理工艺

本项目采用当地市政自来水为原水,经原水箱进入多介质过滤器,过滤掉胶体物质、较大的颗粒及去除部分铁离子后进入活性炭过滤器,去除水中部分有机物、臭味和余氯后进入精密过滤器,精密过滤器滤除前置处理过程中破碎的活性炭微粒,避免膜元件受损伤;精密过滤器过滤后的水进入 RO 膜单元,RO 膜过滤掉水中的细菌、病毒、重金属及有机物等有害物质,然后进入 pH 调节器,调节净水的 pH,改善净水的口感。经 pH 调节后的净水进入保安过滤器,进一步去除 pH 调节过程中带入的杂质,出水进入净水杀菌装置进行杀菌消毒后进入净水箱,经供水泵组通过供水管网进行供水。除此之外,采用后置保鲜装置对管网回水可能因二次污染产生的臭味、色及其他污染物吸附去除,经后置保安过滤装置过滤掉回水中微小的污染物,然后经回水杀菌系统进入净水箱。

1) 前置处理单元

前置处理单元要求是:出水 SDI<3,浊度<1,进入反渗透系统的原水的生物活性和余氯含量得到良好的控制,并有足够的水源供给反渗透系统。前置处理系统进水压力:0.3 MPa;进水流量:1 m³/h。

2) 中置处理单元

RO 膜处理装置是整个中置处理单元的核心部分,它包含 RO 膜组、膜清洗装置、高压泵和电控及仪器仪表等。它起到对水的脱盐作用,能脱除水中对人体有害的重金属、有机物及其他阴、阳离子和细菌、病毒等微生物。

3) 后置处理单元

本项目后置处理单元中,pH 调节装置将 RO 膜处理装置出水的 pH 值调节至人体饮用最适点,采用杀菌保鲜装置对管网回水进行再处理与杀菌作用。管网回水经保鲜器、后置保安过滤器和回水杀菌系统,再进入成品水箱。

4) 供水泵组系统

机房设一套供水循环系统,由 2 台供水泵(一用一备)、电动阀门、微电脑时空器等构成一个闭环系统,充分考虑了直饮水用水的小流量特点,既满足管网安全要求,同时又降低设备运行期间的能耗。

6.4.2.3 在线监测

本项目设备上的在线仪器监测的数据通过 4G 网络传输到云系统中,电脑客户端或者手机 APP 直接连接云系统,可以查看在线监测设备上传的相关数据。

1) 在线监测内容

本项目设计在线监测项目包括浊度、电导率(TDS)、pH 值、臭氧、压力和温度等。

手机 APP 在线数据显示见图 6-27。

2) 在线监测操作介绍

(1) 电脑网页登录

电脑网页打开网址,点击一般用户登录,登录邮箱及密码,如图 6-28 所示。

进入后可以看到设备详情,点击左侧的设备列表,再点击操作下方省略号。电脑操作显

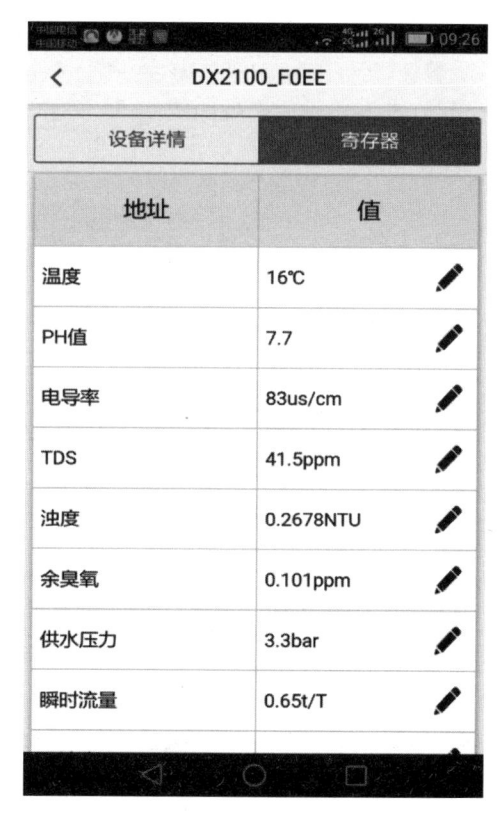

图 6-27 手机 APP 在线数据显示图

图 6-28 在线监测系统电脑网页登录显示图

示如图 6-29。

图 6-29 在线监测系统电脑操作显示图

点击省略号后出现如图 6-30 所示选项，点击寄存器，即可看到当前设备所上传上来的数据信息。

图 6-30 在线监测系统数据信息图

（2）手机登录

手机用户可下载 APP，或在手机浏览器中查看，浏览器查看方式和电脑查看一样。苹果手机用户可在应用商城中搜索下载 DIACloud；安卓用户可在官方网站下载安装包。

APP 安装完成后，打开 APP，输入账号和密码；登录后点击在线，可以看到账号绑定的设备，如图 6-31。

图 6-31　在线监测系统手机 APP 登录显示图

点击设备名称可以看到设备详情，点击右侧寄存器，即可看到设备上传上来的数据，如图 6-32。

图 6-32　在线监测系统数据详情显示图

注:1. 设备所绑定的账号、密码在远传模块上可以找到,若模块上标签丢失,可致电公司查询。
　　2. 无线模块上使用的流量卡已绑定该设备,若取下用到其他设备上,流量卡会锁住,无法连接到网络。

6.4.2.4 管网设计

2015 年,管道直饮水的设计施工建设依据,主要参照国家建设部《管道直饮水系统技术规程》(CJJ 110—2006)。

1)管网材质

系统中直饮水管道采用卡压式薄壁不锈钢管,公称压力 1.6 MPa,所有管材必须获得国家卫生部相关卫生许可批件或卫生安全检测报告。

阀门等采用与管网材料匹配的不锈钢球阀。

2)管网管径配管设计

(1)用水点额定流量

根据直饮水相关技术规程,开水器出水流量为 0.1 L/s,直饮水机为 0.04 L/s。

(2)用水点支管管径

支管采用 DN15 水管,与开水器采用 4 分金属软管连接。

(3)水平横干管管径

横干管管径主要考虑其服务的用水点总数及最高秒流量时同时使用的终端数量,横干管流量计算方法参考下式:

$$q_s = q_0 m \tag{6.3}$$

式中:q_0,终端的额定流量,取 0.04 L/s;m,同时使用的饮水机数,m 值计算方法可查阅《全国民用建筑工程设计技术措施—给水排水》相关章节,经计算确定横干管管径为 DN32、DN20 和 DN15。

(4)管网立管管径

立管管径主要依据供水时某一时间段内最大龙头使用数量所需求的流量及循环时该管段所服务的横干管数量,该项目中为了确保循环时每根横管均能获得 0.5 m/s 的流速,立管各段主管的流量应等于其服务横管流量的总和,而立管流速考虑到尽可能减小管道沿程损失,流速设定在 1 m/s 以内。具体管径详见办公楼直饮水给水系统示意图,参见图 6-33。

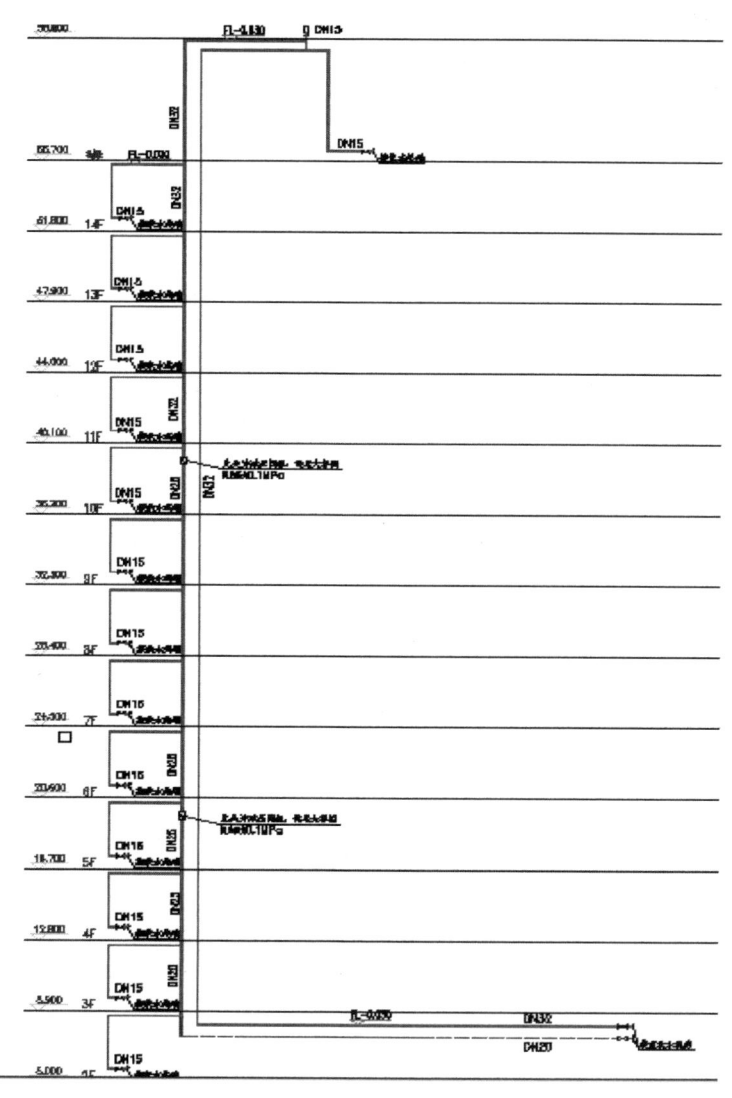

图 6-33 办公楼直饮水给水系统示意图

6.4.3 新华报业大楼管道分质直饮水供水工程

6.4.3.1 项目方案

新华报业传媒大厦地处南京市河西中央商务区,楼高 156 m,大厦人员约 2 000 人,楼层共 34 层,管道直饮水中央净水设备机房设置在 14 层,直饮水系统分高低区,高区为 15~34 层。本项目采用的是 1.5 m³/h 中央净水设备,配备了 5 t 的原水箱和净水箱,通过管网将直饮水输送到每个饮水点,终端采用的是商务直饮水机。具体的直饮水机房水箱基础详图和直饮水机房净水设备布置图参见图 6-34 及图 6-35。

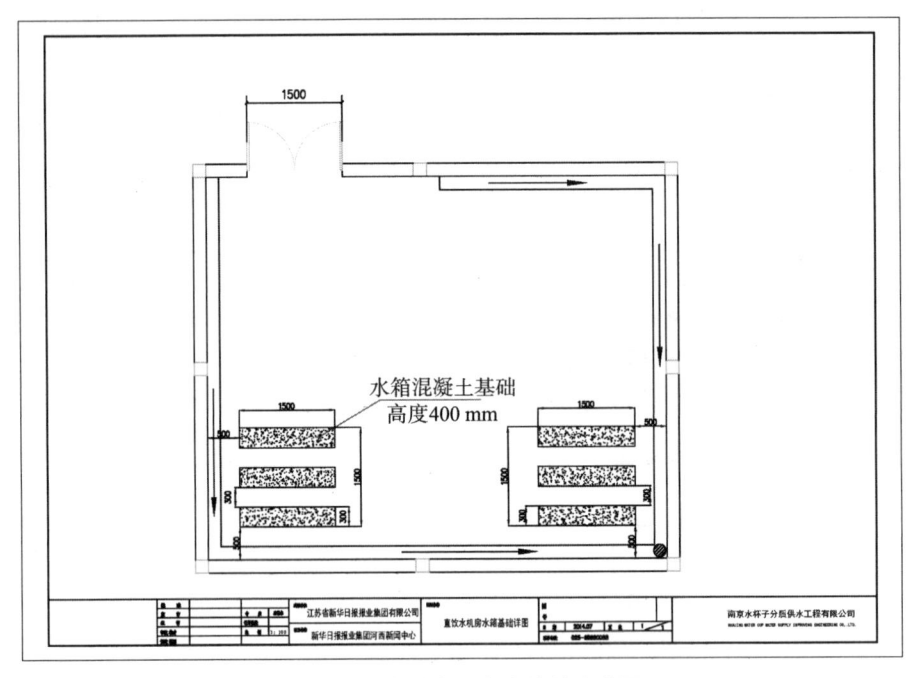

图 6-34 直饮水机房水箱基础详图

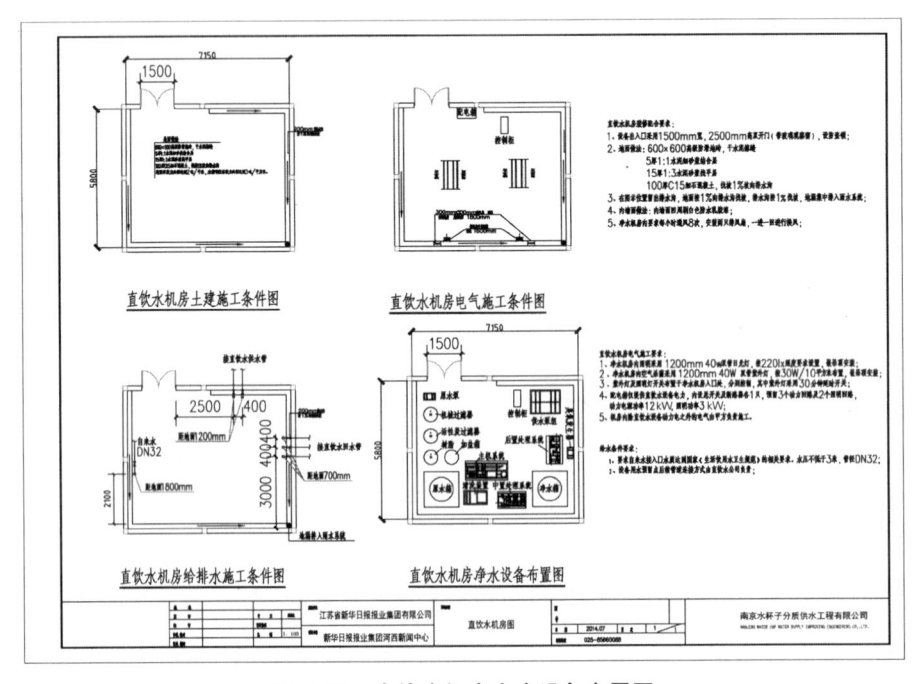

图 6-35 直饮水机房净水设备布置图

6.4.3.2 净水工艺设计

1) 前置单元

前置单元由原水箱、石英砂过滤器、活性炭过滤器、软化过滤器和保安过滤器组成。

2) 中置单元

中置单元由 RO 膜主机、保安过滤器、高级氧化杀菌器、紫外杀菌器和净水箱组成。

3) 后置单元

后置单元由矿化及 pH 调节器、管网回水、后置保鲜器、后置保安过滤器、后置紫外杀菌器、后置高级氧化杀菌器和净水箱组成。

6.4.3.3 自动控制系统

自动控制系统采用智能化设计，保障净水的自动生产、自动循环、自动反冲、在线监测以及自动报警控制单元。自控系统设有远程通信接口，可实现远程控制。

本项目自动控制系统的主要特点为：

1) 设备自动反冲洗控制

自动监控石英砂过滤器、活性炭过滤器、软化过滤器进出口压力值；自动监控净水水箱液位；当前后压力值超过 0.05 MPa，且水箱处于高水位，自动进入预处理系统反冲洗状态；自动关闭产水阀门，开启反冲洗阀门，对石英砂过滤器进行反冲洗、正冲洗 3 次，然后再对活性炭过滤器进行反冲洗、正冲洗各 3 次。

2) 设备人机界面及报警控制

设备水质水量采用在线显示仪表控制，装配有电导仪、压力表、流量计等。在线电导仪设有限值，当产水水质超标，系统自动进行显示报警。

设备配有 PLC、触摸屏，对系统流程进行全模拟显示，对阀门、泵开关运行状态监视控制，对系统各设备的故障进行显示报警。系统设缺相、短路、过载等情况的保护和停机；紫外灯失灵报警停机等。

6.5 医院管道分质直饮水供水工程

6.5.1 医院管道分质直饮水供水项目建设的必要性

医院用水安全方面出现事故的报道，国内外均有，具体情形包括饮用水污染引发肠道传染病、热水系统中的军团菌致病，以及医疗用水引起感染和治疗仪器故障等，所以医院用水安全不容忽视。医院用水安全意味着医疗用水洁净、洗浴用水卫生、饮用水安全，没有因供水系统而造成疾病感染和传播，没有因供水而导致医疗事故的发生。

桶装水开封后细菌繁殖的问题不可避免，而管道分质直饮水供水系统是一个封闭的循环供水系统，管道分质直饮水不仅安全健康，而且实用方便，且节能环保。在医院安装管道分质直饮水供水系统后，可以在为医务工作者和病人提供安全健康饮用水同时，也能为医院供应洁净的医疗用水。所以，在医院建设管道分质直饮水供水工程项目十分必要。

6.5.2 山东滨州医学院附属医院管道分质直饮水供水工程

6.5.2.1 项目概况

山东滨州医学院附属医院门诊医技病房综合楼建筑主楼部分地上二十四层,裙房部分地上五层,地下一层,总建筑面积 144 246 m², 地上建筑面积 130 179 m², 屋顶形式为平屋顶,建筑高度主楼 98.70 m,裙房 23.40 m。

管道分质直饮水供水主机设备设在地下一层直饮水机房内,严格按照《管道直饮水系统技术规程》(CJJ 110—2006)及国标图集 07SS604 进行专业设计。

管道分质直饮水供水系统分三个区,设三套供水机组(兼循环用);低区为-1 层~5 层,中区为 6 层~15 层,高区为 16~24 层。为保证各区域供水压力稳压,配套稳压变频供水系统,包含变频泵系统、稳压罐等。

低区(-1~5 层)每层在公共区域安装四套高背板饮水终端机,中高区(6~24 层)每层在东西侧开水房各安装一套高背板饮水终端机,每套饮水终端机均配齐两热水两常温四个出水龙头;另在门诊医技区域与标准病区安装医护人员专用立式饮水终端机,每套饮水终端机均配齐一热一常温两出水龙头。

6.5.2.2 系统设计

1) 系统方案

采用大型纳滤管道分质直饮水中央净水设备集中产水,生产出的优质饮用水通过独立的食品级专用管道输送至饮水终端,通过饮水终端直接供应热水和常温水。公共区域的饮水终端设置计费系统。本系统通过系统集成,实现直饮水生产、杀菌消毒、供水的全自动控制,无需专人值守,同时设计水质安全报警系统,保障系统的安全性。

(1) 净水主机设备

本项目总服务人数预计将达到 8 000 人,按每人每天饮水 3 L 计,日最高饮水用量在 24 t 左右,为了确保饮水的新鲜度,同时考虑瞬时饮水量较大及其他未知因素,净水设备产水量按照 3 m³/h 选择,净水主机设备产水能力按 3 t/h 进行设计。

净水主机设备由原水箱、增压泵、多介质过滤器、活性炭过滤器、纳滤膜系统、矿化与 pH 调节器、净水箱、回水保鲜装置组成。各罐体的容积、工作压力、流量等指标经过严密科学的计算,确保产水能力达到或超过招标文件要求。净水主机设备的主要参数如下:预处理过滤水能力 6 t/h;纳滤产水量 3 t/h;原水利用率约为 70%;纳滤膜脱盐率 85%~90%。

(2) 供水机组和管网

本项目直饮水机房设置于病房楼地下一层预留设备间,设计两个供回水分区,病房楼、门诊楼各为一供回水分区,同时设计高中低三个供水区。直饮水通过管道供至各个饮水点。

每区分别设置供水机组,供水机组参数:三个区供水点数均按 140 个计算,均按 20 个水嘴同时供水计算,每个水嘴额定流量 0.05 L/s,则泵组流量均为 1 L/s,扬程分别为低区:0.4 MPa,中区0.85 MPa,高区1.25 MPa;供水主管道均为DN32,回水DN25,各分区采用同程循环,确保管道内的水停留时间不大于6 h。

在管网方面,根据本项目大楼为24层的特点,在进行供水系统设计时按高中低划为三个供水区,确保管网压力均匀,出水稳定。水杯子公司结合整个大楼的建筑特点,对管网进行了优化,使整个系统形成一个独立的完全密闭的健康饮用水供应体系。立管布置于集中管道井内,每层横管从立管引出后开支管接入各饮水点并与饮水终端相连接。

病房楼直饮水系统管网平面布置图和病房楼直饮水系统管网展开示意图分别见图6-36和图6-37。门诊楼直饮水系统管网布置图见图6-38。

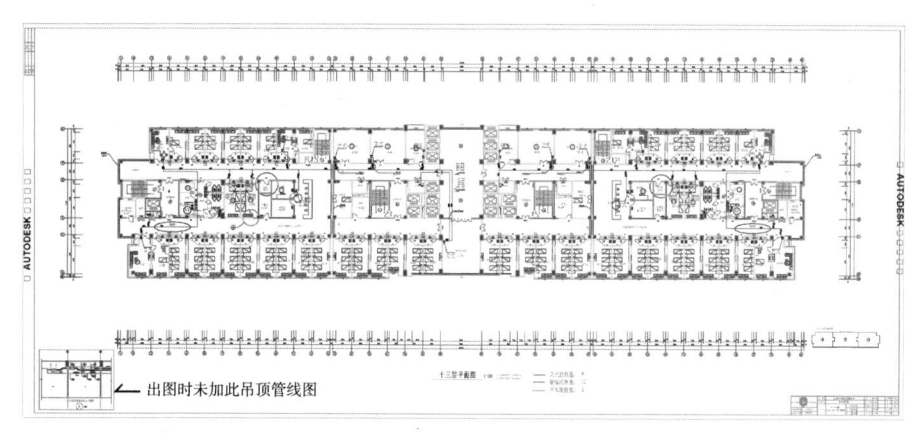

图6-36 病房楼直饮水系统管网平面布置示意图

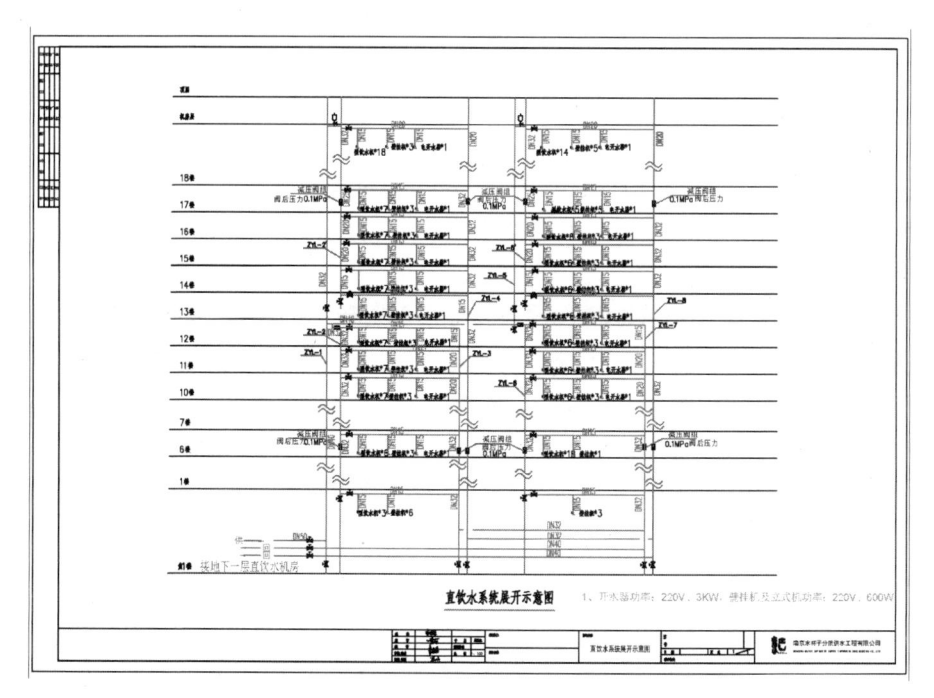

图6-37 病房楼直饮水系统管网展开示意图

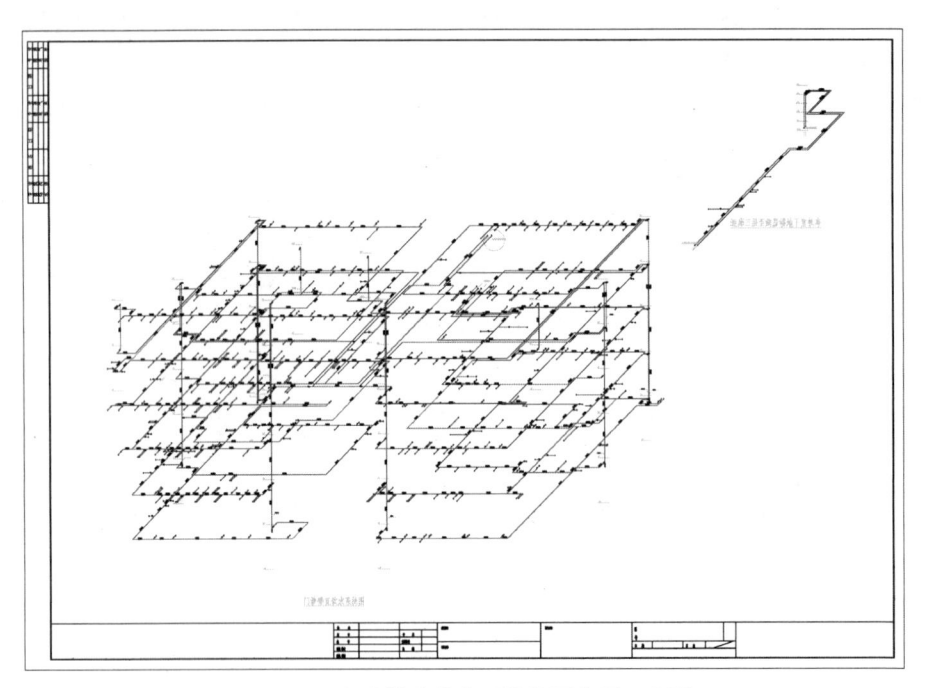

图 6-38　门诊楼直饮水系统管网布置示意图

本系统采用同程布置，为定时循环系统，日常供水采取变频恒压供水，夜间循环，循环时间不低于 40 min。

饮水台进水管采用不锈钢波纹管软管连接，管线机、净水龙头采用 6 mm 进口 PE 软管连接，其余直饮水管道均为 304 不锈钢管，公称压力不低于 1.6 MPa，系统中止水阀门均采用同种材质、同等级产品。

(3) 终端配置

在饮水终端的配置方面，根据各饮水点人数的差别，选择了不同规格的饮水终端，确保系统全面有效。在公共区域的饮水终端上安装了计费系统，便于收费管理，鼓励节约用水，降低运行成本。

本项目五种不同类型的终端机根据需要分别布置如下：

主任办、护士长办：采用 3 L/台的 2 龙头豪华立式机，一热一常温水嘴。

医师办：采用 6 L/台的 2 龙头豪华立式机，一热一常温水嘴。

检验科、静脉、供应室：采用 10 L/台的 2 龙头柜式机，一热一常温水嘴。

手术室餐厅：采用 20 L/台的 4 龙头柜式饮水台或高背板饮水台，两热两常温水嘴。

公共区域：采用 40 L/台的 4 龙头高背板饮水台，两热两常温水嘴。

(4) 自动控制报警

本系统严格按国家和行业标准进行设计，整个系统采用 PLC 自动控制。

净水箱及回水管网安装了 TDS 监测系统，超标自动报警。当产水或回水 TDS 大于一定值时(本项目设定为 100 mg/L)，说明膜系统有风险或供回水管网受到破坏，监测仪报警，自动停止供水。

2) 净水工艺

纳滤可以截留二价以上的离子和其他颗粒,所透过的只有水分子和一些一价离子。纳滤膜在去除天然有机物与合成有机物、三致物质、消毒副产物(三卤甲烷和卤乙酸)及其前体和挥发性有机物方面性能与反渗透膜基本一致。根据滨州水质特点,本项目主机设备选用纳滤膜处理工艺。

纳滤直饮水设备水处理工艺如下:

原水—原水泵—多介质过滤器—活性炭过滤器—保安过滤器—纳滤膜处理单元—直饮水箱—臭氧消毒机—供水泵—刷卡取水系统。

本项目水处理工艺详见工艺流程图 6-39。

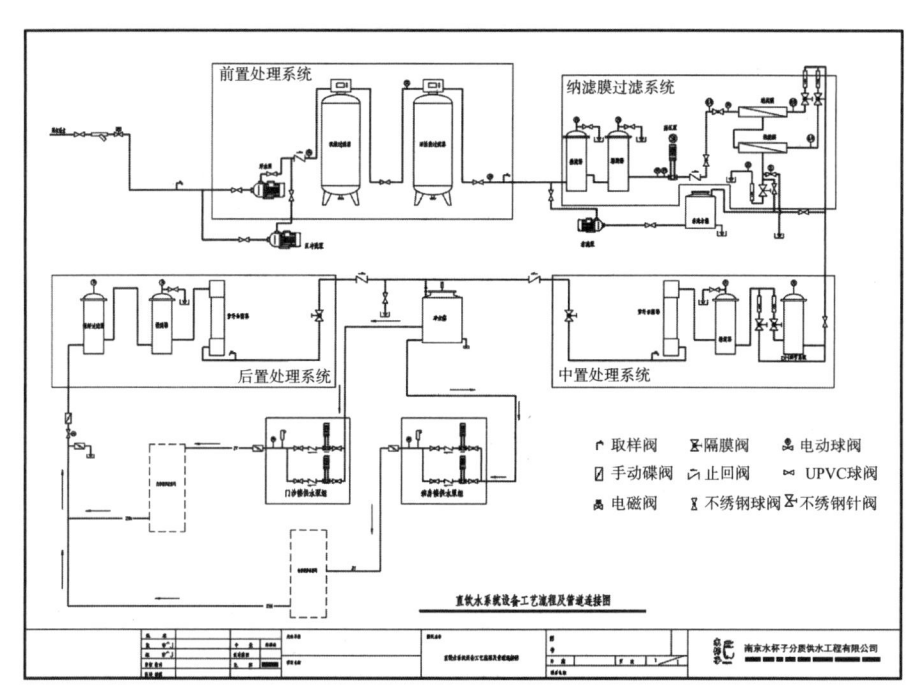

图 6-39 直饮水系统设备工艺流程示意图

(1) 前置预处理单元

由原水箱、多介质过滤器、活性炭过滤器和精密过滤器组成前置预处理单元。

(2) 膜深度处理单元

由纳滤膜处理装置、pH 值调节器、保安过滤器、高级氧化杀菌器和紫外杀菌器组成膜深度处理单元。系统核心膜过滤材料选择了进口纳滤膜,确保高效滤除水中的有机污染物和重金属,产水达到国际先进指标。

增加了矿化和 pH 调节装置,从而使出水呈弱碱性,并增加了有益的矿物质。

(3) 后处理单元

针对本系统楼层高、饮水点多、管网长且复杂的特点,在配置方面专门增加了一套后处理单元。后处理单元由保鲜器、保安过滤器、紫外杀菌器和高级氧化杀菌器组成,起到对管网回水的再处理与杀菌作用。管网回水经保鲜器、保安过滤器和高级氧化杀菌器,再进入净水箱,这样可以去除管网中可能产生的二次污染物,改善水的口感,保证回水水质新鲜、纯净、无菌、卫生和安全。

(4) 供水循环系统

直饮水机房设一套供水循环系统,由供回水泵组、电动阀门、可编程控制器等构成一个闭环供回水系统。供水循环系统配备的变频供水泵,可根据饮水量的变化自动调节供水量,充分考虑了直饮水用水的流量特点,既满足管网安全要求,同时又降低设备运行期间的能耗。

6.5.2.3 设备选材选型

1) 中央净水设备

中央净水设备选材选型要点如下:

不锈钢罐体均采用304不锈钢,壁厚在1.2 mm以上;变频泵组和膜前高压水泵采用丹麦格兰富或者南方泵;PLC控制组件和编程器采用日本三菱或台湾台达等高端品牌;不锈钢罐体内壁采用衬胶技术,相对环氧技术更安全、更耐腐蚀,罐体使用年限可达10年以上;各部件链接采用卡压技术连接,无焊点,避免焊点生锈后多种重金属进入饮用水系统;前置预处理活性炭滤芯采用椰壳活性炭,罐内填装饱满;纳滤膜采用进口海德能品牌。

2) 饮水终端设备选型

饮水终端机采用步进式开水器,即逐层补水,逐步加热,直至水被烧开的节能烧水设备,做到冷热水分离又保证一次沸腾,避免重复加热,不产生"阴阳水"。步进式开水器依靠电极测温,控温准确,出水温度恒定在96—99℃,并设置了电子漏电保护报警功能、电子控温防无水干烧、防溢流漏水功能。

6.5.2.4 节能环保性

本项目系统的节能环保性主要体现在四个方面:

1) 纳滤主机系统节能环保

由于采用了纳滤膜及配套的前置预处理技术,使本系统比反渗透技术系统更加节能。一般来说,反渗透膜需要0.6~1.0 MPa以上即6~10 kg/cm² 的工作压力才产水,而纳滤膜的工作压力要小很多,高压泵的能耗就要小很多。同时,由于纳滤膜的产水率比反渗透膜高,同样产1 t水,采用纳滤膜主机工作时间要短于反渗透膜主机,从而达到节能的效果。从产水率的角度考虑,纳滤膜系统的产水率也高于反渗透膜系统,一方面提高了水资源的利用率,另一方面减少了浓水的排放。

2) 通过恒压变频供水达到节能的目的

供水系统配备的变频供水泵,可根据饮水量的变化自动调节供水量,充分考虑了直饮水用水的流量特点,降低设备运行期间的能耗。

3) 终端产品节能

饮水终端采用步进式加热,比传统开水器节能。同时,由于采取了紫外杀菌、高级氧化杀菌等有效措施,使常温水不需要烧开就能直接饮用,节约了大量电能。

4）浓水利用

浓水的主要成分与自来水基本一致,浑浊度比自来水要低,且不含消毒剂,但其中离子的浓度比自来水高,这些浓水一般只能作为消防或绿化用,或者直接排放。本方案自来水的利用率为70%左右,如果每天饮用7 t水的话,约有3 t浓水需要排放。本项目将浓水通过专门的管道引入消防水池,由于浓水出水时压力可达6 kg/cm^2,不需要设计专门的输水泵即可排放到约60 m的高差的地方,达到节能的效果。

6.6 监狱、看守所管道分质直饮水供水工程

6.6.1 监狱、看守所项目特点

监狱、看守所是我国人民民主专政的工具之一,是教育在押人员改恶从善,悔过自新,保证刑事诉讼活动正常顺利进行的重要阵地。随着改革开放和社会主义现代化建设的不断深入,社会主义法制的进一步完善,以人性化管理为核心,牢固树立以人为本的意识,改善物质装备条件,加强监管中心和拘留所的基础设施建设是新时期看守工作的客观要求,也是提高监管中心管理层次的必然要求。

对被监管人员实行人性化管理,是以尊重在押人员的人格和保障其自然本性需求为基础,以维护社会秩序即法律的尊严为根本,以抑制和矫正被监管人员的恶习和罪恶扭曲心理为目标的监管改造实践。保障被监管人员的合法权益中尤其重要的一项就是保障被监管人员的饮水安全。

监狱给在押人员供给饮用水的传统方式主要有两种,一是工作人员用小推车将锅炉烧好的开水用保温桶送到每个监舍;另一种是在每个监舍外面的墙壁上安装一个小水箱,工作人员将开水倒入水箱,在押人员在监舍内通过水龙头接水。这两种方式存在以下一些不足之处:一、水温不稳定。用保温桶来回运送,从一个监舍到另一个监舍,路上时间较多,夏天水太热不方便直接饮用,冬天水温下降较快,靠后的监舍可能会喝不到热水。二、水质不稳定。如果采用锅炉烧水,会出现烧不开的情况,可能导致在押人员出现不适症状。而通过监舍外面的墙壁上安装的小水箱供水,则更容易出现二次污染的情况,长期卫生无法保证。三、保密不可靠。依靠外面的送水工送水,送水工在送水过程中每天与在押人员接触,时间长后可能出现"带话""传口信"等情况,保密性存在一定隐患。四、管理成本高:锅炉烧水耗能高、成本高,还需要专门的送水工,这些都增加了供水和管理成本。

针对以上问题,为适应监狱、看守所等场所人性化管理的要求,根据相关国家规范和行业规范,结合监狱等场所的特殊情况,制定出适合于监狱系统的管道分质直饮水供水解决方案十分必要。

监狱、看守所等场所的管道分质直饮水供水系统要求适应其安全、保密的特殊性。系统工程方案的设计要考虑净水机房的安全性,合理配置深度处理净水主机;取水终端没有安全隐患,以直接提供温水为宜;整套系统应采用自动控制,整机实现全自动运行,无须专人值守。

6.6.2 江苏省某监狱管道分质直饮水供水工程

6.6.2.1 系统方案

本工程着眼于解决江苏省某监狱在押人员健康饮水问题,整个监狱采用一套产水量为 1.0 m³/h 的反渗透中央净水设备,净水设备选用一个有效容积 1.5 t 的加热保温净水箱,能满足约 1 500 人的饮水需求。

反渗透中央净水设备和净水箱需安装在净水机房内,净水机房面积要求 20 m² 左右。根据现场查看净水机房设置在 1 楼西南角的开水房及一半过道上,净水机房预留供回水口和地漏,配电箱采用现有的开水器配电设施,净水设备加热功率为 50 kW,设备功率为 8 kW,照明功率不低于 2 kW,合计需求功率在 60 kW。

直饮水通过加热到合适的温度之后,供到每个看守监室,供回水管网布置在巡视道,沿地面墙角布置供回水管网。看守监室内采用 3 分 PE 软管直接取水,取水阀门设置在看守监室外巡视道上,可以方便快捷的实现看守监室的供水,同时 8 个看守监区分为 4 组供回水管路设置,这样更方便管理看守监区的供水。设备供水出水水温保持在 45～60℃ 之间,可根据需求调节供水水温,每天定时供水,可设早中晚各一次,也可以根据需要增加供水时间段。直饮水设备留足一定余量,可满足高峰期的用水量。

6.6.2.2 工艺流程和设备配置

1) 工艺流程设计

本项目以南京市政自来水为原水,先通过石英砂过滤器降低原水浊度、去除原水中微小颗粒;后进入活性炭过滤器,通过碘值大于 1 000 的优质椰壳活性炭的吸附,有效去除水中部分有机物,同时去除了水中残留的臭和味以及自来水中的余氯,从而大幅度改善进入反渗透膜的水质,防止膜氧化;活性炭过滤器净化后的水进入保安过滤器,保安过滤器可以截留预处理可能产生的砂和活性炭微粒,起到保护反渗透滤膜的作用。整个预处理系统充分考虑反渗透膜主机的用水需求。而后,通过高压泵经反渗透膜系统对水进行深度净化处理,产水进入净水箱,再经过加热及杀菌消毒后,利用恒压变频恒压供水系统和供水管网供应至饮水点。为了保证饮用水新鲜健康,管网中的水要进行定时循环回水杀菌,本项目采用紫外杀菌保证直饮水出水无菌。本项目采用的汇通反渗透膜能有效去除水中的细菌、病毒、有机物、无机物等,产水水质指标可以达到《饮用净水水质标准》(CJ 94—2005)。供水管网采用"循环同程系统",全封闭设计,并配有在线水质监测仪表,设备配有远程控制开关,使整个循环系统实现水力平衡、循环灭菌、杜绝二次污染,水质安全可靠。

制水工艺流程见图 6-40。直饮水设备机房布置装修条件图见图 6-41。

(1) 主机设备

本项目主机设备三维布置图如图 6-42。

(2) 加热系统设备

根据监狱特点,本项目直饮水设备配套加热系统,通过温度调节装置,为直饮水设备产水加热,为监狱人员提供适宜温度的直饮水。加热器与净水箱接驳,采用绝缘电阻为

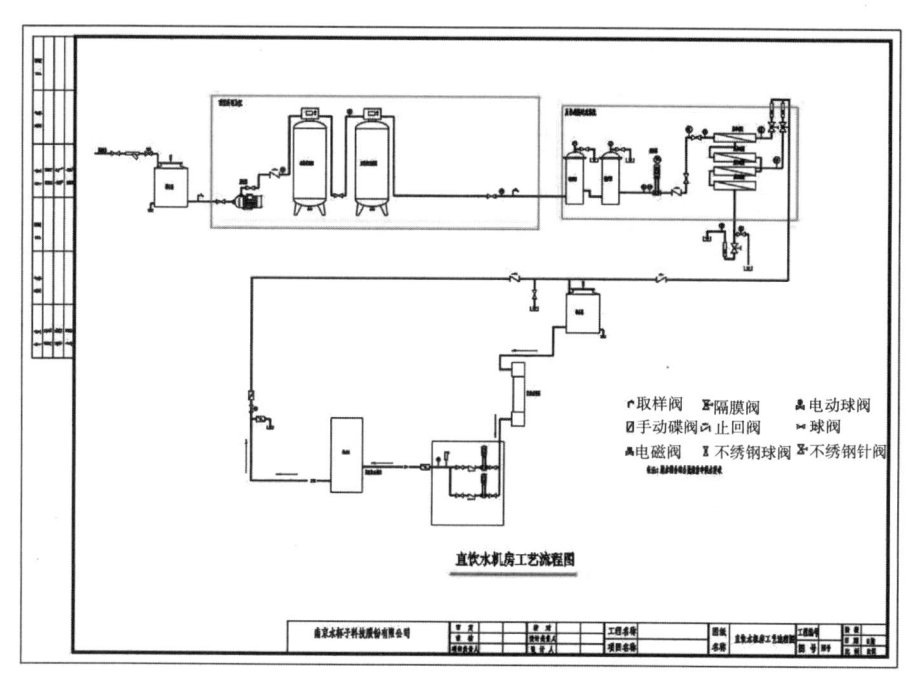

图 6-40 直饮水设备制水工艺流程示意图

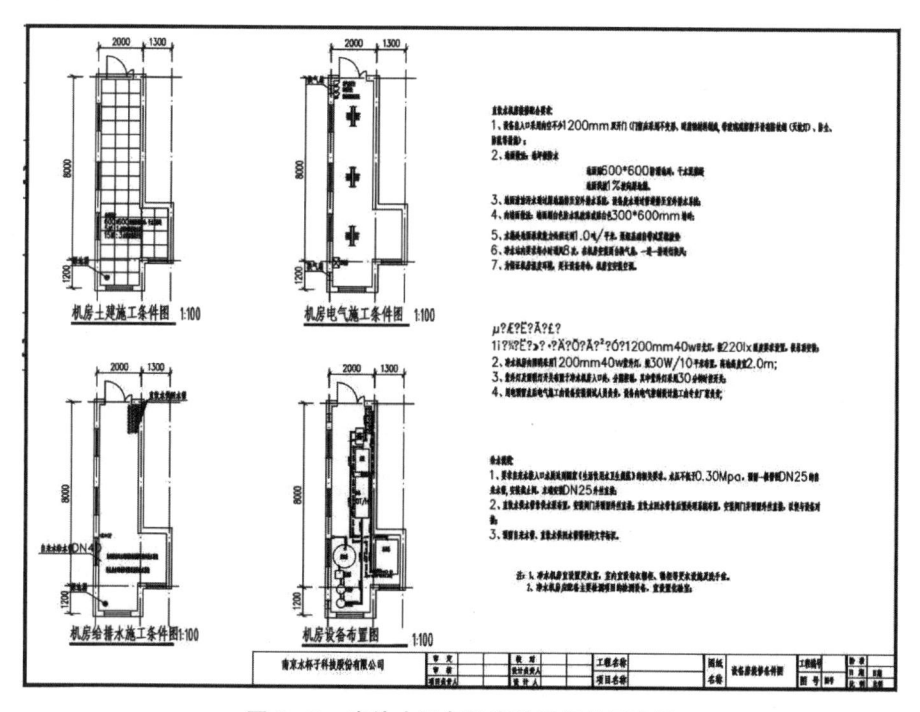

图 6-41 直饮水设备机房装修条件示意图

600~1 000 MΩ(兆欧姆)的电加热棒,电加热棒采用镍铬合金发热丝,发热管体采用316 L材质,具有良好的防腐抗垢能力。

图 6-42　反渗透主机设备三维布置图

加热器配有集成高效的控制器,采用可控硅温度控制单元,可控硅调功器变功率加热,可根据需要变更功率,及时调整加热时间,节能省电。出现故障时,控制器会自行检测故障点,十分便于排查故障。控制器数显显示,包括状态显示、温度显示、故障报警反馈显示等。

加热器电热元件均配置有漏电断路器,配有牢固可靠的接地总成,配有温度控制器。设置低水位防干烧功能,当水位低于正常值以后,显示缺水报警代码,并发出蜂鸣报警信号。设置超温保护功能,即当温度超过设定以后,设备自动保护。耐高电压测试采用1 800 V(伏特),确保使用安全。

6.6.2.3　管网设计

1) 管网设计要点

2017年以前,管道直饮水的设计主要参照国家建设部《管道直饮水系统技术规程》(CJJ 110—2006),应确保用水点之前的管网为循环布置,且应采取同程设计。主管管径须根据该供水区域服务人数及用水量进行确定,干管管径主要依据供水时某一时间段内最大龙头使用数量所需求的流量及循环时该管段所服务的支管数量确定。

2) 管网设计

本项目直饮水管网采用品牌食品级PP-R热水管网,同时主管道全部做保温,外部铝箔包裹,防止温水热能的损耗。整套直饮水管网PP-R管道(De40~De20)长度1 600 m左右,直饮水点91个,管网设计为同程循环管网,从设备房设置供水主管到一层和二层。一层分1、2区和3、4区两组供回水干管,干管上分支管至每个监舍,两组分别设置供回水阀门,供回水干管从北巡视道敷设。二层采用同样原理分5、6区和7、8区布置管道,监舍内支管采用暗管的方式敷设,从巡视道打孔进入监舍,监舍卫生间靠北的取水点就设置在洗澡用水管的旁边,离地50 cm;监舍卫生间靠南的取水点就设置在进门处1米,离地50 cm处。一层、二层平面管网布置图分别见图6-43和图6-44。监室内支管做预埋暗管,采用PVC管作为2分用水支管的保护套管,沿墙面暗管敷设。取水阀设置在巡视道上,方便开关。

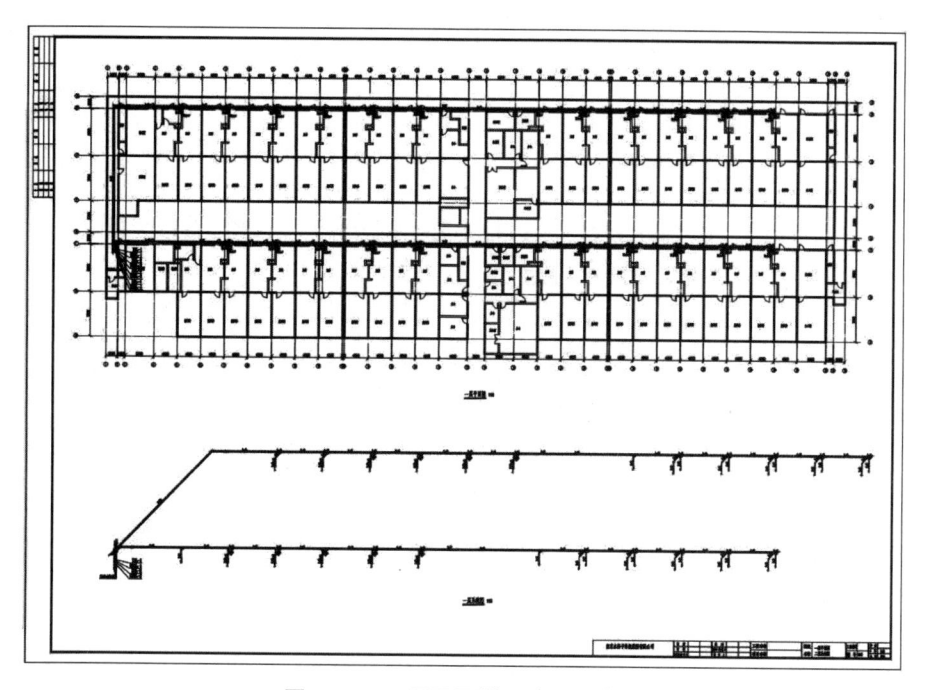

图 6-43 一层平面管网布置示意图

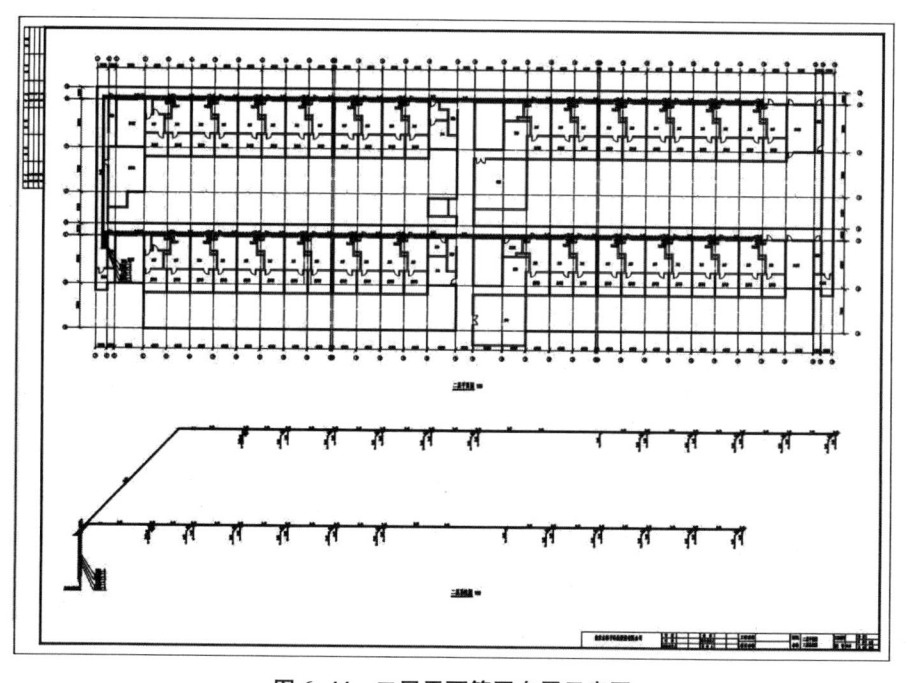

图 6-44 二层平面管网布置示意图

6.6.3 贵阳市第一强制隔离戒毒所管道分质直饮水工程

6.6.3.1 系统方案

系统方案首先要根据当地水质情况,合理配置水处理单元,使得成套系统产水水质安全可靠;其次,成套设备要采用在线监测和自动控制,整机实现全自动运行,无须专人值守,运行稳定可靠、操作方便、易于维护。

本项目管道分质直饮水供水系统工程包含贵阳市第一强制戒毒所康复一区 ABC、康复二区 ABC、康复三区 ABC、医务楼(戒毒治疗区)AB 以及矫治中心 AB。

其中每个区域分别设置一套反渗透中央净水主机,产水量根据使用人数,并留足一定余量,确定为 5 m^3/h 三套和 2 m^3/h 的二套,并配置相应容积的净水箱。中央净水设备生产的管道直饮水通过不锈钢管道输送到每个用水点。

6.6.3.2 净水工艺

贵阳市第一强制戒毒所项目系统包括前置预处理单元、反渗透膜主机单元、后置处理单元、变频恒压供水单元、紫外杀菌保鲜单元,以及成套 PLC、人机界面监控智能控制系统、水质在线监测系统等。根据实际情况,本项目 5 个区采用 5 套反渗透膜中央净水主机产水,经过变频泵加压,分别通过各区域管道,输送到每个用水点。

本项目的工艺流程如下:

原水箱—原水泵—石英砂过滤器—活性炭过滤器—精密过滤器—反渗透膜主机—净水箱—紫外杀菌器—恒压变频供水泵组—供水管网—回水保鲜器—臭氧杀菌装置—回净水箱。

(1) 预处理单元

本项目预处理单元包括:原水箱、原水泵、石英砂过滤器、活性炭过滤器、精密过滤器。

(2) 膜处理单元

本项目 RO 膜主机是整个水处理系统的核心部分,它包含 RO 膜组、膜清洗装置、高压泵和电控及仪器仪表等。

本项目反渗透膜采用汇通反渗透膜,其脱盐率 97% 以上,回收率设计可达 60%。

(3) 后处理单元

后处理单元包括 pH 值调节与矿化、回水保鲜器和回水杀菌装置,起到对管网回水的再处理与杀菌作用。回水保鲜器起到对管网回水可能因二次污染产生的臭味、色及其他污染物的吸附去除,保持回水的新鲜、纯净、卫生。本项目回水杀菌系统采用臭氧消毒系统,其由臭氧发生器、混合器等组成,通过气液混合泵混合纯水和臭氧,将臭氧气体混合到净水罐,在净水罐充分氧化消毒,使臭氧效果达到 90% 以上。

6.6.3.3 自动控制系统

本项目自动控制系统采用 PLC 所具备的软件功能,根据工艺流程编制程序进行运行管理,对单元控制系统集中控制,构成一个完整的控制系统,各控制单元具有一定独立性,又相互联系与互锁保护。

水处理系统安装有电导、水量、水压、液位等实时检测仪表和水质在线监测设备,依照工艺要求按设定的程序进行自动运行。水处理系统控制对缺水、过压、过流、过热、浓水排放等问题的保护功能,并根据反馈信号进行相应控制、协调。成套控制系统能实现净水设备根据用水量自行生产和停机,控制预处理设备进行定时反冲洗,通过控制泵的运转进行变频恒压供水,对管网存水进行定时循环再处理等。

附 录

附录1 WHO《饮用水水质准则》第四版

附表1.1 饮用水中有健康意义的化学物质准则值

化学物质	准则值 mg/L	准则值 μg/L	备 注
丙烯酰胺	0.000 5[a]	0.5[a]	
甲草胺	0.02[a]	20[a]	
涕灭威	0.01	10	适用于涕灭威亚砜与涕灭威砜
艾氏剂和狄氏剂	0.000 03	0.03	适用于两者之间
锑	0.02	20	
砷	0.01(A,T)	10(A,T)	
莠去津及其氯均三嗪代谢物	0.1	100	
钡	0.7	700	
苯	0.01[a]	10[a]	
苯并(a)芘	0.000 7[a]	0.7[a]	
硼	2.4	2 400	
溴酸盐	0.01[a](A,T)	10[a](A,T)	
一溴二氯甲烷	0.06[a]	60[a]	
三溴甲烷	0.1	100	
镉	0.003	3	
呋喃丹	0.007	7	
四氯化碳	0.004	4	
氯酸盐	0.7(D)	700(D)	
氯丹	0.000 2	0.2	
氯	5(C)	5 000(C)	为保证有效消毒,pH 值<8.0 时,至少 30 min 接触后剩余游离氯浓度≥0.5 mg/L。整个输水系统中应保持一定余氯。在管网点,游离氯的最低剩余浓度应为 0.2 mg/L

续表

化学物质	准则值 mg/L	准则值 μg/L	备 注
亚氯酸盐	0.7(D)	700(D)	
三氯甲烷	0.3	300	
绿麦隆	0.03	30	
毒死蜱	0.03	30	
铬	0.05(P)	50(P)	适用于总铬
铜	2	2 000	衣物和卫生洁具的着色
氰草津	0.000 6	0.6	
2,4-D[b]	0.03	30	适用于游离酸
2,4-DB[c]	0.09	90	
DDT[d] 和代谢物	0.001	1	
二溴乙腈	0.07	70	
二溴氯甲烷	0.1	100	
1,2-二溴-3-氯丙烷	0.001[a]	1[a]	
1,2-二溴乙烷	0.000 4[a](P)	0.4[a](P)	
二氯乙酸盐	0.05[a](D)	50[a](D)	
二氯乙腈	0.02(P)	20(P)	
1,2-二氯苯	1(C)	1 000(C)	
1,4-二氯苯	0.3(C)	300(C)	
1,2-二氯乙烷	0.03[a]	30[a]	
1,2-二氯乙烯	0.05	50	
二氯甲烷	0.02	20	
1,2-二氯丙烷	0.04(P)	40(P)	
1,3-二氯丙烯	0.02[a]	20[a]	
2,4-滴丙酸	0.1	100	
邻苯二甲酸(2-乙基己基)酯	0.008	8	
1,4-二氧己环	0.05[a]	50[a]	使用每日可耐受摄入量以及线性多级模型方法进行推导
乙二胺四乙酸	0.6	600	适用于游离酸

续表

化学物质	准则值 mg/L	准则值 μg/L	备注
异狄氏剂	0.000 6	0.6	
环氧氯丙烷	0.000 4(P)	0.4(P)	
乙苯	0.3(C)	300(C)	
涕丙酸	0.009	9	
氟化物	1.5	1 500	制定国家标准时应考虑饮水量和其他来源的摄入量
六氯丁二烯	0.000 6	0.6	
羟基莠去津	0.2	200	莠去津代谢产物
异丙隆	0.009	9	
铅	0.01(A,T)	10(A,T)	
林丹	0.002	2	
MCPA[e]	0.002	2	
氯苯氧丙酸	0.01	10	
汞	0.006	6	适用于无机汞
甲氧滴滴涕	0.02	20	
异丙甲草胺	0.01	10	
微囊藻毒素-LR	0.001(P)	1(P)	适用于总微囊藻毒素-LR(游离的加与细胞结合的)
禾草特	0.006	6	
一氯胺	3	3 000	
一氯乙酸盐	0.02	20	
镍	0.07	70	
硝酸盐(以 NO_3^- 计)	50	50 000	短期接触
次氯基三乙酸	0.2	200	
亚硝酸盐(以 NO_2^- 计)	3	3 000	短期接触
N-二甲基亚硝胺	0.000 1	0.1	
二甲戊乐灵	0.02	20	
五氯酚	0.009[a](P)	9[a](P)	
硒	0.04(P)	40(P)	

续表

化学物质	准则值 mg/L	准则值 μg/L	备　注
西玛津	0.002	2	
钠	50	50 000	以二氯异氰尿酸钠形式
二氯异腈尿酸盐	40	40 000	以三聚氰酸形式
苯乙烯	0.02(C)	20(C)	
2,4,5-T[f]	0.009	9	
特丁津	0.007	7	
四氯乙烯	0.04	40	
甲苯	0.7(C)	700(C)	
三氯乙酸盐	0.2	200	
三氯乙烯	0.02(P)	20(P)	
2,4,6-三氯酚	0.2[a](C)	200[a](C)	
氟乐灵	0.02	20	
三卤甲烷			每一种物质检出浓度与准则值比率之和不应超过1
铀	0.03(P)	30(P)	仅涉及铀的化学方面
氯乙烯	0.000 3[a]	0.3[a]	
二甲苯	0.5(C)	500(C)	

注：A,暂定准则值(因为计算得出的准则值低于可实现的定量水平);C,该物质在水中的浓度等于或低于基于健康的准则值时,可能影响水的外观、味道或气味;D,暂定准则值(由于消毒可能导致超出准则值);P,暂定准则值(由于健康数据库的不确定性);T,暂定准则值(由于计算得出的准则值低于实际处理方法或水源保护等所能达到的水平)。

注：a. 考虑作为致癌物,其准则值是与 10^{-5} 上限超额终生癌症风险相关的饮用水中的浓度(每 100 000 人摄取含准则值浓度物质的饮用水 70 年,增加 1 例癌症案例)。与 10^{-4} 或 10^{-6} 上限预期超额终生癌症风险相关的浓度可通过将准则值分别乘以和除以 10 计算得出; b. 2,4-二氯苯氧乙酸; c. 2,4-二氯苯氧丁酸; d. 二氯二苯基三氯乙烷; e. 4-(2-甲基-4-氯苯基)乙酸; f. 2,4,5-三氯苯氧乙酸。

附录2　欧盟《饮用水水质指令》2020年版附录Ⅰ

附表2.1　微生物学参数

指　标	指标值,(CFU/100 mL)
肠道球菌	0
大肠杆菌	0

以下指标用于瓶装或桶装饮用水：

指 标	指标值，(CFU/250 mL)
肠道球菌	0
大肠杆菌	0

附表2.2 化学物质参数

指 标	指标值	单位	备注
丙烯酰胺	0.10	μg/L	注1.
锑	10	μg/L	
砷	10	μg/L	
苯	1.0	μg/L	
苯并[a]芘	0.010	μg/L	
双酚A	2.5	μg/L	
硼	1.5	mg/L	注2.
溴酸盐	10	μg/L	
镉	5.0	μg/L	
氯酸盐	0.25	mg/L	注3.
亚氯酸盐	0.25	mg/L	注3.
铬	25	μg/L	注4.
铜	2.0	mg/L	
氰化物	50	μg/L	
1,2-二氯乙烷	3.0	μg/L	
环氧氯丙烷	0.10	μg/L	注1.
氟化物	1.5	mg/L	
卤乙酸	60	μg/l	注5.
铅	5	μg/L	注6.
汞	1.0	μg/L	
微囊藻毒素-LR	1.0	μg/L	注7.
镍	20	μg/L	
硝酸盐	50	mg/L	注8.
亚硝酸盐	0.50	mg/L	注8.
农药	0.10	μg/L	注9.10.11
农药总	0.50	μg/L	注9.12
全氟和多氟烷基物质总量(PFAS Total)	0.50	μg/L	注13.

续表

指 标	指标值	单位	备注
20 种全氟和多氟烷基物质总和(Sum of PFAS)	0.10	μg/L	注 14.
多环芳烃	0.10	μg/L	注 15.
硒	20	μg/L	注 16.
四氯乙烯和三氯乙烯	10	μg/L	注 17.
总三卤甲烷	100	μg/L	注 18.
铀	30	μg/L	
氯乙烯	0.50	μg/L	注 1.

注:1. 参数值是指水中的剩余单体浓度,并根据相应聚合体与水接触后所能释放出的最大量计算。

2. 如果淡化水是相关供水系统的主要水源,或在地质条件可能导致地下水硼含量较高的地区,则应采用 2.4 mg/L 的参数值。

3. 在使用产生氯酸盐的消毒,特别是二氧化氯消毒供人类饮用的水时,应采用 0.70 mg/L 的参数值。在不影响消毒效果的情况下,会员国应尽可能降低该值。只有在使用此类消毒方法时,才应测量该参数。

4. 最迟应在 2036 年 1 月 12 日达到 25 μg/L 的参数值。在此之前,铬的参数值应为 50 μg/L。

5. 只有在使用可产生 HAAs 的消毒方法对供人类饮用的水进行消毒时,才应测量该参数。它是以下五种代表性物质的总和:一氯、二氯和三氯乙酸,以及一溴和二溴乙酸。

6. 最迟应在 2036 年 1 月 12 日达到 5 μg/L 的参数值。在此之前,铅的参数值应为 10 μg/L。此后,至少在国内分销系统的供应点应达到 5 μg/L 的参数值。就第 11 条第(2)款第(b)项而言,自来水龙头处的参数值应为 5 μg/L。

7. 只有在原水可能出现藻华(蓝藻细胞密度或形成藻华的可能性增大)时,才应对该参数进行测量。

8. 成员国应确保遵守[硝酸盐]/50 + [亚硝酸盐]/3≤1 的条件,其中方括号表示硝酸盐(NO_3)和亚硝酸盐(NO_2)的浓度(mg/L),并确保水处理厂遵守亚硝酸盐 0.10 mg/L 的参数值。

9. 农药是指:有机杀虫剂、有机除草剂、有机杀菌剂、有机杀线虫剂、有机杀螨剂、有机杀藻剂、有机杀鼠剂、有机杀黏剂、相关产品(特别是生长调节剂)。

欧洲议会和欧盟理事会 1107/2009 号条例第 3 条第(32)点定义的农药及其代谢物(1),被认为与供人类饮用的水有关。如果有理由认为农药代谢物在农药靶标活性方面具有与母体物质相当的内在特性,或其本身或其转化产物对消费者产生健康风险,则该农药代谢物应被视为与供人类饮用的水有关。

10. 0.10 μg/L 的参数值适用于每种杀虫剂。对艾氏剂、狄氏剂、七氯和环氧七氯,参数值应为 0.030 μg/L。

11. 会员国应确定一个指导值,以管理供人类饮用的水中是否存在非相关的农药代谢物。只有可能存在于特定供应中的农药才需要监测。根据成员国报告的数据,考虑到农药及其相关代谢物可能存在于供人类饮用的水中,欧盟委员会可建立一个农药及其相关代谢物数据库。

12. 农药总量是指在监测程序中检测和量化的所有单个农药的总和。

13. PFAS 总量是指全氟化烃和多氟化烃物质的总量。

只有在根据第 13(7)条制定了监测该参数的技术准则后,该参数值才适用。然后,成员国可决定使用"PFAS 总量"或"PFAS 总和"中的一个或两个参数。

14. PFAS 总量是指供人类饮用的水中被视为令人担忧的全氟烷基和多氟烷基物质的总和。这是"全氟辛烷磺酸总和"物质的一个子集,其中包含一个含三个或三个以上碳原子的全氟烷基(即—$CnF2n$—,$n \geqslant 3$)或一个含两个或两个以上碳原子的全氟烷基醚(i.e. —$CnF2nOCmF2m$—,n 和 $m \geqslant 1$)。

15. 下列特定化合物的浓度总和:苯并(b)荧蒽、苯并(k)萤蒽、苯并(ghi)芘和茚并(1,2,3-cd)芘。

16. 对于地质条件可能导致地下水中硒含量较高的地区,应采用 30 μg/L 的参数值。

17. 这两个参数的浓度总和。

18. 在不影响消毒的情况下,成员国应尽可能降低参数值。它是下列特定化合物浓度的总和:氯仿、溴仿、二溴氯甲烷和溴二氯甲烷。

附表 2.3 指示参数

指 标	指标值	单位	备注
铝	200	μg/L	
铵	0.50	mg/L	
氯化物	250	mg/L	注 1.
产气荚膜梭状芽孢杆菌	0	个/100mL	注 2.
色度	消费者可接受,无异常变化		
电导率	2 500	μS/cm(20℃)	注 1.
氢离子浓度	≥6.5 和 ≤9.5	pH 单位	注 1. 注 3.
铁	200	μg/L	
锰	50	μg/L	
臭	消费者可接受,无异常变化		
耗氧量	5.0	mgO$_2$/L	注 4.
硫酸盐	250	mg/L	注 1.
钠	200	mg/L	
味	消费者可接受,无异常变化		
细菌总数(22℃)	无异常变化		
大肠菌群	0	个/100mL	注 5.
总有机碳(TOC)	无异常变化		注 6.
浊度	消费者可接受,无异常变化		

注:1. 水不应有腐蚀性。
2. 如果风险评估结果表明应该测量该参数,则应测量该参数。
3. 若为瓶装或桶装的静止水,最小值可降至 4.5 pH 单位,若为瓶装或桶装水,因其天然富含或人工充入二氧化碳,最小值可降至更低。
4. 如果测定 TOC 参数值,则不需要测定该值。
5. 对瓶装或桶装的水,单位为个/250 mL。
6. 对于供水量小于 10 000 m^3/d 的水厂,不需要测定该值。

附表 2.4 生活配水系统风险评估相关指标

指 标	指标值	单位	备注
军团菌	<1 000	CFU/L	注 1.
铅	10	μg/L	注 2.

注:1. 即使数值低于参数值,例如在感染和爆发的情况下,也可考虑采取这些条款中规定的行动。在这种情况下,应确认感染源并确定军团菌的种类。
2. 成员国应尽最大努力在 2036 年 1 月 12 日前达到 5 μg/L 的较低值。

附录3 美国《国家饮用水水质标准》2018版

附表3.1 有机污染物

化学品	MCLG(mg/L)	MCL(mg/L)
丙烯酰胺	0	TT[1]
草不绿	0	0.002
涕灭威[2]	0.001	0.003
涕灭威砜[2]	0.001	0.002
涕灭威亚砜[2]	0.001	0.004
阿特拉津	0.003	0.003
苯	0	0.005
苯并[a]芘(PAH)[3]	0	0.000 2
溴二氯甲烷(THM)	0	0.08[4]
三溴甲烷(THM)	0	0.08[4]
卡巴呋喃(一种杀虫剂)	0.04	0.04
四氯化碳	0	0.005
氯仿,三氯甲烷(THM)	0	0.002
氯甲烷	0.07	0.08
氯化氰[5]	—	—
2,4-二氯苯氧乙酸	0.07	0.07
达拉蓬(钠盐)	0.2	0.2
双(2-乙基己基)己二酸	0.4	0.4
邻苯二甲酸二(2-乙基己基)	0	0.006
二溴氯甲烷(THM)	0.06	0.08[4]
二溴氯丙烷(DBCP)	0	0.000 2
二氯乙酸	0	0.06[6]
二氯苯 o-	0.6	0.6
二氯苯 p-	0.075	0.075
氟利昂-12;[有化]二氯二氟甲烷	0	0.005
二氯乙烯(1,1-)	0.007	0.007
二氯乙烯(顺式-1,2-)	0.07	0.07
二氯乙烯(反式-1,2-)	0.1	0.1

续表

化学品	MCLG(mg/L)	MCL(mg/L)
二氯甲烷	0	0.005
二氯丙烷(1,2-)	0	0.005
地乐酚	0.007	0.007
敌草快	0.02	0.02
草藻灭,草多索	0.1	0.1
异狄氏剂(杀虫剂)	0.002	0.002
[有化]表氯醇(用于橡胶制造等)	0	TT[7]
乙苯	0.7	0.7
二溴乙烯(EDB)	0	0.000 05
草甘膦	0.7	0.7
七氯	0	0.000 4
环氧七氯	0	0.000 2
六氯代苯	0	0.001
林丹	0.000 2	0.000 2
甲氧滴滴涕	0.04	0.04
氯乙酸	0.07	0.06[6]
一氯苯	0.01	0.01
草氨酰;氨基乙二酰	0.02	0.02
五氯苯酚	0	0.001
毒莠定	0.5	0.5
多氯联苯(PCBs)	0	0
西玛津	0.004	0.004
苯乙烯	0.1	0.1
2,3,7,8-TCDD(二噁英)	0	0.000 000 03
四氯乙烯;全氯乙烯[8]	0	0.005
甲苯	1	1
毒杀芬	0	0.003
2,4,5-TP(三氯苯氧丙酸);2,4,5-涕丙酸	0.05	0.05
三氯乙酸	0.02	0.06[6]
三氯苯(1,2,4-)	0.07	0.07
三氯乙烷(1,1,1-)	0.2	0.2

续表

化学品	MCLG(mg/L)	MCL(mg/L)
三氯乙烷(1,1,2-)	0.003	0.005
三氯乙烯	0	0.005
氯乙烯	0	0.002
二甲苯(1,3,5-)	10	10
间二氯苯[9]	—	—

注:1. 当丙烯酰胺用于饮用水系统时,剂量和单体水平的组合(或产物)不得超过以 1 mg/L 剂量含有 0.05% 单体的聚丙烯酰胺聚合物的当量。
2. 由于作用模式相似,这三种化学品中两种或两种以上的任何组合的 MCL 值都不应超过 0.007 mg/L。
3. PAH=多环芳烃。
4. 1998 年消毒剂和消毒副产品的最终规定:三卤甲烷(THM)的总量为 0.08 mg/L。
5. 氯化氰的标准正在审查中(截至发稿)。
6. 1998 年消毒剂和消毒副产品的最终规定:五种卤乙酸的总量为 0.06 mg/L。
7. 当在饮用水系统中使用环氧氯丙烷时,剂量和单体水平的组合(或产物)不得超过以 20 mg/L 的剂量含有 0.01%单体的环氧氯丙烷基聚合物的当量。
8. 正在审查(截至发稿)。
9. 间二氯苯的数值基于邻二氯苯的数据。

附表 3.2　无机污染物

化学品	MCLG(mg/L)	MCL(mg/L)
锑	0.006	0.006
砷	0	0.01
石棉(纤维/l>10 Fm 长度)	7 MFL[1]	7 MFL
钡	2	2
铍	0.004	7 MFL
溴酸盐	0	0.01
镉	0.005	0.005
氯胺[3](用于消毒)	4[2]	4[2]
氯	4[2]	4[2]
二氧化氯	0.8[2]	0.8[2]
亚氯酸盐	0.8	—
铬(总)	0.1	0.1
铜(水龙头)	1.3	TT[3]
氰化物	0.2	0.2
氟化	4	4
铅(在水龙头处)	0	TT[3]

续表

化学品	MCLG(mg/L)	MCL(mg/L)
汞(无机)	0.002	0.002
硝酸盐(以 N 为单位)	10	10
亚硝酸盐(N)	—	1
硝酸盐＋亚硝酸盐(均为 N)	10	10
高氯酸盐	—	—
硒	0.05	0.05
铊	0.000 5	0.002

注：1. MFL＝百万纤维/升。
2. 1998 年消毒剂和消毒副产品的最终规则；MRDLG＝最大残留消毒水平目标；MRDL＝最大残留消毒水平。
3. 铜作用水平 1.3 mg/L；铅作用水平 0.015mg/L。

附表 3.3　放射性污染物

化学品	MCLG(mg/L)	MCL(mg/L)
β粒子和光子活性（以前是人造放射性核素）	0	4 mrem/yr
总α粒子活性	0	15 pCi/L
镭 226&228 组合	0	5 pCi/L
氡	0	300 pC AMCL¹ 4 000 pCi/L
铀	0	0.03

注：AMCL＝备选最大污染物水平。

附表 3.4　二级饮用水规则

化学品	标准(SDWR)
铝	0.05 — 0.2 mg/L
氯	250 mg/L
色度	15 色度单位
铜	1.0 mg/L
腐蚀性	无腐蚀性的；不锈的
氟化	2.0 mg/L
起泡剂	0.5 mg/L
铁	0.3 mg/L
锰	0.05 mg/L
气味	3 阈值气味数
pH 值	6.5—8.5

续表

化学品	标准(SDWR)
银	0.1 mg/L
硫酸	250 mg/L
溶解性总固体(TDS)	500 mg/L
锌	5 mg/L

附表3.5 微生物

微生物	MCLG(mg/L)	MCLG(mg/L)	处理技术
隐孢子虫	0	TT	过滤系统必须去除99%的隐孢子虫
柱孢藻毒素	—	—	—
蓝藻微囊藻毒素	—	—	—
兰伯氏贾第虫	0	TT	杀灭、灭活99.99%
军团杆菌,军团菌属	0	TT	无限制;EPA认为,如果贾第鞭毛虫和病毒被灭活,军团菌也将得到控制
异养平板计数(HPC)	NA	TT	每mL不超过500个菌落
分枝杆菌	—	—	—
总大肠杆菌群	0	5%	一个月内总大肠菌群阳性率不超过5.0%;每个含有总大肠菌群的样本都必须进行粪便大肠菌群分析;不允许有粪便大肠菌群
浊度	NA	TT	浊度在任何时候都不能超过5 NTU(浊度单位)。饮用水浊度不得超过1 NTU;连续检测95%的水样浊度不得超过0.3 NTU。
病毒	0	TT	杀灭、灭活99.99%。
隐孢子虫	0	TT	过滤系统必须去除99%的隐孢子虫

注:1. MCL:最大污染物水平;MCLG:最高污染物水平目标。
2. NA:不适用,未定;TT:公共给水系统的处理技术。

附录4 日本《饮用水水质基准》2020版

附表4.1 水质基准项目和基准值(51项)

项目	标准值	项目	标准值
一般细菌	1 mL水中菌落数100以下	总三卤甲烷	0.1 mg/L以下
大肠杆菌	不得检出	三氯乙酸	0.03 mg/L以下
镉及其化合物	0.003 mg/L以下(以镉计)	溴二氯甲烷	0.03 mg/L以下
汞及其化合物	0.000 5 mg/L以下(以汞计)	三溴甲烷	0.09 mg/L以下

续表

项 目	标准值	项 目	标准值
硒及其化合物	0.01 mg/L 以下（以硒计）	甲醛	0.08 mg/L 以下
铅及其化合物	0.01 mg/L 以下（以铅计）	锌及其化合物	1.0 mg/L 以下（以锌计）
砷及其化合物	0.01 mg/L 以下（以砷计）	铝及其化合物	0.2 mg/L 以下（以铝计）
六价铬化合物	0.02 mg/L 以下（以铬计）	铁及其化合物	0.3 mg/L 以下（以铁计）
亚硝态氮	0.04 mg/L 以下	铜及其化合物	1.0 mg/L 以下（以铜计）
氰离子和氯化氰化物	0.01 mg/L 以下（以氰计）	钠及其化合物	200 mg/L 以下（以钠计）
硝态氮和亚硝态氮	10 mg/L 以下	锰及其化合物	0.05 mg/L 以下（以锰计）
氟及其化合物	0.8 mg/L 以下（以氟计）	氯化物	200 mg/L 以下（以氯计）
硼及其化合物	1.0 mg/L 以下（以硼计）	钙、镁等（硬度）	300 mg/L 以下
四氯化碳	0.002 mg/L 以下	蒸发残留物	500 mg/L 以下
1,4-二恶烷	0.05 mg/L 以下	阴离子表面活性剂	0.2 mg/L 以下
顺式-1,2-二氯乙烯和反式-1,2-二氯乙烯	0.04 mg/L 以下	土臭素	0.00001 mg/L 以下
二氯甲烷	0.02 mg/L 以下	2-甲基异冰片	0.00001 mg/L 以下
四氯乙烯	0.01 mg/L 以下	非离子表面活性剂	0.02 mg/L 以下
三氯乙烯	0.01 mg/L 以下	酚类	0.005 mg/L 以下（以苯计）
苯	0.01 mg/L 以下	TOC	3 mg/L 以下
氯酸盐	0.6 mg/L 以下	pH 值	5.8～8.6
氯乙酸	0.02 mg/L 以下	味	无异常
氯仿	0.06 mg/L 以下	臭	无异常
二氯乙酸	0.03 mg/L 以下	色度	5 度以下
二溴氯甲烷	0.1 mg/L 以下	浊度	2 度以下
溴酸	0.01 mg/L 以下		

附表 4.2 水质目标管理项目（27 项）

项目	目标值	项目	目标值
锑及其化合物	0.02 mg/L 以下（以锑计）	锰及其化合物	0.01 mg/L 以下（以锰计）
铀及其化合物	0.002 mg/L（暂定）以下（以铀计）	游离碳酸	20 mg/L 以下
镍及其化合物	0.02 mg/L 以下（以镍计）	1,1,1-三氯乙烷	0.3 mg/L 以下
1,2-二氯乙烷	0.004 mg/L 以下	甲基叔丁基醚	0.02 mg/L 以下
甲苯	0.4 mg/L 以下	有机物（高锰酸钾消耗量）	3 mg/L 以下

续表

项目	目标值	项目	目标值
邻苯二甲酸二(2-乙基己基)酯	0.08 mg/L 以下.	气味强度(TON)	3 以下
次氯酸	0.6 mg/L 以下	蒸发残留物	30 mg/L~200 mg/L
二氧化氯	0.6 mg/L 以下	浊度	1 度以下
二氯乙腈	0.01 mg/L 以下(暂定)	pH 值	7.5
水合氯醛	0.02 mg/L 以下(暂定)	腐蚀性(朗格利尔指数)	−1 以上,尽量接近 0
农药类(注)	(检出值/目标值)<1.0	异养菌	1 ML 水中菌落数 2 000 以下
余氯	1 mg/L 以下	1,1-二氯乙烯	0.1 mg/L 以下
钙、镁等(硬度)	10 mg/L~100 mg/L	铝及其化合物	0.1 mg/L 以下(以铝计)
		全氟辛烷磺酸(PFOS)和全氟辛酸(PFOA)	0.000 05 mg/L(暂定)以下(以 PFOS 和 PFOA 总和计)

附表 4.3 除害剂管制农药清单(水质管理目标设定项目 15)

目标物	目标物(mg/large)	目标物	目标物值(mg/large)
1,3-二氯丙烯(D-D)	0.05	硫双威	0.08
2,2-DPA	0.08	硫氰酸甲酯	0.3
2,4-D(2,4-PA)	0.02	杀草丹	0.02
EPN(注 2)	0.004	2-{2-氯-4-甲基-3-[(四氢呋喃-2-甲氧基)甲基]苯甲酰基}-1,3-环己二酮	0.002
MCPA	0.005	特草灵(MBPMC)	0.02
磺草灵	0.9	三氯吡氧乙酸	0.006
乙酰甲胺磷	0.006	敌百虫(DEP)	0.005
莠去津	0.01	三环唑	0.1
莎稗磷	0.003	氟乐灵	0.06
双甲脒	0.006	萘丙酰草胺	0.03
棉铃威	0.03	百草枯	0.005
噁唑啉(注 2)	0.005	哌草磷	0.000 9
异柳磷(注 2)	0.001	吡氯酰	0.01
异丙威(MIPC)	0.01	吡唑昔芬	0.004
稻瘟灵(IPT)	0.3	苄草唑	0.02
伊芬卡巴宗	0.002	哒嗪硫磷	0.002

续表

目标物	目标物(mg/large)	目标物	目标物值(mg/large)
异稻瘟灵(IBP)	0.09	稗草畏	0.02
双胍辛胺	0.006	百快隆	0.05
苫草酮	0.009	氟虫清	0.000 5
戊草丹	0.03	杀螟硫磷(MEP,注2)	0.01
醚菊酯	0.08	仲丁威(BPMC)	0.03
硫丹(注3)	0.01	嘧菌腙	0.05
噁嗪草酮	0.02	倍硫磷(MPP)注10	0.006
喹啉铜(有机铜)	0.03	稻丰散(PAP)	0.007
肟醚菌胺(注4)	0.1	四唑酰草胺	0.01
硫线磷	0.000 6	四氯苯酞	0.1
唑草胺	0.008	丁草胺	0.03
杀螟丹(注5)	0.08	抑草磷(注2)	0.02
西维因(NAC)	0.02	噻嗪酮	0.02
克百威	0.000 3	氟啶胺	0.03
灭藻醌(ACN)	0.005	毒草胺	0.05
克菌丹	0.3	腐霉剂	0.09
苄草隆	0.03	丙硫磷(注2)	0.007
草甘膦(注6)	2	丙环唑	0.05
草胺膦	0.02	炔苯酰草胺	0.05
氯甲酰草胺	0.02	烯丙苯噻唑	0.03
甲基毒死蜱(CNP)(注7)	0.000 1	溴丁酰草胺	0.1
毒死蜱(注2)	0.003	苯菌灵(注11)	0.02
百菌清(TPN)	0.05	戊菌隆	0.1
氰草津	0.001	苯甲环酮	0.09
杀螟腈(CYAP)	0.003	吡草酮	0.005
敌草隆(DCMU)	0.02	噻草平(苯他松)	0.2
敌草腈(DBN)	0.03	硝草胺	0.3
敌敌畏(DDVP)	0.008	丙硫克百威	0.02
敌草快	0.01	乙丁氟灵	0.01
乙拌磷	0.004	呋草黄	0.07
二硫代氨基甲酸酯类(注8)	0.005（以二硫化碳计）	噻唑磷	0.005

续表

目标物	目标物(mg/large)	目标物	目标物值(mg/large)
氟硫草定	0.009	马拉硫磷(注2)	0.7
氰氟草酯	0.006	2甲4氯丙酸(MCPP)	0.05
西玛津(CAT)	0.003	灭多虫	0.03
异戊乙净	0.02	吡唑氧芬,甲氨甲酯和美非诺萨姆(总的)	0.2
乐果	0.05	杀扑磷(DMTP,注2)	0.004
西草净	0.03	苯氧菌胺	0.04
二嗪磷(注2)	0.003	嗪草酮	0.03
杀草隆	0.8	苯噻酰草胺	0.02
棉隆、威百亩和异硫氰酸甲酯(注9)	0.01（以异硫氰酸甲酯计）	灭锈胺	0.1
噻酰菌胺	0.1	禾草低	0.005
福美双	0.02		

注：1. 1,3-二氯丙烯(D-D)的浓度是通过将异构体顺式1,3-二氯丙烯和反式1,3-二氯丙烯的浓度相加来计算的。

2. 对于有机磷农药中的EPN、噁唑啉、异柳磷、毒死蜱、二嗪磷、杀螟硫磷(MEP)、抑草磷、丙硫磷、马拉硫磷、杀扑磷(DMTP)的浓度，还应确定每种氧化物的浓度。计算每种农药的浓度时，应将各自的浓度与这些氧化物转换成原始物质的浓度相加。

3. 测定了硫丹异构体α硫丹和β硫丹以及代谢物硫丹硫酸酯的浓度，并将α硫丹和β硫丹的浓度和转化为原始物质的硫丹硫酸酯浓度相加来计算的。

4. 通过测定代谢物(5Z)—肟醚菌胺的浓度，并将原始物质的浓度和转化为原始物质的代谢物浓度相加来计算肟醚菌胺的浓度。

5. 杀螟丹的浓度应以沙蚕毒素测量，并通过将其转换为杀螟丹浓度来计算。

6. 草甘膦的浓度也应通过测定代谢物氨甲基磷酸盐(AMPA)，计算方法是将原始物质的浓度与转化为原始物质的磷酸氨甲酯(AMPA)的浓度相加。

7. 甲基毒死蜱(CNP)的浓度也应针对氨基形式进行测定，并通过原始物质浓度与转换为原始物质的氨基形式浓度之和进行计算。

8. 二硫代氨基甲酸酯类杀虫剂的浓度应按二硫化碳计算，即代森锌、福美锌、福美双、丙森锌、福代锌、代森锰锌、代森锰的浓度之和。

9. 棉隆、威百亩和异硫氰酸甲酯的浓度应以异硫氰酸甲酯测定。

10. 倍硫磷(MPP)的浓度应通过测量氧化物MPP-亚砜、MPP-砜、MPP-氧酮、MPP-氧酮亚砜和MPP-氧酮砜和倍硫磷(MPP)的浓度，并将倍硫磷(MPP)的浓度与转化为原始物质的每种氧化物的浓度相加来计算的。

11. 苯菌灵的浓度应以2-苯并咪唑基氨基甲酸甲酯(MBC)测定，并换算成苯菌灵浓度计算。

附表4.4 需要讨论的项目和项目值(46项)

（由于无法确定毒性评价和纯化水中丰度未知等原因，本项目不能归类为水质标准项目或水质管理目标设定项目。）

项目	目标值(mg/L)	项目	目标值(mg/L)
银及其化合物	—	丁基苄基酯	0.5
钡及其化合物	0.7	微囊藻毒素-LR	0.0008(暂定)
铋及其化合物	—	有机锡化合物	0.0006(临时)(TBTO)

续表

项目	目标值(mg/L)	项目	目标值(mg/L)
钼及其化合物	0.07	溴氯乙酸	—
丙烯酰胺	0.000 5	溴二氯乙酸	—
丙烯酸	—	二溴氯乙酸	—
17-β-雌二醇-	0.000 08(暂定)	溴乙酸	—
乙炔基雌二醇	0.000 02(暂定)	二溴乙酸	—
乙二胺四乙酸(EDTA)	0.5	三溴乙酸	—
环氧氯丙烷	0.000 4(暂定)	三氯乙腈	—
氯乙烯	0.002	溴氯乙腈	—
醋酸乙烯酯	—	二溴乙腈	0.06
2,4-二氨基甲苯	—	乙醛	—
2,6-二氨基甲苯	—	MX	0.001
N,N-二甲基苯胺	—	二甲苯	0.4
苯乙烯	0.02	高氯酸	0.025
二恶英	1 pgTEQ/L(暂定)	N-亚硝基二甲胺（NDMA）	0.000 1
三乙烯四胺	—	苯胺	0.02
壬基酚	0.3(暂定)	喹啉	0.000 1
双酚 A	0.1(暂定)	1,2,3-三氯苯	0.02
肼	—	次氮基三乙酸(NTA)	0.2
1,2-丁二烯	—	全氟己烷磺酸(PFHxS)	—
1,3-丁二烯	—		
邻苯二甲酸二丁酯	0.01		

附录5 《生活饮用水卫生标准》(GB 5749—2022)主要指标及限值

生活饮用水水质应符合附表5.1和附表5.3要求。出厂水和末梢水中消毒剂限值、消毒剂余量均应符合附表5.2要求。

当生活饮用水中含有附表5.4所列指标时,可参考表中该指标的限值评价。

附表5.1 生活饮用水水质常规指标及限值

序号	指标	限值
一、微生物指标		
1	总大肠菌群/(MPN/100 mL 或 CFU/100 mL)[a]	不应检出
2	大肠埃希氏菌/(MPN/100 mL 或 CFU/100 mL)[a]	不应检出
3	菌落总数/(MPN/mL 或 CFU/mL)[b]	100
二、毒理指标		
4	砷/(mg/L)	0.01
5	镉/(mg/L)	0.005
6	铬(六价)/(mg/L)	0.05
7	铅/(mg/L)	0.01
8	汞/(mg/L)	0.001
9	氰化物/(mg/L)	0.05
10	氟化物/(mg/L)[b]	1.0
11	硝酸盐(以N计)/(mg/L)[b]	10
12	三氯甲烷/(mg/L)[c]	0.06
13	一氯二溴甲烷/(mg/L)[c]	0.1
14	二氯一溴甲烷/(mg/L)[c]	0.06
15	三溴甲烷/(mg/L)[c]	0.1
16	三卤甲烷(三氯甲烷、一氯二溴甲烷、二氯一溴甲烷、三溴甲烷的总和)[c]	该类化合物中各种化合物的实测浓度与其各自限值的比值之和不超过1
17	二氯乙酸/(mg/L)[c]	0.05
18	三氯乙酸/(mg/L)[c]	0.1
19	溴酸盐/(mg/L)[c]	0.01
20	亚氯酸盐/(mg/L)[c]	0.7
21	氯酸盐/(mg/L)[c]	0.7
三、感官性状和一般化学指标[d]		
22	色度(铂钴色度单位)/度	15
23	浑浊度(散射浑浊度单位)/NTU[b]	1
24	臭和味	无异臭、异味
25	肉眼可见物	无
26	pH	不小于6.5且不大于8.5

续表

序号	指标	限值
27	铝/(mg/L)	0.2
28	铁/(mg/L)	0.3
29	锰/(mg/L)	0.1
30	铜/(mg/L)	1.0
31	锌/(mg/L)	1.0
32	氯化物/(mg/L)	250
33	硫酸盐/(mg/L)	250
34	溶解性总固体/(mg/L)	1 000
35	总硬度/(mg/L)	450
36	高锰酸盐指数/(mg/L)	3
37	氨/(mg/L)	0.5
四、放射性指标		
38	总α放射性/(Bq/L)	0.5(指导值)
39	总β放射性/(Bq/L)	1(指导值)

注：a. MPN 表示最可能数；CFU 表示菌落形成单位。当水样检出总大肠菌群时，应进一步检验大肠埃希氏菌；当水样未检出总大肠菌群时，不必检验大肠埃希氏菌。

b. 小型集中式供水和分散式供水因水源与净水技术受限时，菌落总数指标限值按 500 MPN/mL 或 500 CFU/mL 执行，氟化物指标限值按 1.2 mg/L 执行，硝酸盐（以 N 计）指标限值按 20 mg/L 执行，浑浊度指标限值按 3 NTU 执行。

c. 水处理工艺流程中预氧化或消毒方式：

——采用液氯、次氯酸钙及氯胺时，应测定三氯甲烷、一氯二溴甲烷、二氯一溴甲烷、三溴甲烷、三卤甲烷、二氯乙酸、三氯乙酸；

——采用次氯酸钠时，应测定三氯甲烷、一氯二溴甲烷、二氯一溴甲烷、三溴甲烷、三卤甲烷、二氯乙酸、三氯乙酸、氯酸盐；

——采用臭氧时，应测定溴酸盐；

——采用二氧化氯时，应测定亚氯酸盐；

——采用二氧化氯与氯混合消毒剂发生器时，应测定亚氯酸盐、氯酸盐、三氯甲烷、一氯二溴甲烷、二氯一溴甲烷、三溴甲烷、三卤甲烷、二氯乙酸、三氯乙酸；

——当原水中含有上述污染物，可能导致出厂水和末梢水的超标风险时，无论采用何种预氧化或消毒方式，都应对其进行测定。

d. 当发生影响水质的突发公共事件时，经风险评估，感官性状和一般化学指标可暂时适当放宽。

e. 放射性指标超过指导值（总β放射性扣除[40]K 后仍然大于 1 Bq/L），应进行核素分析和评价，判定能否饮用。

附表5.2 生活饮用水水质常规指标及限值

序号	指标	与水接触时间/min	出厂水和末梢水限值/(mg/L)	出厂水余量/(mg/L)	末梢水余量/(mg/L)
1	游离氯[a,d]	≥30	≤2	≥0.3	≥0.05
2	总氯[b]	≥120	≤3	≥0.5	≥0.05

续表

序号	指标	与水接触时间/min	出厂水和末梢水限值/(mg/L)	出厂水余量/(mg/L)	末梢水余量/(mg/L)
3	臭氧c	≥12	≤0.3	—	≥0.02 如采用其他协同消毒方式,消毒剂限值及余量应满足相应要求
4	二氧化氯d	≥30	≤0.8	≥0.1	≥0.3

注:a. 采用液氯、次氯酸钠、次氯酸钙消毒方式时,应测定游离氯。
 b. 采用氯胺消毒方式时,应测定总氯。
 c. 采用臭氧消毒方式时,应测定臭氧。
 d. 采用二氧化氯消毒方式时,应测定二氧化氯;采用二氧化氯与氯混合消毒剂发生器消毒方式时,应测定二氧化氯和游离氯。两项指标均应满足限值要求,至少一项指标应满足余量要求。

附表5.3 生活饮用水水质扩展指标及限值

序号	指标	限值
一、微生物指标		
1	贾第鞭毛虫/(个/10 L)	<1
2	隐孢子虫/(个/10 L)	<1
二、毒理指标		
3	锑/(mg/L)	0.005
4	钡/(mg/L)	0.7
5	铍/(mg/L)	0.002
6	硼/(mg/L)	1.0
7	钼/(mg/L)	0.07
8	镍/(mg/L)	0.02
9	银/(mg/L)	0.05
10	铊/(mg/L)	0.000 1
11	硒/(mg/L)	0.01
12	高氯酸盐/(mg/L)	0.07
13	二氯甲烷/(mg/L)	0.02
14	1,2-二氯乙烷/(mg/L)	0.03
15	四氯化碳/(mg/L)	0.002
16	氯乙烯/(mg/L)	0.001
17	1,1-二氯乙烯/(mg/L)	0.03
18	1,2-二氯乙烯(总量)/(mg/L)	0.05
19	三氯乙烯/(mg/L)	0.02

续表

序号	指标	限值
20	四氯乙烯/(mg/L)	0.04
21	六氯丁二烯/(mg/L)	0.000 6
22	苯/(mg/L)	0.01
23	甲苯/(mg/L)	0.7
24	二甲苯(总量)/(mg/L)	0.5
25	苯乙烯/(mg/L)	0.02
26	氯苯/(mg/L)	0.3
27	1,4-二氯苯/(mg/L)	0.3
28	三氯苯(总量)/(mg/L)	0.02
29	六氯苯/(mg/L)	0.001
30	七氯/(mg/L)	0.000 4
31	马拉硫磷/(mg/L)	0.25
32	乐果/(mg/L)	0.006
33	灭草松/(mg/L)	0.3
34	百菌清/(mg/L)	0.01
35	呋喃丹/(mg/L)	0.007
36	毒死蜱/(mg/L)	0.03
37	草甘膦/(mg/L)	0.7
38	敌敌畏/(mg/L)	0.001
39	莠去津/(mg/L)	0.002
40	溴氰菊酯/(mg/L)	0.02
41	2,4-滴/(mg/L)	0.03
42	乙草胺/(mg/L)	0.02
43	五氯酚/(mg/L)	0.009
44	2,4,6-三氯酚/(mg/L)	0.2
45	苯并(a)芘/(mg/L)	0.000 01
46	邻苯二甲酸二(2-乙基己基)酯/(mg/L)	0.008
47	丙烯酰胺/(mg/L)	0.000 5
48	环氧氯丙烷/(mg/L)	0.000 4
49	微囊藻毒素-LR(藻类暴发情况发生时)/(mg/L)	0.001

续表

序号	指标	限值
三、感官性状和一般化学指标[d]		
50	钠/(mg/L)	200
51	挥发酚类(以苯酚计)/(mg/L)	0.002
52	阴离子合成洗涤剂/(mg/L)	0.3
53	2-甲基异莰醇/(mg/L)	0.000 01
54	土臭素/(mg/L)	0.000 01

注：当发生影响水质的突发公共事件时,经风险评估,感官性状和一般化学指标可暂时适当放宽。

附表5.4 生活饮用水水质参考指标及限值

序号	指标	限值
1	肠球菌/(CFU/100 mL 或 MPN/100 mL)	不应检出
2	产气荚膜梭状芽孢杆菌/(CFU/100 mL)	不应检出
3	钒/(mg/L)	0.01
4	氯化乙基汞/(mg/L)	0.000 1
5	四乙基铅/(mg/L)	0.000 1
6	六六六(总量)/(mg/L)	0.005
7	对硫磷/(mg/L)	0.003
8	甲基对硫磷/(mg/L)	0.009
9	林丹/(mg/L)	0.002
10	滴滴涕/(mg/L)	0.001
11	敌百虫/(mg/L)	0.05
12	甲基硫菌灵/(mg/L)	0.3
13	稻瘟灵/(mg/L)	0.3
14	氟乐灵/(mg/L)	0.02
15	甲霜灵/(mg/L)	0.05
16	西草净/(mg/L)	0.03
17	乙酰甲胺磷/(mg/L)	0.08
18	甲醛/(mg/L)	0.9
19	三氯乙醛/(mg/L)	0.1
20	氯化氰(以 CN$^-$ 计)/(mg/L)	0.07
21	亚硝基二甲胺/(mg/L)	0.000 1

续表

序号	指标	限值
22	碘乙酸/(mg/L)	0.02
23	1,1,1-三氯乙烷/(mg/L)	2
24	1,2-二溴乙烷/(mg/L)	0.000 05
25	五氯丙烷/(mg/L)	0.03
26	乙苯/(mg/L)	0.3
27	1,2-二氯苯/(mg/L)	1
28	硝基苯/(mg/L)	0.017
29	双酚 A/(mg/L)	0.01
30	丙烯腈/(mg/L)	0.1
31	丙烯醛/(mg/L)	0.1
32	戊二醛/(mg/L)	0.07
33	二(2-乙基己基)己二酸酯/(mg/L)	0.4
34	邻苯二甲酸二乙酯/(mg/L)	0.3
35	邻苯二甲酸二丁酯/(mg/L)	0.003
36	多环芳烃(总量)/(mg/L)	0.002
37	多氯联苯(总量)/(mg/L)	0.000 5
38	二噁英(2,3,7,8-四氯二苯并对二噁英)/(mg/L)	0.000 000 03
39	全氟辛酸/(mg/L)	0.000 08
40	全氟辛烷磺酸/(mg/L)	0.000 04
41	丙烯酸/(mg/L)	0.5
42	环烷酸/(mg/L)	1.0
43	丁基黄原酸/(mg/L)	0.001
44	β-萘酚/(mg/L)	0.4
45	二甲基二硫醚/(mg/L)	0.000 03
46	二甲基三硫醚/(mg/L)	0.000 03
47	苯甲醚/(mg/L)	0.05
48	石油类(总量)/(mg/L)	0.05
49	总有机碳/(mg/L)	5
50	碘化物/(mg/L)	0.1
51	硫化物/(mg/L)	0.02
52	亚硝酸盐(以 N 计)/(mg/L)	1
53	石棉(纤维>10μm)/(mg/L)	700
54	铀/(mg/L)	0.03
55	镭-226/(Bq/L)	1

附录6 《城市供水水质标准》(CJ/T 206—2005)非常规检验项目

非常规检验项目见附表6.1

附表6.1 城市供水水质非常规检验项目及限值

序号	项目		限值
1	微生物指标	粪型链球菌群	每100 mL水样不得检出
		蓝氏贾第鞭毛虫(Giardia Lamblia)	<1个/10 L[①]
		隐孢子虫(Cryptosporidium)	<1个/10 L[②]
2	感官性状和一般化学指标	氨氮	0.5 mg/L
		硫化物	0.02 mg/L
		钠	200 mg/L
		银	0.05 mg/L
3	毒理学指标	锑	0.005 mg/L
		钡	0.7 mg/L
		铍	0.002 mg/L
		硼	0.5 mg/L
		镍	0.02 mg/L
		钼	0.07 mg/L
		铊	0.0001 mg/L
		苯	0.01 mg/L
		甲苯	0.7 mg/L
		乙苯	0.3 mg/L
		二甲苯	0.5 mg/L
		苯乙烯	0.02 mg/L
		1,2-二氯乙烷	0.005 mg/L
		三氯乙烯	0.005 mg/L
		四氯乙烯	0.005 mg/L
		1,2-二氯乙烯	0.05 mg/L
		1,1-二氯乙烯	0.007 mg/L
		三卤甲烷(总量)	0.1 mg/L[⑤]
		氯酚(总量)	0.010 mg/L[⑥]
		2,4,6-三氯酚	0.010 mg/L

续表

序号	项 目		限 值
3	毒理学指标	TOC	无异常变化(试行)
		五氯酚	0.009 mg/L
		乐果	0.02 mg/L
		甲基对硫磷	0.01 mg/L
		对硫磷	0.003 mg/L
		甲胺磷	0.001 mg/L(暂定)
		2,4-滴	0.03 mg/L
		溴氰菊酯	0.02 mg/L
		二氯甲烷	0.005 mg/L
		1,1,1-三氯乙烷	0.20 mg/L
		1,1,2-三氯乙烷	0.005 mg/L
		氯乙烯	0.005 mg/L
		一氯苯	0.3 mg/L
		1,2-二氯苯	1.0 mg/L
		1,4-二氯苯	0.075 mg/L
		三氯苯(总量)	0.02 mg/L[7]
		多环芳烃(总量)	0.002 mg/L[8]
		苯并[a]芘	0.000 01 mg/L
		二(2—乙基己基)邻苯二甲酸酯	0.008 mg/L
		环氧氯丙烷	0.000 4 mg/L
		微囊藻毒素-LR	0.001 mg/L[3]
		卤乙酸(总量)	0.06 mg/L[4]、[9]
		莠去津(阿特拉津)	0.002 mg/L
		六氯苯	0.001 mg/L

注：[1]、[2]、[3]、[4]从 2006 年 6 月起检验。
[5] 三卤甲烷(总量)包括三氯甲烷、一氯二溴甲烷、二氯一溴甲烷、三溴甲烷。
[6] 氯酚(总量)包括 2-氯酚、2,4-二氯酚、2,4,6-三氯酚三个消毒副产物,不含农药五氯酚。
[7] 三氯苯(总量)包括 1,2,4-三氯苯、1,2,3-三氯苯、1,3,5-三氯苯。
[8] 多环芳烃(总量)包括苯并[a]芘、苯并[g,h,i]芘、苯并[b]荧蒽、苯并[k]荧蒽、荧蒽、茚并[1,2,3-c,d]芘。
[9] 卤乙酸(总量)包括二氯乙酸、三氯乙酸。

附录7 《建筑与小区管道直饮水系统技术规程》(CJJ/T 110—2017)

1 总则

1.0.1 为规范建筑与小区管道直饮水系统工程的设计、施工、验收、运行维护和管理,确保系统安全卫生、技术先进、经济合理,制定本规程。

1.0.2 本规程适用于民用建筑与小区管道直饮水系统设计、施工、验收、运行维护和管理。

1.0.3 建筑与小区管道直饮水系统采用的管材、管件、设备、辅助材料等应符合国家现行标准的规定,卫生性能应符合现行国家标准《生活饮用水输配水设备及防护材料的安全性评价标准》GB/T 17219 的规定。

1.0.4 建筑与小区管道直饮水系统的设计、施工、验收、运行维护和管理,除应符合本规程外,尚应符合国家现行有关标准的规定。

2 术语和符号

2.1 术语

2.1.1 管道直饮水系统 pipe system for fine drinking water
原水经过深度净化处理达到标准后,通过管道供给人们直接饮用的供水系统。

2.1.2 原水 raw water
未经深度净化处理的城镇自来水或符合生活饮用水水源标准的其他水源。

2.1.3 产品水 product water
原水经深度净化、消毒等集中处理后供给用户的直接饮用水。

2.1.4 瞬时高峰用水量(或流量) instantaneous peak flow rate
用水量最集中的某一时段内,在规定的时间间隔内的平均流量。

2.1.5 水嘴使用概率 tab use probability
用水高峰时段,水嘴相邻两次用水期间,从第一次放水开始到第二次放水结束的时间间隔放水时间所占的比率。

2.1.6 循环流量 circulating flow
循环系统中周而复始流动的水量。其值根据系统工作制度、系统容积与循环时间确定。

2.1.7 深度净化处理 advanced water treatment
对原水进行的进一步处理过程。去除有机污染物(包括"三致"物质和消毒副产物)、重金属、微生物等。

2.1.8 KDF 处理 kinetic degradation fluxion process
采用高纯度铜、锌合金滤料,通过与水接触后发生电化学氧化—还原反应,有效去除水中氯和重金属,抑制水中微生物生长繁殖的处理方法。

2.1.9 膜污染密度指标(SDI) silt density index

用来表示进水中悬浮物、胶体物质的浓度和过滤特性的数值。

2.1.10 水质在线监测系统 water quality on-line monitoring system

运用水质在线分析仪、自动控制技术、计算机技术并配以专业软件，组成一个从取样、预处理、分析到数据处理及存储的完整系统，从而实现对水质样品的在线自动监测。

2.2 符号

2.2.1 流量

Q_b——水泵设计流量；

Q_d——系统最高日直饮水量；

Q_j——净水设备产水量；

q_d——最高日直饮水定额；

q_0——水嘴额定流量；

q_s——瞬时高峰用水量；

q_x——循环流量。

2.2.2 水压、水头损失

$\sum h$——最不利水嘴到净水箱(槽)的管路总水头损失；

h_0——最低工作压力；

H_b——水泵设计扬程。

2.2.3 几何特征

V——闭式循环回路上供回水系统的总容积；

V_j——净水箱(槽)有效容积；

V_y——原水调节水箱(槽)容积；

Z——最不利水嘴与净水箱(槽)最低水位的几何高差。

2.2.4 计算系数

k——中间变量；

k_j——容积经验系数；

m——瞬时高峰用水时水嘴使用数量；

N——系统服务的人数；

n——水嘴数量；

n_e——水嘴折算数量；

p——水嘴使用概率；

p_e——新的计算概率值；

P_1——不多于 m 个水嘴同时用水的概率；

T_1——循环时间；

T_2——最高日设计净水设备累计工作时间；

α——经验系数。

3 水质、水量和水压

3.0.1 建筑与小区管道直饮水系统用户端的水质应符合现行行业标准《饮用净水水质标准》CJ 94 的规定。

3.0.2 最高日直饮水定额可按表 3.0.2 采用。

表 3.0.2 最高日直饮水定额（q_d）

用水场所	单位	最高日直饮水定额
住宅楼、公寓	L/(人·d)	2.0~2.5
办公楼	L/(人·班)	1.0~2.0
教学楼	L/(人·d)	1.0~2.0
旅馆	L/(床·d)	2.0~3.0
医院	L/(床·d)	2.0~3.0
体育场馆	L/(观众·场)	0.2
会展中心（博物馆、展览馆）	L/(人·d)	0.4
航站楼、火车站、客运站	L/(人·d)	0.2~0.4

注：1. 本表中定额仅为饮用水量；
  2. 经济发达地区的居民住宅楼可提高至 4 L/(人·d)~5 L/(人·d)；
  3. 最高日直饮水定额亦可根据用户要求确定。

3.0.3 直饮水专用水嘴额定流量宜为 0.04 L/s~0.06 L/s。

3.0.4 直饮水专用水嘴最低工作压力不宜小于 0.03 MPa。

4 水处理

4.0.1 建筑与小区管道直饮水系统应对原水进行深度净化处理。

4.0.2 水处理工艺流程的选择应依据原水水质，经技术经济比较确定。处理后的出水应符合现行行业标准《饮用净水水质标准》CJ 94 的规定。

4.0.3 水处理工艺流程应合理，并应满足处理设备节能、自动化程度高、布置紧凑、管理操作简便、运行安全可靠等要求。

4.0.4 深度净化处理应根据处理后的水质标准和原水水质进行选择，宜采用膜处理技术。

4.0.5 不同的膜处理应相应配套预处理、后处理和膜的清洗设施，并应符合下列规定：

  1 预处理可采用多介质过滤器、活性炭过滤器、精密过滤器、钠离子交换器、微滤、KDF 处理、化学处理或膜过滤等；

  2 后处理可采用消毒灭菌或水质调整处理；

  3 膜的清洗可采用物理清洗或化学清洗，可根据不同的膜组件及膜污染类型进行系统配套设计。

4.0.6 水处理消毒灭菌可采用紫外线、臭氧、氯、二氧化氯、光催化氧化技术等，并应符合下列规定：

  1 选用紫外线消毒时，紫外线有效剂量不应低于 40 mJ/cm²。紫外线消毒设备应符合现行国家标准《城市给排水紫外线消毒设备》GB/T 19837 的规定。

  2 采用臭氧消毒时,管网末梢水中臭氧残留浓度不应小于 0.01 mg/L。
  3 采用二氧化氯消毒时,管网末梢水中二氧化氯残留浓度不应小于 0.01 mg/L。
  4 采用氯消毒时,管网末梢水中氯残留浓度不应小于 0.01 mg/L。
  5 采用光催化氧化技术时,应能产生羟基自由基。
  6 消毒方法可组合使用。
  7 消毒灭菌设备应安全可靠,投加量精准,并应有报警功能。

4.0.7 深度净化处理系统排出的浓水宜回收利用。

5 系统设计

5.0.1 建筑与小区管道直饮水系统必须独立设置。

5.0.2 建筑物内部和外部供回水系统的形式应根据小区总体规划和建筑物性质、规模、高度以及系统维护管理和安全运行等条件确定。

5.0.3 建筑与小区管道直饮水系统供水宜采用下列方式:
  1 调速泵供水系统,调速泵可兼作循环泵;
  2 处理设备置于屋顶的水箱重力式供水系统,系统应设循环泵。

5.0.4 净水机房应单独设置,且宜靠近集中用水点。

5.0.5 高层建筑管道直饮水供水应竖向分区,分区压力应符合下列规定:
  1 住宅各分区最低饮水嘴处的静水压力不宜大于 0.35 MPa;
  2 公共建筑各分区最低饮水嘴处的静水压力不宜大于 0.40 MPa;
  3 各分区最不利饮水嘴的水压,应满足用水水压的要求。

5.0.6 居住小区集中供水系统可在净水机房内设分区供水泵或设不同性质建筑物的供水泵,或在建筑物内设减压阀竖向分区供水。

5.0.7 建筑与小区管道直饮水系统设计应设循环管道,供回水管网应设计为同程式。

5.0.8 建筑物内高区和低区供水管网的回水管连接至同一循环回水干管时,高区回水管上应设置减压稳压阀,并应保证各区管网的循环。

5.0.9 建筑与小区管道直饮水系统宜采用定时循环,供配水系统中的直饮水停留时间不应超过 12 h。

5.0.10 配水管网循环立管上端和下端应设阀门,供水管网应设检修阀门。在管网最低端应设排水阀,管道最高处应设排气阀。排气阀处应有滤菌、防尘装置。排水阀和排气阀设置处不得有死水存留现象,排水口应有防污染措施。

5.0.11 建筑与小区管道直饮水系统回水宜回流至净水箱或原水水箱。回流到净水箱时,应在消毒设施前接入。采用供水泵兼作循环泵使用的系统时,循环回水管上应设置循环回水流量控制阀。

5.0.12 居住小区集中供水系统中,每幢建筑的循环回水管接至室外回水管之前宜采用安装流量平衡阀等措施。

5.0.13 不循环的支管长度不宜大于 6 m。

5.0.14 管道不应靠近热源敷设。除敷设在建筑垫层内的管道外均应做隔热保温处理。

5.0.15 管材、管件和计量水表的选择应符合下列规定：
1 管材应选用不锈钢管、铜管等符合食品级要求的优质管材；
2 室内分户计量水表应采用直饮水水表，宜采用 IC 卡式、远传式等类型的直饮水水表；
3 应采用直饮水专用水嘴；
4 系统中宜采用与管道同种材质的管件及附配件。

5.0.16 建筑与小区管道直饮水系统供水末端为三个及以上水嘴串联供水时，宜采用局部环状管路，双向供水。

6 系统计算与设备选择

6.0.1 系统最高日直饮水量应按下式计算：

$$Q_d = N q_d \tag{6.0.1}$$

式中：Q_d——系统最高日直饮水量(L/d)；
N——系统服务的人数(人)；
q_d——最高日直饮水定额[L/(人·d)]。

6.0.2 体育场馆、会展中心、航站楼、火车站、客运站等类型建筑的瞬时高峰用水量的计算应符合现行国家标准《建筑给水排水设计规范》GB 50015 的规定；居住类及办公类建筑瞬时高峰用水量，应按下式计算：

$$q_s = m q_0 \tag{6.0.2}$$

式中：q_s——瞬时高峰用水量(L/s)；
q_0——水嘴额定流量(L/s)；
m——瞬时高峰用水时水嘴使用数量。

6.0.3 瞬时高峰用水时水嘴使用数量应按下式计算：

$$P_n = \sum_{k=0}^{m} \binom{n}{k} p^k (1-p)^{n-k} \geqslant 0.99 \tag{6.0.3}$$

式中：P_n——不多于 m 个水嘴同时用水的概率；
p——水嘴使用概率；
k——中间变量；
n——水嘴数量。

瞬时高峰用水时水嘴使用数量 m 计算应符合下列要求：
1) 当水嘴数量 $n \leqslant 12$ 个时，应按表 6.0.3-1 选取；

表 6.0.3-1 水嘴数量不大于 12 个时瞬时高峰用水水嘴使用数量

水嘴数量 n（个）	1	2	3～8	9～12
使用数量 m（个）	1	2	3	4

2) 当水嘴数量 n＞12 个时，可按表 6.0.3-2 选取；

表 6.0.3-2 水嘴数量大于 12 个时瞬时高峰用水水嘴使用数量

单位：个

m\p n	0.010	0.015	0.020	0.025	0.030	0.035	0.040	0.045	0.050	0.055	0.060	0.065	0.070	0.075	0.080	0.085	0.090	0.095	0.10
25	—	—	—	—	—	4	4	4	4	5	5	5	5	5	6	6	6	6	6
50	—	—	4	4	5	5	6	6	7	7	7	8	8	9	9	9	10	10	10
75	—	4	5	6	6	7	8	8	9	9	10	10	11	11	12	13	13	14	14
100	4	5	6	7	8	8	9	10	11	11	12	13	13	14	15	16	16	17	18
125	4	6	7	8	9	10	11	12	13	13	14	15	16	17	18	18	19	20	21
150	5	6	8	9	10	11	12	13	14	15	16	17	18	19	20	21	22	23	24
175	5	7	8	10	11	12	14	15	16	17	18	20	21	22	23	24	25	26	27
200	6	8	9	11	12	14	15	16	18	19	20	22	23	24	25	27	28	29	30
225	6	8	10	12	13	15	16	18	19	21	22	24	25	27	28	29	31	32	34
250	7	9	11	13	14	16	18	19	21	23	24	26	27	29	31	32	34	35	37
275	7	9	12	14	15	17	19	21	23	25	26	28	30	31	33	35	36	38	40
300	8	10	12	14	16	18	21	22	24	25	28	30	32	34	36	37	39	41	43
325	8	11	13	15	18	20	22	24	26	28	30	32	34	36	38	40	42	44	46
350	8	11	14	16	19	21	23	25	28	30	32	34	36	38	40	42	45	47	49
375	9	12	14	17	20	22	24	27	29	32	34	36	38	41	43	45	47	49	52
400	9	12	15	18	21	23	26	28	31	33	36	38	40	43	45	48	50	52	55
425	10	13	16	19	22	24	27	30	32	35	37	40	43	45	48	50	53	55	57
450	10	13	17	20	23	25	28	31	34	37	39	42	45	47	50	53	55	58	60
475	10	14	17	20	24	27	30	33	35	38	41	44	47	50	52	55	58	61	63
500	11	14	18	21	25	28	31	34	37	40	43	46	49	52	55	58	60	63	66

注：用插值法求得 m。

3) 当 $np \geqslant 5$ 并且满足 $n(1-p) \geqslant 5$ 时,可按简化计算:

$$m = np + 2.33\sqrt{np(1-p)}$$

6.0.4 水嘴使用概率应按下式计算:

$$p = \frac{\alpha Q_d}{1\,800\,nq_0} \tag{6.0.4}$$

式中:α——经验系数,住宅楼、公寓取 0.22,办公楼、会展中心、航站楼、火车站、客运站取 0.27,教学楼、体育场馆取 0.45,旅馆、医院取 0.15。

6.0.5 定时循环时,循环流量可按下式计算:

$$q_x = \frac{V}{T_1} \tag{6.0.5}$$

式中:q_x——循环流量(L/h);
　　　V——循环系统的总容积(L),包括供回水管网和净水水箱容积;
　　　T_1——循环时间(h),不宜超过 4 h。

6.0.6 供回水管道内水流速度宜符合表 6.0.6 的规定。

表 6.0.6　供回水管道内水流速度

管道公称直径(mm)	流速(m/s)
≥32	1.0~1.5
<32	0.6~1.0

注:循环回水管道内的流速宜取高限。

6.0.7 流出节点的管道有 2 个及以上水嘴且使用概率不一致时,可按其中的一个概率值计算,其他概率值不同的管道,其负担的水嘴数量需经过折算再计入节点上游管段负担的水嘴数量之和。折算数量应按下式计算:

$$n_e = \frac{n_p}{p_e} \tag{6.0.7}$$

式中:n_e——水嘴折算数量;
　　　p_e——新的计算概率值。

6.0.8 净水设备产水量可按下式计算:

$$Q_j = \frac{1.2Q_d}{T_2} \tag{6.0.8}$$

式中:Q_j——净水设备产水量(L/h);
　　　T_2——循环时间最高日设计净水设备累计工作时间,可取 10 h~16 h。

6.0.9 变频调速供水系统水泵应符合下列规定:
　　1　水泵设计流量应按下式计算:

$$Q_b = q_s \tag{6.0.9-1}$$

359

式中：Q_b——水泵设计流量（L/s）。

2 水泵设计扬程应按下式计算：

$$H_b = h_0 + Z + \sum h \qquad (6.0.9\text{-}2)$$

式中：H_b——水泵设计扬程（m）；

h_0——最低工作压力（m）；

Z——最不利水嘴与净水箱最低水位的几何高差（m）；

$\sum h$——最不利水嘴到净水箱（槽）的管路总水头损失（m）。其计算应符合现行国家标准《建筑给水排水设计标准》GB 50015 的有关规定。

6.0.10 净水箱（槽）有效容积可按下式计算：

$$V_j = k_j Q_d \qquad (6.0.10)$$

式中：V_j——净水箱（槽）有效容积（L）；

k_j——容积经验系数，一般取 0.3～0.4。

6.0.11 原水调节水箱（槽）容积可按下式计算：

$$V_y = 0.2 Q_d \qquad (6.0.11)$$

式中：V_y——原水调节水箱（槽）容积（L）。

6.0.12 原水水箱（槽）的进水管管径宜按净水设备产水量设计，并应根据反洗要求确定水量。当进水管的供水能力满足预处理的流量和压力要求时，原水水箱（槽）可不设置。

7 净水机房

7.0.1 净水机房应保证通风良好。通风换气次数不应小于 8 次/h，进风口应远离污染源。

7.0.2 净水机房应有良好的采光或照明，工作面混合照度不应小于 200 lx，检验工作场所照度不应小于 540 lx，其他场所照度不应小于 100 lx。

7.0.3 净水设备宜按工艺流程进行布置，同类设备应相对集中布置。机房上方不应设置卫生间、浴室、盥洗室、厨房、污水处理间等。除生活饮用水以外的其他管道不得进入净水机房。

7.0.4 净水机房的隔振防噪设计，应符合现行国家标准《民用建筑隔声设计规范》GB 50118 的规定。

7.0.5 净水机房应满足生产工艺的卫生要求，并应符合下列规定：

1 应有更换材料的清洗、消毒设施和场所；

2 地面、墙壁、吊顶应采用防水、防腐、防霉、易消毒、易清洗的材料铺设；

3 地面应设间接排水设施；

4 门窗应采用不变形、耐腐蚀材料制成，应有锁闭装置，并应设有防蚊蝇、防尘、防鼠等措施。

7.0.6 净水机房应配备空气消毒装置。当采用紫外线空气消毒时，紫外线灯应按 1.5

W/m³吊装设置,距地面宜为2m。

7.0.7 净水机房宜设置更衣室,室内宜设有衣帽柜、鞋柜等更衣设施及洗手盆。

7.0.8 净水机房应配备主要检测项目的检测设备,宜设置化验室;宜安装水质在线监测系统,设置水质监测点。

7.0.9 净水箱(罐)的设置应符合下列规定:
 1 不应设置溢流管;
 2 应设置空气呼吸阀。

7.0.10 饮用净水化学处理剂应符合现行国家标准《饮用水化学处理剂卫生安全性评价》GB/T 17218 的规定。

7.0.11 净水处理设备的启停应由水箱中的水位自动控制。

7.0.12 净水机房内消毒设备采用臭氧消毒时,应设置臭氧尾气处理装置。

8 水质检验

8.0.1 建筑与小区管道直饮水系统应进行日常供水水质检验。水质检验项目及频率应符合表8.0.1的规定。

表 8.0.1 水质检验项目及频率

检验频率	日检	周检	年检	备注
检验项目	浑浊度; pH值; 耗氧量(未采用纳滤、反渗透技术); 余氯; 臭氧(适用于臭氧消毒); 二氧化氯(适用于二氧化氯消毒)	细菌总数; 总大肠菌群; 粪大肠菌群; 耗氧量(采用纳滤、反渗透技术)	现行行业标准《饮用净水水质标准》CJ 94 全部项目	必要时另增加检验项目

注:日常检查中可使用在线监测设备,实时监控水质变化,对水质的突然变化作出预警。

8.0.2 水样采集点设置及数量应符合下列规定:
 1 日、周检验项目的水样采样点应设置在建筑与小区管道直饮水供水系统原水入口处、处理后的产品水总出水点、用户点和净水机房内的循环回水点;
 2 系统总水嘴数不大于500个时应设2个采样点;500个~2 000个时,每500个应增加1个采样点;大于2 000个时,每增加1 000个应增加1个采样点。

8.0.3 当遇到下列四种情况之一时,应分别按现行行业标准《饮用净水水质标准》CJ 94的全部项目进行检验:
 1 新建、扩建、改建的建筑与小区管道直饮水工程;
 2 原水水质发生变化;
 3 改变水处理工艺;
 4 停产30 d后重新恢复生产。

8.0.4 检验报告应全面、准确、清晰,并应存档。

9 控制系统

9.0.1 建筑与小区管道直饮水制水和供水系统宜设手动和自动控制系统。控制系统运行应安全可靠,应设置故障停机、故障报警装置,并宜实现无人值守、自动运行。

9.0.2 水处理系统配备的检测仪表应符合下列规定:

  1 应配备水量、水压、液位等实时检测仪表;

  2 根据水处理工艺流程的特点,宜配置水温、pH值、余氯、余臭氧、余二氧化氯等检测仪表;

  3 宜设有SDI仪测量口及SDI仪。

9.0.3 宜选择配置水质在线监测系统,并监测浑浊度、pH值、总有机碳、余氯、二氧化氯、重金属等指标。

9.0.4 净水机房监控系统中应有各设备运行状态和系统运行状态指示或显示,应依照工艺要求按设定的程序进行自动运行。

9.0.5 监控系统宜能显示各运行参数,并宜设水质实时检测网络分析系统。

9.0.6 净水机房电控系统中应对缺水、过压、过流、过热、不合格水排放等问题有保护功能,并应根据反馈信号进行相应控制、协调系统的运行。

10 施工安装

10.1 一般规定

10.1.1 施工安装前应具备下列条件:

  1 施工图及其他设计文件应齐全,并已进行设计交底;

  2 施工方案或施工组织设计已批准;

  3 施工力量、施工场地及施工机具等能保证正常施工;

  4 施工人员应经过相应的安装技术培训。

10.1.2 管道敷设应符合国家现行标准《薄壁不锈钢管道技术规范》GB/T 29038和《建筑给水金属管道工程技术规程》CJJ/T 154的相关规定。

10.1.3 当管道或设备质量有异常时,应在安装前进行技术鉴定或复检。

10.1.4 施工安装应符合图纸要求,并应符合国家现行标准《薄壁不锈钢管道技术规范》GB/T 29038和《建筑给水金属管道工程技术规程》CJJ/T 154的施工要求,不得擅自修改工程设计。

10.1.5 同一工程应安装同类型的设施或管道配件,除有特殊要求外,应采用相同的安装方法。

10.1.6 不同的管材、管件或阀门连接时,应使用专用的转换连接件。

10.1.7 管道安装前,管内外和接头处应清洁,受污染的管材和管件应清理干净;安装过程中严禁杂物及施工碎屑落入管内;施工后应及时对敞口管道采取临时封堵措施。

10.1.8 丝扣连接时,宜采用聚四氟乙烯生料带等材料,不得使用厚白漆、麻丝等可能对水质产生污染的材料。

10.1.9 系统控制阀门应安装在易于操作的明显部位,不得安装在住户内。

10.2 管道敷设

10.2.1 室外埋地管道的覆土深度,应根据各地区土壤冰冻深度、车辆荷载、管道材质及管道交叉等因素确定,管道最小覆土深度不得小于土壤冰冻线以下 0.15 m,行车道下的管道覆土深度不宜小于 0.7 m。

10.2.2 室外埋地管道管沟的沟底应为原土层,或为夯实的回填土,沟底应平整,不得有突出的尖硬物体。沟底土壤的颗粒径大于 12 mm 时宜铺 100 mm 厚的砂垫层。管周回填土不得夹杂硬物直接与管壁接触。应先用砂土或颗粒径不大于 12 mm 的土壤回填至管顶上侧 300 mm 处,经夯实后方可回填原土。

10.2.3 埋地金属管道应做防腐处理。

10.2.4 建筑物内埋地敷设的直饮水管道与排水管之间平行埋设时净距不应小于 1m;交叉埋设时净距不应小于 0.15 m,且直饮水管应在排水管的上方。

10.2.5 建筑物内埋地敷设的直饮水管道埋深不宜小于 300 mm。

10.2.6 架空管道绝热保温应采用橡塑泡棉、离心玻璃棉、硬聚氨酯、复合硅酸镁等材料。

10.2.7 室内明装管道宜在建筑装修完成后进行。

10.2.8 室内直饮水管道与热水管上下平行敷设时应在热水管下方。

10.2.9 直饮水管道不得敷设在烟道、风道、电梯井、排水沟、卫生间内。直饮水管道不宜穿越橱窗、壁柜。

10.2.10 直埋暗管封闭后,应在墙面或地面标明暗管的位置和走向。

10.2.11 减压阀组的安装应符合下列规定:
  1 减压阀组应先组装、试压,在系统试压合格后安装到管道上;
  2 可调式减压阀组安装前应进行调压,并调至设计要求压力。

10.2.12 水表安装应符合现行国家标准《封闭满管道中水流量的测量饮用冷水水表和热水水表 第 2 部分:安装要求》GB/T 778.2 的规定,外壳距墙壁净距不宜小于 10 mm,距上方障碍物不宜小于 150 mm。

10.2.13 管道支、吊架的安装应符合下列规定:
  1 管道支、吊架的安装应符合国家现行标准《薄壁不锈钢管道技术规范》GB/T 29038 和《建筑给水金属管道工程技术规程》CJJ/T 154 的相关规定;
  2 管道安装时应按不同管径和要求设置管卡或吊架,位置应准确,埋设应平整,管卡与管道接触应紧密,且不得损伤管道表面;
  3 同一工程中同层的管卡安装高度应在同一平面。

10.3 设备安装

10.3.1 净水设备的安装应按工艺要求进行。在线仪表安装位置和方向应正确,不得少装、漏装。

10.3.2 筒体、水箱、滤器及膜的安装方向应正确,位置应合理,并应满足正常运行、换料、清洗和维修要求。

10.3.3 设备与管道的连接及可能需要拆换的部分应采用活接头连接方式。

10.3.4 设备排水应采取间接排水方式,不应与排水管道直接连接,出口处应设防护网罩。

10.3.5 设备、水泵等应采取可靠的减振装置,其噪声应符合现行国家标准《民用建筑隔声设计规范》GB 50118 的规定。

10.3.6 设备中的阀门、取样口等应排列整齐,间隔均匀,不得渗漏。

10.4 施工安全

10.4.1 使用电动切割工具连接管道时应符合现行行业标准《施工现场临时用电安全技术规范》JGJ 46 的规定。

10.4.2 已安装的管道不得作为拉攀、吊架等使用。

10.4.3 净水设备的电气安全应符合现行国家标准《电气装置安装工程 低压电器施工及验收规范》GB 50254 和《建筑电气工程施工质量验收规范》GB 50303 的规定。

11 工程验收

11.1 管道试压

11.1.1 管道安装完成后,应分别对室内及室外管段进行水压试验。水压试验必须符合设计要求。不得用气压试验代替水压试验。

11.1.2 当设计未注明时,各种材质的管道系统试验压力应为管道工作压力的 1.5 倍,且不得小于 0.60 MPa。暗装管道应在隐蔽前进行试压及验收。

11.1.3 金属管道系统在试验压力下观察 10 min,压力降不应大于 0.02 MPa。降到工作压力后进行检查,管道及各连接处不得渗漏。

11.1.4 水罐(箱)应做满水试验。

11.2 清洗和消毒

11.2.1 建筑与小区管道直饮水系统试压合格后应对整个系统进行清洗和消毒。

11.2.2 直饮水系统冲洗前,应对系统内的仪表、水嘴等加以保护,并应将有碍冲洗工作的减压阀等部件拆除,用临时短管代替,待冲洗后复位。

11.2.3 直饮水系统应采用自来水进行冲洗。冲洗水流速宜大于 2 m/s,冲洗时应保证系统中每个环节均能被冲洗到。系统最低点应设排水口,以保证系统中的冲洗水能完全排出。清洗后,冲洗出口处(循环管出口)的水质应与进水水质相同。

11.2.4 直饮水系统较大时,应利用管网中设置的阀门分区、分幢、分单元进行冲洗。

11.2.5 用户支管部分的管道使用前应再进行冲洗。

11.2.6 直饮水系统经冲洗后,应采用消毒液对管网灌洗消毒。消毒液可采用含 20 mg/L~30 mg/L 的游离氯溶液,或其他合适的消毒液。

11.2.7 循环管出水口处的消毒液浓度应与进水口相同,消毒液在管网中应滞留 24h 以上。

11.2.8 管网消毒后,应使用直饮水进行冲洗,直至各用水点出水水质与进水口相同为止。

11.2.9 净水设备的调试应根据设计要求进行。净水设备应经清洗后才能正式通水运行;设备连接管道等正式使用前应进行清洗消毒。

11.3 验 收

11.3.1 建筑与小区管道直饮水系统安装及调试完成后,应进行验收。系统验收应符合下列规定:

　　1 工程施工质量应按现行国家标准《建筑给水排水及采暖工程施工质量验收规范》GB 50242 及《建筑工程施工质量验收统一标准》GB 50300 的规定进行验收。

　　2 机电设备安装质量应按照国家现行标准《施工现场临时用电安全技术规范》JGJ 46、《电气装置安装工程低压电器施工及验收规范》GB 50254 和《建筑电气工程施工质量验收规范》GB 50303 的规定进行验收。

　　3 水质验收应经卫生监督管理部门检验,水质应符合现行行业标准《饮用净水水质标准》CJ 94 的规定。水质采样点应符合本规程第 8.0.2 条的规定。

11.3.2 竣工验收应包括下列内容:

　　1 系统的通水能力检验,按设计要求同时开放的最大数量的配水点应全部达到额定流量;

　　2 循环系统的循环水应顺利回至机房水箱内,并应达到设计循环流量;

　　3 系统各类阀门的启闭应灵活,仪表指示应灵敏;

　　4 系统工作压力应正确;

　　5 管道支、吊架安装位置应正确和牢固;

　　6 连接点或接口的整洁、牢固和密封性;

　　7 控制设备中各按钮的灵活性,显示屏显示字符清晰度;

　　8 净水设备的产水量应达到设计要求;

　　9 当采用臭氧消毒时,净水机房内空气的臭氧浓度应符合现行国家标准《室内空气质量标准》GB/T 18883 的规定。

11.3.3 系统竣工验收合格后施工单位应提供下列文件资料:

　　1 施工图、竣工图及设计变更资料;

　　2 管材、管件及主要管道附件的产品质量保证书;

　　3 管材、管件及设备的省、直辖市级及以上的卫生许可批件;

　　4 隐蔽工程验收和中间试验记录;

　　5 水压试验和通水能力检验记录;

　　6 管道清洗和消毒记录;

　　7 工程质量事故处理记录;

　　8 工程质量检验评定记录;

　　9 卫生监督部门出具的水质检验合格报告。

11.3.4 验收合格后应将有关设计、施工及验收的文件立卷归档。

12 运行维护和管理

12.1 一般规定

12.1.1 净水站应制定管理制度,岗位操作人员应具备健康证明,并应经专业培训合格后才能上岗。

12.1.2 运行管理人员应熟悉直饮水系统的水处理工艺和所有设施、设备的技术指标和运行要求。

12.1.3 化验人员应了解直饮水系统的水处理工艺,熟悉水质指标要求和水质项目化验方法。

12.1.4 生产运行、水质检测应制定操作规程。操作规程应包括操作要求、操作程序、故障处理、安全生产和日常保养维护要求等。

12.1.5 生产运行应有运行记录,宜包括交接班记录、设备运行记录、设备维护保养记录、管网维护维修记录和用户维修服务记录。

12.1.6 水质检测应有检测记录,宜包括日检记录、周检记录和年检记录等。

12.1.7 故障事故时应有故障事故记录。

12.1.8 生产运行应有生产报表,水质监测应有监测报表,服务应有服务报表和收费报表,包括月报表和年报表。

12.2 室外管网和设施维护

12.2.1 应定期巡视室外埋地管网及架空管网线路,管网沿线应无异常情况,应及时消除影响输水安全的因素。

12.2.2 应定期检查阀门井,井盖不得缺失,阀门不得漏水,并应及时补充、更换。

12.2.3 应定期检测平衡阀工况,出现变化应及时调整。

12.2.4 应定期分析供水情况,发现异常时应及时检查管网及附件,并排除故障。

12.2.5 当发生埋地管网及架空管网爆管情况时,应迅速停止供水并关闭所有楼栋供回水阀门,从室外管网泄水口将水排空,然后进行维修。维修完毕后,应对室外管道进行试压、冲洗和消毒,并应符合本规程第11.1节和第11.2节的规定后,才能继续供水。

12.3 室内管道维护

12.3.1 应定期检查室内管网,供水立管、上下环管不得有漏水或渗水现象,发现问题应及时处理。

12.3.2 应定期检查减压阀工作情况,记录压力参数,发现压力异常时应及时查明原因并调整。

12.3.3 应定期检查自动排气阀工作情况,出现问题应及时处理。

12.3.4 室内管道、阀门、水表和水嘴等,严禁遭受高温或污染,避免碰撞和坚硬物品的撞击。

12.4 运行管理

12.4.1 操作人员应严格按操作规程要求进行操作。

12.4.2 运行人员应对设备的运行情况及相关仪表、阀门进行经常性检查，并应做好设备运行记录和设备维修记。

12.4.3 应按照设备维护保养规程定期对设备进行维护保养。

12.4.4 设备的易损配件应齐全，并应有规定量的库存。

12.4.5 设备档案、资料应齐全。

12.4.6 应根据原水水质、环境温度、湿度等实际情况，经常调整消毒设备参数。

12.4.7 当采用定时循环工艺时，循环时间宜设置在用水量低峰时段。

12.4.8 在保证细菌学指标的前提下，宜降低消毒剂投加量。

12.4.9 每半年应对系统的管路和水箱进行一次清洗和浸泡，并应符合本规程第11.1节和第11.2节的规定。

本规程用词说明

1 为便于在执行本规程条文时区别对待，对要求严格程度不同的用词说明如下：

　　1）表示很严格，非这样做不可的用词：

　　正面词采用"必须"，反面词采用"严禁"；

　　2）表示严格，在正常情况下均应这样做的：

　　正面词采用"应"，反面词采用"不应"或"不得"；

　　3）表示允许稍有选择，在条件许可时首先应这样做的：正面词采用"宜"，反面词采用"不宜"；

　　4）表示有选择性，在一定条件下可以这样做的，采用"可"。

2 条文中指明应按其他标准执行的写法为"应符合……的规定"或"应按……执行"。

引用标准名录

1 《建筑给水排水设计规范》GB 50015

2 《民用建筑隔声设计规范》GB 50118

3 《建筑给水排水及采暖工程施工质量验收规范》GB 50242

4 《电气装置安装工程　低压电器施工及验收规范》GB 50254

5 《建筑工程施工质量验收统一标准》GB 50300

6 《建筑电气工程施工质量验收规范》GB 50303

7 《封闭满管道中水流量的测量　饮用冷水水表和热水水表第2部分：安装要求》GB/T 778.2

8 《饮用水化学处理剂卫生安全性评价》GB/T 17218

9 《生活饮用水输配水设备及防护材料的安全性评价标准》GB/T 17219

10 《室内空气质量标准》GB/T 18883

11 《城市给排水紫外线消毒设备》GB/T 19837

12 《薄壁不锈钢管道技术规范》GB/T 29038
13 《施工现场临时用电安全技术规范》JGJ 46
14 《饮用净水水质标准》CJ 94
15 《建筑给水金属管道工程技术规程》CJJ/T 154

参考文献

[1] 宋建新,刘可. 探明水资源量保护生命之源[J]. 自然资源科普与文化,2023,(2): 32-35.

[2] 吴志强,刘晓畅,刘琦,等. 基于水资源约束的我国城市发展策略研究[J]. 中国工程科学,2022,24(5): 75-88.

[3] 梁华杰,姜浩,陈威. 我国管道分质供水研究[J]. 市政技术,2006,(02): 115-117.

[4] 袁一星,钟丹,于军,等. 我国管道分质供水的现状与展望[J]. 中国给水排水,2009,25(6): 19-23.

[5] 程义勇,杜松明. 水的生理功能及代谢:中国营养学会第十一次全国营养科学大会暨国际DRIs研讨会[C].

[6] Choe C S, Lademann J, Darvin M E. Depth profiles of hydrogen bound water molecule types and their relation to lipid and protein interaction in the human stratum corneum In vivo[J]. The Analyst, 2016, 141(22): 6329-6337.

[7] Carneiro I, Carvalho S, Henrique R, et al. Simple multimodal optical technique for evaluation of free/bound water and dispersion of human liver tissue[J]. Journal of Biomedical Optics, 2017, 22.

[8] Robe K, Barberon M. Nutrient carriers at the heart of plant nutrition and sensing[J]. Current Opinion in Plant Biology, 2023, 74.

[9] 章荣华. 解读新版《中国居民膳食指南》[J]. 健康博览,2022,(7): 4-10.

[10] 佚名. 世卫组织公布防流感注意事项[J]. 民风,2009,(5): 52.

[11] Grady D. Drinking More Water for Prevention of Recurrent Cystitis[J]. JAMA Internal Medicine, 2018, 178(11): 1509-1515.

[12] Pomar L, Malinger G, Benoist G, et al. Association between Zika virus and fetopathy: a prospective cohort study in French Guiana[J]. Ultrasound in Obstetrics & Gynecology, 2017,49(6):729-736.

[13] Mohammedaman, Mama, Getaneh, et al. Prevalence and factors associated with intestinal parasitic infections among food handlers of Southern Ethiopia: cross sectional study[J]. BMC Public Health, 2016.

[14] Ntozini R. Trachoma control using water, sanitation, and hygiene[J]. The Lancet. Global health, 2022, 10(1): e10-e11.

[15] 班海群,段弘扬,白雪涛. 饮用水病毒污染及评价指标研究进展[J]. 环境卫生学杂志,2017,7(4): 321-329.

[16] 李天翠,王飞华,梁威. 吸附法去除水环境中邻苯二甲酸酯类污染的研究进展[J].

农业环境科学学报,2018,37(8):1565-1573.

[17] Sinno-Tellier S, Abadie E, Guillotin S, et al. Human shellfish poisoning: Implementation of a national surveillance program in France[J]. Frontiers in Marine Science,2023,9.

[18] 王珺瑜,赵晓丽,梁为纲,等.环境因素对病毒在水体中生存与传播的影响[J].环境科学研究,2020,33(7):1569-1603.

[19] 沈玉娟,姜岩岩,曹建平.我国介水传播肠道原虫病流行现状与防控策略[J].中国寄生虫学与寄生虫病杂志,2021,39(1):8-19.

[20] Lin L, Yang H, Xu X. Effects of Water Pollution on Human Health and Disease Heterogeneity: A Review[J]. Frontiers in Environmental Science,2022,10(6).

[21] 李宗来,宋兰合.WHO《饮用水水质准则》第四版解读[J].给水排水,2012,38(7):9-13.

[22] Ford T. Emerging issues in water and health research[J]. Journal of Water and Health,2006,4(1):59-65.

[23] World Health Organization. Weekly Epidemiological Record[J]. Weekly Epidemiological Record,2020,95(37):441-448.

[24] Jena S, Gaur D, Dubey N C, et al. Advances in paper based isothermal nucleic acid amplification tests for water-related infectious diseases[J]. International Journal of Biological Macromolecules,2023,242:125089.

[25] 吴妍,张晓,张良,等.水源性致病微生物检测中水样前处理方法研究进展[J].净水技术,2023,42(11):8-17.

[26] Traversay C D. Challenging drinking water disinfection: How to face up to emerging waterborne pathogens?[J]. Water Practice & Technology,2006,1(2).

[27] Bondelind M, Moreira. Safe drinking water and waterborne outbreaks[J]. Journal of water and health,2017,15(1/2):83-96.

[28] 曹荣桂,中华人民共和国传染病防治法释义及实用指南[M].北京:中国民主法制出版社,2004.

[29] Bourque D L, Joseph M. Illnesses Associated with Freshwater Recreation During International Travel[J]. Current infectious disease reports,2019,20(7).

[30] 乔倩,孙登峰,王顾希,等.饮用水中有机污染物现状及标准限量研究[J].中国测试,2015,41(6):1-7.

[31] Kasuya M. Recent epidemiological studies on itai-itai disease as a chronic cadmium poisoning in Japan[J]. Water Science & Technology,2000,42(8):147-154.

[32] Eto K, Marumoto M, Takeya M. The pathology of methylmercury poisoning (Minamata disease)[J]. Neuropathology,2010,30(5):471-479.

[33] 于鑫,张晓健,王占生.水源水及饮用水中的有机物对人体健康的影响[J].中国公共卫生,2003,19(4):481-482.

[34] Wei W, Pang S, Sun D. The pathogenesis of endemic fluorosis: Research progress

in the last 5 years[J]. Journal of Cellular and Molecular Medicine, 2019, 23(4): 2333-2342.

[35] Sawangjang B, Takizawa S. Re-evaluating fluoride intake from food and drinking water: Effect of boiling and fluoride adsorption on food[J]. Journal of Hazardous Materials, 2023, 443: 130162.

[36] Feldman G, Soria N B, Santana M S, et al. Cardiovascular risk in chronic regional endemic arsenicism[J]. Journal of the American College of Cardiology, 2020, 75(11): 3547.

[37] 陈祖培. 对地方性甲状腺肿的再认识[J]. 中国地方病防治杂志, 1997, 12(2): 91-93.

[38] 史鹏程, 朱广伟, 杨文斌, 等. 江苏水源地型水库异味物质发生风险及影响因素[J]. 环境科学 2019, 40(9): 154-162.

[39] Wen S Y, Zhao D Z, Zhang F S, et al. Risk assessment method of harmful algal bloom hazard[J]. Journal of Natural Disasters, 2009, 20(1): 126-127.

[40] Wada M, Takano Y, Nagae S, et al. Temporal dynamics of dissolved organic carbon (DOC) produced in a microcosm with red tide forming algae Chattonella marina and its associated bacteria[J]. Journal of Oceanography, 2018, 74(6): 587-593.

[41] 方婷. 红色赤潮藻的毒性特征及其毒素的分离纯化研究[D]. 广州: 暨南大学, 2021.

[42] 罗丛强, 王素钦, 左俊, 等. 鱼腥藻毒素的生态毒性研究及展望[J]. 生态毒理学报, 2022, 17(5): 217-225.

[43] 曾玲, 文菁, 龙超, 等. 中国沿海贝类腹泻性贝毒的特征分析[J]. 水产科学, 2015, 34(3): 7.

[44] 范礼强, 郑关超, 吴海燕, 等. 贻贝对麻痹性贝类毒素的蓄积代谢研究进展[J]. 海洋科学, 2021, 45(4): 201-212.

[45] 于燕, 梁旭方, 廖婉琴, 等. 水生生物对微囊藻毒素去毒分子机理及调控因子研究[J]. 水生生物学报, 2007, 31(5): 738-743.

[46] Welten R D, Meneely J P, Chevallier O P, et al. Oral Microcystin? LR Does Not Cause Hepatotoxicity in Pigs: Is the Risk of Microcystin? LR Overestimated? [J]. Water Quality, Exposure and Health, 2020, 12(4): 775-792.

[47] Tanimoto T, Takahashi K, Crump A. Legionellosis in Japan: A Self-inflicted Wound? [J]. Internal Medicine, 2021, (2): 173-180.

[48] Girolamini L, Brattich E, Marino F, et al. Cooling towers influence in an urban environment: A predictive model to control and prevent Legionella risk and Legionellosis events[J]. Building and environment, 2023, 228(1): 1-13.

[49] Palmer R C, Short D, Auch W E T. The Human Right to Water and Unconventional Energy[J]. International Journal of Environmental Research and Public Health, 2018, 15(9): 1858.

[50] Bereskie T, Rodriguez M J, Sadiq R, et al. Drinking Water Management and Governance in Canada: An Innovative Plan-Do-Check-Act (PDCA) Framework for a Safe Drinking Water Supply[J]. Environmental Management, 2017, 60(2):243-262.

[51] Grummt H-J. DieTrinkwasserbeschaffenheit in Deutschland[J]. Bundesgesundheitsblatt-Gesundheitsforschung-Gesundheitsschutz, 2007, (3): 276-283. Sacher, Schmidt, Böhme, et al. Bromat: Ein Problem für die Trinkwasserversorgung in Deutschland.[J] Gas-and wasserfach wasrer, Abwasser, 1997.

[52] Zawadzki, Atun, Cook, et al. Comparison of radium-228 determination in water among Australian laboratories[J]. Journal of environmental radioactivity, 2017, 179(11):411-418.

[53] Tiwari N K, Mohanty T R, Swain H S, et al. Multidecadal assessment of environmental variables in the river Ganga for pollution monitoring and sustainable management[J]. Environmental Monitoring and Assessment, 2022.

[54] 宋大春. "世界水日""中国水周"的由来及2018宣传主题[J]. 河南水利与南水北调, 2018, 47(3): 1.

[55] Yang J, Liu Y, Tan X, et al. Correction to: Safety assessment of drinking water sources along Yangtze River using vulnerability and risk analysis [J]. Environmental Science and Pollution Research, 2022, 30(12):27294.

[56] 左锐, 尹芝华, 孟利, 等. 保障饮用水安全的水质监测分析[J]. 科技导报, 2017, 35(5): 54-58.

[57] 高敬. 我国启动水源地专项督查保障饮水安全[J]. 党的建设, 2018, (7): 58.

[58] 中共中央印发《关于全面加强生态环境保护坚决打好污染防治攻坚战的意见》[J]. 现代城市研究, 2018, (8): 131.

[59] 全国城镇供水设施改造与建设"十二五"规划及2020年远景目标[J]. 城镇供水, 2012, (4): 11-15.

[60] 陈涛. 供水工程项目建议[J]. 时代报告, 2016, 40(11):250.

[61] 五部委联合印发《农村饮水安全工程建设管理办法》[J]. 中国水利, 2014, (2):67.

[62] 建设部编制《全国城市饮用水供水设施改造和建设规划》[J]. 建设科技, 2006, (11):9.

[63] 我国每年因缺水造成工业减产2300亿元[J]. 能源与环境, 2004, 4:75.

[64] 左其亭. 论生态环境用水与生态环境需水的区别与计算问题[J]. 生态环境学报, 2005, 4: 611-615.

[65] 董福平, 管仪庆, 周黔生, 等. 河流生态用水流量确定新方法研究[J]. 水利学报, 2007, S1(10): 547-550.

[66] 彭静, 李翀, 廖文根, 等. 水环境可持续承载评价方法及实证研究[J]. 中国人口·资源与环境, 2006, 16(4): 55-59.

[67] 侯立安, 张雅琴, 张林. 饮用水源新污染物防控发展方向的思考[J]. 给水排水,

2022，48(4)：1-5.

[68] 鲁金凤，杜智，张爱平，等. 高级氧化组合工艺协同净化微污染水的示范生产实验[J]. 哈尔滨工业大学学报，2017，49(2)：20-25.

[69] Simon R G, Stöckl M, Becker D, et al. Current to Clean Water – Electrochemical Solutions for Groundwater, Water, and Wastewater Treatment[J]. Chemie Ingenieur Technik, 2018, 90(11):1832-1854.

[70] 何瀚涛. 常规净水工艺各流程水 AOX 含量的研究[J]. 陶瓷，2021(9)：113-115.

[71] Hyundong L, Usman R, Myeongsik K. A Study on the Comparison of Corrosion in Water Supply Pipes Due to Tap Water (TW) and Reclaimed Water (RW)[J]. Water, 2018, 10(4)：496.

[72] Taylor D D J, Slocum A H, Whittle A J, et al. Analytical scaling relations to evaluate leakage and intrusion in intermittent water supply systems[J]. Plos One, 2018, 13(5)：e0196887.

[73] 雷晓玲，姚玉珍. 城市供水系统中红虫产生原因及治理措施[J]. 中国水利，2000，10：49.

[74] Gleason J A, Fagliano J A. Effect of drinking water source on associations between gastrointestinal illness and heavy rainfall in New Jersey[J]. PLoS ONE, 2017, 12(3).

[75] Libertucci J, Young V B. The role of the microbiota in infectious diseases[J]. Nature Microbiology, 2019, 4(1)：35-45.

[76] 张金良，蔡明，张远生，等. 我国城市给排水系统面临的困境及新系统构想[J]. 给水排水，2020，56(S01)：589-592.

[77] Jahne M A, Schoen M E, Kaufmann A, et al. Enteric pathogen reduction targets for onsite non-potable water systems: A critical evaluation[J]. Water research: A journal of the international water association, 2023, 15(4)：1-13.

[78] Inoue T, Ogasawara K. Chain effects of clean water: The Mills – Reincke phenomenon in early 20th-century Japan[J]. Economics & Human Biology, 2020, 36：822.

[79] 冯智田，杨曦伟，刘延丽. 论我国城市分质供水的必要性和制约因素[J]. 中国公共卫生管理，2004，20(2)：167-168.

[80] 张红，李德强，陈浩亮. 分质供水模式的发展研究[J]. 广东化工，2012，39(13)：65-67.

[81] 杨晓宝，鲍晓华，樊双录. 浅论管道分质直饮水现状与管理对策[J]. 医学动物防制，2016，32(3)：346-347.

[82] 宋锡来. 纳滤处理管道直饮水的阐述[J]. 煤矿现代化，2008(6)：87,94.

[83] 江苏省卫生标准化技术委员会. 生活饮用水管道分质直饮水卫生规范：DB 32/T 761—2022[S].

[84] 张金松，李冬梅. 新《生活饮用水卫生标准》推动供水行业水质保障体系化建设[J].

给水排水,2022,(8):048.
[85] 世界卫生组织. 饮用水水质准则[M]. 上海:上海交通大学出版社,2014.
[86] European C. Council Directive of 15 July 1980 relating to the quality of water intended for human consumption[J]. J European Communities,1980,229.
[87] Ljujic B,Sundac L. Council Directive 98/83/EC of 3 November 1998 on the quality of water intended for human consumption:review and intregral translation from English into Serbian[J]. Voda i sanitarna tehnika (Serbia and Montenegro).
[88] 高圣华,赵灿,叶必雄,等. 国际饮用水水质标准现状及启示[J]. 环境与健康杂志,2018,35(12):1094-1099.
[89] 高圣华,韩嘉艺,叶必雄,等. 欧盟饮用水水质指令(2020/2184)分析及启示[J]. 环境卫生学杂志,2022,12(2):131-136.
[90] 甘日华. WHO和世界主要国家生活饮用水卫生标准介绍[J]. 中国卫生监督杂志,2007,14(5):353-356.
[91] 张金松. 国际饮用水水质标准汇编[M]. 北京:中国建筑工业出版社,2001.
[92] 李伟英,李富生,高乃云,等. 日本最新饮用水水质标准及相关管理[J]. 中国给水排水,2004,20(5):104-106.
[93] 刘则华,佘沛阳,韦雪柠,等. 日本最新饮用水水质标准及启示[J]. 中国给水排水,2016,32(8):3.
[94] 李萌萌,梁涛,王真臻,等. 日本饮用水水质检测标准化概述及启示[J]. 中国给水排水,2022,38(3):131-138.
[95] 彭宏熙,李聪. 中国和美国、日本饮用水水质标准的比较探究[J]. 中国给水排水,2018,034(010):34-39.
[96] 李崇善,郭明,马成雄. 我国生活饮用水卫生标准发展研究[J]. 甘肃科技,2012,028(21):35-59.
[97] 黄琨,李珏涵. 我国饮用水卫生标准现状[J]. 企业科技与发展,2018,4(6):3.
[98] 中华人民共和国建筑工程部卫生部制定. 生活饮用水卫生规程[M]. 北京:人民卫生出版社,1959.
[99] 梁敏清. 我国《生活饮用水卫生标准》的研究综述[J]. 中国卫生事业管理,2011,(S1):173-175.
[100] 生活饮用水卫生标准[J]. 经济管理文摘,2006(11):3.
[101] 生活饮用水卫生标准[J]. 水务世界,2022(3).
[102] 王卓,吴静宇. 上海市《生活饮用水水质标准》与国内外水质标准比较及其实施后的影响[J]. 上海预防医学,2021,33(10):960-966.
[103] 陈艺韵. 广州市中心城区供水系统供水模式研究[D]. 广州:华南理工大学,2011.
[104] 王彦隽. 包头市管道直饮水水质预警及联动控制系统的研究[D]. 包头:内蒙古科技大学,2012.
[105] 岳云波,陈白阳,段炫彤,等. 反渗透技术在污废水深度处理中的应用及研究进展[J]. 水处理技术,2018,44(1):1-6+16.

[106] 杜星, 王金鹏, 赵文涛, 等. 电氧化耦合纳滤工艺处理微污染苦咸水研究[J]. 水处理技术, 2022, 48(4): 137-142.

[107] 祁静, 闫学亚, 翟学东. 浅谈管道直饮水净化技术[J]. 当代化工研究, 2022, 20: 63-65.

[108] 郭瑞卿. AMIDA浅层介质过滤器在循环水旁滤系统中的应用[J]. 中国氯碱, 2014, 2(2): 28-29+33.

[109] 金艳锋, 谭畅. 浅层介质过滤器运用小结[J]. 氮肥技术, 2016, 37(5): 39+42.

[110] 苗丛瑶, 任凌颖, 罗浩为, 等. 净水用活性炭吸附指标相关性试验[J]. 净水技术, 2021, 40(S2): 51-54.

[111] 廖树发. RO-UV组合工艺在管道直饮水系统的应用研究[D]. 广州: 华南理工大学, 2016.

[112] 秦晓君. 纯化水制备工艺的研究与验证[D]. 天津: 天津大学, 2005.

[113] 李艳芳, 梁大明, 刘春兰. 国内外活性炭应用发展趋势分析[J]. 洁净煤技术, 2009, 15(1): 5-8+13.

[114] 梁广元. 饮用水净化用炭基滤芯的研究[D]. 杭州: 浙江农林大学, 2019.

[115] 煤质颗粒活性炭 净化水用煤质颗粒活性炭, GB/T 7701.2—2008.

[116] 木质净水用活性炭, GB/T 138032—1999.

[117] 生活饮用水净水厂用煤质活性炭, CJ/T 345—2010.

[118] 苗丛瑶, 任凌颖, 罗浩为, 等. 净水用活性炭吸附指标相关性试验[J]. 净水技术, 2021, 40(S2): 4.

[119] 赵瑞峰. 多介质过滤器的分析[J]. 山西冶金, 2005, 28(1): 61-63.

[120] Boller M A, Kavanaugh M C. Particle characteristics and headloss increase in granular media filtration[J]. Water Research, 1995, 29(4): 1139-1149.

[121] 丁磊, 王萍. 沸石强化过滤的中试及生产性试验研究[J]. 矿物学报, 2008, 3: 289-293.

[122] 祝清荣. 均质滤料滤池过滤理论分析[J]. 给水排水, 1996, 22(1): 19.

[123] 张剑. 滤池滤料改造与节能降耗[J]. 净水技术, 2006, 25(4): 70-71.

[124] 王群, 李涛, 叶琳嫣, 等. 粒径及厚度对双层滤料滤池过滤的影响[J]. 给水排水, 2012, 38(2): 27-31.

[125] 王永磊, 李军, 张克峰, 等. 炭砂双层滤料浮滤池工艺处理藻污染水库水的试验研究[J]. 化工学报, 2014, 65(6): 2335-2343.

[126] 聂水源, 吕小梅, 李继, 等. 纤维与石英砂过滤技术的比较研究[J]. 环境工程学报, 2012, 6(1): 141-145.

[127] 张奔, 张克峰, 王小伲. 煤砂双层滤料滤池的运行与水处理性能[J]. 净水技术, 2016, 35(1): 70-76.

[128] 邓彩玲, 张俊贞, 安鼎年. 煤砂双层滤料滤池冲洗方式比较[J]. 给水排水, 1997, 23(5): 20-22.

[129] 高新军, 高磊. 水处理系统中软化器的构成、工作原理及维护[J]. 医疗卫生装备,

2005，26(2)：59.

[130] 李文明. 反渗透净水机水效提高方法研究[J]. 家电科技，2022，(6)：72-74+79.

[131] 刘国信. 认知净水设备中的软水机产品[J]. 农村电工，2015，23(9)：51.

[132] 王语林，李常青，谷丽芬，等. 阻垢剂研究及应用进展[J]. 广东化工，2018，45(9)：161-162.

[133] 柳鑫华，张怀芳，刘越，等. 阻垢剂阻垢性能及阻垢机理的研究进展[J]. 材料保护，2021，54(8)：150-157.

[134] 孙冬艳，杨建普. 谈全自动软水器在水处理行业的应用[J]. 科技信息：2011，(25)：32.

[135] 邝平健. 全自动软水器的选型及应用[J]. 节能技术，2009，2(3)：190-193.

[136] 赵丽红，郭佳艺. 膜分离技术在再生水中的应用及膜污染研究进展[J]. 科学技术与工程，2021，21(19)：7874-7883.

[137] 姜宝安，刘家节. 反渗透保安过滤器折叠滤芯清洗再生研究及应用[J]. 山西化工，2020，40(2)：144-145+153.

[138] 饶剑辉，靳向煜. 熔喷滤芯的生产与发展情况[J]. 非织造布，2006，014(1)：17-18.

[139] 李毅，叶斯奕. 熔喷聚丙烯纤维滤芯的特点及工作条件[J]. 过滤与分离，2001，11(1)：38-40.

[140] 肖九梅. 微孔过滤陶瓷将成为工业环保过滤材料市场的新贵[J]. 现代技术陶瓷，2015，36(5)：45-52.

[141] 贾光耀，王耀明. 微孔陶瓷———种饮用水净化的理想滤材[J]. 净水技术，1998，(1)：20-23.

[142] 郭雨菲，侯宗宗，赵斌. 不锈钢烧结网滤芯 TIG 焊工艺研究[J]. 电焊机，2023，53(5)：95-98+106.

[143] 石英，王建，贾亮，等. 烧结气氛对不锈钢多孔滤芯性能影响[J]. 热加工工艺，2022，51(6)：62-64.

[144] 罗廷庆. 工业用水净化设计与实现[D]. 南昌：南昌大学，2022.

[145] 敖卫，罗蕾，陈天. 浊度法用于检测净水器滤芯的过滤精度[J]. 清洗世界，2020，36(7)：47-49.

[146] 赵嘉鑫. 保安过滤器及滤芯优化应用的研究[D]. 北京：北京工业大学，2020.

[147] 张云飞，田蒙奎，许奎. 我国膜分离技术的发展现状[J]. 现代化工，2017，37(4)：6-10.

[148] 辛清萍，梁晴晴，李旭，等. 膜分离技术高效脱硫脱碳研究进展[J]. 膜科学与技术，2020，40(1)：332-339.

[149] 宋伟杰，杭晓风，万印华. 膜技术在化工废水处理中的应用[J]. 中国工程科学，2014，16(12)：67-75.

[150] Bley M，Duvail M，Guilbaud P，et al. Simulating Osmotic Equilibria：A New Tool to Calculate Activity Coefficients in Concentrated Aqueous Salt Solutions

[J]. Journal of Physical Chemistry B, 2017.

[151] Lonsdale H K. The growth of membrane technology[J]. Journal of Membrane Science, 1982, 10(2): 81-181.

[152] Mason EA. From pig bladders and cracked jars to polysulfones: An historical perspective on membrane transport[J]. Journal of Membrane Science, 1991.

[153] 伊然. 工信部发布"中国制造2025"重点项目指南[J]. 工程机械, 2016, 47(12): 60.

[154] Tao P, Xu Y, Song C, et al. A novel strategy for the removal of rhodamine B (RhB) dye from wastewater by coal-based carbon membranes coupled with the electric field[J]. Separation and Purification Technology, 2017, 179: 175-183.

[155] Gao F, Nebel C E. Electrically Conductive Diamond Membrane for Electrochemical Separation Processes, 2018[P].

[156] Duan WY, Ronen A, Yao SY, et al. Treating anaerobic sequencing batch reactor effluent with electrically conducting ultrafiltration and nanofiltration membranes for fouling control[J]. Journal of Membrane Science, 2016, 504: 104-112.

[157] Werber J R, Osuji C O, Elimelech M. Materials for next-generation desalination and water purification membranes[J]. Nature Reviews Materials, 2016, 1(5): 1-15.

[158] 张晶晶. 聚醚砜膜的亲水改性及其性能研究[D]. 南京:南京理工大学,2020.

[159] Zhang X, Yang S, Yu B, et al. Advanced Modified Polyacrylonitrile Membrane with Enhanced Adsorption Property for Heavy Metal Ions[J]. Scientific Reports, 2018, 8(1): 1260.

[160] Tullis R H, Duffin R P, Zech M, et al. Affinity hemodialysis for antiviral therapy. II. Removal of HIV-1 Viral proteins from cell culture supernatants, plasma, and blood[J]. Therapeutic Apheresis Official Journal of the International Society for Apheresis & the Japanese Society for Apheresis, 2010, 6(3): 213-220.

[161] Sahu A, Dosi R, Kwiatkowski C, et al. Advanced Polymeric Nanocomposite Membranes for Water and Wastewater Treatment: A Comprehensive Review[J]. Polymers, 2023, 15(3): 540.

[162] 孙久义. 我国膜分离技术综述[J]. 当代化工研究, 2019(2): 27-28.

[163] 贺明睿. 基于反应表面偏析制备持久高性能超滤膜[D]. 天津:天津大学,2019.

[164] Shujuan Yang, QinfengZou, Tianhao Ulang, et al. Effects of GO and MOF@GO on the permeation and antifouling properties of cellulose acetate ultrafiltration membrane[J]. Journal of Membrane Science, 2019,569.

[165] Matsuura Naa H F I. Morphological and separation performance study of polysulfone/titanium dioxide (PSF/TiO2) ultrafiltration membranes for humic

acid removal[J]. Desalination：The International Journal on the Science and Technology of Desalting and Water Purification,2011,273(1).

[166] 王蕾,韩君,徐愿坚,等. 亲水性聚偏氟乙烯超滤膜的制备[J]. 水处理技术,2017,43(3)：39-46.

[167] 张茜荃. 抗污染的高通量醋酸纤维素超滤膜的研究[D]. 北京：北京理工大学,2015.

[168] Zhou J,Chen J,He M,et al. Cellulose acetate ultrafiltration membranes reinforced by cellulose nanocrystals：Preparation and characterization[J]. Journal of Applied Polymer Science,2016,133(39)：43946.

[169] 聂心童,孙超,何亚其,等. 超滤膜技术在废水处理领域中的应用研究进展[J]. 当代化工研究,2023,(12)：5-7.

[170] 张凯. TiO_2/PVDF 改性中空纤维超滤膜的制备及对水中典型污染物的分离性能研究[D]. 西安：西安建筑科技大学,2015.

[171] 张晓娜,王小(忾),魏春海,等. 给水处理全流程工艺超滤中试运行效果评价[J]. 给水排水,2023,59(3)：1-7+14.

[172] 赵小宇. 改性碳纳米管/聚偏氟乙烯纳米复合膜的制备、表征及性能研究[D]. 长春：东北师范大学,2012.

[173] Nalaparaju A,Wang J,Jiang J. Enhancing water permeation through alumina membranes by changing from cylindrical to conical nanopores[J]. Nanoscale,2019,(11)：9783.

[174] 杜海洋. 内含 ZIF-8 夹层聚酰胺纳滤膜的制备及其性能探究[D]. 天津：天津城建大学,2023.

[175] Wang J,Qin X,Guo J,et al. Evidence of selective enrichment of bacterial assemblages and antibiotic resistant genes by microplastics in urban rivers[J]. Water Research,2020,183：116113.

[176] 赵长伟,唐文晶,贾文娟,等. 纳滤去除水中新兴污染物的研究进展[J]. 膜科学与技术,2021,41(1)：144-151..

[177] Yang,G,Shi H,Liu WQ,et al. Investigation of Mg2＋/Li＋ Separation by Nanofiltration[J]. Chinese Journal of Chemical Engineering,2011,19（4）：586-591.

[178] 武睿,郭卫鹏,赵焱,等. 纳滤工艺在浅层地下水处理中的应用研究[J]. 给水排水,2020,46(11)：9-14+9.

[179] 吴玉超,陈吕军,兰亚琼,等. 某微污染水源自来水厂的纳滤深度处理效果研究[J]. 环境科学,2016,37(9)：3466-3472.

[180] Gaid A,Bablon G,Tumer G,et al. Performance of 3 years' operation of nanofiltration plants[J]. Desalination,1998,117(1)：775-784.

[181] 王静,党占奎,马卫东,等. 西安渭北工业区湾子水厂双膜法工艺设计[J]. 中国给水排水,2019,35(2)：58-61.

[182] 敬双怡,刘杨,张列宇,等. 纳滤膜在直饮水终端系统中的应用[J]. 水处理技术, 2016,42(10):117-120.

[183] 李云琪. PVP对聚哌嗪酰胺纳滤膜结构和性能的影响机制研究[D]. 兰州:兰州大学,2023.

[184] Zhang H, He Q, Luo J, et al. Sharpening nanofiltration: Strategies for enhanced membrane selectivity[J]. ACS applied materials & interfaces, 2020, 12(39948-39966).

[185] 郭昌盛. 荷电调控、超薄纳滤膜的构筑及其镁锂分离性能[D]. 天津:天津工业大学,2021.

[186] 钱光存. 基于磺酰胺单体的纳滤膜抗污染改性及性能研究[D]. 杭州:浙江理工大学,2023.

[187] 马超,黄海涛,顾计友,等. 高分子分离膜材料及其研究进展[J]. 材料导报, 2016,30(9):144-150+157.

[188] 董倩. 高耐氯性聚酰胺反渗透膜的制备研究[D]. 北京:北京化工大学,2020.

[189] 张坤坤. 载氨基氧化石墨烯纳滤膜制备及分离性能研究[D]. 哈尔滨:哈尔滨工程大学,2022.

[190] Yin J, Deng B. Polymer-matrix nanocomposite membranes for water treatment [J]. Journal of Membrane Science, 2015, 479: 256-275.

[191] 白菊. 基于功能化离子液体调控的高性能纳滤膜制备及其性能研究[D]. 沈阳:沈阳化工大学,2022.

[192] Poul M, Jons S D. Chemistry and fabrication of polymeric nanofiltration membranes: A review[J]. Polymer, 2016, 103: 417-456.

[193] 李亚飞. 超薄疏松聚酰胺纳滤膜的制备及性能研究[D]. 天津:天津大学,2021.

[194] Yang S, Wang J, Fang L, et al. Electrosprayed polyamide nanofiltration membrane with intercalated structure for controllable structure manipulation and enhanced separation performance [J]. Journal of Membrane Science, 2020, 602: 117971.

[195] Maqsud R, James S, Bryan D, et al. 3D printed polyamide membranes for desalination[J]. Science, 2018, 361(6403): 682-686.

[196] Vanherck K, Aerts A, Martens J, et al. Hollow filler based mixed matrix membranes[J]. Chemical Communications, 2010, 46(14): 2492-2494.

[197] Liu M, Zhou C, Dong B, et al. Enhancing the permselectivity of thin-film composite poly(vinyl alcohol) (PVA) nanofiltration membrane by incorporating poly(sodium-p-styrene-sulfonate) (PSSNa)[J]. Journal of Membrane Science, 2014, 463: 173-182.

[198] Chlorine resistant binary complexed NaAlg/PVA composite membrane for nanofiltration[J]. Separation and Purification Technology, 2014, 137: 21-27.

[199] Lv Y, Yang H C, Liang H Q, et al. Nanofiltration membranes via co-deposition

of polydopamine/polyethylenimine followed by cross-linking[J]. Journal of Membrane Science, 2015, 476: 50-58.

[200] 郭长萌. 抗菌性混合基质反渗透膜的制备与研究[D]. 杭州:浙江工业大学, 2017.

[201] 徐靖. 联合国公布《2018年世界水资源开发报告》[J]. 水处理技术, 2018, 44(4): 1.

[202] 高从堦, 陈国华. 海水淡化技术与工程手册[M]. 北京:化学工业出版社, 2004.

[203] 高从堦, 阮国岭. 海水淡化技术与工程[M]. 北京:化学工业出版社, 2016.

[204] 李国东, 王薇, 李凤娟, 等. 反渗透膜的研究进展[J]. 高分子通报, 2010(7): 37-42.

[205] Sidney L, Srinivasa S. Sea Water Demineralization by Means of an Osmotic Membrane[M]. Saline Water Conversion II, American Chemical Society, 1963.

[206] 李峰辉, 孟建强, 马六甲. 耐氯纳滤/反渗透复合膜的研究进展[J]. 高分子通报, 2014(10): 42-51.

[207] 高从阶, 鲁学仁. 反渗透复合膜的发展[J]. 膜科学与技术, 1993, 13(3): 1-7.

[208] 华怀玉. 现阶段反渗透膜研究进展[J]. 环境与发展, 2018, 30(6): 95-96.

[209] 齐丽环, 安树林. 反渗透复合膜的研究进展及其应用, 第三届中国膜科学与技术报告会论文集[C]. 北京:膜科学与技术, 2007.

[210] 王彬飞, 尤蒙, 冯广丽, 等. 耐氯反渗透膜的研究进展[J]. 山东化工, 2020, 49(14): 57-69.

[211] 解利昕, 王世昌. 反渗透海水淡化技术应用[J]. 膜科学与技术, 2004, 24(4): 66-69.

[212] 白金亮. 聚砜支撑膜的结构调控及复合反渗透膜的制备[D]. 大连:大连理工大学, 2020.

[213] 张文才. 高效聚酰胺复合反渗透膜的制备及性能研究[D]. 北京:北京化工大学, 2020.

[214] 孙大雷, 叶嘉辉, 洪展鹏, 等. 反渗透海水淡化复合膜研究进展[J]. 离子交换与吸附, 2016, 32(1): 87-96.

[215] 谈述战, 郭金明, 刘毅, 等. 国内外海水反渗透膜技术发展现状[J]. 中国塑料, 2013, 27(5): 6.

[216] 董晓静, 胡小玲, 岳红, 等. 复合反渗透膜研究进展[J]. 材料导报, 2002, 16(3): 52-55.

[217] 张毅, 孙卫东, 周明亮. 山东某大型水厂硝酸盐深度处理工艺设计总结[J]. 中国给水排水, 2015, 31(4): 77-82.

[218] 杨勇, 沈晓铃, 蒋岚岚. 超滤/反渗透工艺在生活水厂中的设计应用[J]. 中国给水排水, 2012, 28(24): 53-56.

[219] 姚琦, 张继昌, 佘丽华. 超滤+反渗透在净水厂脱盐深度处理的应用[J]. 城市建筑, 2014, (6): 332-333.

[220] 王应平, 雷进武, 焦光联. 庆阳市反渗透苦咸水淡化工程介绍[J]. 给水排水,

2010,36(4):26-29.

[221] 侯立安,赵海洋,高鑫,等. 反渗透技术在我国饮用水安全保障中的应用[J]. 给水排水,2017,43(4):136-142.

[222] 刘利,张玉政,于凤,等. 青岛某膜法海水淡化厂工艺设计[J]. 给水排水,2017,43(8):14-16.

[223] 王中建. 二〇二二年全国海水利用报告发布[N]. 2023-09-27.

[224] 王彬飞,孟建强,林松. 水相/有机相添加剂对聚酰胺复合反渗透膜形貌和性能影响的研究[D]. 天津工业大学,2019.

[225] 陈益棠. 优先吸附——毛细孔流理论[J]. 水处理技术,1984,10(1):64.

[226] Reid C E, Breton E J. Water and ion flow across cellulosic membranes[J]. Journal of Applied Polymer Science,2010,1(2):133-143.

[227] 时钧,袁权,高从堦. 膜技术手册[M],北京:化学工业出版社,2001.

[228] 王剑. 大规模反渗透海水淡化工程调度问题研究及应用[D]. 杭州:浙江大学,2015.

[229] 周勇. 高性能反渗透复合膜及其功能单体制备研究[D]. 杭州:浙江大学,2006.

[230] Shin DH, Kim NL, Lee YT. Modification to the polyamide TFC RO membranes for improvement of chlorine-resistance[J]. Journal of Membrane Science,2011,376(1):302-311.

[231] 白金亮. 聚砜支撑膜的结构调控及复合反渗透膜的制备[D]. 大连:大连理工大学,2020. (同[212])

[232] Ni L, Meng J, Li X, et al. Surface coating on the polyamide TFC RO membrane for chlorine resistance and antifouling performance improvement[J]. Journal of Membrane Science,2014,451:205-215.

[233] Kuak SY, Jung SG, Kim SH. Structure-motion-performance relationship of flux-enhanced reverse osmosis (RO) membranes composed of aromatic polyamide thin films[J]. Environmental science & technology,2001,35(21):4334-4340.

[234] Polyamide membranes with nanoscale Turing structures for water purification[J]. Science,2018,360(6388):518-521.

[235] Behnam K, Thomas T, Bricn A, et al. A Novel Approach Toward Fabrication of High Performance Thin Film Composite Polyamide Membranes[J]. Scientific reports,2016,6(1):22069.

[236] Ghosh A K, Jeong B H, Huang X, et al. Impacts of reaction and curing conditions on polyamide composite reverse osmosis membrane properties[J]. Journal of Membrane Science,2008,311(1-2):34-45.

[237] Shimazu A, Ikeda K, Miyazaki T, et al. And, Ikeda, et al. Application of positron annihilation technique to reverse osmosis membrane materials[J]. Radiation Physics and Chemistry,2000,58(5):555-561.

[238] Chowdhury M R, Steffes J, Huey B D, et al. 3D printed polyamide membranes

for desalination[J]. Science, 2018, 361(6403): 682-686.

[239] 周卫东, 汪菲, 周克梅, 等. 基于新型二胺单体的反渗透膜的制备及其脱盐性能研究[J]. 膜科学与技术, 2019, 39(3): 41-48.

[240] Hoek E M V. Introduction to Membrane Science and Technology[M]. Wiley-VCH, 2015.

[241] 张潇, 李珂, 于春阳, 等. 分子模拟技术在膜分离技术领域的应用[J]. 膜科学与技术, 2019, 39(2): 105-115.

[242] 邹宇阳. 杂萘联苯聚芳醚砜酮复合反渗透膜的制备与性能[D]. 大连: 大连理工大学, 2022.

[243] 刘莹莹. 基于PIPD纳米纤维反渗透复合膜的耐氯性能研究[D]. 哈尔滨: 哈尔滨工业大学, 2019.

[244] 赵亚丽. 基于新型单体的反渗透与纳滤膜的制备与性能研究[D]. 合肥: 中国科学技术大学, 2019.

[245] Marcel Mulder. 膜技术基本原理: 第二版[M]. 北京: 清华大学出版社, 1999.

[246] 王宏伟. 抗氧化聚酰胺反渗透膜的制备研究[D]. 北京: 北京化工大学 2021.

[247] 王耀. 高通量抗污染耐氯反渗透膜研制[D]. 天津: 天津大学, 2018.

[248] 范晓晨. 分子间弱相互作用调控下的抗污染超滤膜制备与性能研究[D]. 天津: 天津大学, 2015.

[249] Zhang G, Lu S, Zhang L, et al. Novel polysulfone hybrid ultrafiltration membrane prepared with TiO_2-g-HEMA and its antifouling characteristics[J]. Journal of Membrane Science, 2013, 436: 163-173.

[250] Vatanpour V, Madaeni S S, Moradian R, et al. Novel antibifouling nanofiltration polyethersulfone membrane fabricated from embedding TiO_2 coated multiwalled carbon nanotubes[J]. Separation & Purification Technology, 2012, 90: 69-82.

[251] 葛宇航. 聚酰胺基疏松纳滤膜的制备及其在染料/硫酸钠分离中的应用研究[D]. 杭州: 浙江理工大学, 2023.

[252] Hong S, Al Marzooqi F, El-Demellawi J K, et al. Ion-Selective Separation Using MXene-Based Membranes: A Review[J]. ACS Materials Letters, 2023, 5(2): 341-356.

[253] 唐娜, 弓家谦, 何国华, 等. 海水淡化水矿化工艺研究[J]. 水处理技术, 2014, 40(7): 29-31+35.

[254] 刘同庆, 周驰, 郑恒, 等. 多孔陶瓷材料的制备及对饮用水的矿化试验[J]. 净水技术, 2023, 42(8): 136-142+156.

[255] 李华, 许卫国. 方解石在海水淡化产水矿化系统中的应用[J]. 清洗世界, 2020, 36(10): 118-120.

[256] 赵葆. 基于不同天然矿化材料的淡化海水矿化实验研究[D]. 青岛: 青岛理工大学, 2019.

[257] 赵葆, 武桂芝, 赵洪武, 等. 几种天然矿化材料对淡化海水的矿化效果[J]. 净水技

术,2019,38(10):124-130.
[258] 游浩荣. 典型南方地区供水管网二次消毒的试验研究及应用[D]. 哈尔滨:哈尔滨工业大学,2015.
[259] 盖文红,孙惠霞. 饮用水的消毒方法分析探讨[J]. 城市地质,2017,12(4):40-44.
[260] 林英姿,陈壮. 饮用水消毒方法的研究进展[J]. 中国资源综合利用,2016,34(6):39-40.
[261] 侯云. 谈城市给水处理的消毒方法及其应用[J]. 山西建筑,2020,46(15):110-111.
[262] 许铭淇. 纳米银复合材料的制备及其使用点饮用水消毒性能研究[D]. 广州:广州大学,2023.
[263] 吴建春,杨佳财. 二氧化氯制备方法研究进展[J]. 环境科学与管理,2012,37(7):92-95.
[264] 王梅. 二氧化氯消毒应用的研究进展[J]. 职业与健康,2022,38(9):1283-1286.
[265] 何文杰. 安全饮用水保障技术[J]. 天津建设科技,2005,(4):27-28.
[266] 赵薇. 环境科技中消毒剂在水处理方面的应用[J]. 科技传播,2011,(20):122.
[267] 彭园花,杨波. 水处理工程的消毒方法比较[J]. 广东化工,2012,39(12):114-115.
[268] 王宝贞,王欣泽,李冰,等. 优质饮用水的消毒方法[J]. 哈尔滨工业大学学报,2002,(4):478-482.
[269] 朱天涛,宫小勇,贾玉鹏. 紫外线灭菌技术[J]. 赤峰学院学报(自然科学版),2008,(3):23-24.
[270] 段颖颖,乜辉,陈禄文,等. UVC-LED过流式饮用水消毒装置的理论分析及光学模拟[J]. 家电科技,2022,(5):58-60+75.
[271] 李豪杰. 单过硫酸氢钾复合粉用于饮用水消毒的效果研究[D]. 北京:清华大学,2017.
[272] Arivizhivendhan V, Mahesh M, Boopathy R, et al. Functioned silver nanoparticle loaded activated carbon for the recovery of bioactive molecule from bacterial fermenter for its bactericidal activity[J]. Applied Surface Science, 2018, 427(pt. b):813-824.
[273] 张寿恺,邱梅. 应用KDF55过滤介质从水中除氯[J]. 给水排水,2001,27(8):37-38.
[274] 邓淑芳,白敏冬,白希尧,等. 羟基自由基特性及其化学反应[J]. 大连海事大学学报,2004,30(3):62-64.
[275] 徐书婧. 活性氧协同水力空化高级氧化饮用水处理机制与应用研究[D]. 大连:大连海事大学,2018.
[276] 朱玮. 水中氧化锰颗粒物对TiO_2和ZnO光催化杀菌活性的影响[D]. 石家庄:河北师范大学,2010.

[277] 李亚楠. 银基功能材料的制备及其水体灭菌研究[D]. 天津:天津大学,2018.

[278] 庞锐. 电化学消毒时阴极对无机氯产物分布规律及消毒效果的影响研究[D]. 太原:太原理工大学,2022.

[279] 陈喆,王红武,马鲁铭. 电化学杀菌水处理技术研究进展[J]. 工业用水与废水, 2008,39(6):1-5.

[280] Vernhes M C, Benichou A, Pernin P, et al. Elimination of free-living amoebae in fresh water with pulsed electric fields[J]. Water Research, 2002, 36(14): 3429-3438.

[281] Kraft A, Stadelmann M, Blaschke M, et al. Electrochemical water disinfection Part Ⅰ: Hypochlorite production from very dilute chloride solutions[J]. Journal of Applied Electrochemistry, 1999, 29(7): 859-866.

[282] 周芬,尚媛媛. 电化学消毒领域电极材料专利综述[J]. 中国科技信息,2021, 13(2):17-18.

[283] 赵旭,冒冉,李昂臻,等. 电解法用于消毒的原理、技术特点与主要应用方式:电产次氯酸钠及电化学消毒[J]. 环境工程学报,2020,14(7):1728-1734.

[284] 丁晶. 电化学工艺用于污水深度处理同步脱氮消毒的性能与机制[D]. 哈尔滨:哈尔滨工业大学,2015.

[285] 宋琳. 中水的电化学安全消毒技术研究[D]. 武汉:中国地质大学,2012.

[286] 郭洪光,高乃云,姚娟娟,等. 超声波技术在水处理中的应用研究进展[J]. 工业用水与废水,2010,41(3):1-4.

[287] 常莺娜. 石墨烯基抗菌材料制备及其净水机理研究[D]. 长沙:湖南大学,2016.

[288] 张月静,刘伟,李彤民. 管道防腐保温技术综述[J]. 管道技术与设备,2001,(2): 34-38.

[289] 王赛. 严寒地区农村供水管道保温浅埋可行性研究[D]. 长春:吉林建筑大学,2018.

[290] 侯志强,杨培岭,王成志,等. 我国村镇供水工程建设研究[J]. 中国农村水利水电,2008,(9):79-81+86.

[291] 刘承婷. 蒸汽管道保温材料与保温结构优化研究[D]. 大庆:东北石油大学,2013.

[292] 朱盈豹. 无机保温材料的应用和发展前景[J]. 辽宁建材,2010,(2):10-13.

[293] 许志中. 我国建筑节能保温材料发展前景的思考[J]. 建筑节能,2009,37(7):47-49.

[294] 俞桂良,卢大伟. 建筑节能中无机保温材料的应用[J]. 中国新技术新产品,2010(16):179.

[295] 王佳庆. 岩棉外墙外保温技术研究[J]. 建设科技,2007(8):11-15.

[296] 赵金平,潘玉言. 无机保温材料——岩棉板外墙外保温系统[J]. 建设科技,2007(8):48-49.

[297] 郭莉. 保温材料的概况及选择[J]. 四川电力技术,2005(1):52-55.

[298] 耿彦威,戚丁文. 当前几种常见建筑保温材料介绍[J]. 辽宁建材,2009(9):

44-45.

[299] 孙志坚,孙玮,傅加林,等. 国内绝热保温材料现状及发展趋势[J]. 能源工程, 2001(4):26-28.

[300] 陈龙武,甘礼华,岳天仪,等. 超临界干燥法制备 SiO_2 气凝胶的研究[J]. 高等学校化学学报,1995,16(6):840-843.

[301] 韩相义. 膨胀珍珠岩水泥浆体系在长庆油田的应用[J]. 石油钻采工艺,2004,26(6):34-35+38.

[302] 刘福生,彭同江,张宝述. 膨胀蛭石的利用及其新进展[J]. 非金属矿,2001,24(4):5-7.

[303] 陆凯安. 膨胀珍珠岩及其制品的新用途和发展趋势[J]. 新型建筑材料,2007(7):72-74.

[304] 何流. 谈聚氨酯泡沫保温材料的应用[J]. 山西建筑,2010,36(9):164-165.

[305] 武应涛. 海底输油管道保温技术现状及进展[J]. 化学推进剂与高分子材料,2008,6(6):22-25.

[306] 张树华. 聚氨酯泡沫塑料高效节能外墙保温技术[J]. 聚氨酯工业,2007,22(3):5-8.

[307] 陈淑祥,倪文,江翰,等. 超轻硬硅钙石型硅酸钙绝热材料制备技术国内外研究现状[J]. 新型建筑材料,2004(1):53-55.

[308] 全国城镇供水设施改造与建设"十二五"规划目标[J]. 建设科技,2013(2):23.

[309] 刘晓燕,刘立君,贾永英. 复合硅酸盐保温材料在稠油热采注蒸气管道上的应用研究[J]. 硅酸盐通报,2003(4):41-45.

[310] 王福众,刘初明. FBT(稀土)复合保温材料的推广应用[J]. 油气储运,1995,14(1):52-53+65.

[311] 赵海谦. 热采锅炉新型保温结构研究[D]. 大庆:东北石油大学,2012.

[312] 杨嘉瑜. 国外输油管道保温技术概况及发展[J]. 国外油田工程,1997(5):42-45.

[313] 王兆元. 输汽管线能量损失分析及保温层优选[D]. 青岛:中国石油大学,2008.

[314] 李宁. 基于PLC校园供水控制系统设计[J]. 电子制作,2021(5):68-70.

[315] 徐涛,梁新华. 二次供水智能管理系统分析与应用[J]. 城乡建设,2020(22):56-60.

[316] 熊谦,唐文哲,王忠静. 雄安新区水资源一体化管理要素分析与体系构建[J]. 清华大学学报(自然科学版),2023,63(2):255-263.

[317] Chen S, Guan W, Hu H, et al. Design and Realization of Water Supply Pipeline Robot Based on Propeller[C]. 2021 China Automation Congress (CAC),2021:6456-6461.

[318] 李灿波. 新时期区块链技术在智慧水务的应用分析[J]. 智能建筑与智慧城市,2023(8):48-50.

[319] 邱昕宇. 广州市番禺区智慧水务远程监控系统初探[J]. 水电与新能源,2023,37(2):38-41.

[320] 曹玉波,赵明丽,周琦祥,等. 恒压供水自动控制实验系统设计[J]. 吉林化工学院学报,2019,36(7):4.

[321] 宋明利. 用康卓KZ-300型恒压供水控制器实现变频补水超压泄水控制[J]. 电世界,2021,62(1):48-51.

[322] Sujatha R, Hariprasad P P. Robot based smart water pipeline monitoring system[J]. IOP Conference Series: Materials Science and Engineering, 2020, 906(1): 012025.

[323] Saravanan K, Anusuya E, Kumar R, et al. Real-time water quality monitoring using Internet of Things in SCADA[J]. Environmental Monitoring and Assessment, 2018, 190(9): 556.

[324] 郑炎杰,汪宇. 智慧水务供水管网实时监控系统:2019(第七届)中国水利信息化技术论坛论文集[C]. 株州珠华智慧水务科技有限公司,2019:92-108.

[325] 何菡丹,王文强,祝栋林,等. 江苏省节水型工业园区水资源智慧管理平台构建研究[J]. 江苏水利,2023(8):51-54.

[326] 郭瑞,叶昌明,赖正泉. 智能远程监控平台在水处理工程中的应用[J]. 清洗世界,2021,37(2):89-90.

[327] Rayhana R, Jiao Y, Bahrami Z, et al. Valve Detection for Autonomous Water Pipeline Inspection Platform[J]. IEEE/ASME Transactions on Mechatronics: A joint publication of the IEEE Industrial Electronics Society and the ASME Dynamic Systems and Control Dirision, 2022, 27(2): 1070-1080.

[328] 王亚权,吴思琦,杜灿阳,等. 珠江三角洲水资源配置工程智慧化管理体系研究[J]. 广东水利水电,2022(2):84-89.

[329] Prasad D V V, Kumar P S, Venkataramana L Y, et al. Automating water quality analysis using ML and auto ML techniques[J]. Environmental Research, 2021, 202: 111720.

[330] 李照芬. 基于可编程控制器的供水系统设计与实现[D]. 昆明:云南大学,2013.

[331] 沈东东. 智慧水务理念下的城市二次供水运营管理[J]. 智能建筑,2022(3):58-59+67.

[332] 沈阳,岳城,曹洪奎. 基于霍尔流量计的智能家居供水管家[J]. 电子世界,2020(8):118-119.

[333] 中华人民共和国住房和城乡建设部. 建筑与小区管道直饮水系统技术规程:CJJ/T 110-2017[S]. 北京:中国建筑工业出版社,2017.

[334] 黄水木. 管道直饮水系统:设计·控制·运行·管理[M]. 北京:化学工业出版社,2022.

[335] 张务德,张雪芹. 新型塑料给水管材的性能和应用[J]. 新型建筑材料,2001(4):1-3.

[336] 谢文芳,陈中文,罗建勇,等. 一起管材引起直饮水污染事件的调查[J]. 中华预防医学杂志,2014,48(6):535-536.

[337] 陆娟. 一起直饮水微生物污染事件的调查[J]. 上海预防医学, 2012, 24(11): 614-615.
[338] 宋太全. 家庭不同给水管材对自来水水质的影响[J]. 居业, 2020(6): 80-81.
[339] 王悠. 管道材质对供水管网水质的影响[J]. 供水技术, 2020, 14(3): 38-41+46.
[340] 中华人民共和国住房和城乡建设部. 二次供水工程技术规程: CJJ 140—2010[S]. 北京: 光明日报出版社, 2010.
[341] 天津市城乡建设和交通委员会. 天津市管道直饮水工程技术标准: DB 29—104—2010[S]. 2010.
[342] 中国质量检验协会. 管道直饮水系统安装验收要求: T/CAQI 70—2019[S]. 2019.
[343] 河北省质量技术监督局. 生活饮用水二次供水服务规范: DB 13/T 2577—2017[S]. 2017.
[344] 江苏省建设厅. 江苏省城市供水服务质量标准: DGJ 32/TC03—2015[S]. 2007.
[345] 江苏省市场监督管理局, 江苏省住房和城乡建设厅. 居民住宅二次供水工程技术规程: DB 32/T 4284—2022[S]. 2022.
[346] 马丽贤. 天津市城市分质供水管理模式研究[D]. 天津: 天津大学, 2005.
[347] 中华人民共和国住房城乡建设部, 国家市场监督管理总局. 城市给水工程项目规范: GB 55026—2022[S]. 北京: 中国建筑工业出版社, 2022.
[348] 江苏省市场监督管理局. 生活饮用水管道分质直饮水卫生规范: DB 32/T 761—2022[S]. 2022.
[349] 山东省住房和城乡建设厅, 山东省市场监督管理局. 直饮水工程技术标准: DB 37/T 5243—2022[S]. 2022.
[350] 安徽省住房和城乡建设厅, 安徽省质量技术监督局. 城镇供水服务标准: DB 34/T 5025—2015[S]. 2015.
[351] 中华人民共和国国家质量监督检验检疫总局, 中国国家标准化管理委员会. 城镇供水服务: GB/T 32063—2015[S]. 2015.
[352] 中华人民共和国建设部. 城市供水水质标准: CJ/T 206—2005[S]. 2005.
[353] 中华人民共和国住房和城乡建设部. 城镇供水服务: CJ/T 316—2009[S]. 2009.
[354] 中华人民共和国住房和城乡建设部. 建筑与小区管道直饮水系统技术规程: CJJ/T 110—2017[S]. 2017.
[355] 湖南省住房和城乡建设厅. 湖南省城市管道直饮水系统技术标准: DBJ 43/T 382—2021[S]. 2021.
[356] 山东省市场监督管理局, 山东省住房和城乡建设厅. 城市公共供水服务规范: DB 37/T 940—2020[S]. 2020.
[357] 中国质量检验协会. 管道直饮水系统服务规范: T/CAQI 71—2019[S]. 2019.
[358] 贵州省食品工业协会. 管道直饮水系统建设及卫生管理规范: T/GZSX 084—2022[S]. 2022.
[359] 苏利明. 某小区直饮水系统设计与经济效益分析[D]. 哈尔滨: 哈尔滨工业大学, 2022.

[360] 国家市场监督管理总局,国家标准化管理委员会. 生活饮用水卫生标准:GB 5749—2022[S]. 2022.

[361] 中华人民共和国建设部. 饮用净水水质标准:CJ 94—2005[S]. 2005.

[362] 中国工业节能与清洁生产协会. 管道直饮水系统水质水量在线监测技术规范:T/CIECCPA 007—2022[S]. 2022.

[363] 国家市场监督管理总局,国家标准化管理委员会. 生活饮用水标准检验方法:GB/T 5750—2023[S]. 2023.

[364] 应亮,毛洁,孙斌,等. 水质在线监测技术在管道分质供水卫生监督管理中的应用[J]. 上海预防医学,2015,27(4):213-215.

[365] 辽宁省质量技术监督局. 管道直饮水供水系统卫生规范:DB 21/T 1726—2009[S]. 2009.

[366] 程少飞. 住宅建筑管道直饮水系统的优化研究[D]. 重庆:重庆大学,2011.

[367] 国家质量技术监督检验检疫总局,国家标准化管理委员会. 城市给排水紫外线消毒设备:GB/T 19837—2005[S]. 2005.

[368] Abokifa A A, Maheshwari A, Gudi R D, et al. Influence of Dead-End Sections of Drinking Water Distribution Networks on Optimization of Booster Chlorination Systems[J]. Journal of Water Resources Planning and Management, 2019, 145(12): 04019053.

[369] 虞介泽. 基于余氯和THMs的管网水质服务水平模型研究[D]. 杭州:浙江大学,2013.

[370] 深圳市住房和建设局,深圳市水务局. 优质饮用水工程技术规程(SJG 16—2023)[S]. 2017.

[371] 上海市教育委员会,上海市卫生和计划生育委员会,上海市质量技术监督局. 关于印发《上海市中小学校校园直饮水工程建设和维护基本要求》的通知[Z],2013.

[372] 国家卫生部. 生活饮用水输配水设备防护材料卫生安全评价规范:GB/T 17219—1998[S]. 1998.

[373] 王君. 管道直饮水系统分析与工程应用[D]. 天津:天津大学,2012.

[374] 卫生部,国家环保总局. 室内空气质量标准:GB/T 18883—2002[S]. 2002.

[375] 苏利明. 某小区直饮水系统设计与经济效益分析[D]. 哈尔滨:哈尔滨工业大学,2020.

[376] 中华人民共和国住房和城乡建设部. 城镇供水管网运行、维护及安全技术规程:CJJ 207—2013[S]. 2013.

[377] 中华人民共和国建设部,中华人民共和国国家质量监督检验检疫总局. 建筑给水排水设计规范:GB 50015—2003[S]. 2003.

[378] 深圳市市场监督管理局. 供水行业服务规范:DB 4403/T 61—2020[S]. 2020.

[379] 广州市质量技术监督局. 供水行业服务规范:DB 4401/T 13—2018[S]. 2018.

[380] 国家质量监督检验检疫总局. 中华人民共和国国家计量检定规程—冷水水表:JJG 162—2009[S]. 2009.

[381] 国家技术监督局. 投诉处理指南:GB/T 17242—1998[S], 1998.

[382] 江苏省住房和城乡建设厅. 江苏省城市供水服务质量标准:DGJ 32/TC 03—2015[S], 2015.

[383] 台州市质量技术监督局. 城市供水服务规范:DB 3310/T 22—2018[S], 2018.

[384] 天津市市场监督管理委员会. 城镇再生水供水服务管理规范:DB12/T 470—2020[S], 2020.

[385] 杭州市市场监督管理局. 城镇供水服务:DB 3301/T 0164—2019[S], 2019.

[386] 周书葵, 许仕荣. 城市供水管网水质监测点优化选址的研究[J]. 南华大学学报:自然科学版, 2004, 18(3):62-66.

[387] 唐明辉. 城市供水管网水质预警系统探讨[J]. 科技与生活, 2012, (5):118.

[388] 夏黄建. 城市供水管网水质预警系统的研究[D]. 长沙:湖南大学, 2008.

[389] 中华人民共和国国家质量监督检验检疫总局, 中国国家标准化管理委员会. 服务标准化工作指南:GB/T 15624[S]. 2011.